高职高专"十一五"规划教材

过程检测仪表

第二版

王永红　主　编
张　泉　李留格　副主编
林锦国　主审

化学工业出版社
·北京·

本书针对工业过程检测仪表与检测系统,进行了比较系统的叙述。在仪表的种类上,以目前常用的主流仪表为主。

全书共分八章,第一章,检测技术基础完整介绍了测量及测量误差的基本概念,过程检测系统的基础知识。第二章到第六章,详细讲述了压力、物位、流量、温度、成分等工业过程检测仪表的工作原理、结构性能、基本技术参数及仪表的安装使用和基本维护。在第七章,通过对过程检测系统的讲述,明确工业过程检测参数的显示方式和显示装置的结构、使用特点等,并对工业过程检测系统应用中的抗干扰问题进行了分析。通过第八章的检测仪表与系统的实践,学习检测仪表的调校,检测系统的构建与调试。

本书每章均有习题与思考题,书后附有相应的实训实验内容,以方便教学实践。

本书可作为高职高专及中等专业学校的工业仪表及自动化专业教材,也可供从事工业仪表及自动化工作的工程技术人员和仪表工参考。

图书在版编目(CIP)数据

过程检测仪表/王永红主编 . —2 版 . —北京:化学工业出版社,2010.2(2024.12重印)
高职高专"十一五"规划教材
ISBN 978-7-122-07575-8

Ⅰ.①过… Ⅱ.①王… Ⅲ.①自动化仪表-高等学校:技术学院-教材 Ⅳ.①TH86

中国版本图书馆 CIP 数据核字(2010)第 004467 号

责任编辑:廉 静 装帧设计:周 遥
责任校对:吴 静

出版发行:化学工业出版社(北京市东城区青年湖南街 13 号 邮政编码 100011)
印 装:北京建宏印刷有限公司
787mm×1092mm 1/16 印张 19½ 字数 519 千字 2024 年 12 月北京第 2 版第 10 次印刷

购书咨询:010-64518888 售后服务:010-64518899
网 址:http://www.cip.com.cn
凡购买本书,如有缺损质量问题,本社销售中心负责调换。

定 价:43.00 元 版权所有 违者必究

第二版前言

自动化检测技术和仪表系统，是实现现代化生产自动控制的基础。随着先进检测传感技术、通讯网络技术、计算机信息处理技术、多媒体显示技术等的不断涌现，为传统的自动控制系统带来了新的发展。

本书是在第一版的基础上，根据检测技术和仪表的应用发展的需要，对部分内容进行了修改和补充、调整。在保持原书风格的基础上，突出了自动检测系统的概念，使自动化检测技术和仪表的应用更加完整。

本书第二版共分八章，第一章，检测技术基础完整介绍了测量及测量误差的基本概念，过程检测系统的基础知识。第二章到第六章，详细讲述了压力、物位、流量、温度、成分等工业过程检测仪表的工作原理、结构性能、基本技术参数及仪表的安装使用和基本维护。在第七章，通过对过程检测系统的讲述，明确工业过程检测参数的显示方式和显示装置的结构、使用特点等，并对工业过程检测系统应用中的抗干扰问题进行了分析。通过第八章的检测仪表与系统的实践，学习检测仪表的调校，检测系统的构建与调试。

本书第二版每章均有习题与思考题，以方便教学实践。

本书由王永红任主编，张泉、李留格任副主编。由王永红进行全书的统稿与修改，并编写绪论，第一章到第四章，第六章第一、六节，附录一、二、五；贾清水编写第五章，附录三、四；张泉编写第七章；李留格编写第二章第三节部分、第三章第四节；郝富春编写第六章第二、三、四、五、七节；朱玉奇编写第八章。全书由林锦国主审。

本书在第二版的编写修改中，得到了编审人员所在单位的支持，对此表示衷心的感谢。

本书第二版将更好地为高职高专及中等职业学校的自动化专业学生提供学习的需求，为教师提供教学参考的依据，为相关自动化领域的工程技术人员提供工作的帮助。

编者
2009 年 11 月

第二版前言

编者
2009 年 11 月

第一版前言

本教材从培养生产第一线的工程技术应用型专门人才的前提出发，以反映典型性、针对性、实用性的原则，按仪表功能组织教材，介绍目前国内常用的过程检测仪表，同时兼顾国外最新技术动态。

本书系统地阐述了过程检测仪表的工作原理、结构性能、基本技术参数及产品的安装使用和维护，对在检测过程中出现的误差问题也做了相应的分析说明。仪表调校的部分，已编入配套教材《工业仪表及自动化实验》。在对教材深广度处理上，对部分公式的繁琐推导过程和电子线路工作过程的分析进行了简化，删除了陈旧内容，重点增加了近几年发展起来的新型仪表。本教材使用了我国近年来相继颁布的一些新的国家标准及行业设计标准（如国家标准 GB/T 2624—93 流量测量装置用孔板、喷嘴和文丘里管测量充满圆管的流体流量；HG/T 21581—95 自控安装图册）。书中仪表均执行国家法定计量单位。

本教材内容力求深入浅出，着眼于为实际应用服务，叙述简明易懂，为便于学习，每章末附有本章小结及丰富的习题与思考题，书后列有相关图表，以帮助读者学习时练习与参考。

本书由王永红主编并编写绪论，第一章，第二章第三节，第三章，第四章，第七章第一、六节，附录一、二、五；贾清水参编第五章，第六章，附录三、四；郝富春参编第二章第一、二、四节，第七章第二、三、四、五、七节。全书由吕廉克主审，乔志平、张丽文、夏洪如、陈永刚、慕东周等教师参加了审稿。

在本书的编、审过程中，得到了尹廷金同志的热情指导和帮助，同时参加编审人员所在学校有关领导也给予了大力支持并提供了很多方便条件，对此谨表衷心的谢意。

由于编者水平所限，书中缺点、错误难免，恳请广大读者提出宝贵意见。

编者
1998 年 3 月

目　录

绪　　论

一、过程检测仪表在工业生产过程中的作用

检测是指利用各种物理和化学效应，将物质世界的有关信息通过测量的方法赋予定性或定量结果的过程。在生产过程中，完成工艺参数检测处理的仪表称为过程检测仪表。检测是生产过程自动化的一个重要组成部分。科学技术的不断进步推动了自动化技术的发展。

检测控制技术、计算机技术、通讯技术、图形显示技术是反应信息社会的四项要素，由检测控制技术构成的自动化系统是现代化的重要标志之一。自动化是用各种技术工具与方法完成检测、分析、判断和控制工作的。在工业生产方面，当前生产设备不断向大型化、高效化方向发展，大规模综合型自动化系统不断建立，工业生产过程和企业管理调度一体化的要求，更促进了自动化技术不断发展。

在自动化系统中，所用的检测仪表是自动控制系统的"感觉器官"。只有感知生产过程的状态和工艺参数，才能由控制仪表进行自动控制。

下面以两个实例说明检测在自动控制系统中的作用和地位。

如图 0-1 所示液位控制系统，该系统的作用是保证锅炉汽包液位为定值，满足生产用蒸汽量的要求。通过差压式液位仪表将液位的高低检测出来，液位信号作为系统主被控变量送入调节器（控制器），调节器根据事先确定好的方式控制执行器，调节给水流量，达到稳定液位的目的。同时为克服负荷变化时产生的"虚假液位"及给水系统出现的扰动，又引入了蒸汽流量和给水流量两个辅助被控变量，构成三冲量控制系统。这里，过程检测仪表代替了人工观察，精确及时地将主变量液位信号和辅助变量蒸汽流量、给水流量检测出来，并转换成标准电信号，通过运算器及控制器的处理控制，达到稳定汽包液位的目的。使整个装置正常工作，系统安全运转。

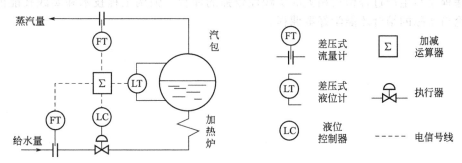

图 0-1　锅炉汽包水位三冲量控制系统

如图 0-2 所示的计算机控制系统。在该系统中，需要解决大量工艺参数的检测和数字量的转换问题。利用计算机的强大计算功能进行巡回检测和数据处理，使之具有很强的实时性和更强功能。

自动化系统分为过程变量的自动检测和过程变量的启动控制两种系统。若在系统中，对变量没有控制要求，则该系统为自动检测系统，用于对生产设备和工艺过程进行自动监视。

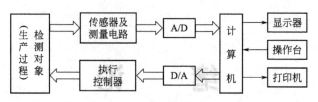

图 0-2　计算机控制系统

　　从上述可知，过程检测仪表是自动化系统中不可缺少的组成部分；生产过程变量和自动检测是实现自动控制的前提条件；自动控制系统的控制精度在很大程度上取决于检测系统的精度，通过检测获取生产过程中的各种信息，方可控制和研究生产过程。

二、过程检测的内容

　　工业过程检测涉及的内容广泛，一般分为：热工量（温度、压力、流量、物位等），机械量（重量、尺寸、力、速度、加速度等），物位和成分量（介质的成分浓度、密度、黏度、湿度、酸度等），电工量（电压、电流、功率、电阻等）。本书主要介绍在工业生产过程中的热工量和成分量的测量方法及仪表。

三、检测仪表的发展

　　随着生产的发展，不断地提出新的检测任务，而科学技术的发展，特别是新材料、新技术的出现，以及微处理机的广泛应用，极大地加快了检测仪表的发展，在提高检测系统的测量精度、扩大测量范围、延长使用寿命、提高可靠性的同时，使检测技术向智能化的方向发展，检测仪表的应用领域得到拓展。

四、本课程的特点及学习方法

　　过程检测仪表是工业仪表及自动化专业的一门重要的专业课。涉及到多门课程的内容，物理概念是讨论各种检测变换的基础，熟悉和掌握相应的物理现象，分析有关物理效应是对检测仪表工作原理和结构进行讨论的前提。电工电子及计算机技术，在完成信号转换、数据处理和显示的基本方法上起着重要的作用。

　　本课程是与生产过程密切相关的实践性较强的课程，强调工程技术和实践技能的训练，只有理论与实际的结合才能学好本课程。

第一章 检测技术基础

为了完成工业生产中提出的检测任务,并且尽可能地获得被测变量的真实值,需要对检测方法、检测系统的特性、测量误差及测量数据处理等方面的问题及方法进行学习和讨论。只有了解和掌握了这些基本技术基础,才能有效地实施测量。

第一节 测量的基本概念

一、测量的定义

测量是人们用以获得数据信息的过程,是定量观察、分析、研究事物发展过程时必需的重要方式。因此,测量就是借助于专用技术工具将研究对象的被测变量与同性质的标准量进行比较并确定出测量结果准确程度的过程,该过程的数学描述为

$$K \approx \frac{X}{X_0}$$

式中 X——被测量;

X_0——标准量(基准单位);

K——被测量所包含的基准单位数。

显然,基准单位确定后,被测变量 X 在数值上约等于对比时包含的基准单位数 K。其结果可表示为

$$X = K X_0$$

例如:用精度为 0.5%,量程为 0~500mm 的直尺以 mm 为基准单位测量容器中液位的高度,得到 $X=350$mm,则表示液位 X 的高度约为 350mm,相应的误差不超过 2.5mm。

以上表明,测量过程包含三个含义:确定基准单位;将被测变量与基准单位比较;估计测量结果的误差。测量仪表就是比较过程中使用的专门技术工具。

实际上,大多数被测对象中的被测变量是无法直接借助于通常的测量仪表进行比较的,这时,必须将被测变量进行变换,将其转换成有确定函数关系,又可以比较的另一个物理量,这就是信号的检测。如:温度的测量,利用水银热胀冷缩的原理制成的水银温度计,将温度的变化转换为水银柱高度的变化,同时将温度基准单位用刻度表示出来,这样水银柱高度对应的刻度就是包含基准单位的个数,即测量出来当时的温度。因此,检测是一个更广泛的测量概念,它包括信息转换、确定基准单位和对比三个基本内容。

二、测量方法及分类

对于测量方法,从不同的角度出发,有不同的分类方法。按被测变量变化速度分为静态测量和动态测量;按测量敏感元件是否与被测介质接触,可分为接触式测量和非接触式测量;按比较方式分直接测量和间接测量;按测量原理分偏差法、零位法、微差法等。

(一) 按比较方式分

1. 直接测量

直接测量是指用事先标定好的测量仪表对某被测变量直接进行比较，从而得到测量结果的过程。如弹簧秤、游标卡尺等。

2. 间接测量

间接测量是指由多个仪表（或称环节）所组成的一个测量系统。它包含了被测变量的测量、变换、传输、显示、记录和数据处理等过程。这种测量方法在工程中应用广泛。如用电子皮带秤测量煤的输送量，可通过荷重传感器测出检测点处有效称量段 L_0 上的煤的重量 W，通过测速传感器测出检测点处煤的传送速度 u，经信息处理单元对 W/L_0 及 u 进行合成处理后送入显示单元显示瞬时输送量，送入比例积算器显示输送总量。

一般来说，间接测量比直接测量要复杂一些。但随着计算机的应用，仪表功能加强，间接测量方法的应用也正在扩大，测量过程中的数据处理完全可以由计算机快速而准确地完成，使间接测量方法变得比较直观而简单。

（二）按测量原理分

1. 偏差法

用测量仪表的指针相对于刻度初始点的位移（偏差）来直接表示被测量的大小。指针式仪表是最为常用的一种类型。如图 1-1 所示弹簧秤。

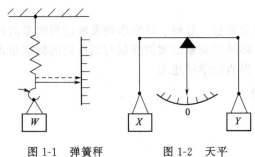

图 1-1　弹簧秤　　　图 1-2　天平

在用此种方法测量的仪表中，分度是预先用标准仪器标定的，如弹簧秤用砝码标定。这种方法的优点是直观、简便，相应的仪表结构比较简单；缺点是精度较低、量程窄。

2. 零位法

将被测量与标准量进行比较，二者的差值为零时，标准量的读数就是被测量的大小。这就要有一灵敏度很高的指零机构。如天平秤重及电位差计测量电势就是用这个原理。如图 1-2 所示。

零位法具有很高的测量精度，但响应慢，测量时间长，不能测量快速变化的信号。

3. 微差法

是将偏差法和零位法组合起来的一种测量方法。测量过程中将被测变量的大部分用标准信号去平衡，而剩余部分采用偏差法测量。

微差法的特点是：准确度高，不需要微进程的可变标准量，测量速度快，指零机构用一个有刻度可指示偏差量的指示机构所代替。

利用不平衡电桥测量电阻的变化量，是检测仪表中使用最多的微差法测量的典型例子。桥路中被测电阻的基本部分（静态电阻）使电桥处于平衡，而变化的电阻将使电桥失去平衡产生相应的输出电压。这样，桥路输出电压的变化，只反应电阻的变化，被测电阻将是基本部分及输出电压决定的电阻变化部分之和。

这种方法可以使测量精度大大提高。这是因为电阻的主要部分采用了零位法测量，具有很高的测量精度，尽管偏差法测量剩余部分时造成了一定的误差，但这部分误差相对于整个被测量而言，将是非常微小的。

例如，$R_X = 101\Omega$，基本部分是 100Ω，变化部分是 1Ω，如果变化部分用偏差法测量的误差是 1%，则为 $\pm 0.01\Omega$，相对于 101Ω 的整个电阻而言，相对误差约为 0.01%，如果再考虑基本部分用零位法测量时的相对误差是 0.01%，总的相对误差将为 0.02Ω。可见微差法测量过程比绝对用零位法测量时简便、迅速（因零位法测量时需要用标准量反复地与被量相平衡），所以它在工程测量中得到大量应用。

第二节　测　量　误　差

一、误差的概念

在检测过程中，由于环境中存在着各种各样的干扰因素，以及所选用的仪表精度有限，实验手段不够完善，检测技术水平的限制等原因，必然使测量值和真实值之间存在着一定的差值，这个差值称为测量误差。表示为

$$\Delta = X - T$$

式中　X——测量值，即被测变量的仪表示值；

　　　　T——真实值，在一定条件下，被测变量实际应有的数值。

真实值是一个理想的概念，因为任何可以得到的数据都是通过测量得到的，它受到测量条件、人员素质、测量方法和测量仪表的影响。

一个测量结果，只有当知道它的测量误差的大小及误差的范围时，这种结果才有意义，因此，必须确定真实值。在实际应用中，常把以下几种情况定为真实值。

1. 计量学约定的真值

即测量过程中所选定的国际上公认的某些基准量。例如 1982 年国际计量局米定义咨询委员会提出新的米定义为"米等于光在真空中 1/299 792 458 秒时间间隔内所经路径的长度"。这个米基准就当作计量长度的约定真值。又如：在一个物理大气压下，水沸腾的温度为 100℃，即为约定真值。

2. 标准仪器的相对真值

可以用高一级标准仪器的测量值作为低一级仪表测量值的相对真值，在这种情况下真值 T 又称为实际值或标准值。如：对同一个被测量变量，标准压力表示值为 16MPa，普通压力表示值为 16.01MPa，则该被测压力表测量值 X 是 16.01MPa，相对真值（实际值）16MPa，用普通压力表测量后产生的误差为

$$\begin{aligned}\Delta &= X - T\\ &= 16.01 - 16\\ &= 0.01\text{MPa}\end{aligned}$$

3. 理论真值

如：平面三角形的内角之和恒为 180°。

二、误差的分类

(一) 根据误差的表示方式分

1. 绝对误差

被测变量的测量值与实际值之间的差值称为绝对误差。即

$$\Delta = X - T \tag{1-1}$$

绝对误差直接说明了仪表显示值（测量值）偏离实际值的大小。对同一个实际值来说，测量产生的绝对误差小，则直观地说明了测量结果准确。但绝对误差不能作为不同量程的同类仪表和不同类型仪表之间测量质量好坏的比较尺度，且不同量纲的绝对误差无法比较。

为了更准确地描述测量质量的好坏，明确测量结果的可信程度，通常将绝对误差与被测值的大小做一比较，从而引入相对误差的概念。

2. 相对误差

相对误差是被测变量的绝对误差与实际值（或测量值）比较的百分数。

$$\delta = \frac{\Delta}{T} \times 100\% \approx \frac{\Delta}{X} \times 100\% \qquad (1\text{-}2)$$

例如，用电阻式温度计测量 200℃ 温度时，产生的绝对误差是 ±0.5℃，由式(1-2) 得到，相对误差 δ 是 ±0.25%。用热电偶温度计测量 800℃ 温度时，产生的绝对误差是 ±1℃。由式(1-2) 得到相对误差 δ 是 ±0.125%。可见，用绝对误差比较则电阻式温度计测量的准确度高，但用相对误差比较则发现，热电偶温度计相对于测量的实际值而言，测量结果的准确度高。

又如，测量范围为 0～1000℃ 的热电偶温度计，测量各温度点时，产生的绝对误差均为 ±1℃，因此，在测量 200℃ 时，产生的相对误差为 $\delta_1 = \frac{\pm 1}{200} \times 100\% = \pm 0.5\%$，在测量 800℃ 时，产生的相对误差为 $\delta_2 = \frac{\pm 1}{800} \times 100\% = \pm 0.125\%$。由此可见，在仪表的整个测量范围内，靠近下限值附近，测量的实际值小，产生的相对误差就大，说明测量结果不够准确；而在上限附近，测量的实际值高，产生的相对误差小，测量结果的准确度随之得到提高。

3. 引用误差

绝对误差与仪表量程比值的百分数称为引用误差，表示为

$$\delta_{引} = \frac{\Delta}{X_{\max} - X_{\min}} \times 100\% = \frac{\Delta}{M} \times 100\% \qquad (1\text{-}3)$$

式中　$X_{\max}$——仪表标尺上限刻度值；

　　　$X_{\min}$——仪表标尺下限刻度值；

　　　M——仪表的量程。

在实际应用时，通常采用最大引用误差来描述仪表实际测量的质量，并把它定义为确定仪表精度的基准。表达式为

$$\delta_{引M} = \frac{\Delta_M}{M} \times 100\% \qquad (1\text{-}4)$$

式中　Δ_M——在测量范围内产生的绝对误差的最大值。

（二）根据误差的测试条件来分

1. 基本误差

在规定的工作条件下（如温度、湿度、电源电压、频率等一定），仪表本身具有的误差叫基本误差。可用最大引用误差的计算方法来表示基本误差的大小。

2. 附加误差

当仪表的工作条件偏离正常范围时所引起的误差就是附加误差。

（三）根据误差出现的规律来分

1. 系统误差

在同一条件下多次测量同一值时，误差的大小和符号保持不变或按一定规律变化的误差叫系统误差。误差的大小和符号已确定的系统误差称已定系统误差；误差的大小和符号按一定规律变化的系统误差称未定系统误差，根据它不同的变化规律，有线性变化的、周期变化的以及按复杂规律变化的，等等。

系统误差主要是由于测量装置本身在使用中变形、未调到理想状态或电源电压波动等原因造成的。

系统误差的特征是误差出现的规律和产生原因是可知的。因此可以通过分析、预测加以消除。

$$T = X + C$$

式中　C——测量结果的修正值或测量系统中的修正环节。

当测量值 X 通过修正后，就可获得具有一定准确度的实际值（真实值）。

系统误差的大小体现了测量结果偏离真实值的程度。

2. 随机误差

在相同条件下多次测量某一值时，误差的大小和符号以不可预定的方式变化，称为随机误差。随机误差是由于许多偶然的因素所引起的综合结果。它既不能用实验方法消去，也不能简单加以修正。单次测量的随机误差没有规律，但在多次测量时，总体上服从统计规律，通过统计学的数学分析，来研究和估计测量结果的准确可信的程度，并通过统计处理，减少影响。

随机误差的大小表明对同一测量值多次重复测量的结果的分散程度。

3. 粗大误差

明显歪曲测量结果的误差，称为粗大误差。产生的原因有测量方法不当、工作条件不符合要求等原因，但更多的是人为的原因。含有粗大误差的测量结果称为坏值或异常值，应予以删除。

（四）动态误差与静态误差

1. 静态误差

仪表进入到一种新的平衡状态后具有的误差。这时仪表的示值是稳定的。一般仪表的精度都由静态误差决定。

2. 动态误差

被测信号变化时，由于仪表惯性而不能准确跟踪信号变化，使示值产生滞后误差，即为动态误差。当信号稳定下来后，动态误差最终会消失。但在动态测试、系统环节多、惯性时间长时，必须充分考虑其影响。

三、误差的分析与数据处理

（一）系统误差分析

系统误差是一种恒定不变或按一定规律变化的误差。它具有确定性、重现性和修正性。通过实验对比，用高精度的测量仪表校验普通仪表时，可以发现已定系统误差；通过对误差大小及符号变化的分析，来判断未定系统误差。但是未定系统误差常常不容易从测量结果中发现并认识它的规律，因此，只能是具体问题具体分析，这在很大程度上取决于测量者的知识水平、经验和技巧。

为使测量结果正确，应尽可能消除系统误差，常采用以下几种方法。

① 消除系统误差产生的根源。合理选择测量方法、测量仪表、保证测量的环境条件。

② 在测量结果中加修正值以消除误差。通过机械调零、应用修正公式（或图表）、在系统中增加自动补偿环节等来消除误差，修正测量结果。

应当明确，系统误差是不可能完全消除的，只能减弱到对测量结果的影响忽略不计的程度。此时可认为已消除了系统误差。

（二）随机误差分析

在测量中，当系统误差被减小到可以忽略的程度，且剔除了粗大误差后，对同一被测量进行多次测量时如果仍然会出现读数不稳定现象，这就说明存在着随机误差。随机误差的统计分布可用正态分布曲线描述，如图 1-3。

图中，横坐标为随机误差，用 $\delta = X - T$ 表示；纵坐标为随机误差出现的概率 $P(\delta)$。

对于随机误差 δ 来说，它对测量结果的影响可用均方根误差来表示。

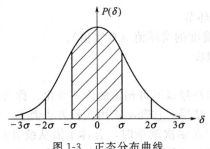

图 1-3 正态分布曲线

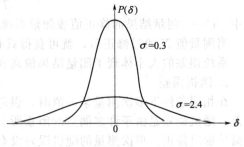

图 1-4 不同 σ 值的正态分布

均方根误差 σ 又称标准误差，由下式计算。

$$\sigma = \sqrt{\frac{\sum\limits_{i=1}^{n}\delta_i^2}{n}} = \sqrt{\frac{\sum\limits_{i=1}^{n}(X_i - T)^2}{n}} \tag{1-5}$$

式中　n——测量某值的次数（趋于无限）；

　　　δ_i——$\delta_i = X_i - T$ 第 i 次测量所产生的误差；

　　　X_i——第 i 次测量所得到的数值；

　　　T——真实值。

由前述可知，实际操作时，测量次数是有限的，且被测变量的真实值又无法获得，因而实际分析随机误差对测量结果的影响时，σ 表示为

$$\sigma = \sqrt{\frac{\sum\limits_{i=1}^{n}(X_i - \overline{X})^2}{n-1}} \tag{1-6}$$

式中　n——有限的测量次数，一般 $n=10$ 次以上；

　　　$\overline{X}$——用算术平均值表示的真实值。

$$\overline{X} = \frac{X_1 + X_2 + \cdots + X_n}{n} = \frac{\sum\limits_{i=1}^{n}X_i}{n} \tag{1-7}$$

随机误差的大小反映测量结果的分散程度，均方根误差是理想的特征量。它对测量危害大的误差充分反映，对小误差影响也很敏感。

需明确的是，σ 值并不是某次测量中的具体误差值，在一系列等精度测量中（无系统误差且测量条件相同），随机误差 δ 出现的概率密度分布情况如图 1-4。σ 小的分布曲线尖锐，小误差值出现的概率大，而 σ 大的分布曲线平坦，大误差和小误差出现的概率相差不大。

图 1-3 中带斜线部分，表示误差在该区间出现的次数与总次数的比值，即概率值。当随机误差 δ 在某一区间内（如 $-K\sigma \sim +K\sigma$）的概率足够大时，该测量误差 δ 的估计值 $\pm K\sigma$ 就具有一定的可信程度，此时测量结果 X 落在该区间的可信程度也大。

对测量值来说，$[-K\sigma, +K\sigma]$ 区间就叫置信区间，相应的概率值叫置信概率，结合起来就表明测量结果的可信程度。测量结果表示为

$$X = \overline{X} \pm K\sigma \tag{1-8}$$

当取 $\pm 3\sigma$ 为置信区间时，此时的置信概率为 99.7%，说明测量结果的可信程度达到 99.7%。即对某一被测量进行同等精度的 100 次测量，可信真实的测量结果将达 99.7 次，相对于每一次测量，不可信的大误差几乎不出现。3σ 称单次测量的极限误差。

当取 $\pm 2\sigma$ 为置信区间时，置信概率则达 95.45%，说明测量结果的可信程度是

95.45%，即对某一被测量进行同等精度的 100 次测量，可信真实的测量结果达 95.45 次，不可信的大误差仅出现 4.55 次。

然而，要达到 99.7% 的置信概率，采用的测试方法、测量仪表、测量条件均要求很高，只在计量工作中才可达到。一般的工程测量中，只要有 95% 的可信程度就可满足要求，则置信区间在 $\pm 2\sigma$ 即可。例如，日常测量温度、长度等被测变量时，仅测 1～2 次就可确定测量结果，而不需要进行反复测量就是基于上述原理。

（三）粗大误差的处理

粗大误差会显著歪曲测量结果，因此，必须加以剔除。

目前常用的方法是统计判别法之一的"莱伊特准则"。它以 $\pm 3\sigma$ 为置信区间，凡超过此值的剩余误差均做粗大误差处理，予以消除，该准则的表达式为

$$|X_i - \overline{X}| > 3\sigma \tag{1-9}$$

满足上式的 X_i 值就是坏值，相应产生的误差为粗大误差，必须删除。

（四）自动检测系统的误差确定

无论是单变量的检测系统或多变量、多环节的检测系统，考虑整个系统误差时，是系统中各环节误差的叠加，因为各环节误差不可能同时按相同的符号出现最大值，有时会互相抵消。因此必须按照概率统计的方法求取。即按各项误差的均方根求得的误差来估计系统的误差。

$$\sigma = \pm \sqrt{\sum \sigma_i^2} \tag{1-10}$$

【例 1-1】 有一测温点，采用 WREV-210 型镍铬-镍硅热电偶，基本误差 $\sigma_1 = \pm 4℃$，采用铜-康铜补偿导线，基本误差 $\sigma_2 = \pm 4℃$，采用温度记录仪为 XWC-300 型，EU 电子电位差计。记录基本误差 $\sigma_3 = \pm 6℃$，由于线路老化，接触电阻、热电偶冷端温度补偿不完善，仪表电桥电阻变化，仪表工作环境电磁场干扰等原因引起的附加误差 $\sigma_4 = \pm 6℃$，试计算这一测温系统的误差为多少？

解 $E_X = \pm \sqrt{\sigma_1^2 + \sigma_2^2 + \sigma_3^2 + \sigma_4^2} = \pm \sqrt{4^2 + 4^2 + 6^2 + 6^2} = 10.2℃$

第三节　检测仪表的基础知识

一、检测仪表的组成

检测仪表的结构虽因功能和用途各异，但通常包括三个基本部分，如图 1-5 所示。

图 1-5　检测仪表的组成

（一）检测部分

检测部分一般直接与被测介质相关联，通过它感受被测变量的变化，并变换成便于测量的相应的位移、电量或其他物理量。这部分包括以下两种情况。

1. 敏感元件

敏感元件是能够灵敏地感受被测变量并作响应的元件。例如弹性膜盒能感受压力的大小而引起形变，因此弹性膜盒是一种压力敏感元件。当然敏感元件的输入输出关系应是稳定的单值函数关系，如能是线性或近似线性更理想。

2. 传感器

传感器不但能感受被测变量并能将其响应传送出去。即传感器是一种以测量为目的、以一定的精度把被测量转换为与之有确定关系的、便于传送处理的另一种物理量的测量器件。上述弹性膜盒的输出是变形，是一种极小的位移量，不便于向远方传送，如果把膜盒中心的位移转变为电容极板的间隙变化，就成为输出信号是电容量的压力传感器。

由于电信号便于传送处理，所以大多数传感器输出信号是电压、电流、电感、电阻、电容、频率等电量。目前利用光导纤维传送信息的传感器也得到发展，它在抗干扰、防爆、传送速度等方面都很突出。

另外，某些敏感元件的输出响应本来就可以进行方便传输处理，如热电偶元件，它感受温度后直接转换成电动势，所以有时也称这类敏感元件叫做传感器（如热电偶传感器）。

（二）转换传送部分

转换传送部分（也称信号处理器）是把检测部分输出的信号进行放大、转换、滤波、线性化处理，以推动后级显示器工作。

转换器是信号处理器的一种。传感器的输出通过转换器把非标准信号转换成标准信号，使之与带有标准信号的输入电路或接口的仪表配套，实现检测或调节功能。所谓标准信号，就是物理量的形式和数值范围都符合国际标准的信号。如直流电流4～20mA；直流电压1～5V；空气压力20～100kPa等都是当前通用的标准信号。

有了统一的标准信号，不仅可使同一系列的各类仪表容易构成检测或控制系统，而且还可以将不同系列的仪表甚至计算机连接起来，构成系统使用，这样兼容性、互换性大为提高，配套方便，从而扩大了仪表应用范围。如频率转换成4～20mA电流等。另外，不同的标准信号之间通过转换器也可相互转换。如气/电转换器能把20～100kPa的空气压力转换成4～20mA的直流信号，而电/气转换器能把4～20mA的直流信号转换成20～100kPa的空气压力信号。

变送器是传感器与转换器的另一种称呼。凡能直接感受非电的被测变量并将其转换成标准信号输出的传感转换装置，可称为变送器。如差压变送器、浮筒液位变送器、电磁流量变送器等。个别的如温度变送器也可直接接收由热电偶、热电阻输出的非标准电信号。

（三）显示部分

将测量结果用指针、记录笔、数字值、文字符号（或图像）的形式显示出来。显示部分可以和检测部分、信号处理部分共同构成一个整体，成为就地指示型测量仪表，如弹簧管压力表，玻璃管式液位计，水银温度计等；也可以单独工作为一台仪表与各类传感器、变送器等配合使用构成检测、控制系统，如电子电位差计、数字显示表、无纸记录仪等。

二、检测仪表的分类

检测仪表的种类名目繁多，分类不尽相同。常用的分类方法如下。

（一）根据被测变量的种类分

（1）过程检测仪表　温度检测仪表、压力检测仪表、物位检测仪表、流量检测仪表、成分分析仪表等。

（2）电工量检测仪表　电压表、电流表、惠斯顿电桥等。

（3）机械量检测仪表　荷重传感器、加速度传感器、应变仪、位移检测仪表等。

（二）根据敏感元件与被测介质是否接触分

接触式检测仪表、非接触式检测仪表。

（三）根据检测仪表的用途分

标准仪表、实验室用仪表（台式、便携式）、工业用仪表（就地安装的基地式、控制室安装的盘装、架装式）。

三、检测仪表的基本技术指标

一台仪表的品质好坏是由它的基本技术指标来衡量。常用的指标如下：

1. 量程

量程是指仪表能接受的输入信号范围。它用测量的上限值与下限值的差值来表示。例如：测温范围为$-50\sim+1370℃$，则上限值为$+1370℃$，下限值为$-50℃$，量程为1420℃。

量程的选择是仪表使用中的重要问题之一。一般规定：正常测量值在满刻度的50%～70%。若为方根刻度，正常测量值在满刻度的70%～85%。

2. 精度

精度是描述仪表测量结果的准确程度的一项综合性指标。精度高低主要由系统误差和随机误差的大小决定。因此精度包含了正确度和精密度两个方面的内容。

● 正确度表示测量结果中系统误差大小的程度，即测量结果与被测量真值偏离的程度。系统误差越小，测量结果越正确。

● 精密度表示测量结果中随机误差大小的程度，它指在一定条件下，多次重复的测量结果彼此间的分散程度。随机误差越小，测量结果越精密。

在实际测量过程中，系统误差和随机误差通常是同时发生的，并且可以在一定条件下相互转化，单从某次测量结果判断具有系统误差还是随机误差是不可能的。所以，用测量的精度来反应系统误差和随机误差的综合情况。精度高，说明系统误差和随机误差都小，即具有一个既"精密"又"正确"的测量过程。如图1-6所示。

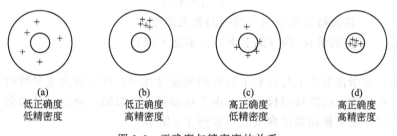

(a)	(b)	(c)	(d)
低正确度	低正确度	高正确度	高正确度
低精密度	高精密度	低精密度	高精密度

图1-6　正确度与精密度的关系

仪表的精度是用基本误差来表示的。在规定的工作条件下，仪表基本误差的允许界限称允许误差。某台仪表的基本误差小于或等于该表规定的允许误差时，为合格；否则为不合格。允许误差去掉%后的值就是国家规定的电工仪表的精度等级。

【例1-2】 某表的精度等级为0.1级，则表示该表的允许误差为$\pm0.1\%$，同时说明该表本身具有基本误差不超过$\pm0.1\%$。若使用一段时间后，经过校验，计算出该表的基本误差（最大引用误差）为$\pm0.15\%$，超过了该表所规定的允许误差，实际的精度下降至0.2级，因此该表不合格，需要重新调整或更换掉。

为了方便仪表的生产及使用，国家用精度等级来划分仪表精度的高低。根据国家标准GB/T 13283—91，由引用误差或相对误差表示精度的仪表，其精度等级应自下列数系中选取：

0.01，0.02，（0.03），0.05，0.1，0.2，（0.25），（0.3），（0.4），0.5，1.0，1.5，（2.0），2.5，4.0，5.0

注：① 必要时，可采用括号内的精度等级。其中0.4级只适用于压力表。

② 低于5.0级的仪表，其精确度等级可由各类仪表的标准予以规定。

不宜用引用误差或相对误差表示精确的仪表（如热电偶、热电阻等），可用拉丁字母或阿拉伯数字表示精确度等级，如A、B、C或者说1、2、3。按拉丁字母或阿拉伯数字的先后次序表示精确度等级的高低。

因为仪表的精度是用基本误差来表示的，由公式(1-4) 可见，仪表精度的高低不仅与测量范围内产生的绝对误差的最大值有关，还与该仪表的量程大小有关。因此在选择和确定仪表精度时，必须同时考虑误差和量程这两个因素。

3. 线性度

线性度是指仪表分度的均匀程度。即反映仪表特性曲线逼近直线的程度。由于线性仪表的分度和使用及信号处理比较方便，所以通常希望仪表具有线性特性。应注意的是，计算时常用非线性度来说明线性程度（即仪表的实际曲线偏离直线的程度）。如图 1-7。

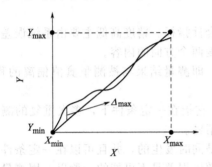 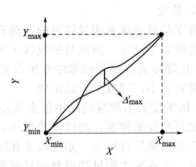

图 1-7 仪表非线性特性曲线　　　　　　图 1-8 仪表变差特性曲线

$$\text{非线性} = \frac{\Delta_{max}}{Y_{max} - Y_{min}} \times 100\% \tag{1-11}$$

式中　　Δ_{max}——仪表特性曲线与直线间的最大偏差；

$Y_{max} - Y_{min}$——仪表量程,即（刻度上限－刻度下限）。

4. 变差

又称回差，是指仪表在上行程和下行程的测量过程中，同一被测变量所指示的两个结果之间的偏差。在机械结构的检测仪表中，由于运动部件的摩擦，弹性元件的滞后效应和动态滞后时间的影响，使测量结果出现变差。如图 1-8 所示。

$$\text{变差} = \frac{\Delta'_{max}}{Y_{max} - Y_{min}} \times 100\% \tag{1-12}$$

式中　　Δ'_{max}——同一输入值的两示值之差的最大值。

【例 1-3】　某一标尺为 $0 \sim 500\,℃$ 的温度计出厂前经校验，其刻度标尺各点测量值分别如下。

被校表读数/℃		0	100	200	300	400	500
标准表 读数/℃	上行程	0	103	198	303	406	495
	下行程	0	101	201	301	404	495

① 求仪表最大绝对误差；

② 确定仪表的变差和精度等级；

③ 仪表经一段时间使用后，重新校验时，仪表最大绝对误差为 $\pm 8\,℃$，问该表是否符合原出厂时的精度等级。

解　① 从数据表中可得，最大绝对误差发生在 $400\,℃$ 测温点处。

$$\Delta_{max} = (400 - 406)\,℃$$
$$= -6\,℃$$

② 变差的最大值发生在 $200\,℃$ 测温点处。

$$变差 = \frac{201-198}{500-0} \times 100\%$$

$$= 0.6\%$$

$$基本误差 = \frac{\pm \Delta_m}{M} \times 100\% = \frac{\pm 6}{500} \times 100\% = \pm 1.2\%$$

确定仪表精度等级时，仪表的基本误差应小于或等于国家规定的允许误差（精度级加上％号）。对照国家精度等级标准，该表的精度定为 1.5 级。

③ 因为此时 $\Delta_{max} = \pm 8℃$，所以最大引用误差 $= \frac{\pm 8}{500} \times 100\% = \pm 1.6\%$，超过原定的精度级，已不符合出厂时的要求，现定为 2.0 级。

5. 灵敏度

灵敏度是指输入量的单位变化所引起的输出量的变化。它表示仪表对被测变量变化反应的敏感程度。可表示为

$$S = \Delta y / \Delta x \qquad\qquad (1-13)$$

当灵敏度 S 在各测量点均相同时，则该仪表为线性特性；而对于非线性仪表，灵敏度 S 则不为常数。

由式(1-13)可知，S 愈大，说明输入量微小的变化则会引起输出量很大的响应，意味着仪表的灵敏度高。例如：两台电流表，分别输入 $2\mu A$ 电流和 $1mA$ 电流时，指针产生相同偏转角度，则第一台电流表测量电流时的灵敏度高。仪表灵敏度的调整通常通过改变仪表放大系数来进行。需要注意的是，仪表灵敏度高，会引起系统的不稳定，使检测或控制系统品质指标下降。因此规定仪表标尺分格值不能小于仪表允许的绝对误差。

【例 1-4】 一块精度为 2.5 级，测量范围为 $0 \sim 10MPa$ 的压力表，其标尺分度最多分多少格？

解 仪表允许的绝对误差 = 允许误差 × 量程

$$\Delta_允 = 2.5\% \times (10-0) = 0.25 \; (MPa)$$

$$分格值 \geqslant \Delta_允 = 0.25 \; (MPa)$$

则　最大分格数 $= \dfrac{量程}{最小分格值} = \dfrac{10-0}{0.25} = 40 \; 格$

6. 灵敏限

灵敏限是指仪表在刻度起点处引起输出变化所对应的输入量的最小变化值。为了取得灵敏限的明确性，通常用死区来表示输入量的变化，即不致引起输出量有任何可察觉的变化有限区间。在仪表的任何一个刻度上使输出变化的最小输入变化值 $\Delta X_s'$ 则称为仪表的分辨率。

7. 仪表的动态特性

反映仪表对被测变量的变化响应是否及时的指标。

(1) 时间常数　指在被测变量作阶跃变化后，仪表示值达到被测量变化值的 63.2% 时所需的时间。如图 1-9，仪表指示不能立即反映被测量实际变化，又称仪表的滞后现象。因此，时间常数小的仪表滞后就小，即反应时间短；反之，时间常数大，滞后就大，反应时间长。

(2) 阻尼时间　是指从给仪表突然输入其标尺一半的相应被测量值开始，到仪表指示与被测量值之差为该标尺范围的 ±1% 时为止的时间间隔。如图 1-10，它反映了仪表示值跟随输入量变化从一个稳定工作点到另一个稳定工作点所需的时间长短。当阻尼时间短时，仪表示值的稳定时间短，说明系统稳定性好。

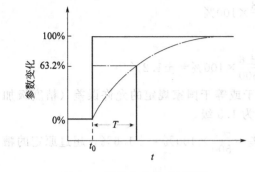

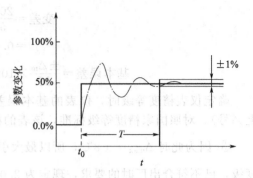

图 1-9　测量仪表的时间常数　　　　　　　图 1-10　测量仪表的阻尼时间

四、仪表精度与测量精度

1. 仪表精度

仪表精度反映的是仪表在全量程范围内测量时可能产生的最大误差，即测量结果的可信程度。仪表精度用基本误差决定。

例如，仪表精度为 0.5 级，则表明该仪表在测量时，测量结果产生的最大误差不会超过 ±0.5%。若使用一段时间后进行检验，发现测量结果产生的最大引用误差为 ±0.8%，超过原定的 0.5 级，但不超过 1.0 级，这时该仪表的实际精度应改变为 1.0 级。

2. 测量精度

测量精度反映的是仪表在对某个具体的被测变量进行测量时，测量结果的准确可信的程度。所以测量精度应该用相对误差来决定，有时也可直接用绝对误差来说明。

仪表精度和测量精度之间既有关又有区别。如何利用仪表的精度级获得较高的测量精度，以及如何根据测量精度的要求确定适当的仪表精度级，是仪表使用中经常碰到的实际问题。

如量程为 400℃ 的测温表，精度为 0.5 级，因此得到

$$\Delta = (400 - 0) \times 0.5\% = 2℃$$

这说明无论指示在刻度的哪一点，其最大绝对误差不超过 2℃。但各点的相对误差是不同的，指示值在靠近下限方向的相对误差大，而越接近量程上限相对误差越小。

在选用仪表时，一般应使仪表经常工作在量程的 2/3 附近，这样既保证测量的精确度，又保证了仪表的安全操作。

本 章 小 结

本章主要介绍了三个方面的基本概念。

一、检测的基本概念

检测是利用各种物理和化学效应，将物质世界的有关信息通过测量的方法赋予定性或定量结果的途径。测量的过程就是比较变换的过程。通过直接测量或间接测量获得被测变量的数值。

二、测量误差

在测取被测变量的过程中，由于测量方法、测量仪表、测量环境以及测量者等多方面的原因，使得测量结果不可避免的出现误差。误差的大小反映了测量结果的准确程度。

真实值表示在一定条件下，被测变量实际应有的数值。在数据处理中，常用多次测量结果的算术平均值来表示。

误差有多种分类。一是从比较对象看，分为绝对误差、相对误差、引用误差；二是从特性来说，可分为系统误差、随机误差和粗大误差等；三是按测量条件的影响，可分为基本误差、附加误差和允许误差；四是从误差变化的快慢，可分为静态误差和动态误差。

对于自动控制系统来说，系统总误差用各环节的均方根误差的概率统计值决定。

三、检测仪表的基本知识

检测仪表一般由检测部门、转换传送部分、显示部分构成。

检测部分有时称为传感器，它将被测变量转换成与之对应的信号（电信号）并传送出去。当传送的是符合国际标准的电信号（0～10MA、4～20MA、20～100kPa 等）或气信号时，又称为变送器。检测部分是检测仪表的核心。

检测仪表的品质指标主要包括量程、精度、非线性度、变差、灵敏度、灵敏限、动态特性等。

仪表的精确度是仪表测量准确度的综合反映。它由最大引用误差来计算，并根据国家标准确定出相应的等级。

仪表的变差是仪表正反向特性不一致的程度。

在检验一台仪表时，如果该表的精度等级或变差不满足规定的要求，则该表为不合格仪表。

灵敏度是表示仪表对被测变量变化的敏感程度。由于仪表的性能主要取决于仪表的允许误差，因此不允许任意增大仪表的灵敏度。

总之在使用仪表时，必须明确：仪表的精度高，不一定代表测量结果的准确度高。它们之间相互依存，但有区别。

习题与思考题

1-1 什么叫测量误差？仪表的误差分类有哪些？

1-2 试分析系统误差和随机误差的特性？

1-3 什么是置信概率？它的大小说明了什么？

1-4 仪表的测量方法有哪些？各有什么特点？

1-5 什么是仪表的灵敏度、灵敏限？

1-6 什么是仪表的时间常数、阻尼时间？

1-7 仪表精度与测量精度之间有什么区别和联系？

1-8 检测仪表的组成有哪几部分？试述各部分作用？

1-9 仪表的基本技术指标有哪些？如何确定仪表的基本技术指标？

1-10 一台电子自动电位差计，精度等级为 0.5 级，测量范围为 0～500℃，经校验发现最大绝对误差为 4℃，问该表合格吗？应定为几级？

1-11 被测温度为 400℃，现有量程范围为 0～500℃，精度为 1.5 级的表和量程为 0～1000℃，精度为 1.0 级的温度表各一块，问选哪一块仪表测量的更准确？并说明原因。

1-12 量程为 0.2～1.0MPa，精度为 1.0 级的压力表在规定工作条件下使用时在 0.6～1.0MPa 的范围内测量，实际测量结果最大可能的误差是多少？如果仪表量程改为 0～1.0MPa，精度等级和测量范围不变，其结果是否相同？

1-13 有一台精度为 2.5 级，测量范围为 0～10MPa 的压力表，其标尺分度最多只能分多少格？

1-14 某测量系统由测量元件、变送器、指示仪表组成。它们的基本误差分别为 $\sigma_1 = \pm 3MPa$；$\sigma_2 =$

±3MPa，$\sigma_3 = \pm 4$MPa，试确定该系统的总误差？

1-15 仪表的动态特性用什么指标来表示？其定义是什么？

1-16 什么是传感器？什么是变送器？

1-17 检测仪表的作用是什么？

1-18 说明测量结果产生误差的原因？如何消除或减少误差？

第二章 压力检测及仪表

第一节 概 述

压力是化工生产过程中的重要工艺参数之一，一些生产过程是在一定压力下进行的，压力的变化既影响物料平衡又影响化学反应速度，进而影响产品的质量和产量，所以必须严格遵守工艺操作规程，保持一定的压力，才能保证产品的质量和产量，使生产正常运行。

在化工生产过程中，由于工艺条件不同，有的设备需要高压，（例如：高压聚乙烯要在 1.47×10^8 Pa 高压下聚合，氨的合成要在 30.38×10^6 Pa 的高压下进行。）有的设备需要低压，甚至在真空条件下进行。（例如：炼油厂的减压精馏就是如此）同时，生产介质具有高温、低温、强腐蚀、易燃、易爆等特点。因此，为了保证化工生产始终处于优质高产、安全低耗以获得最佳的经济效益，对压力进行检测和控制则是十分重要的。

检测压力的仪表称为压力表或压力计。依生产工艺的不同要求，分为指示型、记录型、远传变送型、指示报警型、指示调节型等。

一、压力的基本概念

（一）定义

均匀而垂直作用于单位面积上的力称为压力，用公式表示为

$$p = F/A \qquad (2\text{-}1)$$

式中　F——均匀而垂直作用的力，N；

　　　A——受力面积，m^2；

　　　p——压力，Pa。

（二）压力测量单位

法定压力计量单位为帕斯卡（简称"帕"）用符号 Pa 表示。

1 帕斯卡等于 1 牛顿每平方米，用符号 N/m^2 表示。因帕斯卡单位太小，工程上常用 kPa（10^3Pa）和 MPa（10^6Pa）。

（三）压力的表示方式

● 大气压力　地球表面上的空气柱重量所产生的压力。其值由地理位置及气象情况所决定。

● 绝对压力　液体、气体或蒸汽所处空间的全部压力。

● 表压力　以大气压力为基准的压力值，当绝对压力大于大气压力时，它等于绝对压力与大气压力之差。

● 负压或真空度（疏空压力）　当绝对压力小于大气压力时它等于大气压力与绝对压力之差。负压绝对值越大，绝对压力越小，真空度越高。

● 差压　两个相关压力之差。

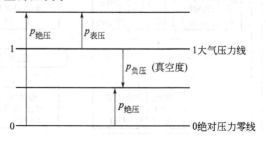

图 2-1　表压、绝对压力和负压（真空度）关系

它们之间的关系如图 2-1 所示。

二、压力量值的传递

为了保证压力检测量值的准确一致，必须定期对压力计量器具进行检定，即压力量值的传递。为此在国家计量部门保存着中国的压力基准装置。在国内，它作为压力测量的最高标准，用以检定各种压力仪器仪表。同时，还要与国际上的压力基准相对比，以使中国压力检测量值与国际压力量值相一致。从 1990 年 5 月 1 日起，中国实行的压力计量器具计量检定系统如图 2-2 所示。

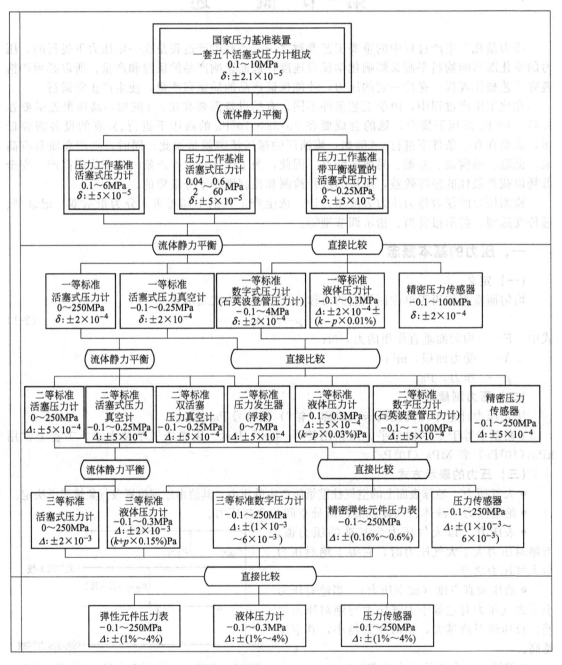

图 2-2　压力计量器具检定系统图

三、压力检测的基本原理

1. 利用液体压力平衡原理

通过液体产生或传递压力平衡被测压力从而获得测量结果。如液柱式压力计和活塞式压力计。

2. 利用弹性变形原理

利用各种形式的弹性敏感元件在受压后产生弹性变形的特性进行压力检测。如弹簧管压力表。

3. 利用某些物质的某一物理效应与压力的关系来检测压力

这类仪表的输出均为电信号，统称为电测式压力仪表，又称传感器或变送器。如应变片式压力传感器，霍尔式压力传感器，电容式压力（差压）变送器，扩散硅式压力（差压）变送器，等等。

第二节　弹性式压力表

基本原理是依据弹性元件受压变形后产生的弹性反作用力与被测压力相平衡，然后测量弹性元件的变形量大小可知被测压力的大小。根据测量范围的不同，常用的弹性元件有膜片、波纹管、弹簧管等，其结构如表 2-1 所示。

表 2-1　弹性元件的结构

类型	名称	示意图	压力测量范围/kPa		输出特出	动态性质	
			最小	最大		时间常数/s	自振频率/Hz
薄膜式	平薄膜		$0\sim10$	$0\sim10^5$		$10^{-5}\sim10^{-2}$	$10\sim10^4$
	波纹膜		$0\sim10^{-3}$	$0\sim10^3$		$10^{-2}\sim10^{-1}$	$10\sim100$
	挠性膜		$0\sim10^{-5}$	$0\sim10^2$		$10^{-2}\sim1$	$1\sim100$
波纹管式	波纹管		$0\sim10^{-3}$	$0\sim10^3$		$10^{-2}\sim10^{-1}$	$10\sim100$
弹簧管式	单圈弹簧管		$0\sim10^{-1}$	$0\sim10^6$		—	$100\sim1000$
	多圈弹簧管		$0\sim10^{-2}$	$0\sim10^5$		—	$10\sim100$

弹性元件是测压仪表的关键元件。为了保证仪表的精度、可靠性及良好的线性特性，弹性元件必须工作在弹性限度范围内，且弹性元件的弹性后效和弹性滞后要小，温度系数也要低。

常用的材料有锡青铜、磷青铜、铍青铜、黄铜、不锈钢、锰钢等。新型弹性材料有钯-金系无磁恒弹性合金；锰-钯系无膨胀恒弹性合金等。

弹性式压力检测仪表结构简单，坚固耐用，指示明显，价格便宜，测量范围宽（最高可达 1000MPa），并能保证足够的测量精度（工程上可达 0.5 级），现场使用维护方便，故在工程中一直得到广泛应用。

一、弹簧管式压力表

(一) 测压原理

弹簧管是一个压力/位移的转换元件，它是一个一端封闭，横截面呈椭圆形或扁圆形，弯成圆弧形的空心管子。如图 2-3 所示。椭圆形的长轴 $2a$ 与垂直于图面的弹簧管中心轴 O 相平行。管子封闭的一端 B 为自由端即位移输出端；而另一端 A 则为固定端，即被测压力的输入端；γ 为弹簧管中心轴初始角；$\Delta\gamma$ 为中心角的变化量；R 和 r 分别为弹簧管弯曲圆弧的外半径和内半径；a 和 b 为弹簧管椭圆截面的长半轴和短半轴。

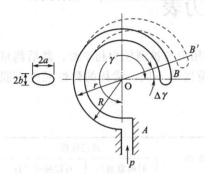

图 2-3 弹簧管的测压原理

被测压力 p 通入固定端后，椭圆形截面的管子在压力 p 的作用下将趋向于圆形，即长轴变短，短轴增长。换言之，弯成圆弧形的弹簧管要随之产生向外挺直的扩张变形，使自由端 B 发生位移。由 B 移动到 B'。

如图 2-3 上虚线所示。弹簧管中心角随之减小 $\Delta\gamma$。依据弹性变形原理可知，中心角的相对变化值 $\dfrac{\Delta\gamma}{\gamma}$ 与被测压力 p 的关系可用下式表示。

$$\frac{\Delta\gamma}{\gamma}=p\,\frac{1-\mu}{E}\times\frac{R^2}{bh}\left(1-\frac{b^2}{a^2}\right)\frac{\alpha}{\beta+\kappa^2}$$
$$=Kp \tag{2-2}$$

式中　μ、E——弹簧管材料的泊松系数和弹性模量；

　　　h——弹簧管的壁厚；

　　　κ——弹簧管的几何参数；

　　α、β——与 a/b 比值有关的系数；

　　　K——与弹簧管结构、尺寸、材料有关的常数。

由式(2-2)可知

① 当弹簧管结构、尺寸、材料一定时，$\dfrac{\Delta\gamma}{\gamma}$ 与 p 成正比；

② 中心角的变化量 $\Delta\gamma$ 与中心角的初始值成正比（取 $\gamma_0=270°$），并随椭圆短半轴 b 的减小而增大；

③ 如 $b=a$，则 $K=0$，从而 $\Delta\gamma$ 等于零，即具有均匀壁厚的圆形截面的弹簧管不能作测压元件。

从上可知弹簧管能把压力的变化转换成其自由端位移量的变化。

为了增大弹簧管自由端受压变形时的位移量，可采用多圈弹簧管结构，其基本原理与单圈弹簧管相同。但自由端位移量比单圈弹簧管大好多倍。

（二）弹簧管压力表的结构和材料

1. 弹簧管压力表的结构及动作原理

单圈弹簧管压力表主要由弹簧管、齿轮传动机构（俗称机芯，包括拉杆、扇形齿轮、中心齿轮等）、示数装置（指针和分度盘）以及外壳等几部分组成，如图2-4所示。

被测压力由接头1通入，迫使弹簧管5的自由端B向右上方扩张，自由端B的弹性变形位移通过拉杆7使扇形齿轮作逆时针偏转，进而带动中心齿轮作顺时针偏转，于是固定在中心齿轮上的指针4也作顺时针偏转，从而在面板的刻度标尺3上显示出被测压力 p 的数值。由于自由端B的位移量与被测压力之间具有比例关系，因此弹簧管压力表的刻度标尺是均匀的。

游丝9用来克服因机械传动机构间的间隙而产生的仪表变差。改变调整螺钉10的位置（即改变机械传动的放大系数），可以实现压力表量程的调整。

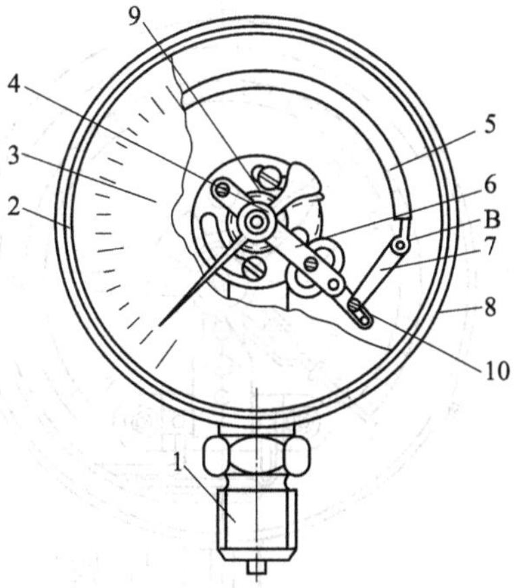

图 2-4　弹簧管压力表
1—接头；2—衬圈；3—刻度标尺；4—指针；
5—弹簧管；6—传动机构（机芯）；
7—拉杆；8—表壳；9—游丝；
10—调整螺钉

2. 弹簧管压力表的传动放大机构

由于弹簧管受压后，自由端的位移量很小，因此必须用传动放大机构将自由端位移放大，以提高仪表的灵敏度，其结构如图2-5所示。

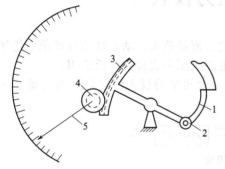

图 2-5　传动放大机构原理
1—拉杆；2—活销；3—扇形齿轮；
4—中心齿轮；5—指针

3. 弹簧管的材料

弹簧管的材料根据被测介质的性质和被测压力高低决定。当 $p<20\text{MPa}$ 时采用磷青铜；$p>20\text{MPa}$ 时则采用不锈钢或合金钢。测量氨气压力时必须采用能耐腐蚀的不锈钢弹簧管；测量乙炔压力时不得用铜质弹簧管；测量氧气压力时则严禁沾有油脂否则将有爆炸危险。

为了表明压力表具体适用于何种特殊介质的压力测量，压力表的外壳用表2-2规定的色标，并在仪表面板上注明特殊介质的名称。氧气表还标有红色"禁油"字样，使用时应予以注意。

表 2-2　特殊介质弹簧管压力表色标

被测介质	色标颜色	被测介质	色标颜色
氧气	天蓝色	乙炔	白色
氢气	深绿色	其他可燃性气体	红色
氨气	黄色	其他惰性气体或液体	黑色
氯气	褐色		

二、电接点压力表

在化工生产过程中，常常需要把压力控制在某一范围内，即当压力低于或高于规定范围

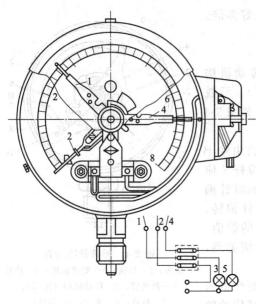

图 2-6 电接点压力表

1,4—静触点；2—动触点；3—绿灯；5—红灯

时，就会破坏正常工艺条件，甚至可能发生危险。

利用电接点压力表能简便地在压力偏离给定范围时及时发出报警信号，以便提醒操作人员注意或通过中间继电器实现某种联锁控制。

图 2-6 是电接点信号压力表的结构和工作原理示意图。结构上是在弹簧管压力表上附加触点机构。压力表指针上有动触点 2，表盘上另有可调节的指针，上面分别有静触点 1 和 4。当压力超过上限给定数值（此数值由上限给定指针上的触点 4 的位置确定）时，动触点 2 和静触点 4 接触，红色信号灯 5 的电路接通使红灯发光。若压力过低时，则动触点 2 和下限静触点 1 接触，接通绿色信号灯的电路使绿灯发光。静触点 1、4 的位置可根据需要灵活调节。

第三节　电测式压力仪表

随着生产的不断发展，对压力检测仪表的测量精度、测量范围、动态性能及远距离传递等，都提出了更高的要求，为了满足上述要求，各种电测式压力表得到广泛应用。

电测式压力表是基于把压力转换成各种电量进行压力测量的仪表。它们一般由敏感元件、传感元件、转换电路组成，如图 2-7。

被测量 → 敏感元件 →（非电量）传感元件 →（电量）转换电路 → 电量

图 2-7　电测式仪表的组成

被测压力通过敏感元件转换成一个与压力有确定关系的非电量或其他量，这一非电量在传感元件的某种物理效应的作用下被转换成电参量，转换电路则将传感元件输出的电参量转换成电压、电流或频率量。应当指出，有的电测式仪表敏感元件和传感元件是同一个元件，如电容式传感器。有的电测式仪表仅包含敏感元件和传感元件，而转换电路置于显示仪表中，如应变式压力传感器。

根据物理效应的不同，常分为电阻式、电感式、电容式、霍尔式、应变式、压电式、压阻式、压磁式等。

本节主要介绍应变式、霍尔式、电容式、扩散硅式、膜盒式压力仪表。

一、应变式压力传感器

应变式压力传感器是以导体或半导体的"应变效应"为基础的电测式压力表。它把被测压力转换成应变片电阻值的变化，由桥式电路输出相应的毫伏信号，供显示仪表显示出被测压力的大小。应变式压力传感器是由压力敏感元件（多为弹性元件）与应变片构成。因其有较高的固有频率，故具有较好的动态性能，适用于快变压力的测量。其检测元件的非线性及滞后误差均能小于额定压力的 1%。

（一）应变效应与应变片

金属导体或半导体在受到外力作用时，会产生相应的应变，其电阻也将随之发生变化，这种物理现象称为"应变效应"。

用来产生应变效应的细导体称为"应变丝"。把应变丝粘贴在衬底上，组成的元件称为"应变片"，如图2-8所示。

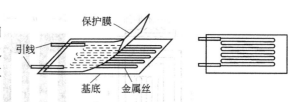

图 2-8 应变片结构示意图

设有一圆形截面导线，长度为 L，截面积为 A，材料的电阻率为 ρ，这段导线的电阻值 R 为

$$R = \rho \frac{L}{A} = \rho \frac{L}{\pi r^2} \tag{2-3}$$

式中　r——导体半径。

当导体受力作用时，其长度 L、截面积（πr^2）、电阻率 ρ 相应变化为 $\mathrm{d}L$、$\mathrm{d}(\pi r^2)$、$\mathrm{d}\rho$，因而引起电阻变化 $\mathrm{d}R$

对式(2-3)全微分，则为

$$\frac{\mathrm{d}R}{R} = \frac{\mathrm{d}L}{L} - 2\frac{\mathrm{d}r}{r} + \frac{\mathrm{d}\rho}{\rho} \tag{2-4}$$

式中，$\dfrac{\mathrm{d}L}{L} = \varepsilon_x$ 为电阻丝轴向应变；$\dfrac{\mathrm{d}r}{r} = \varepsilon_y$ 为电阻丝径向应变。

根据材料力学原理，在弹性限度范围内电阻丝轴向应变与径向应变存在如下关系

$$\varepsilon_y = -\mu \varepsilon_x \tag{2-5}$$

式中，μ 为材料的泊松系数。负号表示二者变化方向相反，$\mu = 0 \sim 0.5$。

将式(2-5)代入式(2-4)得

$$\frac{\mathrm{d}R}{R} = (1 + 2\mu)\varepsilon_x + \frac{\mathrm{d}\rho}{\rho} \tag{2-6}$$

式(2-6)说明应变片电阻变化率是几何效应 $[(1+2\mu)\varepsilon]$ 项和压阻效应 $[\mathrm{d}\rho/\rho]$ 项综合的结果。

（1）对于金属材料　由于压阻效应极小，即卸 $\mathrm{d}\rho/\rho \ll 1$，因此有

$$\mathrm{d}R/R \approx (1 + 2\mu)\varepsilon \tag{2-7}$$

当金属材料确定后，应变片的电阻变化率取决于材料的几何形状变化，其灵敏度系数为

$$K = \frac{\mathrm{d}R/R}{\varepsilon} = 1 + 2\mu \tag{2-8}$$

用金属材料制作的应变片有丝式、箔式几种，如图2-9(a)、(b)所示。将应变片粘贴在弹性元件上，当压力作用到弹性元件上时，弹性元件被压缩（或拉伸），粘贴在弹性元件上的应变片即发生相应的压缩应变（为－）或拉伸应变（为＋），由应变效应可知，应变片电阻发生变化，从而实现压力的测量。

（2）对于半导体　由于 $\mathrm{d}\rho/\rho$ 项的数值远比 $(1+2\mu)\varepsilon$ 项大，即半导体电阻变化率取决于材料的电阻率变化，因此

$$\mathrm{d}R/R \approx \mathrm{d}\rho/\rho$$

半导体材料具有较大的电阻率变化的原因，在于它有比金属导体更为显著的压电电阻效应。当在半导体（例如：单晶体）的晶体结构上施加压力时，会暂时改变晶体结构的对称性，因而改变了半导体的导电机构，表现为它的电阻率 ρ 的变化，这一物理现象称为压阻效应。而且，根据半导体材料情况和所加压力的方向可使电阻率增加或减小。

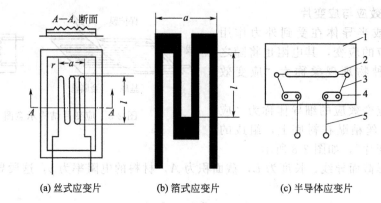

(a) 丝式应变片　　　　　(b) 箔式应变片　　　　　(c) 半导体应变片

图 2-9　常见的几种应变片

1—衬底；2—应变丝或半导体；3—引出线；4—焊接电极；5—外引线；

l—基长；a—栅宽；r—回弯段曲率半径

依半导体材料的压电电阻效应可知

$$\frac{\mathrm{d}\rho}{\rho}=\pi E\varepsilon \tag{2-9}$$

式中　π——半导体材料的压阻系数；

　　　E——半导体材料的弹性模数。

由此可得半导体应变片电阻变化率的表达式如下

$$\frac{\mathrm{d}R}{R}\approx\pi E\varepsilon \tag{2-10}$$

灵敏度系数

$$K=\frac{\mathrm{d}R/R}{\varepsilon}\pi E \tag{2-11}$$

半导体应变片有以下两种制作法。

① 将半导体材料按所需晶向切割成片和条，粘贴在弹性元件上使用，叫体型半导体应变片如图 2-9(c)。

② 将 P 型杂质扩散到 N 型硅片上，形成极薄的导电 P 型层，焊上引线即成扩散硅应变片。因为是根据压阻效应工作，所以又称压阻式传感器。

(3) 常用的应变片灵敏度系数　大致是：金属导体应变片约为 2 左右，但不超过 4～5；半导体应变片约为 100～200。

可见，半导体应变片的灵敏度系数值比金属导体的灵敏度系数值大几十倍。此外，根据选用的材料或掺杂多少的不同，半导体应变片的灵敏度系数可以做成正值或负值，即拉伸时应变片电阻值增加（K 为正值）或降低（K 为负值）。

需要指出的是半导体应变片虽然具有比金属导体应变片大得多的灵敏度，但温度对其影响也比对金属的影响大，因此使用时，应采取相应的温度补偿措施或采用温度特性较好的半导体材料。

（二）应变式压力传感器（表 2-3）

应变式压力传感器包括两个主要部分：一个是压力敏感元件（一般为弹性元件），利用它把被测压力的变化转换为弹性体应变量的变化；另一个是贴在压力敏感元件上的应变片，其作用是把应变量的变化转换为电阻量的变化，从而完成压力-电阻的转换。

BPR-2 型压力传感器如图 2-10 所示。应变筒 1 的上端与外壳 2 固定在一起，它的下端与不锈钢密封膜片 3 紧密接触，两片 PJ-320 型康铜丝应变片 r_1 和 r_2 用特殊胶合剂（201胶、204胶等）贴紧在应变筒 1 的外壁上。r_1 沿应变筒的轴向贴放，作为测量片；r_2 沿径向

表 2-3　应变式压力传感器一览

精　度	受力方式	型　号	规　格	灵敏度/(mV/V)	非线性/%	过载能力/%	工作温度/℃
中精度测压力	压 式	BPR-2	1～25MPa	0.5	1	20	180
		BPR-3	3～25MPa	0.5	1	20	1100
中精度测高压		BPR-10	100～500MPa	1	1	—	−10～50
中精度测低压		BPR-12	0.1～0.3MPa	1	0.5	—	−10～50

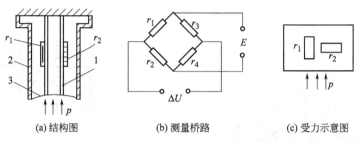

(a) 结构图　　　　(b) 测量桥路　　　　(c) 受力示意图

图 2-10　压力传感器示意图

1—应变筒；2—外壳；3—密封膜片

贴放，作为温度补偿片。应变片与筒体之间不发生滑动现象，且应保持电气绝缘。当被测压力 p 作用于不锈钢膜片而使应变筒轴向受压产生变形，沿轴向贴放的应变片 r_1 将产生轴向压缩应变 $-\varepsilon_{x1}$，于是 r_1 的阻值变小。与此同时，沿径向贴放的应变片 r_2 也将产生径向压缩应变 $-\varepsilon_{y2}$，根据公式(2-5) $-\varepsilon_y = +\mu\varepsilon_x$，于是 r_2 的阻值变大。由于 μ 小于 1，故实际上 r_1 的减小量比 r_2 的增大量大。r_1 和 r_2 由直径为 0.025mm 的康铜丝制成，电阻值均为 320Ω。

将应变片 r_1 和 r_2 按图 2-10(b) 的方式接入测量电桥中。当有 p 作用时，$r_1 + \Delta r_1$ 而 $r_2 - \Delta r_2$，使 r_1 和 r_2 与另外两个固定电阻 r_3 和 r_4 组成的电桥失去平衡，获得不平衡电压 ΔU 作为压力传感器的输出信号。

$$\Delta U = E\left(\frac{r_1 - \Delta r_1}{r_1 - \Delta r_1 + r_2 + \Delta r_2} - \frac{r_3}{r_3 + r_4}\right)$$

初始时

$$r_1 = r_2 = r_3 = r_4 = r$$

则

$$\Delta U = E\frac{\Delta r_2}{2r} = E\frac{1}{2}(1 + 2\mu)\varepsilon_x \tag{2-12}$$

当桥路供电电压为直流 10V 时，桥路可以得到最大 5mV 的直流输出信号。

BPR-2 型压力传感器有 0～1MPa、0～10MPa 直到 0～25MPa 等多种可供选用的量程。

使用时，测量上限一般以不超过仪表量程的 80% 为宜，各种技术条件不得超过规定的指标。当用于高频压力测量时，不得附加管道和使用隔离介质。此外，还应采取适当措施，以免引入干扰而造成测量误差。

二、霍尔式压力传感器

霍尔式压力传感器是以"霍尔效应"为基础的电气式压力表。它主要由弹性元件和霍尔元件构成。这类仪表有较高的灵敏度，并能远传指示。但因霍尔元件受温度影响较大，其本身的稳定性又受工作电流的影响，所以精度只能达到 1 级。

（一）霍尔效应与霍尔元件

根据物理学原理，在磁场中运动的带电粒子必然要受到力的作用。设有一个 N 型（硅）半导体薄片，在 Z 轴方向施加一个磁感应强度为 B 的磁场，在其 Y 轴方向通入电流 I，此时 N 型（硅）半导体薄片内有带电粒子沿 Y 轴方向运动，如图 2-11 所示。于是带电粒子将受到洛仑兹力 F_L 的作用而偏离其运动轨迹。带电粒子受力方向符合左手定则，使得电子的运动轨迹朝 X 轴负方向偏转，如图虚线所示。造成霍尔片左端面产生电子过剩呈负电位，而右端面则相应地显示出正电位。因而在霍尔片的 X 轴方向形成了电场，该电场力 F_E 与洛仑兹力 F_L 方向相反随着电子积累越多，F_E 也越大，当 $F_E = F_L$ 时，电子积累达到动态平衡，这时 X 方向的电位差就称为"霍尔电势" V_H。这一物理现象称为"霍尔效应"。能产生霍尔效应的导体或半导体的薄片就称为霍尔元件或霍尔片。

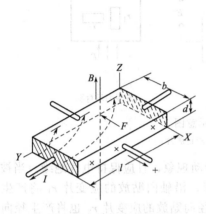

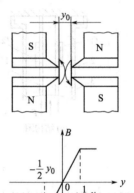

图 2-11　霍尔效应原理　　　　　图 2-12　极靴间磁感应强度的分布情况

霍尔电势 V_H 的大小与霍尔片的材料、几何尺寸、所通过的电流（称控制电流）、磁感应强度 B 等因素有关，可用下式表示

$$V_H = R_H \frac{IB}{d} f(l/b) = K_H IB \tag{2-13}$$

式中　R_H——霍尔系数；

　　　　d——霍尔片厚度；

　　　　b——霍尔片的电流通入端宽度；

　　　　l——霍尔片的电势导出端宽度；

　　$f(l/b)$——霍尔片的形状系数；

　　　　K_H——霍尔片的灵敏度系数，$K_H = \dfrac{R_H}{d} f(l/b)$，mV/(mA·T)。

由式(2-13) 可知，霍尔电势 V_H 与磁感应强度 B、控制电流 I 成正比。根据霍尔电势 V_H 与磁感应强度 B、控制电流 I 的乘积成正比的特性，霍尔传感器得到广泛的应用。

制作霍尔片的材料有锗（Ge）、锑化铟（InSb）、砷化铟（InAs）等半导体或化合物半导体。与半导体相比金属的霍尔效应很微弱，一般较少采用。

（二）霍尔式压力传感器

1. 工作原理

在使用的霍尔式压力传感器中，均采用恒定电流 I，而使 B 的大小随被测压力 p 变化达到转换目的。

（1）压力-霍尔片位移转换　将霍尔片固定在弹簧管自由端。当被测压力作用于弹簧管时，把压力转换成霍尔片线性位移。

（2）非均匀线性磁场的产生　为了达到不同的霍尔片位移，施加在霍尔片的磁感应强度 B 不同，又保证霍尔片位移-磁感应强度 B 线性转换，就需要一个非均匀线性磁场。非均匀线性磁场是靠极靴的特殊几何形状形成的，如图 2-12 所示。

（3）霍尔片位移-霍尔电势转换　由图 2-12 可知，当霍尔片处于两对极靴间的中央平衡位置时，由于霍尔片左右两半所通过的磁通方向相反、大小相等，互相对称，故在霍尔片左右两半上产生的霍尔电势也大小相等、极性相反，因此，从整块霍尔片两端导出的总电势为零，当有压力作用，则霍尔片偏离极靴间的中央平衡位置，霍尔片两半所产生的两个极性相反的电势大小不相等，从整块霍尔片导出的总电势不为零。压力越大，输出电势越大。沿霍尔片偏离方向上的磁感应强度的分布呈线性状态，故霍尔片两端引出的电势与霍尔片的位移呈线性关系。即实现了霍尔片位移和霍尔电势的线性转换。

2. 霍尔式压力传感器的结构

常见的霍尔式压力传感器有 YSH-1 型和 YSH-3 型两种。图 2-13 所示为 YSH-3 型压力传感器结构示意图。被测压力由弹簧管 1 的固定端引入，弹簧管自由端与霍尔片 3 相连接，在霍尔片的上下垂直安放着两对磁极，使霍尔片处于两对磁极所形成的非均匀线性磁场中，霍尔片的四个端面引出四根导线，其中与磁钢 2 相平行的两根导线与直流稳压电源相连接，另两根用来输出信号。当被测压力引入后，弹簧管自由端产生位移，从而带动霍尔片移动，改变了施加在霍尔片上的磁感应强度，依据霍尔效应进而转换成霍尔电势的变化，达到了压力-位移-霍尔电势的转换。

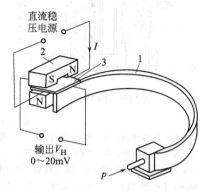

图 2-13　YSH-3 型压力传感器
结构示意图
1—弹簧管；2—磁钢；3—霍尔片

为了使 V_H 与 B 成单值函数关系，电流 I 必须保持恒定。为此，霍尔式压力传感器一般采用两级串联型稳压电源供电，以保证控制电流 I 的恒定。

3. 霍尔式压力传感器的使用

传感器应垂直安装在机械振动尽可能小的场所，且倾斜度小于 3°。当介质易结晶或黏度较大时，应加装隔离器。通常情况下，以使用在测量上限值 1/2 左右为宜，且瞬间超负荷应不大于测量上限的二倍。由于霍尔片对温度变化比较敏感，当使用环境温度偏离仪表规定的使用温度时要考虑温度附加误差，采取恒温措施（或温度补偿措施）。此外还应保证直流稳压电源具有恒流特性，以保证电流的恒定。

三、电容式差压（压力）变送器

差压（压力）变送器用于将液体、气体或蒸汽的差压、压力、流量、液位等被测变量转换成统一的 4～20mA 标准电流信号，并传送到指示记录仪、运算器或控制器，以实现对上述工艺变量的指示、记录和控制。

电容式差压（压力）变送器是依据变电容原理工作的压力检测仪表。它是利用弹性元件受压变形来改变可变电容器的电容量，从而实现压力-电容的转换。

电容式差压（压力）变送器具有结构简单、体积小、动态性能好、电容相对变化大、灵敏度高等优点，获得广泛应用。如西安仪表厂的 1151 系列。北京的 1751 系列，压力测量范围 0～1.25kPa～42MPa，差压测量范围 0～1.25kPa～7MPa。

电容式差压（压力）变送器如图 2-14(a) 所示，由测量环节和转换环节组成。测量环节感受被测压力将其转换成电容量的变化，转换环节则将电容变化量转换成标准电流信号 4～20mA。

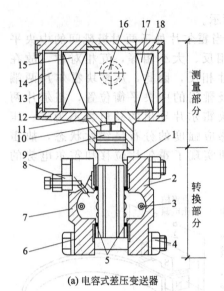
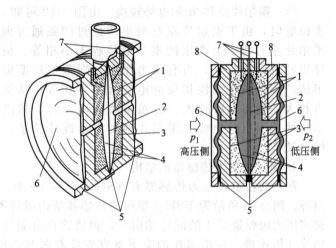

(a) 电容式差压变送器　　　　　　　　　　(b) 差动电容膜盒

图 2-14　电容式差压变送器结构示意

1—差动电容膜盒；2—低压室压盖；3—低压侧导压　　　1—固定极板（镀金薄膜）；2—测量膜片（可动极板）；
孔；4—连接螺栓；5—"O"型密封圈；6—高压室压　　　3—绝缘玻璃体；4—硅油；5—焊接密封；6—隔离膜
盖；7—高压侧导压口；8—排气螺钉；9—电容膜盒联　　　片；7—引线；8—基座
结头；10—引线；11—中心壳座；12—前壳盖；13—
表玻璃；14—显示表头；15、17—电路板；16—出线
孔；18—后壳盖

（一）结构组成

测量部分由高、低压侧压盖和差动电容膜盒构成，用螺栓固定成一体。其核心部分是一个球面电容器。其结构原理如图 2-14（b）所示。

在测量膜片左右两室中充满硅油，当隔离膜片分别承受高压 p_1 和低压 p_2 时，硅油的不呆压缩性和流动性便能将差压 $\Delta p = p_1 - p_2$ 传递到测量膜片的左右面上。因为测量膜片在焊接前加有预张力，所以当差压 $\Delta p = 0$ 时十分平整，使得定极板左右两电容的容量完全相等，$C = C_2 = C_0$，电容量的差值为零，$\Delta C = 0$。在有差压作用时，测量膜片发生变形，也就是动极板向低压侧定极板靠近，同时远离高压侧定极板，使电容 $C_1 > C_2$，测出电容量的差值 $\Delta C = C_1 - C_2$ 的大小，就可得到被测差压的值。

采用差动电容法的好处是，灵敏度高，可改善线性，并可减少由于介电常数 ε 受温度影响引起的不稳定性。

（二）测量原理

为了分析中央动极板引起的两侧电容变化，可参见图 2-15。

无差压时，动极板两侧初始电容皆为 C_0，有差压时，动极板变形到虚线位置，它与初始位置间的电容值用 C_a 表示。虚线位置和低压侧定极板间的电容为 C_2，与高压侧定极板间的电容为 C_1。等效电路如图 2-15（b）所示。

这时有

$$C_2 = \frac{C_0 C_a}{C_a - C_0}$$

$$C_1 = \frac{C_0 C_a}{C_a + C_0} \tag{2-14}$$

可得下列结果

$$\frac{C_2 - C_1}{C_2 + C_1} = \frac{C_0}{C_a} \tag{2-15}$$

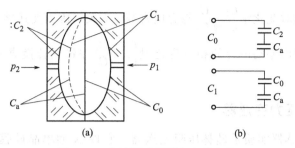

图 2-15　有差压时两侧电容的变化

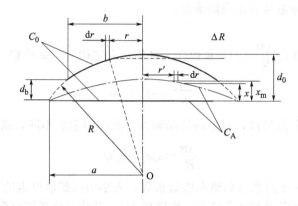

图 2-16　电极部分纵断面图

O 点—球面定极板的曲率中心（球心）；R—球面定极板的曲率半径；a—平膜（动极板）半径；
b—球面定极板在平膜（动极板）初始平面上的投影半径；d_0—球面电极中央与平膜（动极板）的距离；
d_b—球面电极边缘与平膜（动极板）的距离；x—平膜（动极板）的挠度；r'—测取挠度的位置与轴线的距离

将低压侧电容的纵断面放大，可表示成图 2-16。

在无差压的初始状态，测量环节具有的初始电容量为

$$C_0 = 2\pi\varepsilon R \ln\frac{d_0}{d_b} \tag{2-16}$$

式中　ε——硅油的介电常数。

在差压 $\Delta p = p_1 - p_2$ 的作用下，有初始张力 T 的平膜（动极板）与初始平面之间的电容量为

$$C_a = \frac{4\pi\varepsilon T}{p_1 - p_2}\ln\frac{a^2}{a^2 - b^2} \tag{2-17}$$

因此，可得到差动电容的相对变化量

$$\frac{C_2 - C_1}{C_2 + C_1} = \frac{C_0}{C_a} = \frac{R}{2T} \times \frac{\ln\dfrac{d_0}{d_b}(p_1 - p_2)}{\ln\dfrac{a^2}{a^2 - b^2}}$$

$$= K_1(p_1 - p_2) \tag{2-18}$$

式 (2-18) 说明

① K_1 是由电容结构、尺寸、材料等决定；

② 差动电容的相对变化量 $\dfrac{C_2 - C_1}{C_2 + C_1}$ 与输入

差压 $\Delta p = (p_1 - p_2)$ 呈线性关系；

③ 差动电容的相对变化量 $\dfrac{C_2-C_1}{C_2+C_1}$ 与介电常数 ε 无关，因而变送器基本不受温度的影响；

④ 转换环节检测出差动电容的相对变化量 $\dfrac{C_2-C_1}{C_2+C_1}$ 并将其转换成 $4\sim20\mathrm{mA}$ 的直流电流输出。

四、扩散硅式压力变送器

扩散硅式压力传感器实质是硅杯压阻变送器。它以 N 型单晶硅膜片作敏感元件，通过扩散杂质使其形成四个 P 型电阻，并组成电桥。当膜片受力后，由于半导体的压阻效应，电阻阻值发生变化，使电桥有相应的输出。

(一) 工作原理

由半导体的应变效应 $\dfrac{\Delta R}{R}=\pi E\varepsilon$ 及弹性元件的虎克定律 $\sigma=E\varepsilon$ 得到

$$\frac{\Delta R}{R}=\pi E\varepsilon=\pi\sigma \tag{2-19}$$

因半导体材料的各向异性，对不同的晶轴方向其压阻系数不同，则有

$$\frac{\Delta R}{R}=\pi_r\sigma_r+\pi_t\sigma_t \tag{2-20}$$

式中　π_r、π_t——纵向压阻系数和横向压阻系数，大小由所扩散电阻的晶向来决定；

σ_r、σ_t——纵向应力和横向应力（切向应力），其状态由扩散电阻所处位置决定。

对扩散硅压力传感器，敏感元件通常都是周边固定的圆膜片。如果膜片下部受均匀分布的压力作用时，由图 2-17 所示膜片的应力分布曲线可得如下结论。

① 在膜片的中心处，$r=0$，具有最大的正应力（拉应力），且 $\sigma_r=\sigma_t$；
在膜片的边缘处，$r=r_0$，纵向应力 σ_r 为最大的负应力（压应力）。

② 当 $r=0.635r_0$ 时，纵向应力 $\sigma_r=0$；
$r>0.635r_0$ 时，纵向应力 $\sigma_r<0$，为负应力（压应力）；
$r<0.635r_0$ 时，纵向应力 $\sigma_r>0$，为正应力（拉应力）。

③ 当 $r=0.812r_0$ 时，横向应力 $\sigma_t=0$，仅纵向应力 $\sigma_r<0$。

根据以上分析，在膜片上扩散电阻时，四个电阻都利用纵向应力 σ_r，如图 2-18。只要其中两个电阻 R_2、R_3 处于中心位置（$r<0.635r_0$），使其受拉应力；而另外两个电阻 R_1、R_4 处于边缘位置（$r>0.635r_0$），使其受压应力。四个应变电阻排成直线，沿硅杯膜片的 $\langle110\rangle$ 晶向（法线方向）扩散而成，只要位置合适，可满足

$$\frac{\Delta R_2}{R_2}=\frac{\Delta R_3}{R_3}=-\frac{\Delta R_1}{R_1}=-\frac{\Delta R_4}{R_4}$$

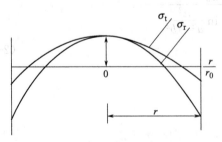

图 2-17　膜片应力分布图

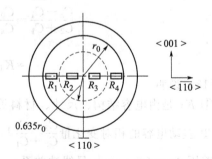

图 2-18　硅杯膜片上的电阻布置

这样就可以组成差动效果，通过测量电路，获得最大的电压输出灵敏度。

（二）变送器结构

扩散硅式压力变送器具有体积小、重量轻、结构简单、稳定性好和精度高等优点。其核心结构如图 2-19 所示。它主要由硅膜片（硅杯）及扩散电阻、引线、外壳等组成。变送器膜片上下有两个压力腔，分别与被测的高低压室连通，用以感受压力的变化。

通常硅杯尺寸十分小巧紧凑，直径约为 $1.8\sim10\text{mm}$，膜厚 $\delta=50\sim500\mu\text{m}$。

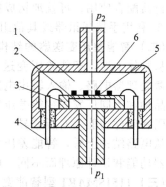

图 2-19　扩散硅式压力变送器结构
1—低压腔；2—高压腔；3—硅杯；
4—引线；5—硅膜片；6—扩散电阻

五、膜盒式压力（差压）变送器

膜盒式压力（差压）变送器如图 2-20 所示，它由测量部分和转换部分组成。其测量部分结构原理如图 2-21，作用是把被测差压 Δp 或压力 p 转换成作用于主杠杆下端的输入力 F。这个输入力 F 再经过转换、放大后，可以输出 $0\sim10\text{mA}$ 或 $4\sim20\text{mA}$ 电流信号，送给其他仪表进行显示或组成自动控制系统。

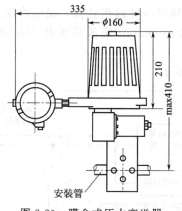

图 2-20　膜盒式压力变送器

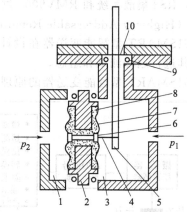

图 2-21　测量部分结构原理图
1—低压室；2—膜盒体；3—高压室；4—C 型簧片；
5—主杠杆；6—膜盒硬芯；7—金属膜片；
8—硅油；9—密封圈；10—轴封膜片

以此传感器为基础的各种压力（差压）变送器广泛应用于工业生产中。与单元组合仪表配套使用，组成压力检测系统和压力控制系统等。

六、智能式差压变送器

智能变送器是在普通的模拟式变送器的基础上，增加微处理器而构成的一种智能式检测仪表。智能式变送器性能高，使用灵活。

（一）智能差压变送器的特点

① 测量精度高，基本误差仅为 $\pm0.075\%$ 或 $\pm0.1\%$，且性能稳定、可靠、响应快。

② 具有温度、静压补偿功能以保证仪表的精度。

③ 具有较大的量程比（$20:1$ 至 $100:1$）和较宽的零点迁移范围。

④ 输出模拟、数字混合信号或全数字信号（支持现场总线通信协议）。

⑤ 除有检测功能外，智能变送器还具有计算、显示、报警、控制、诊断等功能，与智

能执行器配合使用，可就地构成控制回路。

⑥ 利用手持通讯器或其他组态工具可以对变送器进行远程组态。

（二）智能差压变送器的结构原理

从整体上看，智能差压变送器是由硬件和软件两大部分组成。硬件部分包括传感器部分、微处理器电路、输入输出电路、人-机联系部件等；软件部分包括系统程序和用户程序。不同品种和不同厂家的智能差压变送器的组成基本相同，只是在传感器类型、电路形式、程序编码和软件功能上有所差异。

从电路结构上看，智能差压变送器包括传感器部件和电子部件两部分。传感器部分根据变送器功能和设计原理而不同；电子部件均由微处理器、模-数转换和数-模转换器等组成。

（三）1151SMART 型智能变送器

美国 Rosemount 公司生产 1151SMART 型智能变送器是带微机智能式现场使用的一种变送器。其特点是变送器带单片微机，功能强，灵活性高，性能优越，可靠性高。测量范围从 0～1.24kPa 到 0～41.37MPa，量程比达 15：1；可用于差压、压力（表压）、绝对压力和液位的测量，最大负迁移为 600％，最大正迁移为 500％。0.1％的精确度长期稳定可达 6 个月以上；一体化的零位和量程按钮；具有自诊断能力。压力数字信号叠加在输出 4～20mA 信号上，适合于控制系统通讯。带不需电池即可工作的不易失只读存储器。可与 268 型远传通讯器，RS3 集散系统和 RMV9000 过程控制系统进行数字通讯而不需中断输出信号。采用 HART（Highway Addressable Remote Transducer 总线可寻址远程转换）通信协议。

1151SMART 型智能变送器在设计上，可以利用 Rosemount 集散系统和 268 型远传通讯器对其进行远程测试和组态。

1151SMART 型智能变送器的原理框图如图 2-22 所示。

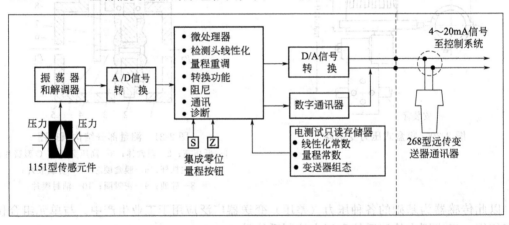

图 2-22　1151SMART 型智能变送器原理框图

（四）ST3000 系列智能压力、差压变送器

上海调节器厂引进山武·霍尼威尔（Yamatake-Honeywell）公司的 ST3000 系列智能压力、差压变送器，就是根据扩散硅应变电阻原理进行工作的。在硅杯上除制作了感受差压的应变电阻外，还同时制作出感受温度和静压的元件，即把差压、温度、静压三个传感器中的敏感元件，都集成在一起组成带补偿电路的传感器，将差压、温度、静压这三个变量转换成三路电信号，分时采集后送入微处理器。微处理器利用这些数据信息，能产生一个高精确度的，温度、静压特性优异的输出。

1. 工作过程

ST3000 系列变送器是以各部分易于维护的单元结构来组成的，主要包括测量头，与测量头单配的 PROM 板，带有内装式噪声滤波器、闪电放电避雷器的端子板，通用电子部件等环节。其中测量头截面结构如图 2-23 所示。

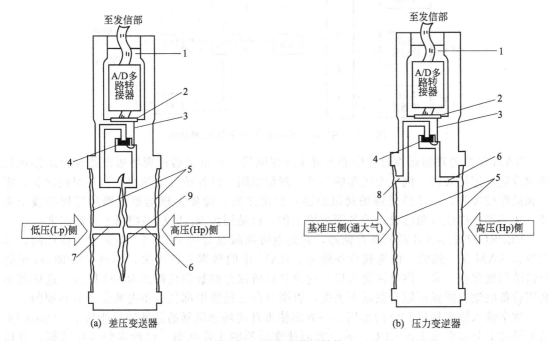

(a) 差压变送器 　　　　(b) 压力变逆器

图 2-23　测量头截面结构

1—罐颈；2—陶瓷封装；3—引线；4—半导体复合传感器；5—隔离膜片；
6—HP 侧封入液；7—LP 侧封入液；8—基准压侧封入液；9—中央膜片

过程差压（或压力）通过隔离膜片、封入液传到位于测量头内的传感器上，引起传感器的电阻值相应地变化。此电阻值的变化由形成于传感器芯片上的惠斯登电桥检出，并由 A/D 转换器转换成数字信号，再送至发信部。与此同时，在此传感器芯片上形成的两个辅助传感器（温度传感器和静压传感器）检出周围温度和过程静压。辅助传感器的输出也被转换成数字信号并送至发信部。在发信部将数字信号经微处理器运算处理转换成一个对应于设定的测量范围的 4～20mA DC 模拟信号输出。

由于半导体传感器的大范围的输出输入特性数据被存储在 PROM 中，使得变送器的量程比可做得非常大，为 400∶1。因变送器配以微处理器，所以仪表的精确度可达到 0.1 级，其 6 个月总漂移不超过全量程的 0.03%，且时间常数在 0～32s 之间可调。利用现场通讯器，在中央控制室就可对 1500m 以内的各个智能变送器进行各种运行参数的选择和标定。

现场通讯器是带有小型键盘和显示器的便携式装置，不需敷设专用导线，借助原有的两线制直流电源兼信号线，用叠加脉冲法传递指令和数据。使变送器的零点及量程、线性或开方都能自由调整或选定，各参数分别以常用物理单位显示在现场通讯器上。调整或设定完毕，可将现场通讯器的插头拔下，变送器即按新的运行参数工作。

2. 组成原理

图 2-24 为 ST3000 系列变送器原理结构图。图中 ROM 里存有微处理器工作的主程序，它是通用的。PROM 里所存内容则根据每台变送器的压力特性、温度特性而有所不同。它是在加工完成之后，经过逐台检验，分别写入各自的 PROM 中，使依照其特性自行修正，保证材料工艺在稍有分散性因素下仍能获得较高的精确度。此外，传感器所允许的整个工作参数范围内的输入输出特性数据，也都存入 PROM 里，以便用户对量程或测量范围有灵活迁移的余地。

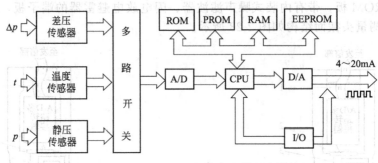

图 2-24　ST3000 系列智能变送器原理结构

RAM 是微处理器运算过程中必不可少的存储器，它也是通过现场通讯器对变送器进行各项设定的记忆硬件。例如变送器的标号、测量范围、线性或开方输出、阻尼时间常数、零点和量程校准等，一旦经过现场通讯器逐一设定之后，即使把现场通讯器从连接导线上去掉，变送器也应该按照已设定的各项数值工作，这是因为 RAM 已经把指令存储起来。

EEPROM 是 RAM 的后备存储器，它是电可擦除改写的 PROM。在正常工作期间，其内容和 RAM 是一致的，但遇到意外停电，RAM 中的数据立即丢失，不过 EEPROM 里的数据就仍然保存下来。供电恢复之后，它自动将所保存的数据转移到 RAM 里去。这样就不必用后备电池也能保证原有数据不丢失，否则每台变送器里都装后备电池是十分不便的。

数字输入输出接口 I/O 的作用，一方面使来自现场通讯器的脉冲信号能从 4～20mA DC 信号导线上分离出来送入 CPU。另一方面使变送器的工作状态、已设定的各项数据、自诊断的结果、测量结果等送到现场通讯器的显示器上。

现场通讯器为便携式，既可在控制室与某个变送器的信号导线相连，用于远方设定或检查，也可到现场接在变送器信号线端子上，进行就地设定或检查。只要连接点与电源间有不小于 250Ω 电阻就能进行通信，而变送器来的信号线肯定要接 250Ω 电阻以便将 4～20mA 变为 1～5V 的联络信号。

3. 系统接线（如图 2-25 所示）

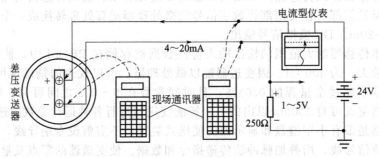

图 2-25　ST3000 系统接线示意图

ST3000 系列智能压力、差压变送器所用的现场通讯器为 SFC 型，它具有液晶显示及 32 个键的键盘，由电池供电，用软导线与测量点连接，可实现以下功能。

① 组态。包括给变送器指定标号、测量范围、输出与输入的关系（线性或开方）、阻尼时间常数。

② 测量范围的改变。不需到现场调整。

③ 变送器的校准。不必将变送器送到实验室，也不需要专用设备便可校准零点和量程。

④ 自诊断。包括组态的检查、通信功能检查、变送功能检查、参数异常检查，诊断结果以不同的形式在显示器上出现，便于维修。

⑤ 变送器输送/输出显示。以百分数显示当时的输出，以工程单位显示当时的输入。

⑥ 设定恒流输出。这一功能是把变送器改作恒流源使用，可任意在 4～20mA 范围内输出某一直流电流，以便检查其他仪表的功能，这时输出电流恒定不变，与输入差压无关。

智能变送器与现场通讯器配合起来，给运行维护带来很大方便。维护人员不必往返于各个生产现场，更无需攀登塔顶或探身地沟去拆装调整，远离危险场所或高温车间便能进行一般的检查和调整。这样，既节省了时间和人力，也保证了维护质量。

微处理器的应用也直接提高了变送器的精确度，主要体现于在 PROM 中存入了针对本变送器的特性修正公式，使其能达到 0.1 级的精确度。而且在较大的量程和 50% 以上的输出下，平方根输出的精确度也能达到 0.1 级，这在常规差压变送器很难做到。

第四节　压力仪表的使用

一、压力表的选用

普通压力表的主要技术指标列于表 2-4，压力表的选用应根据生产要求和使用环境做具体分析。在符合生产过程提出的技术条件下，本着节约的原则，进行种类、型号、量程、精度等级的选择。

表 2-4　普通压力表主要技术指标

型　　　号	Y-40	Y-60	Y-100	Y-150	Y-250
公称直径/mm	φ40	φ60	φ100	φ150	φ250
接头螺纹	M10×1	M14×1.5	M20×1.5		
精度等级	2.5			1.5	
测量范围/MPa	0～0.1;0.16;0.25;0.4;0.6;1;1.6;2.5;4;6				0～0.6;1; 1.6;2.5;4;6
		0～10;16;25	0～10;16;25;40;60		
	−0.1～0	−0.1～0.06;0.15;0.3;0.5;0.9;1.5;2.4			

（一）仪表种类和型号的选择

1. 压力表的选择

仪表种类和型号的选择要根据工艺要求、介质性质及现场环境等因素来确定。

① 在大气腐蚀性较强、粉尘较多和易喷淋液体等环境恶劣的场合，宜选用密闭式全塑压力表。

② 稀硝酸、醋酸、氨类及其他一般腐蚀性介质，应选用耐酸压力表、氨压力表或不锈钢膜片压力表。

③ 稀盐酸、盐酸气、重油类及其类似的具有强腐蚀性、含固体颗粒、黏稠液等介质，应选用膜片压力表或隔膜压力表。其膜片或隔膜的材质，必须根据测量介质的特性选择。

④ 结晶、结疤及高黏度等介质，应选用膜片压力表。

⑤ 在机械振动较强的场合，应选用耐震压力表或船用压力表。

⑥ 在易燃、易爆的场合，如需电接点讯号时，应选用防爆电接点压力表。

⑦ 下列测量介质应选用专用压力表。

● 气氨、液氨：氨压力表、真空表、压力真空表；

- 氧气：氧气压力表；
- 氢气：氢气压力表；
- 氯气：耐氯压力表、压力真空表；
- 乙炔：乙炔压力表；
- 硫化氢：耐硫压力表；
- 碱液：耐碱压力表、压力真空表。

2. 变送器、传感器的选择

① 以标准信号（4～20mA）传输时，应选变送器。

② 易燃易爆场合，选用气动变送器或防爆型电动变送器。

③ 对易结晶、堵塞、黏稠或有腐蚀性的介质，优选法兰变送器。

④ 使用环境好，测量精度和可靠性要求不高时，可选取电阻式、电感式、霍尔式远传压力表及传感器。

⑤ 测压小于 5kPa 时，可选用微差压变送器。

（二）外型尺寸选择

① 在管道或设备上安装的压力表，Dg＝ϕ100mm 或 150mm。

② 在仪表气动管路的辅助设备上装压力表，Dg＝ϕ60mm。

③ 安装照度较低或较高，指示不易观察的压力表，Dg＝ϕ200 或 250mm。

（三）仪表量程的确定

仪表量程根据最大被测压力的大小确定。对于非弹性式压力表一般取仪表量程系列值中比最大被测压力大的相邻数值，或按仪表说明书规定选用。对于弹性式压力表，为了保证弹性元件在弹性变形的安全范围内工作，在选择仪表量程时，必须考虑留有余地，一般在被测压力较稳定的情况下，最大被测压力应不超过满量程的 2/3；在被测压力波动较大的情况下，最大被测压力应不超过满量程的 1/2；测量高压力时，最大被测压力应不超过满量程的 3/5。为了保证测量精度，被测压力值以不低于全量程的 1/3 为宜。按此要求算出仪表量程后，实取稍大的相邻系列值。

目前中国生产的弹簧管压力表量程系列值为：0.1，0.16，0.25，0.4，0.6，1.0，1.6，2.5，4.0，6.0，10，16，25，40MPa。

（四）仪表精度的确定

仪表的精度主要是根据生产允许的最大测量误差来确定，选择过高精度等级会造成不必要的浪费。

一般就地指示用弹性压力表，选用 1.0、1.5 或 2.5 级，压力变送器类精度为 0.2～0.5 级。

【例 2-1】 某汽水分离器的最高工作压力为 1.0～1.1MPa，要求测量值的绝对误差小于 ±0.06MPa，试确定用于测量该分离器内压力的弹簧管压力表的量程和精度。

解 依压力波动范围，按稳定压力考虑，该仪表的量程应为

$$1.1 \div \frac{2}{3} = 1.65\text{MPa}$$

根据仪表产品量程的系列值，应选用量程 0～2.5MPa 的弹簧管压力表。

依对测量误差要求，所选用压力表的允许误差应小于

$$\frac{\pm 0.06}{2.5 - 0} \times 100\% = \pm 1.2\%$$

应选用 1.0 级的仪表。

即应选用 0～2.5MPa，1.0 级的普通弹簧管压力表测量分离器内的压力。

二、压力表的校验

在仪表使用以前或使用一段时间以后，都需要进行校验，看是否符合自身精度，如果误差超过规定的数值，就应对该仪表进行检修。所谓校验就是将被校压力表和标准压力表通以相同的压力，比较它们的指示数值。在标准表的量程大于等于被校表量程情况下，所选用的标准表的绝对误差一般应小于被校仪表绝对误差的 1/3，此时标准表的误差可以忽略，认为标准表读数就是真实值。如果被校仪表对于标准仪表的基本误差小于被校仪表的规定误差，则认为被校仪表精度合格。

常用的压力校验仪器是活塞式压力计和压力校验泵。活塞式压力计是用砝码法校验标准压力表，压力校验泵则是用标准表比较法来校验工业用压力表。

活塞式压力计的结构原理如图 2-26 所示。

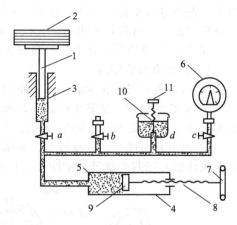

图 2-26　活塞式压力计

1—测量活塞；2—砝码；3—活塞柱；
4—螺旋压力发生器；5—工作液；
6—压力表；7—手轮；8—丝杆；
9—工作活塞；10—油杯；11—进油阀
a、b、c—切断阀；d—进油阀

三、压力表的安装

压力检测系统由取压口、导压管、压力表及一些附件组成，各个部件安装正确与否对压力测量精度都有一定影响。

（一）取压口的选择

取压口是被测对象上引取压力信号的开口。选择取压口的原则是要使选取的取压口能反映被测压力的真实情况，具体选用原则如下。

① 取压口要选在被测介质直线流动的管段上，不要选在管道拐弯、分岔、死角及流束形成涡流的地方。

② 就地安装的压力表在水平管道上的取压口，一般在顶部或侧面。

③ 引至变送器的导压管，其水平管道上的取压口方位要求如下：测量液体压力时，取压口应开在管道横截面的下部，与管道截面水平中心线夹角范围在 45°以内；测量气体压力时，取压口应开在管道横截面的上部；对于测量水蒸气压力，在管道的上半部及下半部，与管道截面水平中心线在 45°夹角内。

④ 取压口处在管道阀门、挡板前后时，其与阀门、挡板的距离应大于 2～3 倍的 D（D 为管道直径）。

（二）导压管的安装

安装导压管应遵循以下原则。

① 在取压口附近的导压管应与取压口垂直，管口应与管壁平齐，并不得有毛刺。

② 导压管的粗细、长短应选用合适，防止产生过大的测量滞后，一般内径为 6～10mm，长度一般不超过 60m。

③ 水平安装的导压管应有 1∶10～1∶20 的坡度，坡向应有利于排液（测量气体压力时）或排气（测量水的压力时）。

④ 当被测介质易冷凝或易冻结时，应加装保温伴热管。

⑤ 测量气体压力时，应优选变送器高于取压点的安装方案，以利于管道内冷凝液回流至工艺管道，也不必设置分离器；测量液体压力或蒸汽时，应优选变送器低于取压点的安装

方案，使测量管不易集气体，也不必另加排气阀，在导压管路的最高处应装设集气器；当被测介质可能产生沉淀物析出时，在仪表前的管路上应加装沉降器。

⑥ 为了检修方便，在取压口与仪表之间应装切断阀，并应靠近取压口。

（三）压力表的安装

① 压力表应安装在能满足仪表使用环境条件，并易观察、易检修的地方。

② 安装地点应尽量避免振动和高温影响，对于蒸汽和其他可凝性热气体以及当介质温度超过60℃时，就地安装的压力表选用带冷凝管的安装方式。如图2-27(a)所示。

③ 测量有腐蚀性、黏度较大、易结晶、有沉淀物的介质时，应优先选取带隔膜的压力表及远传膜片密封变送器。如图2-27(b)所示。

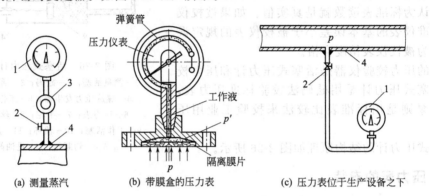

图 2-27　压力表安装示意图
1—压力表；2—切断阀；3—回转冷凝器或隔离装置；4—生产设备

④ 压力表的连接处应加装密封垫片，一般低于80℃及2MPa以下时，用石棉纸板或铝片；温度及压力更高时（50MPa以下）用退火紫铜或铅垫。选用垫片材质时，还要考虑介质的影响。例如测量氧气压力时，不能使用浸油垫片、有机化合物垫片；测量乙炔压力时，不得使用铜质垫片。否则它们均有发生爆炸的危险。

⑤ 仪表必须垂直安装，若装在室外时，还应加装保护箱。

⑥ 当被测压力不高，而压力表与取压口又不在同一高度，如图2-27(c)所示时，对由此高度差所引起的测量误差应进行修正。

本 章 小 结

本章介绍了压力的概念、压力测量方法、常用的压力检测仪表和压力表的使用。

一、压力的概念

应理解、掌握压力的定义，表压力、绝对压力、负压力（真空度）之间关系，法定计量单位与非法定计量单位的关系（参见附录一）。

二、压力测量方法有三种

液体压力平衡法，弹性变形原理平衡法，电测式转换法。

1. 弹簧管压力表

根据弹性元件的弹性特性进行工作。由弹簧管、机械传动放大机构、指针、刻度盘构成，被测压力通过弹簧管转换成其自由端位移，经机械传动机构转换成指针位移，与刻度比较后即可知被测压力的大小。弹簧管压力表结构简单，测量可靠，价格低廉，是应用范围广，应用历史长的就地指示式压力仪表。

2. 应变片式压力传感器

根据应变效应来完成被测压力的测量。由压力敏感元件、应变片、测量电桥、显示仪表构成，压力敏感元件受压力作用后产生相应的应变 ε 的作用，由应变效应可知，电阻值的变化，经测量电路转换为电压的变化量后，由显示仪表显示出被测压力的大小。

3. 霍尔片式压力传感器

由弹簧管、霍尔效应装置、显示仪表构成，被测压力通过弹簧管转换成霍尔片在非线性磁场中的位移，经霍尔效应装置输出相应的霍尔电势，由显示仪表显示出被测压力的大小。

4. 电容式压力变送器

由电容式压力敏感元件和测量转换电路构成，被测压力通过压力转换元件转换成电容动片的位移量，再通过电容器转换为电容量的变化量，经测量电路检测出电容量的变化，由显示仪表显示出被测压力的大小。

5. 扩散硅式压力传感器和膜盒式压力变送器

6. 智能式变送器

带有微处理器的差压变送器，是具有远程通信、参数标定及处理的高精度的仪表。

三、压力表的选用

不同的被测压力大小、波动情况、工艺要求、介质性质、现场环境条件，要求选用不同的种类、量程、精度、型号的仪表。选用原则是经济、合理、安全、有效。

需要注意根据工艺要求的测量误差选用仪表精度时，要取小于计算所得引用误差的邻近系列值；在确定仪表精度时，要取计算所得引用误差的邻近系列值。

压力表的校验：①砝码法（重量法），校验仪器为活塞式压力计，一般用于校验标准表或 0.35 级以上的精密压力表。②比较法，对同一个被测压力值进行测量时，用标准表的指示值与被校表的指示值相比较，从而计算出被校表的误差大小。一般用于校验工业用压力表。

习题与思考题

2-1 某减压塔的塔顶和塔底的表压力分别为 -40kPa 和 300kPa，如果当地大气压力为标准大气压，试计算该减压塔塔顶和塔底的绝对压力及塔底和塔顶的差压。

2-2 弹性式压力表的测压原理是什么？简述弹簧管压力表的变换原理。

2-3 电接点压力表与普通压力表在结构上有何异同？什么情况下选用它？

2-4 什么是"应变效应"？试述应变片式压力传感器的转换原理。

2-5 什么是"霍尔效应"？试述霍尔式压力传感器的转换原理。

2-6 电容式压力传感器的基本原理是什么？

2-7 说明 1151SMART 智能变送器的特点？

2-8 扩散硅式压力传感器的基本原理是什么？

2-9 ST3000 系列智能变送器的工作过程是什么？它有什么特点？

2-10 现有一标高为 1.5m 的弹簧管压力表测某标高为 7.5m 的蒸汽管道内的压力，仪表指示 0.7MPa，已知，蒸汽冷凝水的密度为 $\rho = 966\text{kg/m}^3$，重力加速度为 $g = 9.8\text{m/s}^3$，试求蒸汽管道内压力值为多少 MPa？

2-11 选用压力表精度时，为什么要取小于计算所得引用误差的邻近系列值？而检定仪表的精度时，为什么要取大于计算所得引用误差的邻近系列值？

2-12 某空压机的缓冲罐，其工作压力变化范围为 0.9～1.6MPa，工艺要求就地观察罐内压力，且测量误差不得大于罐内压力的 $\pm5\%$，试选用一合适的压力表（类型、量程、精度）。

2-13 校验 0～1.6MPa，1.5 级的工业压力表时，应使用下列标准压力表中的哪一块：

(a) 0～1.6MPa 0.5 级；(b) 0～2.5MPa 0.35 级；(c) 0～4.0MPa 0.25 级。

2-14 有一块 0～40MPa，1.5 级的普通弹簧管压力表，其校验结果如下：

被校表刻度数/MPa		0	1.0	2.0	3.0	4.0
标准表读数/MPa	正行程	0	0.96	1.98	3.01	4.02
	反行程	0.02	1.02	2.01	3.02	4.02

问此表是否合格？

第三章 物位检测及仪表

第一节 概 述

一、物位检测的内容

物位是指贮存于容器或工业生产设备里的液体或粉粒状固体与气体之间的分界面位置，也可以是互不相溶的两种液体间由于密度不同而形成的界面位置。即物位是液位、料位和相界位的总称。

通过物位检测来确定容器之中原料或产品的数量，掌握物料是否在规定范围内，判断并调节容器中物料的流入量、流出量，以保证生产过程中各环节物位受到有效的监督和控制，生产过程正常进行及设备的安全运行，得到预先计划好的原料用量或进行经济核算。在现代化大生产中，物位的监视和控制是极其重要的。对物位进行测量、报警和自动调节的自动化仪表称物位检测仪表。

物位检测的结果通常是用长度单位 m，mm 或测量范围的百分数表示。

二、物位检测的特点

物位反映的是物料的堆积高度，具有实体感及直观性，且变化比较缓慢。可以用能感知物料存在与否的方法、测定长度的方法、测静压的方法等进行物位的测量、报警与检测。

在确定物位检测的方法时，必须明确物位检测的工艺特点。流动性好的流体，其液面通常是水平的。但在某些生产过程中，液面会出现波浪、沸腾或起泡沫等，形成虚假液位，相界位则受到界面不清、有浑浊的影响。固体料位因它的流动性差，在自然堆积时，出现安息角；由于容器结构而使物料不易流动形成的滞后区；固体颗粒间的空隙等，对物料的体积储量和质量储量的测量都会带来影响。

物位检测的另一个普遍性问题是盲位。例如用浮力法测液位时，浮子的底部触及容器底面之后就不能再降低。用放射线法测物位时，受到距离太小无法分辨的限制，也存在盲位。此外，用放射线法测量，有时因为容器几何形状或传感器的安装位置配合不当也会出现死角。

三、物位检测的方法及仪表的分类

各种物料的性质各异，物位检测的方法很多，所用的仪表、传感器、变送器也各有特色。本章着重讨论液位检测的基本内容。

按物位仪表的工作原理可分为以下几类。

1. 直读式液位仪表

此类仪表是根据连通器原理工作的。它直接使用与被测容器连通的玻璃管（板），并在容器上直接开窗口的方式来显示液位的高低。如：玻璃管液位计、玻璃板液位计等。

2. 静压式物位仪表

此类仪表是根据静压平衡原理工作的。如：压力式、差压式液位变送器等。

3. 浮力式液位仪表

此类仪表是利用浮力原理进行工作的。如恒浮球式液位计、浮筒式液位变送器等。

4. 电气式物位仪表

将物位的变化转换为某些电量参数的变化并进行检测的仪表属于电气式物位计。如电极式、电容式、电感式、电磁式等物位测量仪表。

5. 辐射式物位仪表

通过将物位的变化转换为辐射能量的变化来测量物位的高低。如核辐射式液位计。

第二节　静压式液位仪表

一、工作原理

液体具有静压现象，其静压力的大小是液柱高度与液体重度的乘积。如图 3-1 所示，对于液体底部 A 点而言，将有

$$p_A = p_B + \rho g H \tag{3-1}$$

式中　p_A——容器底所受静压力；

p_B——液体表面所受的大气压 p_0；

H——容器中 A 点与 B 点之间的距离，即液体的高度；

ρ——容器中液体的密度。

由此可见，当液体密度确定后，通过测出容器底部所受的静压力 p_A，就可求出容器中液体的高度 H。

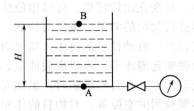

图 3-1　液位计原理图

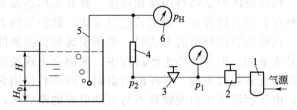

图 3-2　吹气式液位计

1—过滤器；2—减压阀；3—节流元件；4—流量计；
5—吹气管；6—压力表或压力变送器

如前所述，压力表指示的是相对于大气压力的表压力，因此就有

$$p_表 = p_A - p_B = p_A - p_0 = \rho g H$$

所以，根据这一静压原理，就可制成普通压力式液位计。

二、吹气式液位测量装置

应用静压原理检测敞口容器的吹气式液位计工作原理如图 3-2 所示。

图中气源经过滤器后，再经减压阀减压，以恒定流量的气体经导压管，由导压管浸在容器底部的管口对外吹气，因而在液体中会产生气泡。气泡的多少完全决定于吹气压力和吹气口位置的液封压力的大小，当吹气压力小于或等于液封压力时，液体内将不冒泡。测量中，调节减压阀使导压管下端口微量冒泡，说明导压管吹气压力与液封压力相等，这时压力表指示的压力 p_H 即为吹气管内气体压力，也是冒泡端口处液位高度相应的压力。则 $H = p_H /$

ρg，液位升高使液封压力增大时，气流量不变的情况下，导压管内产生气体的积累使吹气压力升高；液位下降导致液封压力减小时，吹出气泡增加，导压管内气体减少，吹气压力下降；直至二者重新平衡，因此压力表读数的变化反映了液位的高低。

显然，为了保证正确测量，气源压力应足够高，使相应于最大液位的液封压力时，仍然能够建立上述吹气压力和液封压力之间的动态平衡，同时必须保证气流量恒定不变，为此气流管道中设置了一个节流元件。实践证明，节流元件出、入端压力比小于等于 0.528 时，管道中的气流量是恒定的。气流管道中的压力表 p_1、流量表都是用以监测流量、压力变化情况的。气源流量大小的选择以最大液位时仍有微量气泡冒出为宜，常见的吹气量为 20L/h。气流量大，动态平衡过程快，响应时间短，但从压力表到吹气口这段引压管道上的压降增加，测量误差加大。反之，测量精度高，响应时间慢。

吹气式液位计不仅可以测量敞口容器的液位，个别情况也可以用来检测密封容器的液位。如果需要将液位信号远传，可以采用压力变送器或差压变送器代替压力表进行检测并输出 4～20mA 标准信号。在用于检测具有腐蚀性、高黏度或含有悬浮颗粒的液体的液位时，可以防止导压管被腐蚀堵塞。如果被测液体是易燃、易氧化的介质，可以改用氮气、二氧化碳等惰性气体作为吹气源。

三、差压式液位计

（一）工作原理

当封闭容器中液面上方的静压力 p_B 不等于大气压力时，则必须考虑 p_B 的影响。此时有

$$\Delta p = p_A - p_B = H\rho g \tag{3-2}$$

即

$$H = \frac{\Delta p}{\rho g}$$

这就是说，测量仪表应为差压测量仪表。差压变送器正压室接容器底部，感受静压力 p_A，负压室接容器的上部，感受液面上方的静压力 p_B。在介质密度确定后，即可得知容器中的液面高度，且测量结果与容器中液体上方的静压力 p_B 的大小无关。如图 3-3（a）所示。

（二）差压式液位变送器的零点迁移

在实际使用中，由于周围环境的影响，差压仪表不一定正好与容器底部 A 点在同一水平面上，如图 3-3（b）。或由于被测介质是强腐蚀性的液体，因而必须在引压管上加装隔离装置，通过隔离液来传递压力信号，如图 3-3（c）。在这种情况下，差压变送器接收到的差压信号 Δp 不仅与被测液位 H 的高低有关，还受到一个与高度液位无关的固定差压的影响，从而产生测量的误差。为了使差压式液位变送器能够正确地指示液位高度，变送器需要进行零点迁移。

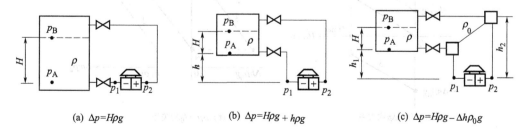

（a）$\Delta p = H\rho g$ （b）$\Delta p = H\rho g + h\rho g$ （c）$\Delta p = H\rho g - \Delta h\rho_0 g$

图 3-3　差压式液位计的应用

图中（a）变送器的正取压口、液位零点在同一水平位置，不需零点迁移；（b）变速器低于液位零点，需零点正迁移；（c）变送器低于液位零点，且导压管内有隔离液或冷凝液，需零点负迁移

1. 无迁移

如图 3-3(a) 所示，差压变送器的正、负压室分别接受来自容器中 A 点和 B 点处的静压。如果被测液体的密度为 ρ，则有

正压室压力　　　　　　　　　　　$p_1 = p_A = H\rho g + p_B$

负压室压力　　　　　　　　　　　$p_2 = p_B$

即　　　　　　　　　　　　　　　$\Delta p = p_1 - p_2 = H\rho g$

当液位由 $H = 0$ 变化到 $H = H_{max}$ 最高液位时，差压变送器输入信号 Δp 由 0 变化到最大值 $\Delta p_{max} = H_{max}\rho g$ 如图 3-4(a) 中曲线 1。相应的电动 III 型差压变送器的输出 I_0 为 4～20mA。

$$I_0 = \frac{(20-4)}{\Delta p_{max} - 0} \times \Delta p + 4 = 16\frac{\Delta p}{\Delta p_{max}} + 4 \tag{3-3}$$

如图 3-4(b) 中曲线 1 所示。此时变送器为无迁移状态。变送器的量程为 $H_{max}\rho g$；变送器的测量范围是 $0 \sim H_{max}\rho g$。

2. 正迁移

如图 3-3(b) 所示，差压变送器的安装位置低于容器底部取压点，且距离为 h_1，则有

正压室压力　　　　　　　$p_1 = p_A + h_1\rho g = H\rho g + p_B + h_1\rho g$

负压室压力　　　　　　　　　　　$p_2 = p_B$

即　　　　　　　　　　　$\Delta p = p_1 - p_2 = H\rho g + h_1\rho g$

当液位 H 由 0 变化到最高液位 H_{max} 时，变送器接收到的静压差由 $\Delta p = h_1\rho g$ 增加至 $\Delta p_{max} = H_{max}\rho g + h_1\rho g$，见图 3-4(a) 中曲线 2。由式(3-3) 可得：变送器输出的 I_0 最小值＞4mA，I_0 最大值＞20mA。事实上变送器输出电流 I_0 是不可能出现高于 20mA 的情况。同时，当 $H = 0$ 时，变送器输出最小值≠4mA，给显示、控制带来错误信息，差压式液位变送器将无法正常工作。

为此，通过调整差压液位变送器的"零点迁移弹簧"，使变送器内部产生一个附加的作用力用以平衡由于 h_1 的存在而产生的固定静压，从而使液位变送器的输出 I_0 恢复到正常范围，即

Δp = 最小值时，变送器输出 $I_0 = 4$mA，此时对应 $H = 0$

Δp = 最大值时，变送器输出 $I_0 = 20$mA，此时对应 $H = H_{max}$

如图 3-4(b) 中曲线 2 所示，这种调整称之为差压式液位变送器的"零点正迁移"。迁移量为 $h_1\rho g$；变送器的量程是 $H_{max}\rho g$；变送器的测量范围是 $h_1\rho g \sim (h_1\rho g + H_{max}\rho g)$。

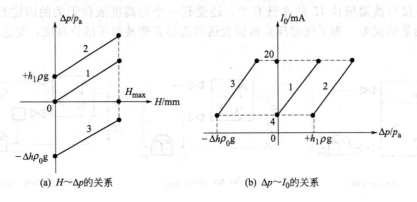

(a) $H \sim \Delta p$ 的关系　　　　　　　　(b) $\Delta p \sim I_0$ 的关系

图 3-4　变速器迁移原理示意图

3. 负迁移

如图 3-3(c) 所示，为防止容器中具有腐蚀性的介质进入变送器，造成腐蚀现象，在变送器的正、负取压管线上分别装有隔离罐，内充隔离液，密度为 ρ_0（设 $\rho_0 > \rho$）。这时：

正压室压力 $$p_1 = p_A + h_1 \rho_0 g = p_B + H\rho g + h_1 \rho_0 g$$

负压室压力 $$p_2 = p_B + h_2 \rho_0 g$$

即 $$\Delta p = p_1 - p_2 = H\rho g + \rho_0 g (h_2 - h_1)$$

因 $$h_1 < h_2 \ \text{并设} \ \Delta h = h_2 - h_1$$

则 $$\Delta p = H\rho g - \Delta h \rho_0 g$$

当液位由 $H = 0$ 变化到 $H = H_{max}$ 时，差压式液位变送器的输入静压差由 $\Delta p = -\Delta h \rho_0 g$ 变化到 $\Delta p = \Delta p_{max} - \Delta h \rho_0 g$，见图 3-4(a) 中曲线 3，由式 (3-3) 可见，变送器输出的最小值 $I_0 < 4\text{mA}$，变送器输出的最大值 $I_0 < 20\text{mA}$。由于变送器的输出不会小于 4mA（除非故障状态），所以此时液位变送器无法正常工作。

通过调整差压式液位变送器的"零点迁移弹簧"，使变送器内部产生一个附加作用力用以平衡由于隔离罐的存在及 h_1 和 h_2 的影响而产生的固定静压，从而使变送器的输出 I_0 恢复到正常的范围。如图 3-4(b) 中曲线 3 所示。这种调整称为差压式液位变送器的"零点负迁移"。

迁移量为 $\Delta h \rho_0 g$；量程为 $H_{max} \rho_0 g$；变送器的测量范围。$-\Delta h \rho_0 g \sim (H_{max} \rho_0 g - \Delta h \rho_0 g)$。

从上分析可知，通过调整变送器的"零点迁移"弹簧，其变送器同时改变量程的上、下限，而量程的大小不变，进行了相应的迁移，达到了使液位变送器的输出正确反映被测液位高低的目的。

当 $H = 0$ 时，若变送器感受到的 $\Delta p = 0$，则变送器不需迁移；

若变送器感受到的 $\Delta p > 0$，则变送器需要正迁移；

若变送器感受到的 $\Delta p < 0$，则变送器需要负迁移。

注：仪表生产厂是将差压变送器按照有迁移装置和无迁移装置来装配生产的，因此，在仪表选型时应加以说明。

（三）法兰式差压液位变送器的使用

采用普通的差压式变送器检测液位，一般是用导压管与被测对象相连，被测介质直接通过导压管进入变送器的正负压室。当被测介质黏性很大、容易沉淀、结晶或腐蚀性很强的情况下，就极易引起导压管的堵塞或仪表的腐蚀。为此，使用法兰式差压液位变送器来进行正常的液位测量。

法兰式差压变送器分两大类：单法兰式和双法兰式。法兰的构造又分平法兰和插入式法兰两种。如图 3-5(a)、(b) 所示。

不同结构形式的法兰可使用在不同场合。选择原则如下。

(1) 单平法兰　如图 3-6 所示。用以检测介质黏度大、易结晶、沉淀或聚合引起堵塞的场合。

(2) 插入式法兰　如图 3-7(b)(c) 所示。被测介质有大量沉淀或结晶析出，致使容器壁上有较厚的结晶或沉淀，宜采用插入式法兰。

(3) 双法兰　如图 3-7 所示。当被测介质腐蚀性较强，而负压室又无法选用合适的隔离液时，可用双法兰式差压变送器。对于强腐蚀的被测介质，可用氟塑料薄膜粘贴在金属膜表面上防腐。

使用双法兰液位变送器，同样会出现"零点迁移"问题。这是因为双法兰变送器在出厂校验时，正负压法兰是放在同一高度上进行的。而在生产现场测量液位时，总是负法兰在

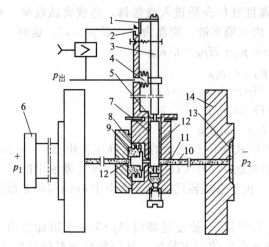
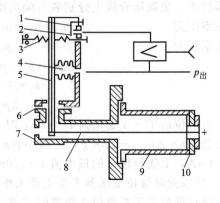

(a) 双法兰式差压变送器结构

1—挡板；2—喷嘴；3—杠杆；4—反馈波纹管；
5—密封片；6—插入法兰；7—负压室；8—测量波纹管；
9—正压室；10—硅油；11—毛细管；12—密封环；
13—膜片；14—平法兰

(b) 单法兰插入式差压变送器结构

1—挡板；2—喷嘴；3—弹簧；4—反馈波纹管；
5—杠杆；6—密封片；7—壳体；8—连杆；
9—插入筒；10—膜盒

图 3-5　法兰式差压变送器结构

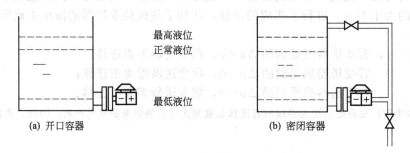

(a) 开口容器　　　　　　　　　　(b) 密闭容器

图 3-6　单法兰差压液位变送器测量示意图

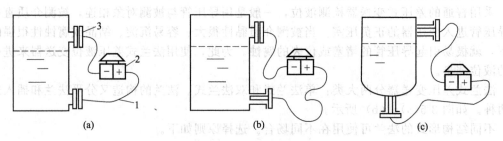

(a)　　　　　　　　　　(b)　　　　　　　　　　(c)

图 3-7　双法兰式液位变送器测量示意图

1—毛细管；2—变送器；3—法兰测量头

上，正法兰在下，如图 3-7 所示。这样等于在变送器上预加了一个反向压差使零点发生负迁移，迁移量对应于正、负取压口的高度差。即

变送器的迁移量为 $h\rho_0 g$；变送器的量程为 $H_{\max}\rho g$；变送器的测量范围是 $-h\rho_0 g \sim (H_{\max}\rho g - h\rho_0 g)$

其中　h——正、负取压口之间的高度差；

　　　ρ_0——正、负引压管（毛细管）中的工作介质密度；

　　　ρ——被测介质的密度；

H_{max}——被测液位的最大变化区间。

（四）平衡容器的使用

平衡容器是非法兰式差压变送器用于测量液位时的附件。从结构上分单层和双层两种。

（1）单层平衡容器用于测量低压容器的液位　当容器内外温差点大，或汽相容易凝结成液体时，将有冷凝液进入负引压管线至负压室，造成变送器感受到的 Δp 信号不是容器液位的单值函数而产生测量误差。在负引压管线上安装单层平衡容器（有时又称冷凝器）后，能保持 Δp 的稳定，从而使变送器的输入 Δp 仅为液位的单值函数。图 3-8 所示为单层平衡容器结构图及系统连接图（设正、负压室内液体 ρ 一致）。

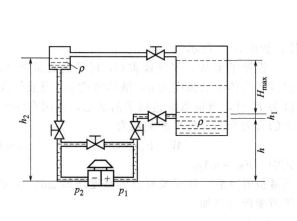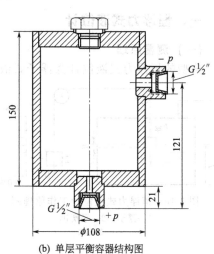

| (a) 应用单层平衡容器的系统图 | (b) 单层平衡容器结构图 |

图 3-8　单层平衡容器

（2）双层平衡容器用于测量锅炉汽包水位的高度　结构图与系统连接图如图 3-9 所示。

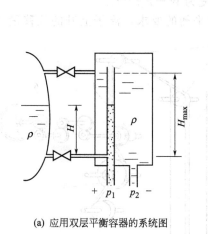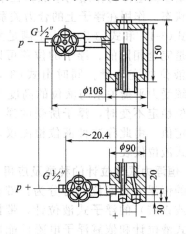

| (a) 应用双层平衡容器的系统图 | (b) 双层平衡容器结构图 |

图 3-9　双层平衡容器

平衡容器与锅炉汽包内蒸汽部分相通，并保持水位恒定在 H_{max} 上。水位管与汽包内水的部分相连。其水位高度与汽包内水位一致（设 ρ 相同），在蒸汽压力和温度恒定时，变送器输入 $\Delta p = p_1 - p_2 = H\rho g - H_{max}\rho g$；当 $H = 0$ 时，$\Delta p = -p_2 = -H_{max}\rho g$；当 $H = H_{max}$ 时，$\Delta p = 0$。此时，变送器应进行负迁移，且相应的迁移量为 100%。（迁移量/量程）

实际上，平衡容器内液体的温度与汽包内温度不完全相同，会出现测量误差。因此，实际应用时，需采用电气压力校正系统对液位测量进行校正，以显示出正确的 H。

第三节　浮力式液位仪表

利用液体浮力原理来测量液位的方法应用广泛。通常可分为两种类型：通过浮子随液位升降的位移反映液位变化的，属于恒浮力式液位仪表；通过液面升降对浮筒所受浮力的改变反映液位的，属于变浮力式液位仪表。

一、恒浮力式液位计

（一）测量原理

典型的恒浮力式液位计为浮子式液位计，如图 3-10 所示。

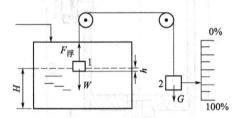

图 3-10　恒浮力式液位计工作原理图
1—浮子；2—平衡锤

设浮子重 W，平衡锤重 G，浮子的截面为 A，浸没于液体中的高度为 h，液体密度 ρ。当液位高度为 H 时，测量系统达到平衡状态，作用在浮子上的合力为零，力平衡关系为

$$W - F_浮 = G \qquad (3\text{-}4)$$

式中　$F_浮 = hA\rho g$

当液位升高后，浮子被浸没的高度增加 Δh，使浮子所受浮力增加

$$\Delta F_浮 = \Delta h A \rho g$$

系统的稳定平衡状态被破坏，出现

$$W - (F_浮 + \Delta F_浮) < G \qquad (3\text{-}5)$$

浮子由于向上浮力作用的增加，在平衡锤的牵引下，向上做相应的位移，直到系统达到新的平衡状态。作用在浮子上的合力关系式又恢复为 $W - F_浮 = G$。

比较式(3-4) 和式(3-5)，为了满足系统受力平衡的要求，浮子上升的位移量 ΔH 与液位的增量是完全相同的。浮子的位移可以直接反映液位的变化量。同时由式(3-4)可见，系统受力平衡关系与液位的高度 H 无关，液位稳定不变时，浮子所受的浮力是一个恒定值。由此称这种液位检测仪表为恒浮力式液位仪表。

（二）恒浮力式液位计的种类及应用

常见的恒浮力式液位计可分为：带有钢丝绳（或钢带）的浮子式液位计，带杠杆的浮子式液位计和依靠浮子电磁性能传递信号的液位计。

1. 带有钢丝绳（钢带）的浮子式液位计

目前，大型贮罐多使用这类液位检测仪表。图 3-10 所示的称浮子重锤液位计，液位的高低通过连接浮子的钢丝绳传递给平衡重锤，由它的位置高低显示出相应的

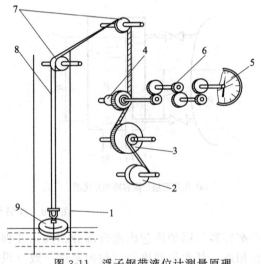

图 3-11　浮子钢带液位计测量原理
1—导向钢管；2—盘簧轮；3—钢带轮；
4—链轮；5—指示盘；6—齿轮；
7—导轮；8—钢带；9—浮子

液位。这种液位计测量的精度不够高，信号不能远传。为此将浮子重锤液位计加以改进，成为浮子钢带液位计。图 3-11 为浮子钢带液位计测量原理图。图 3-12 为 UHZ 系列浮子钢带液位计原理系统示意图。

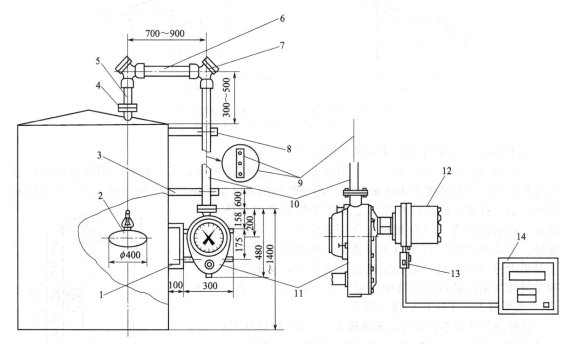

图 3-12　UHZ 系列浮子钢带液位计原理系统示意图

1—仪表固定支座；2—浮子；3—护管支撑；4—法兰；5,6,10—护管；7—90°导轮；
8—卡箍；9—测量钢带；11—传感器；12—液位变送器；13—隔爆接线盒；14—显示仪表

UHZ 系列浮子液位计由传感器和显示变送器组成。如图 3-12 所示，传感器安装在罐顶上，从传感器顶部伸出一根测量钢带，钢带的端部吊有浮子，当浮子在全量程范围内上下移动变化时，钢带对浮子的拉力基本不变。浮子的自重大于钢带的拉力，浮子部分浸入液体中。由于拉力不变，所以浮子浸入液体的深度不变，因而可以认为，浮子与液位严格同步运动，扣除一固定初值后，浮子的位置就代表了液位。

浮子的位置用钢带伸出传感器的长度来计量，钢带上每隔离 50mm 穿一个小孔，链轮上装有 4 枚定位针，两针相距也是 50mm。钢带运动时，定位计恰好穿进钢带的小孔内，钢带通过定位针带动链轮转动。钢带移动 200mm，链轮旋转一周，用磁性耦合的方法将链轮的转动传到液位变送器，转换成相应的电信号。

显示仪表完成译码、计数、显示和 D/A 转换功能。通过 5 位数字显示，精度可达到 0.03～0.02 级，量程可达 20～30m，并可带有串行异步通信功能。

2. 带杠杆的浮子式液位计

对于黏度比较大的液体介质的液位测量，如炼油厂的减压塔底部液面测量，一般可采用带杠杆的浮子式液位仪表。如图 3-13 所示。这种仪表由于机械杠杆臂长度的限制，所以量程通常较小。常用于液位控制系统中的液位高度变化量的检测。

浮球式液位计分内浮球式和外浮球式两种。浮球由钢或不锈钢制成。浮球通过连杆与转动轴连接。转动轴的另一端与容器外侧的杠杆相连接，并在杠杆上加平衡物组成以转动轴为支点的杠杆系统。一般设计要求在浮球一半浸没在液面时实现系统的力矩平衡。如果在转动轴的外端安装指针或信号转换器，就可方便地进行就地液位指示、控制。

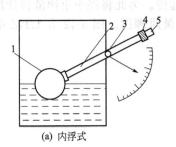

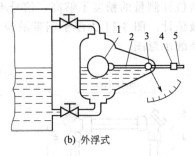

(a) 内浮式　　　　　　　　　　　　(b) 外浮式

图 3-13　带杠杆的浮子（浮球）式液位计

1—浮球；2—连杆；3—转动轴；4—平衡锤；5—杠杆

3. 依靠浮子电磁性能传递信号的液位计

图 3-14 为翻板式液位计。它利用浮子电磁性能传递液位信号。翻板 1 用极轻而薄的导磁材料制成，装在摩擦很小的轴承上，翻板的两侧涂以非常醒目的不同颜色的漆。从液位起始点开始，每隔一段距离在翻板上刻上液位高度的具体数字。带有磁的浮子 2 随液位变化而升降时，吸动翻板翻转。若从 A 向看，浮子以下翻板为一种颜色，浮子以上翻板为另一种颜色，翻板装在铝制支架上，支架长度和翻板数量随测量范围及精度而定。图 3-14 中 F_1、F_2、F_3 三块翻板表示了正在翻转的情形。

这种液位计需垂直安装，连通容器 4（即液位计外壳）与被测容器 7 之间应装阀门 6，以便仪表的维修，调整。

翻板式液位计结构牢固，工作可靠，显示醒目，又系利用机械结构和磁性联系，故不会产生火花，宜在易燃易爆场合使用。其缺点是当被测介质黏度较大时，浮子与器壁之间易产生黏附现象，使摩擦增大。严重时，可能使浮子卡死而造成指示错误并引起事故。

图 3-14　依靠浮子电磁性能传递
信号的液位计

1—翻板；2—内装磁钢的浮子；
3—翻板支架；4—连通容器；
5—连接法兰；6—阀；7—被测容器

二、浮筒式液位变送器

浮筒式液位变送器用于对生产过程中容器内液位进行连续测量、远传，配合调节仪表还可构成液位控制系统。它是变浮力式液位计。

（一）测量原理

图 3-15 所示为浮筒式液位计测量原理图。将一封闭的中空金属筒悬挂在容器中，筒的重量大于同体积的液体重量，筒的重心低于几何中心，使筒总是保持直立而不受液体高度的影响。设筒重为 W，浮力为 $F_浮$，则悬挂点受到的作用力 F 为

$$F = W - F_浮 \tag{3-6}$$

式中，$F_浮 = AH\rho g$。其中 A 为浮筒截面积，H 为从浮筒底部算起的液位高度，ρ 为液体密度。

所以

$$F = W - AH\rho g \tag{3-7}$$

当液位 $H = 0$ 时，悬挂点所受到的作用力 $F = W = F_{max}$ 最大。随着液位片 H 的升高，悬挂点所受作用力 F 逐渐减小，当液位 $H = H_{max}$ 时，作用力 $F = F_0$ 为最小。根据式（3-7），W、A、ρ、g 均为常数，所以作用力 F 与液位 H 成反向的比例关系。

由式（3-7）及图 3-15 可以知道，浮筒式液位计的测量范围由浮筒的长度决定。从仪表的结构及测量稳定的角度出发，测量范围 H_{max} 在 $300 \sim 2000mm$ 之间。

应当注意，浮筒式液位仪表的输出信号不仅与液位高度有关，而且还与被测介质的密度

有关，因此在密度发生变化时，必须进行密度修正。

浮筒式液位仪表还可以用于测量两种密度不同的液体分界面。

（二）浮筒式液位测量仪表的组成

浮筒式液位仪表按传输信号的种类可分成两大类：气动和电动。

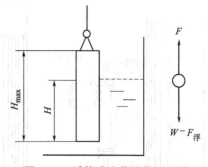

图 3-15　浮筒式液位测量原理图

气动浮筒液位仪表的典型系列是 UTQ 型。它由检测环节、变送环节、调节环节三部分构成，属于就地式检测调节仪表。主要优势是安全防爆性。在炼油厂及相关危险场所得到广泛使用。

电动浮筒液位仪表主要由检测环节和变送环节构成。典型的有输出 0～10mA 标准信号的 UTD 系列和输出 4～20mA 标准信号的 SBUT 系列。

1. 检测环节

检测环节由浮筒、浮筒室、扭力管组件等构成。其测量原理如图 3-16 所示。

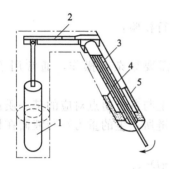

图 3-16　用扭力管平衡的
浮筒测量原理
1—浮筒；2—杠杆；3—扭力管；4—芯轴；5—外壳

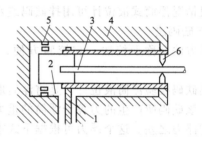

图 3-17　扭力管结构示意图
1—杠杆；2—扭力管；3—芯轴；4—外壳；
5—滚针轴承；6—玛瑙轴承

浮筒浸没在被测液体中检测液位变化。浮筒杠杆吊在扭力管一端，扭力管另一端固定。当被测液位变化时浮筒所受浮力变化，扭力管产生角位移。穿在扭力管中的芯轴与扭力管活动端焊在一起，芯轴随扭力管活动端转动从而输出转角位移 $\Delta\Phi$（$\Delta\Phi$ 的最大值约 5°）。

扭力管是一种密封式的输出轴，结构如图 3-17 所示，它一方面能将被测介质与外部空间隔开，同时液位变化所引起的浮力变化使扭力管产生相平衡的弹性反作用力，扭力管利用弹性扭转变形，把作用于扭力管一端的力矩变换成芯轴的角位移输出。使液位变化与检测部分输出的角位移一一对应。

2. 变送环节

通过喷嘴挡板机构将角位移 $\Delta\Phi$ 转换成气压信号，再经放大、反馈机构的作用，输出 20～100kPa 的气动液位变送信号，组成了气动浮筒液位仪表。

如果将芯轴输出转角通过霍尔元件的转换，再经 mV/mA 转换器，就可输出 0～10mA 标准电信号，组成 UTD 系列电动浮筒液位仪表。

如果将芯轴输出转角通过涡流差动变压器的转换，再经 mV/mA 转换器，就可输出 4～20mA 标准电信号，组成 SBUT 系列电动浮筒液位仪表。

3. 安装环节

浮筒液位计的安装分外浮筒、顶底式安装及内浮筒、侧置式和内浮筒、顶置式安装几种类型，如图 3-18～图 3-20 所示。

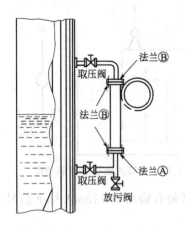
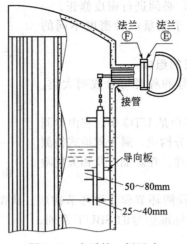
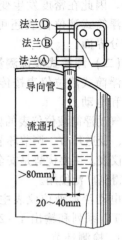

图 3-18 外浮筒、顶底式   图 3-19 内浮筒、侧置式   图 3-20 内浮筒、顶置式

（三）浮筒液位变送器的示值校验

一般情况浮筒式液位计可用挂砝码或水校法来进行校验。

1. 挂砝码法

此种方法又称干校法。它校验方便、准确、不需要繁杂的操作，通常用于实验室校验用。

用挂砝码校验浮筒液位计，是将浮筒取下后，挂上与各校验点对应的某一质量的砝码来进行的。该砝码所产生的力等于浮筒的重力（包括挂链所产生的重力）与液面在校验点时浮筒所受的浮力之差。这个浮力可根据下式求出

$$F_H = \frac{\pi D^2}{4}(L-H)\rho_2 g + \frac{\pi D^2}{4}H\rho_1 g$$

$$= \frac{\pi D^2}{4}[L\rho_2 + H(\rho_1-\rho_2)]g \qquad (3-8)$$

式中 F_H——液面在被校点 H 处时浮筒所受的浮力，N；

　　　D——浮筒外径，m；

　　　L——仪表量程，m；

　　　H——液面高度，m；

　　　ρ_1——被测液体的密度；kg/m³；

　　　ρ_2——气体介质的密度；kg/m³。

测液面高度时，$\rho_1 \gg \rho_2$，式(3-8)可简化为

$$F_H = \frac{\pi D^2}{4}gh\rho_1 \qquad (3-9)$$

测相界面高度时，ρ_1 为被测重组分液体的密度；kg/m³；ρ_2 为被测轻组分液体的密度，kg/m³。

【例 3-1】 如图 3-15 所示，浮筒重 $m_1=1.47$kg，挂链重 $m_2=0.047$kg，浮筒直径 $D=0.013$m，液体可在 $H=0\sim4.6$m 之间变化。被测液体的密度 $\rho_1=850$kg/m³，校验时所用托盘重量为 $m_3=0.246$kg，现求当液位分别为 0%，50%，100%时，各校验点应加多大的砝码？

解 由式(3-9)可知，当 $H=0$ 时，$F_H=0$，浮筒液位计仅受到浮筒，挂链，托盘的作用合力，所以，应加砝码的质量为

$$m_1+m_2-m_3=1.47+0.047-0.264=1.253\text{kg}$$

当 $H=50\%$ 时，浮筒所受的浮力

$$F_H=\frac{\pi D^2}{4}g\rho_1 H_{50}=\frac{\pi\times0.013^2}{4}\times g\times850\times\frac{4.6}{2}=0.2595g\text{ N}$$

因为 $0.2595g$ N 相当于 $m_{50}=0.2595\text{kg}$ 的物体所产生的重力，故此时应加的砝码量为：

$$m_{50}=m_1+m_2-m_3-m_{50}=1.47+0.47-0.264-0.2595=0.9935\text{kg}$$

当 $H=100\%$ 时，浮筒所受的浮力为

$$F_{100}=\frac{\pi D^2 g}{4}H_{100}\rho_1=\frac{\pi g\times0.013^2}{4}\times4.6\times850=0.519g\text{ N}$$

则此时所加砝码质量为

$$F_{100}=m_1+m_2-m_3-F=0.734\text{kg}$$

2. 水校法

此种校验法又称为湿校，主要用于已安装在现场不易拆开的外浮筒液位仪表的校验中。将外浮筒与工艺设备之间隔断，打开外测量筒底部阀，放空液体，关闭。再加入清洁的水，就可开始校验了。

设浮筒的一部分 l 被水或被测液体浸没时，浮筒的指示作用力（浮筒所产生的重力与所受浮力之差）分别为 $F_水$ 和 F_X，用下式表示

$$F_水=W-Al_水\rho_水 g \tag{3-10}$$
$$F_X=W-Al_X\rho_水 g \tag{3-11}$$

式中 W——质量为 m 的浮筒所产生的重力。

由于扭力管的扭角是由浮筒的指示作用力所决定，所以用水来代替被测介质进行校验时，对应于相应的输出值，浮筒的指示作用力必须相等。

即

$$F_水=F_X$$

由式(3-10)及式(3-11)可知，用水校时，浮筒应被水浸没的相应高度为

$$l_水=\frac{\rho_X}{\rho_水}l_X \tag{3-12}$$

式中 l_X——被测液体浸没浮筒的高度，$l_X=H$。

在校验时：$H=0$，$l_X=0$，$l_水=0$

$$H=L（量程）时，L_水=\frac{\rho_X}{\rho_水}L$$

【例 3-2】 有一气动浮筒液位变送器用来测量界面，其浮筒长度 $L=800\text{mm}$，被测液体的密度分别为 $\rho_1=1.2\text{g/cm}^3$ 和 $\rho_2=0.8\text{g/cm}^3$。试求输出为 0%，50%，100%时所对应的灌水高度。

解 由式(3-12)可得，最高界面（输出为 100%）所对应的最高灌水高度为

$$l_水=\frac{1.2}{1.0}\times800=960\text{mm}$$

最低界面（输出为 0%）所对应的最少灌水高度为

$$l_水=\frac{0.8}{1.0}\times800=640\text{mm}$$

由此可知用水代校时界面的变化范围为

$$l_{水100}-l_{水0}=960-640=320\text{mm}$$

显然，在最高界面时，用水已不能进行校验，这时可将零位降至 $800-320=480\text{mm}$ 处来进行校验，其灌水高度与输出气压信号的对应关系为

$$H=0\% \qquad l_{水0}=480\text{mm} \qquad 输出信号=20\text{kPa}$$

$$H=50\%\qquad l_{水50}=640\text{mm}\qquad 输出信号=60\text{kPa}$$
$$H=100\%\qquad l_{水100}=800\text{mm}\qquad 输出信号=100\text{kPa}$$

这样，校验结束后，再把浮筒室灌水到 640mm，并通过变送器零点迁移弹簧把信号调整到 20kPa，完成全部校验工作。

第四节　其他物位仪表

一、电极式水位计

电极式水位计是电阻式液位计中的一种。在 360℃ 以下，纯水的电阻率小于 $10^2\Omega\cdot\text{m}$，蒸汽的电阻率大于 $10^6\Omega\cdot\text{m}$。由于工业用水含盐，电阻率较纯水更低，水与蒸汽的电阻率相差就更大了。利用这一特性，就可制成电极式水位计来测量的液位高低。

电极式水位计由检测部分和显示部分组成，如图 3-21 所示。

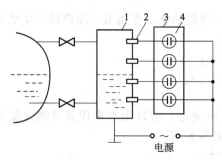 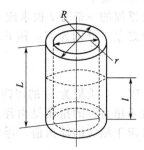

图 3-21　电极式水位计测量系统图
1—连通器（测量筒）；2—电极；3—显示器；4—氖气

图 3-22　圆柱形电容

检测部分由一密封连通管（测量管）和电极组成。根据测量的需要，在连通管上装多个电极（从十几个到几十个）。各电极均用氧化铝等绝缘材料与管道绝缘，并用电缆线引出，测量管作为一个公共电极与电缆相连。当水位达到某一电极时，其导电性使容器和该电极接通，于是该回路就有电流通过，显示部分中相应的氖灯被燃亮。

显示部分由与电极数目相对应的一排氖灯组成。每灯之间的光线用隔板相互隔开。氖灯前面有一块有色玻璃。液体淹没了多少电极，就有多少氖灯燃亮。因此，根据显示仪表中氖灯燃亮多少，就能非常形象地反映液位的高低。当相邻的两个电极靠得愈近，则其示值误差就愈小。常用电接点水位计如表 3-1 所列。

二、电容式液位计

电容式液位计是利用被测介质液面变化影响液位计电容变化这一原理设计的。特点是无可动部件，与物料密度无关，但要求物料的介电常数与空气介电常数差别大，且在电容量的检测中使用高频电路，对信号传输时的屏蔽提出了较高的要求。

（一）电容式液位计的基本原理

如图 3-22 所示，处于电场中的两个同轴圆筒形金属导体，长度为 L，半径分别为 R 和 r，在两圆筒间充以介电常数为 ε_0 的气体介质，则圆筒电容器的电容量为

$$C_0=\frac{2\pi\varepsilon_0 L}{\ln\dfrac{R}{r}} \tag{3-13}$$

表 3-1 常用电接点水位计

型号	接点数个	测量范围 mm	测量筒		显示仪表		用于主要容器或说明
			工作压力 MPa	工作温度 ℃	显示方式	输出触点	
GDR-1	19	±300	18.24	358	电致发光屏(DFS-2 型)	报警	汽包(测量筒带恒温套)
DYS-19	19	±300	15.2	350	数字	报警、保护	汽包
SWJ-4	19	±300	14.7	340	双色发光	报警、保护	汽包
(B&W 公司)	17	±250	11.2	320	二极管		
DJS-15A	15	±250	15.2	350	荧光色带加数字	报警、保护	汽包
UDZ-02-19Q	19	±300	15.7	350	发光二极管	报警、保护	汽包
UDZ-01-17Q	19	±300	4.4	250			汽包
UDZ-02-17G	17	0~1000	15.7	350			高压加热器
UDZ-01-17Y	17	0~1700	4.4	250			除氧器
UDX-12	5	620	9.4	360	灯光	报警	压力容器

如果两极间加入液体，高度为 l，则上半部（气体）的电容量为

$$C_1 = \frac{2\pi\varepsilon_0(L-l)}{\ln\dfrac{R}{r}}$$

下半部（液体）的电容量为

$$C_2 = \frac{2\pi\varepsilon_X L}{\ln\dfrac{R}{r}}$$

式中　ε_X——液体的介电常数。

此时电容器的电容量为

$$C = C_1 + C_2 = \frac{2\pi L\varepsilon_0}{\ln R/r} + \frac{2\pi l(\varepsilon_X - \varepsilon_0)}{\ln R/r} = C_0 + \Delta C$$

则电容的增量为

$$\Delta C = C - C_0 = \frac{2\pi l(\varepsilon_X - \varepsilon_0)}{\ln R/r} = Kl \tag{3-14}$$

从式(3-14)可知，当介电常数 ε_X 保持不变时，电容量的增量 ΔC 与电极被浸没的长度 l（等于液位 H）成正比关系。因此，测量电容量的增量，就可知道液位 H 的高低。根据这样一种方法，就可制成电容式液位测量仪表。

（二）电容式液位计的构成

电容式液位计由传感器及配套的显示仪表组成。由于被测液体有导电与非导电之分，同时液位贮槽的材料也有导体与非导体的区别等，所以传感中的测量电极有如图 3-23 所示几种类型。图中 L=测量范围+110mm。

（三）被测介质为非导电介质

① 直接将裸金属管电极插入非导电待测液体中，金属容器作为外电极，如图 3-23(c) 和图 3-24(a) 所示。

根据前述的测量原理，电容器的电容变化量为

$$\Delta C = \frac{2\pi H(\varepsilon_X - \varepsilon_0)}{\ln R/r} = KH \tag{3-15}$$

当 K 为常数时，测得 ΔC 便可明确液位 H 的高低。

② 当容器为非金属，或容器直径 D 远远大于电极直径 d 时，可采用同轴电极结构。如

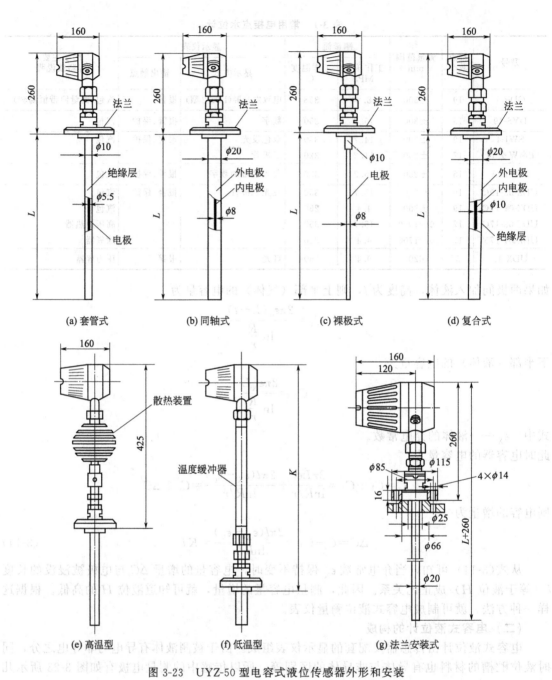

(a) 套管式　　　(b) 同轴式　　　(c) 裸极式　　　(d) 复合式

(e) 高温型　　　(f) 低温型　　　(g) 法兰安装式

图 3-23　UYZ-50 型电容式液位传感器外形和安装

图 3-23(b) 和图 3-24(b) 所示，单独制成一个电容器置于被测介质中，中间为内电极，外面的金属管为外电极，内外极之间用绝缘固定。因此外电极的直径远远小于容器直径而仅比内电极直径略大，由式(3-15) 得到，此时测量的灵敏度可大大提高，测量的准确度也更有保证。

（四）被测介质为导电介质

被测介质为导电介质时，裸电极必须加上绝缘套后才可插入导电待测液体中，如图 3-25 所示，而把导电的被测介质作为外电极构成电容器。当液位发生变化时，就改变了电容器两极板的覆盖面积大小，从而改变了电容器的电容量。当液位高度为 H 时

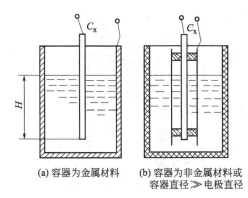

(a) 容器为金属材料

(b) 容器为非金属材料或
容器直径≫电极直径

图 3-24　非导电介质的测量

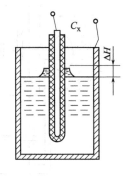

图 3-25　导电介质的测量及虚假液位 ΔH

$$C=\frac{2\pi\varepsilon}{\ln\dfrac{R}{r}}H \tag{3-16}$$

式中　ε——中间绝缘层介质的介电常数；

　　　R——绝缘覆盖层的外半径；

　　　r——内电极的半径。

（1）若容器为导体时　电容器的外电极可借助于容器引出，电极的有效长度即为导电液体的液位高度。这样的电极结构为套管式，如图 3-23(a)。

（2）若容器为非导电体时　必另加辅助电极（铜棒），下端浸至被测容器底部，上端要与电极的安装法兰有可靠的导电联结。两电极中要有一个与大地及仪表地线相联，保证测电容的仪表能正常工作。这样的电极结构为复合式，如图 3-23(d)。

（3）在测量黏性导电介质时　由于介质沾染电极相当于增加了液位的高度，出现虚假液位，也就是测量误差 ΔH，如图 3-25。消除虚假液位常用的方法有：①尽量选用与被测介质亲和力较小的套管及涂层材料，这是最理想的方法。目前常用聚四氟乙烯或聚四氟乙烯加六氟丙烯的套管。②采用隔离型电极，如图 3-26。

隔离型电极由同心的内电极 1 和外电极 3 组成，在外电极 3 的下端有隔离波纹管 2，在波纹管和内外之间充以部分非导电液体 4，液体应选用较高介电系数，黏性很小且不易受温度变化影响的。

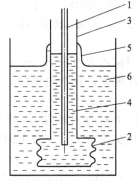

图 3-26　采用隔离型电极消除虚假液位的影响

1—内电极；2—隔离波纹管；
3—外电极；4—波纹管内充介质；
5—虚假液位；6—被测液体

当被测容器中黏性导电介质 6 液位升高时，作用于波纹管的压力增大，波纹管受压体积缩小，因而内外电极间的液体的液位升高，改变了内外电极的电容量，测出此电容量的变化，就可知道容器的液位，而容器中被测黏性导电介质在外电极的黏附（即虚假液位 5）对测量结果影响很小，可以不计。

（五）电容量检测

工业生产中应用的电容液位计，在其量程范围内的电容变化量一般都很小，采用直接测量都较困难。因此，常常需要通过较复杂的电子线路放大转换后，才能显示和远传。测量电容的方法及电子线路的形式较多，这里介绍放充电法。

此法可以大大减少连接导线或电缆分布电容的影响，干扰也较小。其电容的测量是在以环形二极管为主的前置测量线路中完成的。如图 3-27 所示。下面简要介绍充放电法前置线

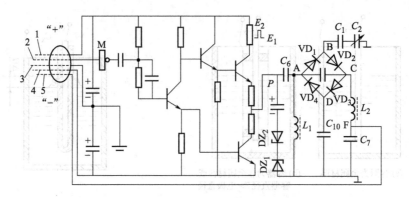

图 3-27 充放电法前置测量线路原理

1—电源；2—输入方波；3—地；4—电源；5—输出

路的工作原理。

为了缩短桥路与电极间的电缆线长度，减少分布电容，以降低起始电容 C_0，故测量前置线路直接装在电容测量电极的上部。它由反相器，功率放大器及二极管环形桥路组成。当某一频率的方波经多芯电缆送入后，首先经集成电路反相器 M，消除由于长距离传输中造成的脉冲畸变，经整形后送入功率放大器放大到足够的功率，再经稳压管 DZ_1 和 DZ_2 限幅，以保持方波的幅值稳定，最后经隔直电容 C_6。送给二极管环形桥路。电桥的 B 点经 C_1 与电容传感器 C_2 连接，D 点经平衡电容 C_{10} 接地。由于 C_7、C_1 的电容量远比 C_2 大，故其容抗很小，因而 C 点的电位将高于 B 点的电位，于是二极管 VD_2 为反向偏置，由 C 点流经 L_2 的输出充电电流 I_c 为

$$I_c = (E_2 - E_1)fC_7 - (E_2 - E_1)fC_{10} \tag{3-17}$$

当输入方波由 E_2 跃变为 E_1 时，C_{10} 经 VD_4 放电，C_2 经 VD_2，C_7 放电，二极管 VD_3 呈反向偏置，在放电期间，自 C 点流经 L_2 输出的放电电流 I_f 为

$$I_f = (E_2 - E_1)fC_2 - (E_2 - E_1)fC_7 \tag{3-18}$$

因为 C 点对地除 L_2 外都有电容隔离，所以产生的直流只通过直流阻抗很小的 L_2 输出，并可把交流滤去，充放电时流过 L_2 的部分平均直流为式(3-17) 与式(3-18) 之和，即

$$I = I_c + I_f = (E_2 - E_1)f(C_2 - C_{10}) = fA\Delta C_2 \tag{3-19}$$

式中　f，A——方波的频率和幅值。

由于频率和幅值均能稳定不变，故上式可简化成

$$I = K\Delta C_2$$

式中　K——仪表常数，取决于方法、频率和幅值。

式(3-19) 表明，环形桥路输出的电流仅取决于液位引起的电容传感器的电容变化量，这样，就将传感器的电容量的变化转变成电流的变化。

利用电容充放电法来测量电容的液位计方框图如图 3-28 所示。电容液位检测元件把液位的变化变为电容的变化，测量前置电路利用充放电原理把电容变化成直流电流，经与调零单元的零点电流比较后，再经直流放大，然后进行指示或远传，晶体管振荡器用来产生高频恒定和方波电源，经分频后，通过多芯屏蔽电缆传给测量前置电路完成充放电过程。

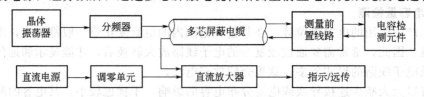

图 3-28　利用充放电法的电容式液位计方框图

三、核辐射式液位计

核辐射式检测仪表是根据被测物体对射线的吸收、反射或射线对被测物质的电离激发作用而进行工作的一种仪表。

核辐射式检测仪表一般由放射源、探测器、电信号变换电路和显示装置等四部分组成。如图 3-29 所示。

放射源 → 液位对象 → 探测器 → 变换电路 → 显示装置

图 3-29　核辐射式物位计原理组成

放射源是这种仪表的特殊部分，它是由放射性同位素制成，它放射人眼看不见的射线。探测器可以探测出射线的强弱和变化，将射线信号转变为电信号。电信号变换电路将电信号进行各种变换和处理。通过显示装置将被测量用数字方式显示出来。还可用记录仪打印结果等，方便配套应用。

（一）核辐射的基本知识

核辐射式检测仪表带有放射性同位素源，其原子核进行变化时放出 α 粒子、β 粒子或 γ 射线而变成另外的同位素。其中 γ 射线是一种从原子核中发出的电磁波，它的波长短，为 $10^{-10} \sim 10^{-18}$ m。γ 射线最大的特点是穿透能力强，在气体介质中的射程为数百米，能穿过几十厘米厚的固体物质。

当 γ 射线穿过物质（固体，液体等）时与物质相互作用而被吸收，射线的穿透程度随吸收物质的厚度（或高度）变化而呈指数关系。即

$$I = I_0 e^{-\mu h} \tag{3-20}$$

式中　I_0，I——射入介质层前和通过介质层后的射线强度；

μ——介质对射线的线性吸收系数；

h——被测物质（介质）的厚度（高度）。

介质不同，吸收射线的能力也不相同。固体介质最强、液体次之、气体最弱。

当放射源和介质一定时，I_0 和 μ 都为常数，物质的高度 h 与射线强度 I 是单值的函数关系，测出 I 即可获得 h 的大小。

$$h = \frac{1}{\mu} \text{Ln} I_0 - \frac{1}{\mu} \text{Ln} I \tag{3-21}$$

（二）核辐射式仪表的主要部件

1. 放射源

通常选用 Co^{60}、Cs^{137} 等半衰期较长的放射性同位素作放射源。放射源的强度随时间按指数规律下降。

2. 探测器

又称核辐射接收器，用途是将核辐射信号转换成电信号，从而探测出射线的强弱和变化。闪烁计数器是一种常用的 γ 射线探测器。闪烁计数器先将辐射能变为光能，然后将光能变换为电能进行探测，它由闪烁晶体、光电倍增管和输出电路组成。

闪烁晶体是一种受激发光物质。有固态、液态、气态三种，分有机和无机两类。当 γ 射线射进闪烁体时，使闪烁体的原子受激发光，先透过闪烁体射到光电倍增管的阴极上产生电子，经过倍增，在阳极上形成电流脉冲，最后用仪表显示出被测量的大小。

（三）核辐射式物位计的应用

核辐射式物位计既可测量物位的连续变化，也可进行定点控制或发讯。应用核辐射式物位计测量物位的方式和输出特性如图 3-30 所示。

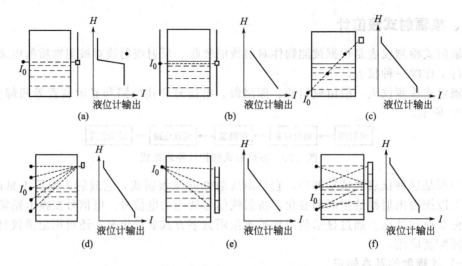

图 3-30 核辐射式物位计测量物位的方式和输出特性

图 3-30(a) 是定点测量的方法，即放射源与接收器安制在要控制或发讯的给定水平面上，由于分界面上下两个介质的吸收系数相差很大，故界面超过或低于某给定位置时，接收器收到的射线强度明显不同，利用这一差别可实现液位的定点控制或报警发讯。这种方法的特点是准确性高，结构简单。

图 3-30(b) 是自动跟踪方法，即通过电机带动放射源和接收器沿导轨对物位进行自动跟踪，它既具有定点的优点，同时又可以实现连续测量。缺点为结构较复杂。

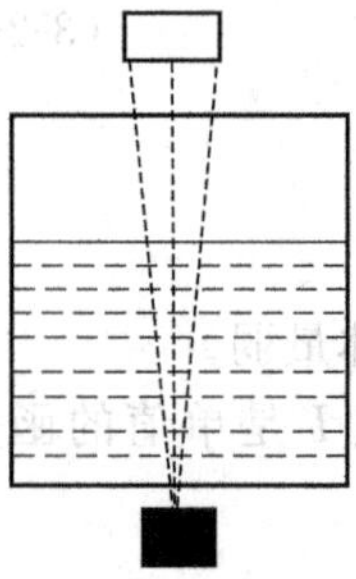

图 3-30(c) 是在容器外按一定角度安装放射源及接收器，分界面不同时，接收器收到的射线强度不同，由其强度便可知分界面（物位）的高低。此种方法的优点是安装、维护和调整都方便，缺点为测量范围比较窄，一般为 300~500mm。

对于测量范围比较大的物位，可以采用放射源多点组合。如图 3-30(d)；或接收器多点组合，如图 3-30(e)；或两者并用，如图 3-30(f)。这样可以改善测量特性，但安装和维护较困难。若采用线状源（放射线从铅室中的狭缝中放射出），由于放射源均匀分布在测量范围内，且接收器主要接收穿过上部气体的射线，而不受被测介质密度变化的影响，既可以适应宽量程的需要，又可以改善线性关系。

图 3-31 卧式容器的核辐射式物位计的安装

对卧式容器可以把放射源安装在容器的下面，而把接收器放在容器上部的相对应的位置上，如图 3-31 所示。

由于放射线能穿透各种物位（如容器用的钢板等），因而测量元件能够完全不接触被测物质，同时，放射源的衰变不受温度、压力、湿度以及电磁场等影响，所以核辐射式物位计可用于高温高压容器内的物位测量；亦可用于强腐蚀、剧毒、易爆、易结晶、沸腾状态介质以及高温熔体等物位的测量。适宜在恶劣环境下，且不需有人的地方工作。要特别指出的是放射线对人体有害，所以对其使用剂量及安装、使用、维护等应严格按有关规定进行处理。

四、雷达式液位计

雷达液位计是通过对雷达波传导时间的测算来实现液位测量的一种新型液位仪表。雷达液位计是一种非接触性连续测量的液位计，能够实现对液体、浆料的测量。雷达液位计的温度、压力适应性好，并且其测量不受介质挥发性的影响。

（一）雷达式液位计的测量原理

雷达式液位计是利用微波的回波测距法测量液位或料位到雷达天线的距离，即通过测量空高来测量物位。

雷达液位传感器的基本原理如图 3-32 所示，微波从喇叭状或杆状天线向被测物料面发射微波，微波在不同介电常数的物料界面上会产生反射，反射微波（回波）被天线接收，测出微波的往返时间 t，即可计算出物位的高度 H。

$$d = \frac{t}{2}C \tag{3-22}$$

被测液位
$$H = L - d = L - \frac{t}{2}C \tag{3-23}$$

式中　C——电磁波的传播速度，km/s；

　　　d——被测液面到天线的距离，m；

　　　t——雷达波的往返时间，s；

　　　L——天线到罐底的距离，m；

　　　H——液位高度，m。

由于电磁波的传播速度较快，要精确测量雷达波的往返时间比较困难，目前雷达探测器对时间的测量有微波脉冲法和连续调频波法两种方式。

1. 微波脉冲测量法

微波脉冲测量法是由变送器将发送器生成的一个脉冲微波通过天线发出，经液面反射后由接收器接收，再将信号传给计时器，从计时器得到脉冲的往返时间，即可计算出液位高度。测量示意如图 3-33 所示。微波脉冲测量法的辐射频率大多采用 5～6GHz，发射脉冲宽度约 8ns。

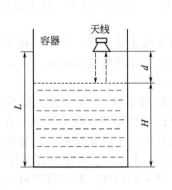
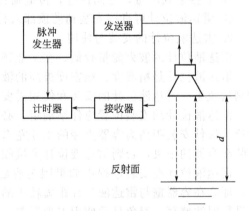

图 3-32　液位测量原理　　　　　图 3-33　微波脉冲法测量示意图

2. 连续调频波法

连续调频波法雷达液位计主要由微波信号源、发射器、天线、接收器、混频器和数字信号处理器等组成，系统组成及原理如图 3-34 所示。

天线发出的微波是连续变化的线性调制波，微波频率与时间成线性正比关系，经液面反射后回波被天线接收到时，天线发射的微波频率已经改变，使回波和发射波形成一频率差 Δf_d，正比于微波往返延迟时间 Δt，即可计算出液位高度。连续调频波测量法一般采用 10GHz 的载波辐射频率，三角波或锯齿波作调制信号。

反射信号与发射信号的滞后时间 Δt 和差频信号 Δf_d 的关系为

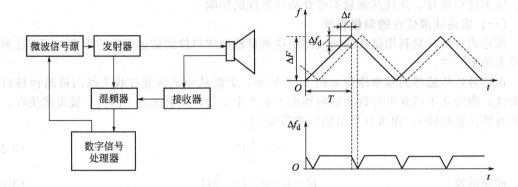

图 3-34　连续调频波法系统组成及原理示意图

$$\Delta t = \frac{\Delta f_{\mathrm{d}}}{\Delta F} T \tag{3-24}$$

天线与液面的距离为

$$d = \frac{\Delta t}{2} C = \frac{T}{2} \frac{\Delta f_{\mathrm{d}}}{\Delta F} C \tag{3-25}$$

当微波的传播速度 C、三角波的周期 $2T$、发射信号的频偏 ΔF 确定后，天线与液面的距离与差频信号 Δf_{d} 成正比。被测液位 $H = L - d$ 由变送器计算后显示。

（二）雷达液位计的安装与应用

1. 雷达液位计的特点

① 雷达液位计不与被测介质接触，且受气相介质性质及温度、压力变化影响很小。

② 雷达液位计具有故障报警及自诊断功能，操作简单，维护方便。

③ 非接触式测量，方向性好，传输损耗小，使用范围广。

④ 雷达液位计可直接安装到灌顶部入孔，采光孔处，不用开孔施工，技术改造方便。

2. 雷达液位计的安装与使用

雷达液位计的波束能量较低，在工业频率波段内都能够正常工作，对人体和环境没有伤害。雷达液位计是精确度、精密度极高的液位计，必须配合正确的安装和使用才能获得良好的测量效果。雷达液位计的安装和使用需要注意以下一些事项。

雷达液位计的安装位置应仔细确定，必须安装在距离容器壁 300mm 以上的位置，雷达液位计最佳安装距离为容器直径的 1/6 左右。雷达液位计切勿安装在进水管的上方，也不能安装在容器的中央，否则雷达液位计会接收到多重虚假回波，干扰正常信号的接收。

雷达液位计在安装过程中如果因为容器直径或其他原因，无法保持与容器壁之间的距离，那么在容器壁与雷达液位计距离较小的情况下会出现虚假回波，调试时要对这些虚假回波进行回波储存，避免日后使用出现误差。

雷达液位计所安装的容器如果为凹形容器或锥形容器，则要注意使用时雷达液位计的雷达波束所达到的罐底最低点位置，若液位低于这一点则无法进行测量，因此应尽量对最低点位置进行调整，确保测量结果的正确性。

雷达液位计露天安装时建议安装不锈钢保护盖，以防直接日照或雨淋。尽量避开下料区、搅拌器等干扰源，信号波束内应避免安装任何装置，如限位开关、温度传感器等，提高信号的可信度。喇叭天线必须伸出接管，否则应使用天线延长管。若天线需要倾斜或垂直于灌壁安装，可使用 45°或 90°的延伸管。接管直径应小于或等于屏蔽管长度（100mm 或 250mm）。测量范围决定于天线尺寸、介质反射率、安装位置和最终的干扰发射，但天线探头下一般有 0.3～0.5m 的盲区。

3. 雷达液位计的应用问题

① 介质的相对介电常数。雷达液位计发射的微波是沿直线传播的，在液面产生反射和折射后，其有效反射信号强度被衰减。当相对介电常数小到一定值时，会使微波有效信号衰减过大，导致液位计无法正常工作。所以，被测介质的相对介电常数必须大于产品所要求的最小值，否则需要用导波管。

② 导波管。使用导波管和导波天线，主要是为了消除有可能因容器的形状而导致多重回波所产生的干扰影响。或是在测量相对介电常数较小的介质液面时，用来提高反射回波能量，以确保测量准确度。当测量浮顶灌和球罐容器的液位时，一般要使用导波管。

③ 温度和压力。微波传播速度决定于传播媒介的相对介电常数和磁导率，不受温度变化的影响。但对高温介质进行测量时，需要对传感器和天线部分采取冷却措施，以确保传感器在允许的温度范围内正常工作。

④ 物料特性对测量的影响。液体介质的相对介电常数、液面湍流状态气泡大小等对微波有散射和吸收作用，从而造成微波信号的衰减，进而影响到液位计的正常工作。

五、超声波式液位计

人耳能听到的声波频率在 $20 \sim 20000 \mathrm{Hz}$ 之间，频率超过 $20000 \mathrm{Hz}$ 的叫超声波，频率低于 $20 \mathrm{Hz}$ 的叫次声波。超声波的频率可高达 $10^{11} \mathrm{Hz}$，次声波的频率可低至 $10^{-8} \mathrm{Hz}$。

(一) 测量原理

超声波式液位计是利用超声波在液位上反射和透射传播特性来测量液位的。

透射式测量方法，一般是利用有液位或无液位时对超声波透射的显著差别作为超声液位开关，产生开关量信号，作为液位高、低限报警信号使用。

反射式测量方法，通过测量入射波和反射波的时间差，进而计算出液位高度。测量原理如图 3-35 所示。

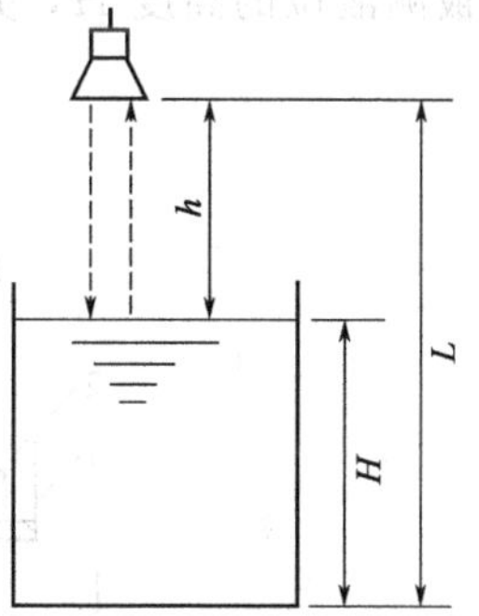

超声波探头向液面发射一短促的超声脉冲，经时间 t 后，探头接收到从液面反射回来的反射波脉冲。设超声波在介质中传播速度为 ν_c，则探头到液面的距离为

$$h = \frac{1}{2} \nu_c t \qquad (3-26)$$

图 3-35 超声波液位计测量原理图

式中　ν_c——超声波在被测介质中的传播速度，即声速；

　　　t——超声波从探头到液面的往返时间。

对于介质一定、声速 ν_c 已知的液位高度，只要精确测出时间 t，可测液位高度

$$H = L - \frac{1}{2} \nu_c t \qquad (3-27)$$

超声波速 ν_c 与介质性质、密度及温度、压力有关。介质成分及温度的不均匀变化都会使超声波速度发生变化，引起测量误差。故在利用超声波进行物位测量时，要考虑采取补偿措施。

(二) 超声波的发射和接收

超声波式液位计中，用于产生和接收超声波的探头（换能器）均是利用压电元件构成的。发射超声波利用逆压电效应，在压电晶体上施加频率高于 $20 \mathrm{kHz}$ 的交流电压，压电晶体就会产生高频机械振动，实现电能与机械能的转变，从而发出超声波；接收超声波利用正压电效应，压电晶体在受到声波声压的作用时，晶体两端会产生与声压同步的电荷，从而把声波转换成电信号，以接收超声波。

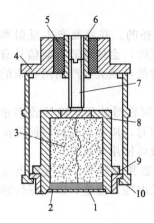

图 3-36　压电晶体
探头的结构
1—压电片；2—保护膜；
3—吸收块；4—盖；
5—绝缘柱；6—接线座；
7—导线螺杆；8—接线片；
9—座；10—外壳

由于压电晶体具有可逆特性，所以用同一压电晶体元件即可实现发射和接收超声波。压电晶体探头的结构形式如图 3-36 所示。

换能器主要由外壳、压电元件、保护膜、吸收块和外接线组成。压电片的厚度与超声频率成反比，两面敷有银层，作为导电的极板。保护膜是可以避免压电片与被测介质直接接触。为了使声波穿透率最大，保护膜的厚度取二分之一波长的整倍数。阻尼块又称吸收块，用于在电振荡脉冲停止时，吸收声能量，防止惯性振动，保证脉冲宽度，提高分辨率。

（三）超声波液位计的组成与安装

1. 超声波液位计的组成

气界式超声波液位计原理框图如图 3-37 所示。这种液位计具有发射换能器和接收换能器两个探头。

测量时，时钟电路定时触发输出电路，向发射换能器输出超声电脉冲，同时触发计时电路开始计时。当发射换能器发出的声波经液面反射回来时，被接收换能器收到并变成电信号，经放大整形后，再次触发计时电路，停止计时。计时电路测出超声波从发射到回声返回换能器的时间差，经运算得到换能器到液面之间的距离 h（空高），已知换能器的安装高度 L（从液位的零基准面算起），便可求出被测液位的高度 H，并在指示仪表上显示出来。

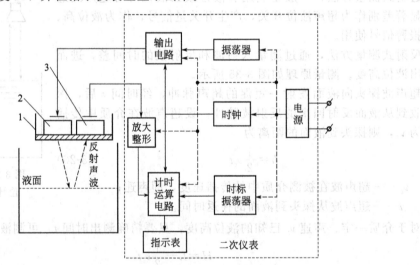

图 3-37　气介式超声波液位计原理框图
1—探头座；2—发射换能器；3—接受换能器

气界式超声波液位计的声速受气相温度、压力的影响较大，需要采取相应的修正补偿措施来避免声速变化所引起的误差。

2. 超声波液位计的特点

① 超声波液位计无可动部件，结构简单，寿命长。

② 仪表不受被测介质黏度、介电系数、电导率、热导率等性质的影响。

③ 可测范围广，液体、粉末、固体颗粒的物位都可测量。

④ 换能器探头不接触被测介质，因此，适用于强腐蚀性、高黏度、有毒介质和低温介

质的物位测量。

⑤ 超声波液位计的缺点是检测元件不能承受高温、高压。声速又受传输介质的温度、压力的影响，有些被测介质对声波吸收能力很强，故其应用有一定的局限性。另外电路复杂，造价较高。

3. 超声波液位计的安装

超声波传感器的安装如图 3-38 所示，应注意以下问题。

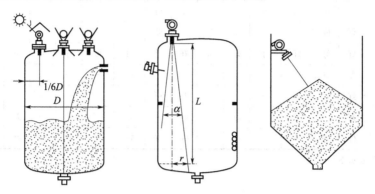

图 3-38　超声波传感器的安装示意图

① 液位计安装应注意基本安装距离，与罐壁安装距离为罐直径的 1/6 较好。液位计室外安装应加装防雨、防晒装置。

② 不要装在罐顶的中心，因罐中心液面的波动比较大，会对测量产生干扰，更不要装在加料口的上方。

③ 在超声波波束角 α 内避免安装任何装置，如温度传感器、限位开关、加热管、挡板等，均可能产生干扰。

④ 如测量粒料或粉料，传感器应垂直于介质表面。

第五节　物位仪表的选用

物位仪表应在深入了解工艺条件、被测介质的性质、测量控制系统要求的前提下，根据物位仪表自身的特性进行合理的选配。

根据仪表的应用范围，液面和界面测量应优选差压式仪表、浮筒式仪表和浮子式仪表。当不满足要求时，可选用电容式、辐射式等仪表。

仪表的结构形式和材质应根据被测介质的特性来选择。主要考虑的因素为压力、温度、腐蚀性、导电性；是否存在聚合、黏稠、沉淀、结晶、结膜、气化、起泡等现象；密度和黏度变化；液体中含悬浮物的多少；液面扰动的程度以及固体物料的粒度。

仪表的显示方式和功能，应根据工艺操作及系统组成的要求确定。当要求信号传输时，可选择具有模拟信号输出功能或数字信号输出功能的仪表。

仪表量程应根据工艺对象实际需要显示的范围或实际变化范围确定。除供容积计量用的物位仪表外，一般应使正常物位处于仪表量程的 50% 左右。

仪表计量单位采用 m 和 mm 时，显示方式为直读物位高度值的方式。如计量单位为 % 时，显示方式为 0%～100% 线性相对满量程高度形式。

仪表精度应根据工艺要求选择，但供容积计量用的物位仪表，其精度等级应在 0.5 级以上。

物位仪表选型可参见表 3-2。

表 3-2　液面、界面、料面测量仪表选型推荐表

仪表名称 ＼ 测量对象	液体		液/液界面		泡沫液体		脏污液体		粉状固体		粒状固体		块状固体		黏湿性固体	
	位式	连续	位式	连续	位式	连续	位式	连续	位式	连续	位式	连续	位式	连续	位式	连续
差压式	可	好	可	可	—	—	可	—	—	—	—	—	—	—	—	—
浮筒式	好	可	可	可	—	—	差	可	—	—	—	—	—	—	—	—
磁性浮子式	好	好	—	—	差	差	差	差	—	—	—	—	—	—	—	—
电容式	好	好	好	好	好	可	好	差	可	可	好	可	可	可	好	可
带式浮子式	差	好	—	—	—	—	差	可	—	—	—	—	—	—	—	—
吹气式	好	好	—	—	—	—	差	可	—	—	—	—	—	—	—	—
电极式（电接触式）	好	—	差	—	好	—	好	—	差	—	差	—	差	—	好	—
辐射式	好	好	—	—	好	好	好	好	好	好	好	好	好	好	好	好

注：表中"—"表示不能选用。

本 章 小 结

本章主要介绍物位测量的各种方法及应用。

（1）利用静压法测液位是最主要的方法之一。它测量简单，易于和单元组合仪表等配套使用构成通用型的液位显示控制系统。在应用此法测液位时，由于变送器的安装位置，或使用隔离器、冷凝器等各种原因，使得液位为零时，压力 p 并不为零，由此使对应的变送器输出不是 4mA。这就有所谓迁移问题，共分三种情况。

①$\Delta p = H\rho g$，无迁移。即液位由 $0 \sim H_m$（Δp 由 $0 \sim \Delta p_m$ 时），差压变送器对应输出 $4 \sim 20$mA；

② $\Delta p = H\rho g + h_0\rho_1 g$，需要正迁移。当 $H = 0$ 时，差压变送器输出 $I_0 > 4$mA，相应需迁移的量为 $h_0\rho_1 g$；

③ $\Delta p = H\rho g - h_0\rho_2 g$，需要负迁移。当 $H = 0$ 时，变送器输出 $I_0 < 4$mA，此时需迁移的量为 $-h_0\rho_2 g$。

根据以上情况可知，为保证在正常液位测量中，$H = 0 \sim H_m$ 时，始终有变送器输出，I_0 为 $4 \sim 20$mA，故必须使用带有迁移装置的差压变送器，以保证测量时根据实际液位系统的情况进行正负迁移，最终得到准确的液位值。

（2）在大型贮罐的液位连续测量及容积计量中，常采用浮子式液位表，它是根据恒浮力原理工作，它的测量范围宽，测量性能稳定。在生产过程中，对某些设备里的液位进行连续测量控制时，应用浮筒式液位计则十分方便，它是根据浮筒所受浮力的大小与液位成比例的关系工作的。属于变浮力式液位计。浮筒式液位计的输出均为标准的电或气信号。浮筒的长度决定了测量范围。在对浮筒液位计做相应的零点迁移后进行水校验，当出现被测介质的 ρ_x 大于水的 ρ_k 时，需要对浮筒式液位计做相应的零点迁移后再校验，而校验完再将零点调回原状态。

（3）电容式测量仪表主要用于腐蚀性液体、沉淀性流体及一些化工介质的液面连续测量等。它是根据电容变化与液位变化成正比的原理工作。这种仪表易受电磁场干扰的影响，所以用高频信号传输，并选用屏蔽电缆等。由于黏性导电液体的依附作用，常出现虚假液位，应采取措施消除。

（4）辐射式、雷达式、超声波式液位计属于非接触式仪表，它对于高温、高压、高黏度、强腐蚀、易爆、有毒介质液面的测量更为合适。但使用场合的安全防护必须符合国家标准。

习题与思考题

3-1　如图 3-39，已知水位的最高位置 $H=2000\text{mm}$，$H_0=100\text{mm}$，密度 $\rho=996\text{kg/m}^3$。试确定变送器的压力测量范围。

3-2　如图 3-39 所示的带平衡容器的差压法测锅炉水位。在锅炉正常运行时：①怎样连接才能使差压变送器的输出信号与水位成正比？②差压变送器需要进行什么迁移？迁移量是多少？③迁移后测量范围？量程？

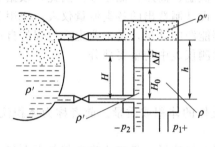

图 3-39

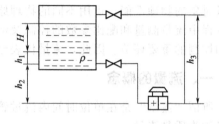

图 3-40

3-3　如图 3-40 所示的液位系统，当用差压法测量时，其量程和迁移量是多少？应如何迁移？测量范围是多少？

已知 $\rho=1200\text{kg/m}^3$，$H=1.5\text{m}$，$h_1=0.5\text{m}$，$h_2=1.2\text{m}$，$h_3=3.4\text{m}$。

3-4　利用差压变送器测液位时，为什么要进行零点迁移？如何实现迁移？其实质是什么。

3-5　恒浮力式液位计与变浮力式液位计测量原理的异同点？

3-6　带有钢丝绳或杠杆带浮子的液位计各有什么特点？当液体重度变化后，对他们各有什么影响？

3-7　用水校法校验浮筒液位变送器，被测介质重度为 850kg/m^3，输出信号为 $4\sim20\text{mA}$，求当输出为 20%、40%、60%、80%、100% 时，浮筒应被水淹没的高度（$\rho_{水}=1000\text{kg/m}^3$）。

3-8　用电容液位计测液位时，什么时候要考虑虚假液位的影响？如何消除？

3-9　电极式水位计的使用有何特点？

3-10　核辐射式液位计的测量原理是什么？有哪些主要特点？

3-11　雷达式液位计根据测量时间的方式不同可分为哪两种？各有什么特点？

3-12　超声波液位计的工作原理是什么？各有什么特点？

3-13　物位仪表选择时有什么要求？

3-14　采用差压式仪表进行液面和界面测量时如何选型？

3-15　用于液位测量时，法兰式差压变送器与普通差压变送器相比有什么优缺点？

第四章 流量检测及仪表

第一节 概　述

在工业生产过程自动化中，流量是需要经常测量和控制的重要参数之一。随着科学和生产的发展，人们对于流量检测精度的要求也越来越高，需要检测的流体品种也越来越多，检测对象从单相流到双相、多相流，工作条件有高温、低温、高压、低压等。因此，根据不同测量对象的物理性能，运用不同的物理原理和规律，设计制造出的各类流量仪表，应用于工艺流程中流量测量和配比参数的控制及油、气、水等能源的计量，是工业生产过程的自动检测和控制的重要环节。因此，流量仪表已成为过程检测仪表中的重要部分。

一、流量的概念

所谓"流量"是在单位时间内流过管道某截面流体的体积或质量。前者称为体积流量，后者称为质量流量。

生产过程中，往往很难保证流体均匀流动，所以严格地说，只能认为在某截面上某一微小单元面积 dA 上流动是均匀的，速度为 u。这样，流过这个单元面积上的流体流量可以写作

$$dq_v = u dA \tag{4-1}$$

通过整个截面上的流量 q_v 则为

$$q_v = \int_0^A u dA \tag{4-2}$$

仅当整个截面上的流量分步是均匀时才可认为

$$q_v = uA \tag{4-3}$$

质量流量 q_m 可以用体积流量进行换算

$$q_m = \rho q_v = \rho u A \tag{4-4}$$

式中　ρ——介质密度。

对于连续生产过程来讲，往往对介质的瞬时流量感兴趣，它直接与最佳的工艺以及最优的工况有关。

而在一些物质的消耗、储存的核算、管理以及贸易往来中，更多的是要测知总量。总量即指在某一段时间内流过管道液体的总和，因此它是流量在某一时间内的积分

$$V = \int_0^t q_v dt \tag{4-5}$$

$$M = \int_0^t q_m dt \tag{4-6}$$

式中　V——体积总量；

　　　M——质量总量。

习惯上把检测流量的仪表叫流量计，而把检测总量的仪表叫计量表。工艺生产中，流量表兼有显示总量的作用。

流量的单位是导出单位。根据国际单位制规定的基本单位：m（米）、kg（千克）、s（秒），由式(4-3) 和式(4-4) 导出体积流量的计量单位为 m^3/s，质量流量的计量单位为 kg/s；体积总量的单位是 m^3；质量总量的单位是 kg。流量表刻度或量程示值如表4-1 所示。

表 4-1 流量表刻度或量程示值

计量单位		模拟显示	数字显示
		标尺或记录刻度	量程示值
液体	t/h kg/h m^3/h L/h	直读(线性或方根)	直读
气体	m^3/h L/h	0%~100%线性	
蒸汽	t/h kg/h	0~10 方根	

注：对于气体在标准状态下的体积流量，其计量单位不再用 Nm^3/h 或 NL/h，必须使用 m^3/h 或 L/h，同时指明标准状态下的压力、温度值。如表示为 $F(P=101.325kPa，T=293.15K)$：×××$m^3/h$，×××L/h。

二、流量检测仪表的分类

流量是一个动态量，只有流体在封闭管道或明渠中流动时才有意义。因此流量检测过程与流体流动状态（层流、紊流、脉动流）、流体的物理性质（密度、黏度、压缩系数、等熵指数）、流体的工作条件（工作温度、工作压力、气体相对湿度）、流量计前后直管道的长度等有关。确定流量测量方法，选择流量仪表，必须从整个流量检测系统来考虑，才能达到理想的测量要求。

流量检测仪表可分为两大类：体积流量仪表和质量流量仪表。

由式(4-3) 可知，当管道中流体的流通截面 A 确定后，测出通过该截面流体的流速 u，就可获得此处流体的流量大小 q_v。根据这一原则制成的流量仪表，均可称之为速度法体积流量测量仪表。

在单位时间里（或一段时间内）直接测得通过仪表的流体体积量 q_v（或 V），根据这个原则制成的流量仪表则称为容积法体积流量测量仪表。

若在测取体积流量的同时，考虑介质的密度及介质的温度、压力的影响等，则可制成工业生产中所需的质量流量仪表。见式(4-4)。

流量仪表按测量原理可细分如下。

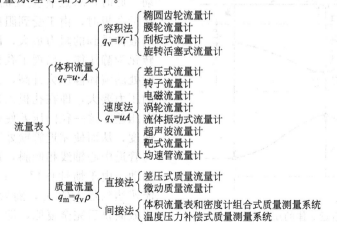

第二节　差压式流量计

差压式流量计是目前工业生产中检测气体、蒸汽、液体流量最常用的一种检测仪表。据统计，在石油化工厂、炼油厂以及一些化工企业中，所用的流量计约70%～80%是差压式流量计。它因为检测方法简单，没有可动部件，工作可靠，适应性强，可不经实流标定就能保证一定的精度等优点，广泛应用于生产流程中。

如图4-1所示，差压式流量计主要由三部分组成。第一部分为节流装置，它将被测流量值转换成差压值；第二部分为信号的传输管线；第三部分为差压变送器，用来检测差压并转换成标准电流信号，由显示仪显示出流量。

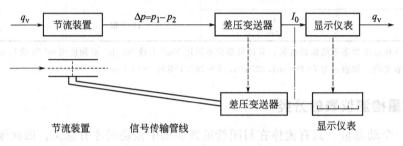

图 4-1　差压式流量计示意图

差压式流量计是发展较早，研究比较成熟且比较完善的检测仪表。目前国内外已把工业中常用的孔板、喷嘴、文丘利喷嘴和文丘利管四种节流装置标准化，称为"标准节流装置"。此外在工业上还应用着许多其他形式的节流装置。

一、流量检测原理

流体在有节流装置的管道中流动时，在节流装置前后的管壁处，流体的静压力会产生差异的现象称为节流现象。

具有一定能量的流体才可能在管道中流动。在管道中流动的流体所具有的静压能和动能，在一定条件下互相转换，在忽略阻力损失的情况下参加转换的能量总和不变。图4-2为孔板前后流体的流速与压力的分布情况。在管道截面 I 以前，流体以一定的速度 u_1 流动，此时，靠近管壁处的静压力为 p_1。在接近孔板时，由于受到阻挡，使靠近管壁处的液体受到的阻力最大，因而使一部分动能转化为静压能，出现了孔板入口端面靠近管壁处的流体静压力升高，并且比管道中心的压力要大，即在孔板入口端面处产生一径向压差。这一径向压差使流体产生径向附加速度，从而使靠近管壁处的流体质点的流向与管道中心轴线相倾斜，形成了流束的收缩运动。由于惯性作用，在孔板后截面 II 处，流速达到最大值 u_2，随后流速又逐渐减小，至截面III后完全复原，即 $u_3 = u_1$（不考虑压

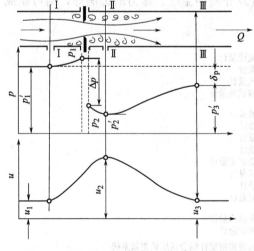

图 4-2　孔板附近流体的压力和速度的变化

损时）。

由于孔板造成流束的局部收缩，使流体的流速发生变化，即流体动能发生变化。根据能量转换原理，表征流体静压能的静压力也要变化。在截面Ⅰ，流体具有静压力 p_1，到达截面Ⅱ，流速增至最大值，静压力就降至最小值 p_2，而后又随流束的恢复而逐渐恢复。实际上由于在孔板端面处流通截面突然缩小与扩大，使流体形成局部涡流，要消耗一部分能量；同时流体流经孔板时，要克服摩擦力，也要消耗部分能量，所以恢复后的流体静压力 p_3 不能回到原来的数值 p_1，而产生了压力损失 $\delta_p = p_2 - p_3$。

流量变化时，则孔板前后产生的压差也随之变化。测出孔板前后压差的大小，就可知道通过流量表的流量值。

二、流量方程式

差压式流量计的流量方程式是依据流体力学中的能量守恒方程和质量守恒方程式建立起来的。如图 4-2 所示，是以截面Ⅰ-Ⅱ处的静压 p_1 和截面Ⅱ-Ⅱ处静压 p_2 为基准，测得 $\Delta p = p_1 - p_2$ 后，求取相应的流量 q_v。但事实上，截面Ⅱ-Ⅱ为流束收缩最小处，其位置是随流速（即流量的大小）的不同而改变，根本无法确定。p_2 也就不可测取出来。实际是在节流件前后的管壁上选择两个固定的取压点（p_1 和 p_2）来检测流体在节流件前后的压力差，然后在流量与压差的定量关系中加一个修正系数 C，以补偿取压方式不同所产生的影响。C 称为流出系数，它表示通过节流装置的实际流量值与理论值之比，是一个无量纲的纯数。

如图 4-2 所示，设在水平管道中作连续稳定流动的理想流体（无黏性、且不可压缩）在截面Ⅰ-Ⅰ到Ⅱ-Ⅱ之间没有发生能量损失。当节流件前的取压点静压为 p_1，相应的流速 u_1，流体流通截面为 $A_1 = \frac{\pi}{4} D^2$，介质密度为 ρ；节流件后取压点静压为 p_2，相应的流速为 u_2，流体流通截面为 $A_0 = \frac{\pi}{4} d^2$，若为不可压缩流体，则密度仍为 ρ。根据能量守恒定律

$$\frac{p_1}{\rho} + \frac{u_1}{2} = \frac{p_2}{\rho} + \frac{u_2}{2} \tag{4-7}$$

质量守恒定律

$$\rho u_1 A_1 = \rho u_2 A_0 \tag{4-8}$$

可得到

$$u_2 = \frac{1}{\sqrt{1-\beta^4}} \sqrt{\frac{2\Delta p}{\rho}} \tag{4-9}$$

式中　β——节流件开孔直径与工艺管道之比，$\beta = \frac{d}{D}$；

　　Δp——节流件前后的压差，$\Delta p = p_1 - p_2$。

考虑到实际流体的可压缩性的影响，以及由于取压点位置的调整带来的影响，节流装置流量与差压的关系可表示为

$$q_v = C\varepsilon A_0 u_2 = \frac{C}{\sqrt{1-\beta^4}} \varepsilon \frac{\pi}{4} d^2 \sqrt{\frac{2\Delta p}{\rho}} \tag{4-10}$$

$$q_m = q_v \rho = \frac{C}{\sqrt{1-\beta^4}} \varepsilon \frac{\pi}{4} d^2 \sqrt{2\Delta p\rho} \tag{4-11}$$

式（4-10）和式（4-11）称为差压式流量计的流量方程式。它表明，在流量测量过程中，流量 q 与差压 Δp 之间成开方关系，即可简单表达为

$$q = K\sqrt{\Delta p} \tag{4-12}$$

流量方程式(4-10)、式(4-11)中各物理量的单位规定如下：q_v、q_m分别为m^3/s和kg/s，d和D用m，Δp为Pa，ρ用kg/m^3。

由式(4-12)可知，要准确地获得q与Δp之间稳定的对应关系，必须保证在测量的过程中，系数K值的稳定。因此，准确地确定流量方程式(4-10)或式(4-11)中的有关参数是很重要的。

1. 流体密度ρ

各种流体的密度可在节流件前用密度计实际测定，或者根据节流件前的工作状态（p和T），以及介质物性参数查有关表格求得。

2. 孔径d与管径D

是指工作状态下的尺寸。若已知的是标准温度（20℃）下的实测值，则应先根据材料的膨胀系数、工作状态下的温度进行换算，方可代入流量公式。

3. 静压差$\Delta p = p_1 - p_2$

是指在标准节流件上、下游规定的几种取压方式中，用任何一种所测得的静压差。国标中规定的取压方式有：角接取压法，法兰取压法，径距取压法（又称D和$D/2$取压法）。

在无法直接测量静压差时，也可用下述三种方式确定：①根据规定的允许压力损失按经验公式求得；②对大量使用节流装置和差压变送器的单位，为便于管理和维护，应考虑按管道内工作压力的高低合理选择；③当已知q_m、ρ、D时，差压也可按下式计算

$$\Delta p = \left(\frac{4q_m \sqrt{1-\beta^4}}{\pi \beta^2 D^2 C}\right)^2 \times \frac{1}{2\rho} \tag{4-13}$$

式中，取$\beta=0.5$，$C=0.6$，将计算值圆整到最接近的差压系列值。

4. 流出系数C

在一定的安装条件下，对于给定的节流装置，流出系数C仅与雷诺数有关。对于不同的节流装置，只要这些装置是几何相似，并且在相同雷诺数下，则C值是相同的。

当节流装置中节流件为孔板时，流出系数C为

$$C = 0.5959 + 0.0312\beta^{2.1} - 0.1840\beta^8 + 0.0029\beta^{2.5}(10^6/Re_D)^{0.75} +$$
$$0.9000L_1\beta^4(1-\beta^4)^{-1} - 0.0337L'_2(或 L_2)\beta^3 \tag{4-14}$$

式中　Re_D——管道雷诺数；

L_1——孔板上游端面到上游取压口的距离除以管道直径得到的商，$L_1 = l_1/D$；

L_2——孔板上游端面到下游取压口的距离除以管道直径得到的商，$L_2 = l_2/D$；

L'_2——孔板下游端面到下游取压口的距离除以管道直径得到的商，$L'_2 = l'_2/D$。

对角接取压法　$L_1 = L'_2 = 0$

对径距取压法　$L_1 = 1$，$L_2 = 0.47$

对法兰取压法　$L_1 = L'_2 = 25.4/D$　　（D的单位：mm）

5. 可膨胀性系数ε

考虑到流体的可压缩性，对给定节流装置利用可压缩流体（气体）进行标定时，ε值取决于节流件前后的差压值、气体的等熵指数。当节流装置为孔板时，对于角接取压、径距取压、法兰取压三种方法，均可用下式计算可膨胀性系数ε

$$\varepsilon = 1 - (0.41 + 0.35\beta^4)\frac{\Delta p}{\kappa p_1} \tag{4-15}$$

式中　κ——气体的等熵指数。

注：公式(4-15)适用于$p_1/p_2 \geqslant 0.75$的时候。

6. 雷诺数Re_D

表征流体惯性力与黏性力之比无量纲参数。用节流件上游条件参数和上游管道直径来

表示。

$$Re_D = \frac{4q_m}{\pi \mu D} \qquad (4\text{-}16)$$

式中　μ——流体的动力黏度，Pa·s；

q_m——流体的质量流量，kg/s；

D——上游管道直径，m。

三、标准节流装置

节流装置是差压式流量计的核心装置。它包括节流件、取压装置以及前后相连的配管。当流体流经节流装置时，将在节流件的上、下游两侧产生与流量有确定关系的差压。其组成如图4-3所示。

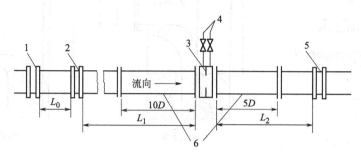

图4-3　节流装置的管段和管件

1，2—节流件上游侧第二、第一局部阻力件；3—节流件和取压装置；4—差压信号管路；

5—节流件下游侧第一个局部阻力件；L_0—上游侧两个局部阻力件之间的直管段；

L_1、L_2—节流件上、下游侧的直管段；6—节流件前后的测量管

所谓"标准节流装置"就是在某些确定的条件下，规定了节流件的标准形式以及取压方式和管道要求，无需对该节流装置进行单独标定，也能在规定的不确定度（表征被测量的真值在某个测量范围内的一种估计）范围内进行流量测量的节流装置。

国家标准 GB/T 2624—93 规定：标准节流装置中的节流件为孔板、喷嘴和文丘里管；取压方式为角接取压法、法兰取压法、径距取压法（D 和 $D/2$ 取压法）；适用条件为：流体必须是充满圆管和节流装置，流体通过测量段的流动必须是保持亚音速的、稳定的或仅随时间缓慢变化的，流体必须是单相流体或者可以认为是单相流体；工艺管道公称直径在 $50\sim1200\text{mm}$ 之间；管道雷诺数高于 3150。

（一）标准节流件

标准节流件包括标准孔板、标准喷嘴和文丘里管。其结构分别如图4-4，图4-5和图4-6所示。

1. 标准孔板

是用不锈钢或其他金属材料制造的薄板，它具有圆形开孔并与管道同心，其直角入口边缘非常锐利，且相对于开孔轴线是旋转对称的。上游端面 A 应是平的，连接孔板表面上任意两点的直线与垂直于轴线的平面之间的斜度应小于 0.5%。必须在节流装置明显部位设有流向标志。在安装后也应看到该标志，以保证孔板相对于流动方向安装正确。下游端面 B 面与 A 面平行，技术要求可通过目测检查判断。孔板的开孔直径是重要的尺寸，应通过实测得到，其值为圆周上等角距测量 4 个直径的平均值，且单一测量值与平均值之差应 $<\pm0.05\%$。同时要求 d 均应 $\geqslant12.5\text{mm}$，β 值在 $0.20\sim0.75$ 的范围内。孔板的厚度 E，节流孔厚度 e 按要求加工制作。

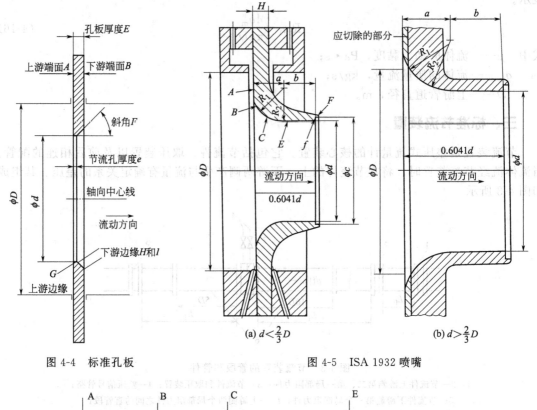

图 4-4　标准孔板　　　　　　　　　图 4-5　ISA 1932 喷嘴

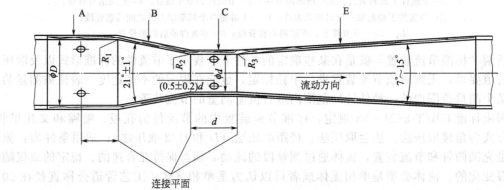

图 4-6　经典文丘里管

A—入口圆筒段；B—圆锥收缩段；C—圆筒形喉部；E—圆锥形扩散段

2. 标准喷嘴

包括 ISA 1932 喷嘴和长径喷嘴。它是一个以管道喉部开孔轴线为中心线的旋转对称体，由两个圆弧曲面构成的入口收缩部分及与之相接的圆筒形喉部所组成。标准喷嘴可用多种材质制造，压力损失比孔板小，可用于测量温度和压力较高的蒸汽、气体流量。但它价格比孔板高，要求工艺管径 D 不超过 500mm。

3. 标准文丘里管

压力损失较孔板和喷嘴都小得多，可测量悬浮固体颗粒的液体，较适用于大流量测量。但价格昂贵，不适用于 200mm 以下管径的流量测量。

（二）取压装置

由节流件检测出流量转换成的差压 Δp，其值与取压孔位置和取压方式紧密相关。标准节流装置的取压方式有三种：角接取压、法兰取压、径距取压（D 和 $D/2$ 取压法）。

对孔板和喷嘴而言，采用的取压方式更多的是用角接法和法兰法。相应的取压装置有：单独钻孔取压用的夹紧环和环室取压用的环室及取压法兰。

标准孔板和标准喷嘴采用角接取压法时的装配图，如图 4-7 所示。

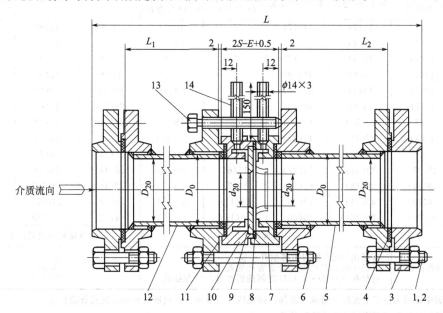

图 4-7　角接取压标准孔板、喷嘴装配图

1，2—螺母；3—法兰；4—垫片；5—下游直管；6—螺柱；7—负环室；8—垫片；
9—标准孔板（喷嘴）；10—正环室；11—垫片；12—上游直管（带法兰）

标准孔板采用法兰取压时的装配图，如图 4-8 所示。

（三）测量管段

标准节流装置的流量系数都是在一定的条件下通过试验取得的。因此，除对节流件和取压装置有严格的规定外，对管道、安装、使用条件也有严格的规定。否则，引起的测量误差是难以估计的。

① 安装节流件的管道应该是直的，截面为圆形。直线度可用目测，在靠近节流件 $2D$ 范围内的管径圆度应按标准检验。

② 管道内壁应该洁净，在上游侧 $10D$ 和下游 $4D$ 的范围内，内表面均应符合粗糙度参数的规定。

③ 节流件前后要有足够长的直管段长度，以使流体稳定流动，并在节流件前 $1D$ 处达到充分的紊流。但是在工业管道上常常会有拐弯、分叉、汇合、闸门等阻流件出现，原来平稳的流束流过这些阻流件时会受到严重的扰乱，而后要经过很长一段才会恢复平稳。因此，要根据阻流件的不同情况，在节流件前后设置最短的直管段。如表 4-2 所示。

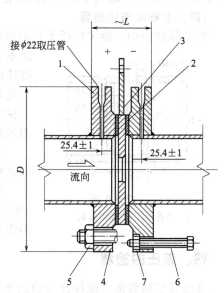

图 4-8　标准孔板法兰取压法装配图

1—取压法兰；2—垫片；3—孔板；
4—头螺栓；5，7—螺母；6—顶丝

表 4-2　孔板、喷嘴和文丘里喷嘴所要求的最短直管段长度　　　mm

直径比 $\beta \leqslant$	节流件上游侧阻流件形式和最短直管段长度							节流件下游最短直管段长度（包括在本表中的所有阻流件）
	单个 90°弯头或三通（流体仅从一个支管流出）	在同一平面上的两个或多个 90°弯头	在不同平面上的两个或多个 90°弯头	渐缩管（在 1.5D 至 3D 的长度内由 2D 变为 D）	渐扩管（在 1D 至 2D 的长度内由 0.5D 变为 D）	球型阀全开	全孔球阀或闸阀全开	
0.20	10(6)	14(7)	34(17)	5	16(8)	18(9)	12(6)	4(2)
0.25	10(6)	14(7)	34(17)	5	16(8)	18(9)	12(6)	4(2)
0.30	10(6)	16(8)	34(17)	5	16(8)	18(9)	12(6)	5(2.5)
0.35	12(6)	16(8)	36(18)	5	16(8)	18(9)	12(6)	5(2.5)
0.40	14(7)	18(9)	36(18)	5	16(8)	20(10)	12(6)	6(3)
0.45	14(7)	18(9)	38(19)	5	17(9)	20(10)	12(6)	6(3)
0.50	14(7)	20(10)	40(20)	6(5)	18(9)	22(11)	12(6)	6(3)
0.55	16(8)	22(11)	44(22)	8(5)	20(10)	24(12)	14(7)	6(3)
0.60	18(9)	26(13)	48(24)	9(5)	22(11)	26(13)	14(7)	7(3.5)
0.65	22(11)	32(16)	54(27)	11(6)	25(13)	28(14)	16(8)	7(3.5)
0.70	28(14)	36(18)	62(31)	14(7)	30(15)	32(16)	20(10)	7(3.5)
0.75	36(18)	42(21)	70(35)	22(11)	38(19)	36(18)	24(12)	8(4)
0.80	46(23)	50(25)	80(40)	30(15)	54(27)	44(22)	30(15)	8(4)

	阻流件	上游侧最短直管段长度
对于所有的直径比 β	直径比 $\geqslant 0.5$ 的对称骤缩异径管	30(15)
	直径 $\leqslant 0.03D$ 的温度计套管和插孔	5(3)
	直径在 $0.03D \sim 0.13D$ 之间的温度计套管和插孔	20(10)

注：1. 表中所列为位于节流件上游或下游的各种阻流件与节流件之间所需要的最短直管段长度。

2. 不带括号的值为"零附加不确定度"的值。

3. 带括号的值为"0.5％附加不确定度"的值。

4. 直管段长度均以直径 D 的倍数表示，它应从节流件上游侧端面量起。

④ 若节流件上游的阻流件除若干个 90°弯头外，还串联其他形式的阻流件，则在这两个阻流件之间应装直管 L_0。该 L_0 的值可按第二个阻流件（从节流件向前数）的形式和 $\beta = 0.7$（不论实际 β 大小）取表 4-3 中所列数值的 1/2。

（四）非标准节流装置

在实际测量中，除了广泛采用的标准节流装置外，在某些情况下，由于条件的限制，满足不了标准节流装置所要求的条件，这时就需要采用一些特殊的节流装置。由于对它们的实验研究还不够充分，缺乏足够的试验数据，尚不能达到规范的程度，故又称之为非标准节流装置。使用时，流量测量误差难以确切估计，要求使用前进行实验标定。

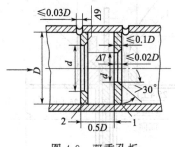

图 4-9　双重孔板
1—主孔板；2—辅助孔板

非标准节流装置包括：双重孔板、1/4 圆喷嘴、1/4 圆孔板、圆缺孔板等几种。如图 4-9～图 4-11 所示。

这些非标准节流装置用于低雷诺数情况下的流量测量（如原油、重油、树脂等黏度大，流速慢等）或脏污介质的流量测量（如含有固体颗粒，各种浆液等）。

四、差压的检测

节流装置将管道中流体流量的大小转换为相应的压差大小，这个压差还必须用差压计来检测，才能知道流量的大小，用于流量检测的差压计有多种形式，如膜片式差压计、膜盒式差压计、双波纹管差压计、差压变送器等。

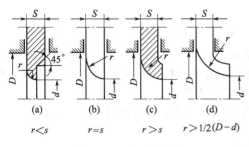

图 4-10　1/4 圆喷嘴

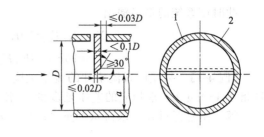

图 4-11　圆缺孔板
1—管道；2—圆缺孔板

由式(4-12)可知，流量 q 与差压 Δp 之间具有开方关系，若直接通过显示仪表显示流量，则显示仪表的刻度为非线性的，如图 4-12、图 4-13 所示。

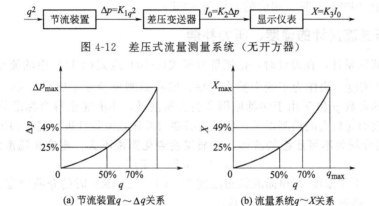

图 4-12　差压式流量测量系统（无开方器）

(a) 节流装置$q\sim\Delta q$关系　(b) 流量系统$q\sim X$关系

图 4-13　无开方器时 $q\sim\Delta p$ 和 $q\sim X$ 关系

该测量系统的最终输出（显示）

$$X=K_1K_2K_3q^2=Kq^2 \tag{4-17}$$

它表明　当$q=0$ 时，显示值 $X=0$；

$q=50\%q_{max}$时，显示值 $X=25\%X_{max}$；

$q=70\%q_{max}$时，显示值 $X=49\%X_{max}$；

$q=100\%q_{max}$时，显示值 $X=100\%X_{max}$。

为了使流量测量系统的输入 q 和输出 X 为线性关系，则增加了开方器，如图 4-14、图 4-15。

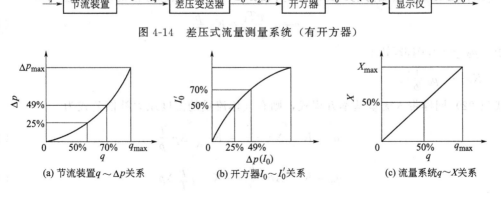

图 4-14　差压式流量测量系统（有开方器）

(a) 节流装置$q\sim\Delta p$关系　(b) 开方器$I_0\sim I_0'$关系　(c) 流量系统$q\sim X$关系

图 4-15　有开方器时 $q\sim\Delta p\sim X$ 关系

此时该系统的最终输出

$$X = K_3 I_0' = 10K_3 \sqrt{I_0} = 10K_3 \sqrt{K_2 \Delta p}$$
$$= 10K_3 \sqrt{K_1 K_2 q} = Kq \tag{4-18}$$

【例 4-1】 某差压式流量计的流量刻度上限为 320kg/h，差压上限为 2500Pa，当仪表指针指在 160kg/h，求相应的差压是多少？（流量计不带开方器）

解 由题意可知，该流量测量系统的显示值为非线性特性，因此由式（4-12）可得

$$\Delta p = \Delta p_m \frac{q^2}{q_m^2}$$
$$= 2500 \times \frac{160^2}{320^2}$$
$$= 625(\text{Pa})$$

答：指针在 160kg/h 时，相应的差压为 625Pa。

五、差压式流量计的温度、压力补偿

常规差压式流量计，在设计时，把流量方程式（4-10）或式（4-11）中的流出系数 C，可膨胀系数 ε 和流体密度 ρ 均作为不变常数来考虑，则有被测流量 q 正比于 $\sqrt{\Delta p}$。但在实际检测中，工艺过程的参数 p 和 T 由于多种原因常会有所波动，不能完全符合标准节流装置的设计参数，这样就会引起较大的检测误差，所以有必要对差压式流量计进行温度和压力的补偿。

（一）被测介质为不可压缩的液体，介质温度变化范围不大，密度和温度之间关系为

$$\rho = \rho_0 [1 + \beta(T_0 - T)] \tag{4-19}$$

式中　ρ，ρ_0——工作温度 T 和标准状态温度 T_0（$T_0 = 293$K）时的介质密度；

　　　β——被测介质的体膨胀系数。

对于水和油类，根据式（4-19）进行补偿，在 $\Delta T = \pm 0.2\%$，将式（4-19）代入流量基本关系式

$$q_v = K \sqrt{\Delta p / \rho}$$
$$q_m = K \sqrt{\Delta p \rho}$$

则流量温度补偿公式为

$$q_v = K \sqrt{\Delta p / \rho_0 [1 + \beta(T_0 - T)]} \tag{4-20}$$
$$q_m = K \sqrt{\Delta p \rho_0 [1 + \beta(T_0 - T)]} \tag{4-21}$$

从而可以方便地对刻度值进行补偿、修正，得到实际的体积流量和质量流量。

（二）当检测较低压力的气体流量时，服从理想气体状态方程式，气体密度为

$$\rho = \rho_0 \frac{p T_0}{p_0 T} = K_0 \frac{p}{T} \tag{4-22}$$

式中　p_0——1.01325Pa；

　　　K_0——$\rho_0 \dfrac{T_0}{p_0}$。

将式（4-22）同样带入流量基本方程式，则有气体流量的温度压力补偿公式为

$$q_v = K \sqrt{\Delta p \frac{T}{p K_0}} = K_1 \sqrt{\Delta p \frac{T}{p}} \tag{4-23}$$
$$q_m = K \sqrt{\Delta p \frac{p K_0}{T}} = K_1 \sqrt{\frac{p}{T} \Delta p} \tag{4-24}$$

因此，利用差压计、温度计、压力计分别测出 Δp、T、p，经过运算单元的处理就可以

获得实际的体积流量和质量流量。

若采用电动单元组合仪表测量差压，则可用图 4-16 所示的框图构成温度、压力补偿系统。

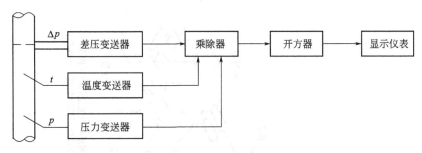

图 4-16 电动单元组合仪表流量测量温度、压力补偿系统

目前已生产出带补偿的流量仪表，如 ZLJ 型智能补偿流量积算器，LXB 型自动补偿流量计等。

六、差压式流量计的安装

采用差压式流量计进行流量测量时，正确合理地选用，认真、准确地进行设计和加工固然重要，但同时按规定的各项技术要求，正确安装仪表，才能保证整个流量测量系统的测量误差在允许的±（1%～2%）范围内。根据原化工部制定的标准 HG/T 21581—95 的要求，主要内容如下。

① 安装时必须保证节流件开孔与管道同心，节流件端面与管道轴线成垂直。节流件上下游侧必须有一定长度直管道。

② 连接节流装置与差压计的导压管的长度，应尽量使差压仪表靠近节流装置，一般不超过 10m。导压管主要采用无缝钢管制成，外径 ϕ14mm，壁厚 2～4mm。

③ 差压仪表与节流装置的相对位置如图 4-17。

• 测量气体时，应优先选用差压仪表高于节流装置，以利于管道内冷凝液回流到工艺管道内如图 4-17(a) 所示。

• 测量液体和蒸汽流量时，应优先选用差压计低于节流装置，这样可使测量管道内不易有气泡存在，也可节省导压管最高点的排气阀如图 4-17(b) 和 (c) 所示。

• 当导压管水平安装时，导压管必须保持一定的坡度，在一般情况下，应保持 1：10～1：20，测量气体时导压管应从检测点向上倾斜，测量液体和蒸气时，导压管应从检测点向下倾斜。

④ 测量管路排放阀的位置如图 4-18 所示。

• 从安装、维护、减少管件的角度出发，优选五阀组的连接方式，其次为三阀组，尽量不用分散的阀门连接方式。

• 测量气体流量时，差压表高于节流装置，在安装时可不设排放阀，差压表低于节流装置，采用五阀组排液，或采用三阀组同时最低点设置直孔式排放阀。

• 测量液体时，差压仪表低于节流装置采用五阀组排液，或在导压管的最低处设排液阀，差压计高于节流装置时除按上述连接外，还需在最高点处设置直孔式排放阀。

• 测量蒸汽时，差压仪表不论高低，均需采用五阀组排液或在最低点设排液阀，同时必须在导压管的最高点设置冷凝容器，使蒸汽冷凝成液体后将测量信号传递给差压变送器，减少测量误差。结构如图 4-19 所示。

⑤ 对高黏度，有腐蚀，易结晶、结冻的流体，应采用隔离器和隔离液，使被测介质的信号通过隔离液送给差压变送器。如图 4-20 所示。

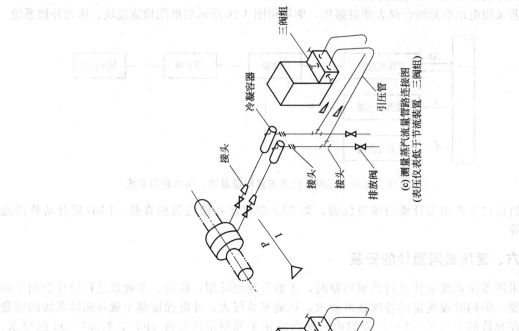

三阀组

冷凝容器

接头

接头

接头

引压管

排放阀

(c) 测量蒸汽表低于节流装置连接图
(表压仪表低于节流装置 三阀组)

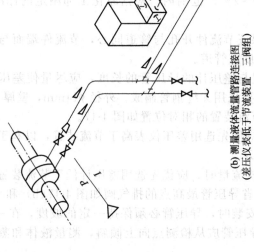

(b) 测量液体流量管路连接图
(差压仪表低于节流装置 三阀组)

图 4-17　差压仪表与节流装置的相对位置

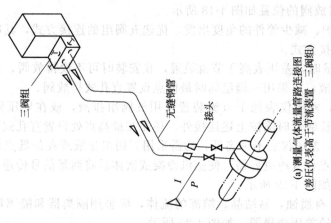

三阀组

无缝钢管

接头

(a) 测量气体流量管路连接图
(差压仪表高于节流装置 三阀组)

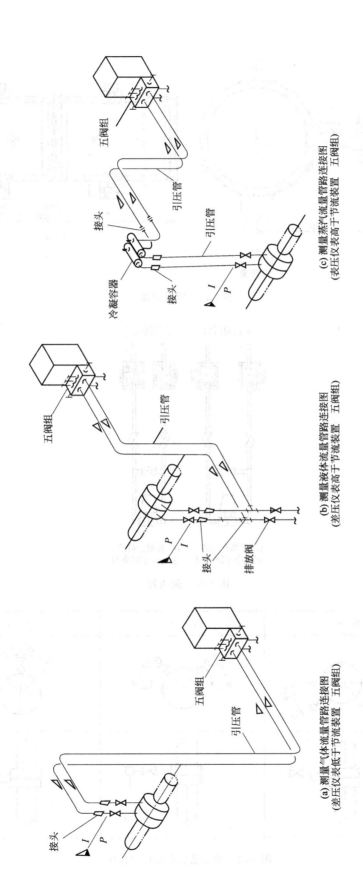

五阀组

引压管

接头

引压管

冷凝容器

接头

(c) 测量蒸汽流量管路连接图
(表压仪表高于节流装置　五阀组)

引压管

五阀组

引压管

接头

排放阀

(b) 测量液体流量管路连接图
(差压仪表高于节流装置　五阀组)

五阀组

引压管

接头

(a) 测量气体流量管路连接图
(差压仪表低于节流装置　五阀组)

图 4-18　测量管路排放阀的位置

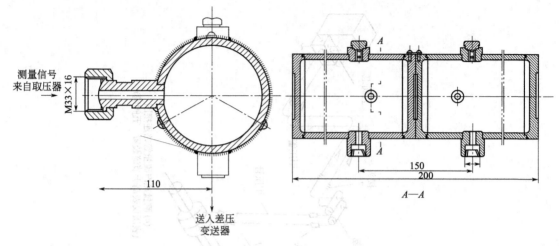

图 4-19 冷凝容器

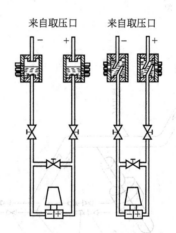

(a) 被测介质的
密度小于隔离液

(b) 被测介质的
密度大于隔离液

图 4-20 隔离器

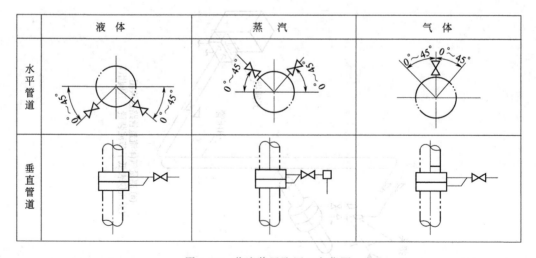

图 4-22 节流装置取压口方位图

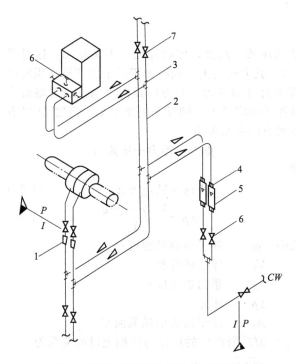
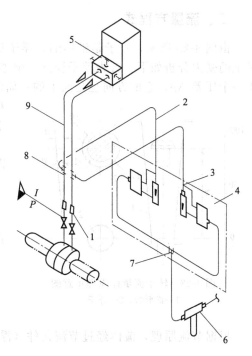

（a）　冲液法测量液体流量管路连接图
（差压仪表高于节流装置三阀组）

（b）　吹气法测量气体流量管路连接图
（差压仪表高于节流装置三阀组）

1,3,4—接头；2—引压管；5—玻璃转子流量计；
6—三阀组；7—排放阀

1,3,7,8—接头；2,9—引压管；4—吹气系统；
5—三阀组；6—空气过滤减压阀

图 4-21　测量液体流量管路连接图

⑥ 对含尘多或有危险的流体流量，采用冲液法或吹气法等方法进行测量。如图 4-21 （a）、（b）所示。

⑦ 节流装置在水平管道或垂直管道上时，取压口方位如图 4-22 所示。

第三节　转子流量计

转子流量计又名浮子流量计，是工业上常用的一种流量仪表。它具有压力损失小，检测范围大（量程比 10：1），结构简单，使用方便等优点。它可以用来测液体或气体的流量，而且适宜在小于 200mm 的小管径上测小流量，检测精度可达 $\pm 1\% \sim 2\%$。转子流量计因为其结构上的特点决定了它只能安装在垂直流动的管子上使用，而流体介质的流向应该是自下而上的，即从锥形管下端进入，经浮子与锥形管壁之间的环形截面，从上端流出去。

一、工作原理

转子流量计的测量环节是由一个垂直的锥形管与管内可以上下移动的浮子组成，锥形管外刻有 $10\% \sim 100\%$ 的刻度。如图 4-23。

当被测介质的流束由下而上通过锥形管时，如果作用于浮子的上升力大于浸没在介质中浮子的重量，浮子便上升，浮子最大直径与锥形管内壁形成的环隙面积随之增大，介质的流速下降，作用于浮子的上升力就逐渐减少，直到上升力等于浸在介质中浮子的重量时，浮子便稳定在某一高度，读出相应的刻度，便可得知流量值。

二、流量方程式

由图 4-23 所示，管子是锥形的，浮子稳定在某一高度，此时即处于平衡状态。这时浮子上的受力分析如下：首先浮子受到一个浮力，其方向向上，同时由于浮子的节流作用而产生一个压差 Δp，它的方向也是向上的；而浮子自身的重力，其方向是向下的。当忽略流体对浮子的摩擦力，则浮子平衡于某一高度 H 时有下列力的平衡关系

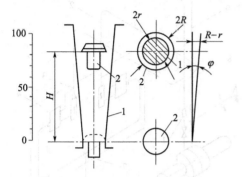

图 4-23 转子流量计原理示意图
1—锥形管；2—浮子

重力＝浮力＋压差力

即

$$\rho_f V_f g = V_f \rho g + \Delta p A_f \qquad (4\text{-}25)$$

$$\Delta p = \frac{V_f(\rho_f - \rho)g}{A_f} \qquad (4\text{-}26)$$

式中　ρ_f——浮子材料的密度；

　　　V_f——浮子的体积；

　　　g——重力加速度；

　　　Δp——压差；

　　　A_f——浮子最大的横截面积。

根据节流原理，流体经过节流元件（浮子）前后所产生的压差与体积流量的关系为

$$q_v = C A_0 \sqrt{\frac{2\Delta p}{\rho}} \qquad (4\text{-}27)$$

式中　C——与浮子形状、液体流动状态和液体性质有关的流出系数；

　　　A_0——浮子与锥形管壁之间环形流通面积。

将上述式(4-26) 和式(4-27) 合并，则

$$q_v = C A_0 \sqrt{\frac{2g V_f}{A_f}} \times \sqrt{\frac{\rho_f - \rho}{\rho}} \qquad (4\text{-}28)$$

从式(4-28) 可见，对一台给定的转子流量计和已知的液体，流经流量计的体积流量 q_v 与流通面积 A_0 成正比。

如果考虑到浮子是在锥形管中运动，则随转子浮动的高度 H 不同，其流通环隙面积也改变，如图 4-23 所示，A_0 和 H 之间关系为

$$A_0 = \pi(2rH\mathrm{tg}\varphi + H^2 \mathrm{tg}^2 \varphi) \qquad (4\text{-}29)$$

式中　r——浮子的半径；

　　　H——浮子的高度；

　　　φ——锥形管母线与轴线的夹角。

因为锥形管锥度很小，故 $(H^2 \mathrm{tg}^2 \varphi)$ 一项可以略去而不计，由此得到了体积流量与浮子高度的关系

$$q_v \approx C\pi(2rH\mathrm{tg}\varphi)\sqrt{\frac{2g V_f}{A_f}} \times \sqrt{\frac{\rho_f - \rho}{\rho}}H \qquad (4\text{-}30)$$

实验证明，可用式(4-30) 作为按浮子高度来刻度流体流量的基本公式。

由图 4-24 可见，对于一定形状的浮子，只要雷诺数大于某一个低限雷诺数时，流量系数就趋于一个常数，则可以得到体积流量 q_v 与浮子高度 H 之间的线性刻度。图中浮子①为旋转式浮子，其低限雷诺数 Re_k 约为 6000，适合于制作玻璃管直接指示型转子流量计；浮子②为圆盘式浮子，其 Re_k 约为 300，浮子③为板式浮子，其 Re_k 约为 40，它们均广泛用于电气远传型转子流量计。

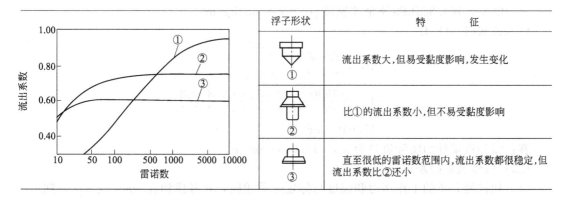

图 4-24　雷诺数和流出系数的关系

三、转子流量计的刻度校正与改量程

从前面对转子流量计的工作过程分析可知，其流出系数不仅决定于转子的结构尺寸，而且还与介质性质以及加工工艺有关。一般不能由理论计算确定，原则上应进行实流标定。但是在实际制造过程中，不可能提供所有被测介质的实流标定数据。规定只用水和空气介质在标准状态下（20℃、101.325kPa）进行标定，而对其他介质一般可以采用刻度换算方法进行标定。实践表明，在流出系数下随雷诺数变化的范围内，还是可以保证足够精度的。

（一）液体流量的换算

一般流量计给出水标定结果

$$q_{v1} = C_1 A_0 \sqrt{\frac{2g V_f (\rho_f - \rho_{水})}{A_f \rho_{水}}} \tag{4-31}$$

如果检测介质不是水，而是其他液体，则

$$q_{v2} = C_2 A_0 \sqrt{\frac{2q V_f (\rho_f - \rho)}{A_f \rho}} \tag{4-32}$$

由于上两式中 A_0 是相等的，由此可得

$$q_{v2} = q_{v1} \frac{C_2}{C_1} \sqrt{\frac{\rho_f - \rho}{\rho_f - \rho_{水}} \times \frac{\rho_{水}}{\rho}} \tag{4-33}$$

式中　q_{v1}——由水标定的流量，m^3/s；

$\quad\quad q_{v2}$——被测介质的流量，m^3/s；

$\quad\quad \rho_{水}$——水的密度，kg/m^3；

$\quad\quad \rho$——被测介质密度，kg/m^3；

$\quad\quad \rho_f$——浮子材料密度，kg/m^3；

$\quad C_1$，C_2——水和被测介质的流出系数。

一般当被测介质与水的粘度差别不超过 1Pa·s 时，可近似认为 $C_1 \approx C_2$，可不作流出系数修正，即

$$q_{v2} = q_{v1} \sqrt{\frac{\rho_f - \rho}{\rho_f - \rho_{水}} \times \frac{\rho_{水}}{\rho}} \tag{4-34}$$

【例 4-2】 设被测介质为清水，在流量计入口处测得温度是 40℃，表压力为 0.9MPa，流量计的示值为 15m³/h，设转子材料密度为 7900kg/m³，试问流经流量计的实际流量是多少？

解 查水的物理性质表：

40℃，101.325kPa 下的清水密度 $\rho_{40} = 992.6544kg/m^3$，

20℃，101.325kPa 下清水密度 $\rho_{20} = 998.303\text{kg/m}^3$。

代入公式(4-34) 有

$$q_{v2} = q_{v1}\sqrt{\frac{(\rho_f - \rho_{40})}{(\rho_f - \rho_{20})} \times \frac{\rho_{20}}{\rho_{40}}}$$

$$= 15\sqrt{\frac{(7900 - 992.654) \times 998.303}{(7900 - 998.303) \times 992.654}}$$

$$= 15.04915\text{m}^3/\text{h}$$

答：流经流量计的实际流量为 $q_{v2} = 15.04915\text{m}^3/\text{h}$。

（二）气体流量的修正

（1）如被测介质的工作压力和温度与标定介质相同，并考虑到 $\rho_f \gg \rho_1$，$\rho_f \gg \rho_2$，则

$$q_{v2} = q_{v1}\sqrt{\frac{\rho_1}{\rho_2}} \quad (\text{当 } \rho_f \gg \rho_1，\rho_f \gg \rho_2) \tag{4-35}$$

式中　q_{v1}——用空气在标准状态下标定时仪表的示值流量，m^3/s；

q_{v2}——被测介质在标准状态下的流量，m^3/s；

ρ_f——浮子材料的密度，kg/m^3；

ρ_1——空气在标准状态下的密度（1.205），kg/m^3；

ρ_2——被测气体在标准状态下的密度，kg/m^3。

（2）如果被测介质的工作温度和压力与标准状态不相同，则

$$q_{v2} = q_{v1}\sqrt{\frac{p_1 T_2 \rho_1}{p_2 T_1 \rho_2}} \tag{4-36}$$

式中　q_{v2}——被测介质在工作状态下的实际流量，m^3/s；

p_1，T_1——标准状态下的绝对压力和温度，kPa，K；

p_2，T_2——工作状态下的绝对压力和温度，kPa，K。

【例 4-3】 用某转子流量计测量二氧化碳气的流量，测量时被测气体的温度是 40℃，表压力是 49.03kPa。如果流量计读数为 120m^3/h，问二氧化碳气的实际流量是多少？

解 由气体性质表查得，二氧化碳在标准状态下的密度为 1.842kg/m^3，根据式(4-36)，二氧化碳气的实际流量为

$$q_{v2} = q_{v1}\sqrt{\frac{p_1 T_2 \rho_1}{p_2 T_1 \rho_2}}$$

$$= 120 \times \sqrt{\frac{101.325 \times (273.15 + 40) \times 1.205}{(101.325 + 49.03) \times (273.15 + 20) \times 1.842}}$$

$$= 82.35\text{m}^3/\text{h}$$

答：二氧化碳气的实际流量为 82.35m^3/h

（三）改变转子流量计的量程

由转子流量计的流量公式(4-28)可知，要改变量程，可采用改变浮子密度、改变浮子形状以及改变锥形管锥度等方法来实现，最方便的是改变浮子密度，即采用同一结构尺寸的不同材料的浮子。当改用密度较大的浮子时，仪表量程就扩大。反之，量程就减小。改量程之后的流量 q_{v2} 可用下式表示。

$$q_{v2} = q_{v1}\sqrt{\frac{\rho_f' - \rho}{\rho_f - \rho}} \tag{4-37}$$

式中　ρ_f'——改量程后浮子材料的密度，kg/m^3；

ρ_f——原刻度时浮子材料的密度，kg/m^3。

四、转子流量计的安装与使用

(一) 转子流量计的种类

转子流量计一般按其锥形管材料的不同，分为玻璃管转子流量计和金属管转子流量计。前者为就地指示型，后者多制成流量变送器。

1. 玻璃转子流量计

主要有 LF 和 LZB 两类。它们由玻璃锥管、浮子、与管路连接的上下基座、密封垫圈和上、下止挡等组成。如图 4-25 所示，因为是就地指示式仪表，所以要求介质为干净透明的流体，且粘度要小，同时工作压力在 $1.96 \times 10^6 Pa$ 以下，温度在 $-20 \sim +12℃$ 之内。

2. 电远传转子流量计

此时锥形管由金属制成。测量变送器外形如图 4-26（a）所示。

整个转子流量计由测量变送器和转换器两部分构成。测量变送器中，浮子与差动变压器的铁芯连在一起，将流量所对应的浮子位置转换成差动变压器的输出电势，经转换器的作用，输出标准电流信号（4～20mA），由显示仪表指示出相应的流量。

3. 气远传转子流量计

该仪表由测量部分如图 4-26（a）和指示带气远传部分如图 4-26（b）组成。两者由支架连接在一起。在浮子中嵌磁钢，将浮子的位置信号经电磁感应耦合出来，通过四连杆机构和喷嘴挡板机构，即可就地指示流量大小，亦可通过标准气压信号值反映流量的高低。

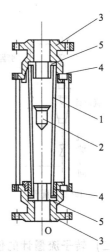

图 4-25 玻璃转子流量计
1—锥管；2—浮子；3—上、下基座；4—密封垫圈、盖；5—上、下止挡

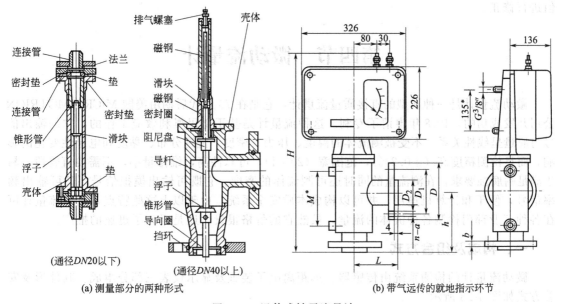

(a) 测量部分的两种形式　　(b) 带气远传的就地指示环节

图 4-26 远传式转子流量计

(二) 转子流量计的安装

① 应注意流量计的耐压、浮子和连接部分的材质等能否满足要求。

② 锥管是否垂直，流体流向是否正确。

③ 仪表前后管道有无牢固的支撑。

④ 若介质温度高于70℃时，应加装保护罩，以防冷水溅于玻璃管上引起炸裂。

⑤ 流量计前面装全开阀，后面可装流量调节阀。若可能产生倒流，流量计下游应装逆止阀。对于脏流体，应在入口处安装过滤器。对脉动流，上游侧设置缓冲器。

⑥ 当被测介质不清洁，仪表需要经常清洗时，应设置旁路管。建议按图4-27所示的方式安装。

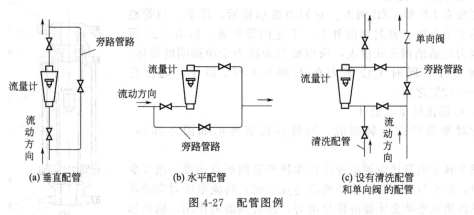

图 4-27　配管图例

(三) 转子流量计的使用

① 流量计的正常流量值最好选在表的上限刻度的1/3～2/3范围内。

② 搬动仪表时，应将浮子顶住，以免浮子将玻璃管打坏。

③ 流量计在系统中正确安装完毕后，应缓慢地打开上游的全开阀，然后用下游的流量调节阀调节流量。当流量计停止计量时，应先缓慢地关闭全开阀，然后再关流量调节阀。

④ 被测流体的状态参数（ρ，T，p，μ）与流量计标定时的状态不同时，必须对刻度示值进行修正。

第四节　微动流量计

微动流量计是一种新型的直接质量流量计，它是在70年代后期由美国 MICRO MOTRION公司开发成功的，1978年申请了专利。这种流量计是基于哥里奥利效应工作的，它的输出信号与质量呈线性关系，不受被测流体的温度、压力、密度、流速分布、黏度和电导性变化的影响，而且检测精度高（±0.2%），范围宽（20:1），可靠性高，维修量小，不需要直管段，易于满足耐腐蚀要求，在测流量的同时还可测流体的密度。它既可输出模拟信号，又可输出频率信号，便于和计算机连用，并可以构成本质安全系统。由于以上这些特点，这种流量计可在各种工业部门检测各种流体的流量，虽然它的价格很贵，还是得到了迅速的推广。

一、构成及组合方式

微动流量计的检测系统由传感器、远距离电子装置及显示仪表三部分组成。其外形及安装方式如图4-28所示。

成套提供的专用显示仪表有流量秤、指示仪、DMS型密度显示仪、DRT型数字流量显示积算仪、FMS-3型流量显示控制仪等。

由传感器、检测转换器和不同的显示仪表可以组合构成流量指示积算系统、流量监视控制系统、密度监视控制系统等，它们的组合方式如图4-29。

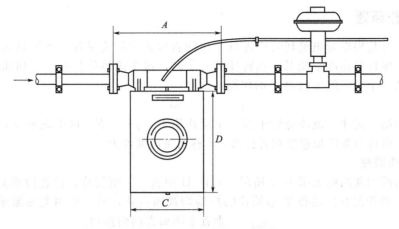

图 4-28 微动流量计外形及安装图

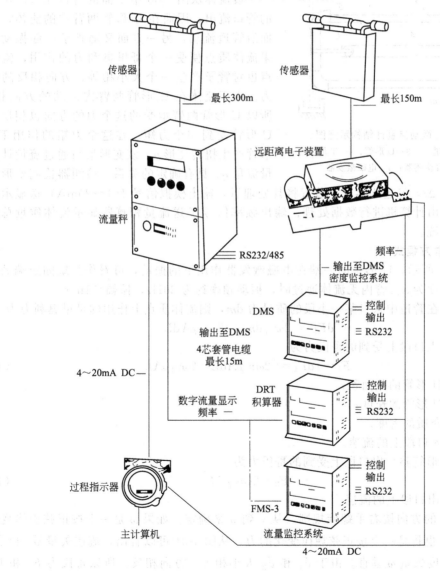

图 4-29 微动流量计测量系统的组合方式

二、工作原理

微动流量计是根据哥里奥利效应进行工作的直接式质量流量计。当质量为 m 的流体以速度 v 流过一根以角速度 ω 绕其一端转动的管子时，这个流体就具有一个加速度 $a = 2\omega v$，说明流体受到一个管子施加的力 F 的作用，即

$$F = ma = 2m\omega v$$

根据牛顿第三定律，流体对管子有一个反作用力：$f = -F$。这个现象就称为哥里奥利效应，a 和 F 简称为哥氏加速度和哥氏力，f 称为哥氏惯性力。

（一）工作原理

传感器内部主要结构如图 4-30 所示。它由 U 型管、T 型簧片、位置检测器、电磁激发器等构成。U 形管的开口端和 T 形簧片的横端均被固定住，另一端用电磁激励，使其产生垂直于图面方向的振动。

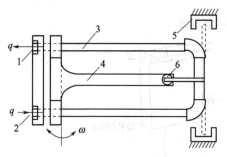

图 4-30 微动流量计结构示意图
1—出口；2—进口；3—U 形管；4—T 形簧片；
5—位置检测器；6—电磁激发器

设流体从图 4-30 中下面的管口流入，从上面的管口流出，因而在 U 形管两臂中的流体，一方面沿管道流动，另一方面又随管子一起振动。结果流体质点便受一个哥里奥利力的作用，流体质点也对管子产生一个大小相等、方向相反的作用力。由于流体在 U 形管两臂内流动的方向相反，所以 U 形管两臂承受的这个力的方向也相反，故 U 形管受到一个力矩。在这个力矩的作用下，U 形管产生扭转变形 θ，该变形量与通过流量计的质量流量 q_m 具有确定的关系。检测器检测变形量并转换成时间差 Δt，经远距离电子装置将其处理后，输出模拟信号 $I(4 \sim 20\text{mA})$ 送显示器显示瞬时流量或由计算机进行数据处理；输出频率信号 f 送流量积算器显示流体质量总量或送流量监控系统。

（二）基本方程式

由图 4-31 所示，U 形管的一端在电磁激发器作用下的振动，可看作是绕固定端的瞬时转动，其角速度为 ω。管内无流体通过时，振动频率约为 80Hz，振幅 $< 1\text{mm}$。

如果流体在管道中入口某一小段的质量为 $\text{d}m$，则流体质点上作用的哥里奥利力为

$$\text{d}F_1 = 2\omega v_1 \text{d}m = 2\omega v_1 \rho A \text{d}L$$

因此整个入口段上受到的哥氏力为

$$F_1 = \int \text{d}F_1 = \int 2\omega v_1 \rho A \text{d}L = 2\omega v_1 \rho A L \tag{4-38}$$

式中　A——U 形管的截面积；

　　　L——U 形管的长度；

　　　ρ——介质的密度；

　　　v_1——入口段上的流速。

同样，U 形管整个出口段上受到的哥氏力为

$$F_2 = 2\omega v_2 \rho A L \tag{4-39}$$

式中　u_2——出口段上的流速。

哥氏力 F 的方向按右手螺旋规则，从 v 到 ω 来确定。如果 ω 是一个按正弦规律变化的角速度，则 F 也将是一个按正弦规律变化的力。从图 4-31 可以看出，流速矢量 $\vec{v}_1$ 和 $\vec{v}_2$ 与管子振动角速度矢量 ω 垂直。由于 $\vec{v}_1$ 和 $\vec{v}_2$ 大小相等、方向相反，所以哥氏力 F_1 和 F_2 也大小相等、方向相反。当流量计工作时，两者相位差 180°。结果以 O-O 轴为中心产生一个

交变的力矩 M，此力矩为

$$M = F_1 r_1 + F_2 r_2$$

式中 r_1，r_2——为 U 形管各臂到 O-O 轴线的垂直距离。

如果结构完全对称，则可写成

$$M = 2F_1 r_1 = 4\omega\rho vALr \qquad (4\text{-}40)$$

力矩 M 使 U 形管扭转一个角度。对于一定的 U 形管系统

$$M = K\theta \qquad (4\text{-}41)$$

式中 θ——U 形管扭转变形角；

K——U 形管系统的扭转弹性系数。

由式（4-40）和式（4-41），可得

$$\rho vA = \frac{K\theta}{4\omega rL}$$

而 ρvA 即管中流体的质量，则有

$$q_m = \frac{K\theta}{4\omega rL} \qquad (4\text{-}42)$$

式（4-42）即是微动流量计的基本方程式。对一台已造好的微动流量计，K、r、L、ω 都是常数。因此，被测流体的质量流量 q_m 与扭转角 θ 成正比。

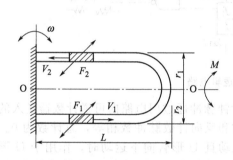 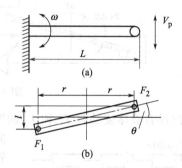

图 4-31　运行中 U 形管上所受的　　　图 4-32　U 形管变形的幅度
　　　　　哥氏力及其形成的力矩

（三）扭转角 θ 的检测

利用检测器来检测 U 形管的扭转变形。U 形管的扭转变形如图 4-32。在 U 形管的平衡位置两侧各装一个光电位置检测器。U 形管在哥氏力的作用下绕 O-O 轴扭转变形，当通过左右两个检测器时，检测器就分别发出一个电脉冲信号 N_1 和 N_2。

如果流量为零，由式（4-42）可知 U 形管无扭转变形，$\theta = 0$。通过左右两个检测器的时间是一样的，无时间差 Δt。

当有流量通过传感器时，U 形管出现扭转变形，由图 4-32(b) 可见，其幅度为

$$\begin{aligned} l &= 2r\theta \\ &= v_p \Delta t \end{aligned} \qquad (4\text{-}43)$$

式中 v_p——U 形管通过检测器时在检测器处的线速度；

l——U 形管端点变形幅度；

Δt——检测器分别发出电脉冲 N_1 和 N_2 的时间间隔。

U 形管在检测器处的线速度 V_p 可由角速度 ω 决定，如图 4-32(a) 所示。

$$V_p = \omega L \qquad (4\text{-}44)$$

式中 L——U 形管的长度。

由式(4-43)和式(4-44)，可得

$$\theta=\frac{\omega\Delta t}{2r}L \tag{4-45}$$

将式(4-45)代入式(4-42)，得

$$q_{\mathrm{m}}=\frac{KL\omega\Delta t}{8r^2\omega}=\frac{KL}{8r^2}\Delta t \tag{4-46}$$

由式(4-46)可以看出，质量流量 q_{m} 是 U 形管结构参数和电脉冲时间间隔 Δt 的函数，不受流体的温度、压力等参数的影响，也与 U 形管的振动角速度 ω 无关。

（四）光电检测逻辑电路

光电检测逻辑电路如图 4-33 所示。光电脉冲 N_1 和 N_2 触发两个触发器 f_1 和 f_2，而 f_1 和 f_2 控制两个与非门，以控制时钟脉冲发生器 OSC 发出的时钟脉冲通过此门进入可逆计数器的目的。触发器 f_1 由光电脉冲 N_1 和 N_2 的前沿置位和复位，触发器 f_2 由光电脉冲 N_1 和 N_2 的后沿置位和复位，其波形图如图 4-34 所示。

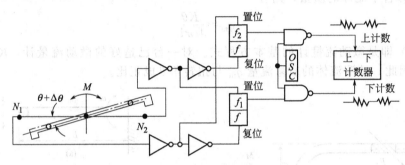

图 4-33 光电检测逻辑电路

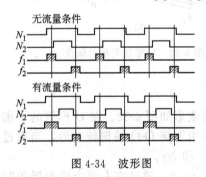

图 4-34   波形图

管内没有液体流动时 f_1 和 f_2 的宽度相等，时钟脉冲通过门电路向可逆计数器送入的正向计数脉冲数和反向计数脉冲数相等，总计数为 0。如管内有液体流动且 U 形管向下运动时，作用于 U 形管上的力矩是逆时针方向，θ 角增大，N_1 脉冲前沿提前，N_2 脉冲前沿滞后，f_1 波形宽度增大。当 U 形管向上运动时，作用于 U 形管上的力矩是顺时针方向，θ 角减小，N_1 脉冲后沿提前，N_2 脉冲后沿也提前，f_2 波形宽度减小。这样向可逆计数器送入的正、反向计数脉冲数由于开门的时间不等而不同。显然，这个可逆计数器记下的数 N_{c} 与 Δt 成正比，也就与管中的液体质量流量成正比。

微动流量计用远距离电子装置输出与质量流量 q_{m} 成正比的模拟量或频率量。

同时，电子装置接收传感器中温度敏感元件来的信号，用以补偿温度对 U 形管的弹性模数 K 的影响。电子装置输出控制信号驱动电磁激发器工作，保证 U 形管的振动幅度。

三、主要性能

微动流量计可测气体、液体的质量流量，不受温度、压力、黏度影响，也可测量多相流体等的质量流量。这种流量计的二次仪表均带有微处理机，配合被测液体的温度信号，经微处理机查双相被测液体各组分的密度表（此表存于微机的内存中），再经运算，可给出被测双相液体各组分所占百分数。如测量含有水分的油，不但给出其总的质量流量，还给出油、水各占的百分比。

1. 最小满刻度流量

是指在仪表的量程选择开关可调整的范围内的最小满刻度流量，当流量低于这个值时，仪表就不能产生满刻度输出。

2. 最大满刻度流量

是指在仪表量程选择开关的可调整范围内的最大刻度流量，也就是该仪表的量程上限。

3. 量程

定义为该仪表的最大满刻度输出与最小满刻度输出之比。微动流量计的量程为 20:1。

4. 标定的最大满刻度流量

是制造厂根据用户的流量值设定好量程选择开关后的仪表的最大满刻度流量，其值在该仪表的最小和最大满刻度流量之间，需要时用户可自行改变。

5. 额定工作压力

小于材料的理论爆破压力的四分之一。

6. 零点稳定性

是指正确安装的仪表在零流量时的输出稳定性。零点应在介质工作温度±10℃的范围内设定。

7. 精度

包括偏差、重复性和零点稳定性三部分。微动流量计的误差一般小于 0.4％流量±零点稳定性。它的重复性优于 0.1％。

四、安装和调整

微动流量计的优良性能只有在合适的安装和调整的情况下才能获得。安装前应仔细阅读使用说明书，安装时要注意以下几点。

① 传感器应远离大的干扰电磁场，如大的变压器、电机等不能安装在有大的震动的地方。

② 小口传感器应安装在平整、坚硬的底座上，四个安装点应在同一平面。大口径的传感器直接安装在工艺管道上，在距离连接件 10～20 倍管径处要安装工艺管道的支架。不管哪种安装方式，都应注意避免造成大的应力。

③ 对于大口径及以上的传感器，检测浆料流量时，应安装在垂直的管道上，以避免固体的积累，便于用气体或蒸汽吹扫；检测液体流量时，安装在水平管道上，外壳顶部朝下，不让气体在 U 型管内积聚；测量气体流量时，外壳顶部朝上，以避免冷凝液的积聚。

④ 传感器上的箭头表示的是正向流动方向，如果流动方向相反也可作同样准确的检测，但为了在显示仪表上有合适的显示，应在远距离电子单元中改变有关的接线。

⑤ 在传感器的下游最好装一个截止阀，用来确保作一次调零（PIA）时流量为零。

⑥ 传感器上的电缆入口尽可能在水平方向，防止雨水进入。传感器与远距离电子单元的距离不大于 150M，按说明书的要求连接电线、电缆，特别是安装系统的接线一定要严格按要求进行。

第五节　容积式流量计

工业上应用的容积式流量计的检测原理与日常生活中用容器计量体积的方法类似。但是为适应工业生产的要求，应连续地对密闭管道中的流体流量进行测量，以确定生产所需物料、能量等的用量及产量。此类流量计测量精度高，可达 0.1～0.2 级，所以广泛用于贸易和精密的仓库管理，在石油方面的流量测量更具主导地位，并已有国际统一的测量标准。

一、检测原理

为了在密闭管道中连续检测流体的流量，采用容积分界的方法，流量计内部的转子在流体的压力作用下转动，随着转子的转动，使流体从入口流向出口，在转子转动中，转子和流量计壳体形成一定的容积空间 V_0，流体不断充满这一空间，并随着转子的转动，流体被一份一份从计量室送出。在已知计量容积 V_0 的情况下，测量山转子的转动次数，就可计算出这段时间内流体通过仪表的体积量，从而确定流体的流量。

$$V = NV_0 \tag{4-47}$$

式中　V——流量计测得的体积流量；

　　　V_0——流量计内所具有的标准计量空间；

　　　N——流量计内转子转动的次数。

如果，转子的转数 N 是在单位时间内测定的，则可获得流体瞬时流量的大小。如果转子的转数 N 是在一段时间里测定的，则可以得到在这段时间通过流量表的流体总量。因此又称该流量表为计量表。

二、容积式流量计的种类及工作过程

（一）按结构分

常用的容积式流量计有：椭圆齿轮流量计、腰轮（罗茨）流量计、刮板式流量计以及旋转活塞流量计。

1. 椭圆齿轮流量计

如图 4-35，流量计中的转子是两个互相啮合的椭圆形齿轮。齿轮转动时，左右两边分别交替与壳体构成半形截面的空间 V_0'，并以 V_0' 为基本单位，一次一次地将被测介质由变送器的入口排至出口。当两个齿轮各完整的转一圈后，变送器所排出的被测介质量为 V_0' 的 4 倍，由式(4-47) 得椭圆齿轮流量计测得的流量为

$$V = 4NV_0' \tag{4-48}$$

2. 腰轮（罗茨）流量计

该流量计的两个转子呈腰形，通过定位齿轮使两腰形转子互相啮合转动。如图 4-36 所示。计量过程与齿轮流量计相同，可用式(4-48) 表示。

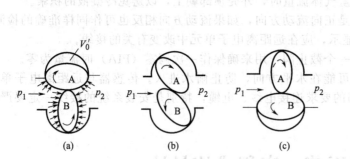

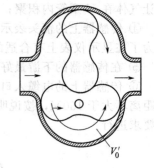

图 4-35　椭圆齿轮流量计工作过程　　　　　　　图 4-36　腰轮流量计

（二）按信号传送方式分

容积流量计有就地指示式和远传显示式两种。

1. 就地指示式椭圆齿轮流量计

主要是通过机械传动机构，直接带动仪表指针或机械计数装置，实现就地指示瞬时流量

或流体总量。图 4-37 所示为 LC-40C 型就地指示式椭圆齿轮流量计外形结构图。

2. 远传显示式椭圆齿轮流量计

由变送器、转换器（包括显示单元）两部分构成。如图 4-38 所示。LCB 变送器将连续通过流量表的流体流量变换成转子的转数 N，通过磁电转换或光电转换等方式变换成 $f=2\sim100\text{Hz}$、幅值为 $1.3\sim10\text{V}$ 的电脉冲信号。LCZ 转换器则将脉冲信号由数字积算仪显示流体总量；通过 f/I 转换单元转换成 $4\sim20\text{mA}$ 的直流信号，显示瞬时流量值。

三、容积式流量计的特性及使用要求

（一）容积式流量计的特性

应用容积分界法检测流量的原理，实质上是精密检测体积的办法。因此，与其他流量检测方法相比，它的流量大小以及流体密度、黏度等物理条件对精度影响较小，因而可以得到较高的检测精度（一般可达 0.2%，有的可达到 0.1%）。

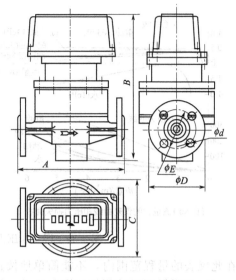

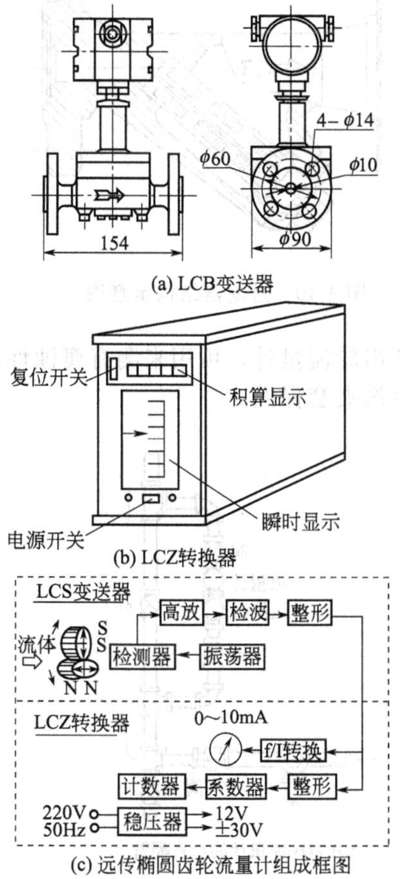

图 4-37 就地指示式椭圆齿轮流量计外形结构

图 4-39 是容积式流量计的两组误差和压力损失特性曲线，从曲线可以看出，检测误差随流体的黏度、密度和润滑性能而变化，特别是黏度的影响起主要作用。这是由于仪表存在着运动部件，运动部件与器壁间的间隙产生流体的泄漏，此泄漏量是随流体物理条件的变化而变化。从图 4-39 可见，流体黏度对误差的影响曲线是向负方向倾斜的，这是由于随着流量的增大，仪表入、出口间的压力降也增大，使间隙处泄漏量增大。对于低黏度液体（例如水），泄漏特别严重。对高黏度液体（例如重油），由于泄漏相对较小，因此误差变化不大。

黏度变化对压力损失的影响要明显一些，从图 4-39 中可见，当黏度增大时，压力损失也增大。

（二）容积式流量计的特点及使用要求

容积式流量计的特点是精度高，量程宽可达 10:1，可以测小流量，几乎不受黏度等因素变化的影响，对前面的直管段长度，没有严格的要求。其缺点是：对于大流量的检测来说成本高，重量大，维护不方便。

使用中应注意以下几点。

（1）选择容积式流量计，虽然没有雷诺数的限制，但应该注意实际使用时的测量范围，必须

(a) LCB变送器

(b) LCZ转换器

复位开关　积算显示

电源开关　瞬时显示

LCS变送器

流体　检测器──振荡器　高放──检波──整形

LCZ转换器

0～10mA

f/I转换

计数器──系数器──整形

220V 50Hz──稳压器── 12V ±30V

(c) 远传椭圆齿轮流量计组成框图

图 4-38 远传式椭圆齿轮流量计

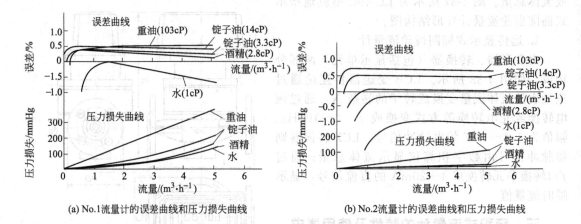

(a) No.1流量计的误差曲线和压力损失曲线　　　(b) No.2流量计的误差曲线和压力损失曲线

图 4-39　误差和压力损失与粘度影响的关系曲线

是在此仪表的量程范围内，不能简单地按连接管道的尺寸去确定仪表的规格。

（2）为了保证运动部件的顺利转动，器壁与运动部件间设有一定的间隙，流体中如有尘埃颗粒会使仪表卡住，甚至损坏。为此在流量计前必须要装过滤器（或除尘器）。图 4-40 所示，小型流量计过滤器的金属网为 200～50 目，大型流量计为 50～20 目，有效过滤面积应为连接管线面积的 4～20 倍。

（3）由于各种原因，可能使进入流量计的液体中夹杂有少量气体，为此，应该在流量计前设置气体分离器，否则会影响仪表检测精度。

（4）流量计可以水平或垂直安装。安装在水平管道上时，应设有副线。当垂直安装时，仪表应装在副线上，以免铁屑、杂质等落入仪表的测量部分。如图 4-41 所示。

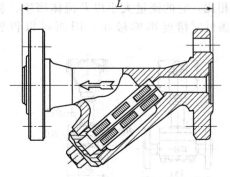

图 4-40　过滤器结构示意图

（5）用不锈钢、聚四氟乙烯等耐腐蚀材料制成的椭圆齿轮流量计，可用来测有腐蚀性的介质流量。当被测介质易凝固或易结晶时，仪表应加装蒸汽夹套保温。

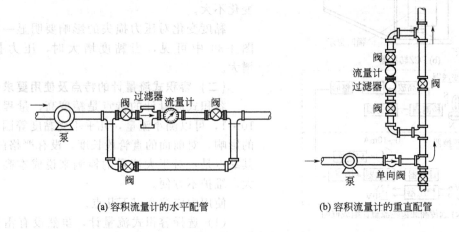

(a) 容积流量计的水平配管　　　　　　　(b) 容积流量计的重直配管

图 4-41　容积式流量计配管示意图

第六节　电磁流量计

电磁流量计是根据法拉第电磁感应定律进行工作的。它能测量具有一定电导率的液体或液固两相介质的流体的体积流量。

它由电磁流量传感器、电磁流量转换器两大部分组成。变送器根据电磁感应定律，将流量转换成感应电势信号，经转换器变换成标准电流信号，由显示器显示出相应的流量值。

一、工作原理

如图 4-42 所示，设在均匀磁场中，垂直于磁场方向有一个直径为 D 的管道。管道由导磁材料制成，内表面衬挂绝缘衬里。当导电的流体在导管内流动时，导电流体切割磁力线，因而在与磁场及流动方向垂直的方向上产生感应电动势，如安装一对电极，则电极间产生和流速成比例的电位差。

$$E_x = BDv \tag{4-49}$$

式中　E_x——感应电动势；

　　　B——磁感应强度；

　　　D——管道内径；

　　　v——流体在管道中平均流速。

由上式可得

$$v = E_x / BD$$

所以流量

$$q_v = \pi D^2 / 4v = \pi D E_x / 4B \tag{4-50}$$

由上式可见，流体在管道中的体积流量与感应电动势成正比。在实际工作中由于永久磁场产生的感应电动势为直流，可导致电极极化或介质电解，引起检测误差，所以工业用仪表中多使用交变磁场。此时，

$$B = B_{max} \sin\omega t \tag{4-51}$$

感应电动势为

$$
\begin{aligned}
E_x &= B_{max} \sin\omega t D v \\
&= 4q_v / (D\pi) \times B_{max} \sin\omega t \\
&= K q_v
\end{aligned}
\tag{4-52}
$$

式中　$K = 4B_{max} / (\pi D) \times \sin\omega t$

当管道直径 D 和磁感应强度 B 不变时，感应电势 E_x 与体积流量 q_v 呈线性关系。若在管道两侧各插入一根电极，就可引出感应电势 E_x，测量此电势，就可求得流量 q_v。

二、电磁流量计的分类

电磁流量计按组成环节可分为：分体式电磁流量计和一体型电磁流量计。

（一）分体式电磁流量计

分体式电磁流量计由安装在现场的电磁流量计变送器和在控制室的传感器构成。

1. IFS4000 系列变送器

（1）磁路系统　交流励磁原理示意图如图 4-43 所示。磁路系统产生均匀交变磁场，按照励磁绕组的不同，可分为两种形式。

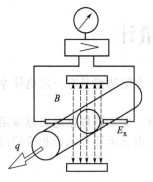

图 4-42　电磁流量计原理

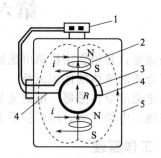

图 4-43　交流励磁原理示意图

1—接线盒；2—励磁线圈；3—测量管；
4—电极；5—外壳

集中绕组式，适用于 D_g 在 10～300mm 的中、小口径变送器，其外形如图 4-44(a) 所示。

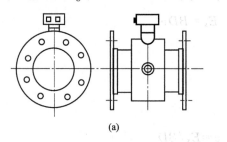
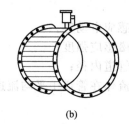

(a)　　　　　　　　　　　　　　(b)

图 4-44　变送器结构示意图

分段绕制式，将励磁绕组分成多段，每段按余弦函数分布，驼伏在测量导管的表面。这种结构既能使变送器体积减小，重量减轻，又能产生足够的磁感应强度并提高磁场的均匀性，用于 $D_g > 300$mm 的变送器。其外形如图 4-44(b) 所示。

（2）测量导管　采用非导磁、低电导率、低热导率和具有一定机械强度的不锈钢、铝合金制成。为了防腐耐磨，增加绝缘性，测量管内应粘贴内衬。

（3）电极　它用来引出感应电势。为保证长时间测量准确，免受腐蚀、磨损等，要求电极应水平放置。

（4）外壳　由铸铁制成，以防止外界腐蚀性气体的腐蚀，同时对周围的杂散磁场进行屏蔽。

2. 电磁流量转换器

电磁流量计的转换器实质上是电压/电流转换器。它将变送器送入的交流毫伏信号 E_x 转换成标准信号，供指示、调节积算等用。

与 IFS4000 型电磁流量变送器相配的带微处理器的 SC100AS 电磁流量转换器，可以输出 4～20mA DC 的标准直流信号，及 0.0028～10000Hz 的标准频率信号。通过微处理器信号处理，使流量计的功能数据可编程，并可进行小流量信号切除，流量范围自动切换，双向流动测量，工作状态显示等。

（二）一体型电磁流量计

一体型结构，即传感器与转换器组装成一体，结构简单紧凑，使用方便。通过输出信号附加选择单元，可以扩大使用功能：对具有脉冲输出的信号，可外接电磁式机械计数器，读取累计流量；或通过继电器触点式输出。把未经电隔离的输出电流信号转换成电隔离的输出电流信号及脉动频率输出，以便与输入端不浮空的后位仪表或设备相配套。

三、电磁流量计的选择

1. 口径

传感器的口径一般应与所连接的工艺管径相同。当工艺流量稳定但流量偏低时，为满足仪表对流速范围的要求，在仪表部分局部提高流速，选择传感器口径小于工艺管径，并在传感器前后加装异径管。

2. 电极

一般选用标准电极，并根据被测介质的腐蚀性选取电极材料。对易产生结晶、玷污的介质，可选取可更换式电极。

3. 衬里材料

根据被测介质的腐蚀性及温度来选择。硬、软橡胶及氯丁橡胶，可耐一般的弱酸、碱腐蚀，耐温在80℃，软氯丁橡胶有一定的耐磨性。聚四氟乙烯几乎能耐除热磷酸以外所有的强酸、碱的腐蚀，介质温度可达180℃，但不耐磨损。聚氨酯橡胶有极好的耐磨特性，但不耐酸、碱腐蚀，耐温小于40℃。

4. 接地环

若连接仪表的管道（相对于被测介质）是绝缘的，则要用接地环。

5. 防护等级

按照国标 GB 4208—84（与国际电工委员会标准 IEC 529—76 相似）对外壳的防护要求可选择：防喷水型，即可允许水龙头从任何方向对仪表喷水；防浸水型，即仪表可短时间全部浸入水中；潜水型，能长期在水中工作。

四、电磁流量计的特点和应注意的问题

(一) 电磁流量计的特点

① 被测介质必须是导电的液体，其电导率一般要求在 $(20\sim50)\times10^{-4}\Omega\cdot m$ 以上。不能检测气体、蒸汽和石油制品等的流量。因工业用水是导电的，所以大管道水流量测量时，常采用此表。

② 检测导管内无可动件或突出于管内的部件，因而压力损失很小。并可在采取腐蚀衬里的条件下，用于检测各种腐蚀性液体的流量。也可以用来检测含有颗粒、悬浮物等液体流量，例如纸浆、液浆的流量。

③ 输出电流和流量具有线性关系，并且不受液体的物理性质、温度、压力、黏度等变化和流动状态的影响。同时流速范围也广，仪表满刻度值可适应 $1\sim10m/s$ 的流速变化。这是一般流量计所不能比拟的。

④ 反应迅速，可以检测脉动流量。

⑤ 电磁流量计的口径范围，可以从 $10\sim3000mm$，对于同一电磁流量计，其程比可高达 1：10，它检测的体积流量从 $0.085\sim30500m^3/h$。

⑥ 电磁流量计的精度为 $1\sim2.5$ 级，也可以做到 0.5 级以上。

⑦ 由于受变送器衬里材料的限制，一般使用温度范围是 $0\sim200℃$。因电极是嵌装在导管上的，使工作压力也受到一定限制，一般不超过 4MPa。

(二) 使用时应注意的问题

① 变送器和转换器需配套使用而不能互换。

② 变送器（检测部分）的安装位置，要选择在任何时候检测导管内都能充满液体，以防止由于检测导管内没有液体而指针不在零点所引起的错觉。如图 4-45（a）所示。

电极轴线必须近似水平，以便减小由于液体流过时在电极上出现气泡造成误差。

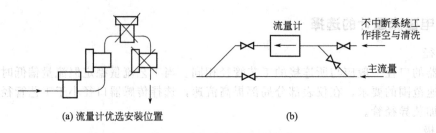

(a) 流量计优选安装位置   (b)

图 4-45　电磁流量计配管图

对重污介质的测量，变送器应安装在旁路管道上。如图 4-45(b) 所示。

决不能在泵抽吸侧安装变送器，必须在变送器的下游安装控制阀和切断阀，以防止真空。

③ 电磁流量计的信号比较微弱，在满量程时只有 $2.5\sim8mV$，当流量很小时，输出仅有几微伏，外界略有干扰就会影响检测的精度。因此，变送器的外壳、屏蔽线、检测导管以及变送器两端的连接管道都要接地，若连接变送器两端的是非金属管道或连接管道内涂有绝缘层，则应加装接地环，如图 4-46 所示。接地电阻 $<10\Omega$，并且要求单独设置接地点，绝对不要连接在电机、电器等的公用地线，或上下水道上。转换部分已通过电缆线接地，切勿再进行接地，以免因地电位的不同而引入干扰。

④ 变送器的安装地点要远离一切磁源，不能有振动。

⑤ 信号电缆和励磁电缆必须分别单独穿在钢管内，以屏蔽外界电磁干扰并保护电缆不受机械损伤。

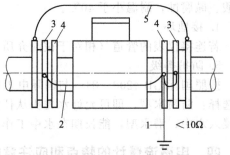

图 4-46　传感器的接地
1—测量接地线；2—接地线；3—接地环；
4—螺栓，安装时应与法兰相互绝缘；
5—连接导线

运行经验说明，即使变送器接地良好，当变送器附近的电力设备有较强的漏地电流，或在安装变送器的管道上存在较大杂散电流，或进行电焊时，都将引起干扰电势增加，进而影响仪表正常工作。

此外，如果变送器使用日久而在导管内壁沉积垢层时，也会影响检测精度。尤其是垢层电阻过小将导致电极短路，表现为流量信号愈来愈小，甚至骤然下降。检测线路中电极短路，除上述导管内壁附着垢层造成以外，还可能是导管内绝缘衬里被破坏，或是由于变送器长期在酸、碱、盐雾较浓的场所工作，使用一段时期后，信号插座被腐蚀，绝缘被破坏而造成的。所以在使用中必须注意维护。

第七节　漩涡流量计

流体在流动中常常会产生漩涡。如电线在风中振荡产生声音，是因为风吹过电线时，使电线振荡，电线产生漩涡而发出声音。又如汽车、轮船在行驰时，在尾部会有灰尘或浪花扬起，也是这个原因。流体因边界层分离作用而交替产生的漩涡属于自然振荡分离型漩涡，当满足一定条件时出现的有规律的涡列称卡曼漩涡。

工业上利用自然振荡的卡曼漩涡列原理制成的漩涡流量计，由于压损小、精度高、量程大，基本不受流体压力、温度、组成等影响，所以目前得到广泛使用。

一、检测原理及组成

（一）组成

漩涡流量计是由漩涡发生体和频率检测器构成的变送器、信号转换器等环节组成，输出 4～20mA 直流电流信号或脉冲电压信号，可测量 Re 在 $5\times10^3\sim7\times10^6$ 范围的液、气、蒸汽流体流量。漩涡流量计外型如图 4-47 所示。

（二）检测原理

在流动的流体中，若垂直流动方向放置一个圆柱体，如图 4-48 所示。在某一雷诺数范围内，将在柱体的后面，两侧交替产生有规律的漩涡称为卡曼涡街。漩涡的旋转方向向内，如图 4-48 上面一列顺时针旋转，下面一列逆时针旋转。由于旋涡之间的相互作用，一般不稳定，但实验证明，当满足 $h/l=0.281$ 时，涡列是稳定的，卡曼在理论上证明了这一结论。

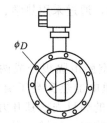

图 4-47 漩涡流量计

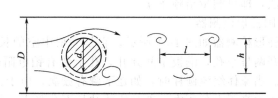

图 4-48 卡曼漩涡原理图

大量实验证明，单侧漩涡产生的频率 f 与流速 v 和直径 d 之间有如下的关系。

$$f=Sr\frac{v}{d} \tag{4-53}$$

式中 Sr——斯特劳哈尔数。

若以圆柱体直径作为特征长度计算雷诺数 Re，则 Sr 是雷诺数的函数，Re 与 Sr 的关系示于图 4-49 中。实验证明，当 $Re=500\sim1.5\times10^5$ 时，$Sr=0.2$（对圆柱形漩涡发生体）和 $Sr=0.16$（对三角柱形漩涡发生体）。

由此得到

$$q_V=A_0v=A_0\frac{d}{Sr}f=\xi f \tag{4-54}$$

式中 A_0——流通截面积；

ξ——仪表常数。其物理意义是指漩涡流量计中流过单位体积的流体时流量计所发出的脉冲数。

由式（4-54）可见，在斯特劳哈尔数 Sr 为常数的范围内，流量 q_V 与单侧漩涡产生的频率 f 成正比。

常见的漩涡发生体有圆柱形、三角柱形、T 柱形等，如图 4-50 所示。圆柱形的斯特劳

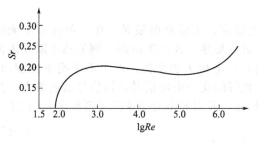

图 4-49 Re 与 Sr 的关系

圆柱形　　三角柱形　　T柱形

图 4-50 常见的漩涡发生体

哈尔数较大，稳定性也强，压力损失小，但是漩涡强度较低。T柱形的稳定性高，漩涡强度大，但压力损失较大。三角柱形的压力损失适中，漩涡强度较大，稳定性也较好，所以用得较多。

二、频率的检测

当从圆柱形漩涡发生体两侧交替产生旋转方向相反的漩涡时，圆柱就周期性地受到方向相反的两个力的交替作用，这两个力的方向均与流速方向相垂直。当圆柱体的右下方出现漩涡时，根据环量守恒原理，其他部分必然要产生与漩涡旋转方向相反的旋转运动——逆环流。如图4-48中虚线所示，环流与流体绕流流速叠加，使得圆柱上方的流速增加，下方的流速减小，结果圆柱体受到由下向上的力。当圆柱体的右上方有顺时针方向的漩涡出现时，则环流方向相反，产生由上向下的力。由逆环流产生的作用力称茹科夫斯基升力，其大小为

$$F = 1.7 \rho d v^2$$

各种不同的漩涡发生体，利用逆环流产生的茹科夫斯基升力，通过采用热学、力学、声学等方法，即可测量出频率 f。

1. 圆柱形检测器

圆柱形检测器如图4-51所示，它是一根中空的长管，管中空腔由隔板分成两部分。管的两侧开两排小孔，隔板中间开孔，孔上装有铂电阻丝，铂丝通电加热到高于流体10℃左右温度。当流体绕流圆柱时，如在下侧有漩涡，由于逆环流产生的茹科夫斯基升力使圆柱体的下部压力高于上部压力，部分流体被从下孔吸入，从上部小孔吹出，这样一来，将使下部漩涡被吸在圆柱表面，越旋越大，而没有漩涡的一侧由于流体的吹除作用将使漩涡不易发生，当下侧的漩涡生成之后，脱离开柱表面向下游运动，此时柱体的上侧将重复上述过程生成漩涡。如此，将在柱体上、下两侧交替地生成并放出漩涡。与此同时，在柱体内腔自下而上或自上而下产生脉动流通过被加热的铂电阻丝。空腔内流体的运动，交替地对电阻丝进行冷却作用，使电阻线的阻值发生变化，从而输出与漩涡生成频率一致的脉冲信号，再送入频率检测电路，由式(4-54) 即可求出流量来。

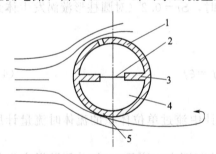 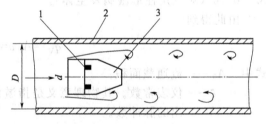

图 4-51　圆柱形漩涡检测器　　　　　　图 4-52　三角柱形漩涡检测器

1—圆柱测验器；2—铂电阻丝；3—隔板；　　　1—热敏电阻；2—圆管道；3—三棱柱

4—空腔；5—导压孔

2. 三角柱形检测器

如图4-52所示，三角柱形检测器可以得到更稳定、更强烈的漩涡。在三角柱形正面的两个热敏电阻组成电桥的两臂，并由恒流源供电进行加热，在产生漩涡一侧的热电阻处因流速变低，使热敏电阻的温度升高，阻值减小，因此，电桥失去平衡，产生不平衡电压输出。随漩涡的交替形成，电桥将输出一个与漩涡频率相等的交变电压信号，该信号通过放大、整形及数/模转换送至积算器和指示器进行显示和积算。漩涡频率与流速的关系见公式(4-55)。

$$f = \frac{Sr}{1 - 1.25\dfrac{d}{D}} \times \frac{v}{d} \tag{4-55}$$

【例 4-4】 已知三角柱形漩涡发生体的宽度 $d=0.28D$，工艺管道的直径 $D=51.1\text{mm}$，当流速为 6.8m/s 时，产生的漩涡频率为多少？

解 根据公式(4-55)有

$$f=\frac{Sr}{1-1.25\dfrac{d}{D}}\times\frac{v}{d}$$

$$=0.16\frac{6.8}{(1-1.25\times0.28)\times0.28\times0.0511}$$

$$=117\text{Hz}$$

答：当流速为 6.8m/s 时，产生的漩涡频率为 117Hz。

3. T 柱形检测器

如图 4-53 所示，流体通过 T 柱形漩涡发生体，出现卡曼涡街时，使粘贴在 T 柱形漩涡发生体两侧的敏感元件交替地受到茹科夫斯基升力的作用，输出相应频率的电信号。敏感元件有应变片、压电陶瓷片、电感变换元件、电容变换元件等。

美国罗斯蒙特（Rosemount）公司的 8800 型智能漩涡流量变送器，其检测原理为压电方式，框图如图 4-54 所示。

压电元件接收漩涡频率信号，产生的电脉冲信号经抗干扰滤波、模/数转换后，送入数字式跟踪滤波器。它能跟踪漩涡频率对噪声信号进行抑制，使滤波后的数字信号正确地反映流量值，且每单位流量对应一定的频率数。微处理器接收到跟踪滤波器的数字信号后，一方面经数/模转换输出 $4\sim20\text{mA}$，另一方面可从数字通信模块将脉冲信号旁路，直接送到信号传输线上，使高频脉冲叠加在直流信号上送往现场通信器。

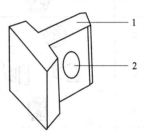

图 4-53　T 柱形
漩涡检测器
1—T 柱形漩涡发生体；
2—敏感元件

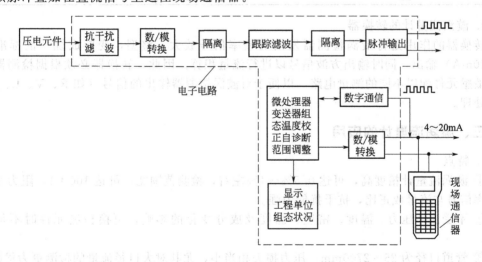

图 4-54　8800 型智能漩涡流量变送器

变送器本身所带的显示器也由微处理器提供信息，显示以工程单位表示的流量值及组态状况。供现场通信器的数字信号符合工业标准的 HART 总线可寻址远程转换通信协议，只要符合该协议的现场通信器或包含这种功能的设备都可接收到数据。数字通信和模拟信号输出同时进行。

组态结果存入 EEPROM 中，在意外停电后仍然保持记忆，一旦恢复供电，变送器就立即按已设定的工作方式投入运行。以上种种措施和 1151SMART 智能变送器及 ST3000 智能变送器大致相同。

8800 型变送器可在 12～42V 电压下正常工作，但需要用通信功能时，电源必须在 18～42V 之间。

8800 型变送器测量液体流量时，如雷诺数大于 20000，脉冲输出的基体误差不超过 $\pm65\%$，模拟输出不超过 $\pm0.7\%$。测量气体及蒸气时，如雷诺数大于 15000，脉冲输出的基体误差不超过 $\pm1.35\%$，模拟输出不超过 $\pm1.4\%$。

各种检测漩涡频率的方式如表 4-3 所示，模拟输出不超过 $\pm0.7\%$。

表 4-3　漩涡流量计漩涡发生体的截面形状和流体振动的检测方式

类别	漩涡发生体的截面形状	流体振动的检出	说　明
1		热线/净化型热线	是圆形的,功能上是流体信号发生器
2		超声波束(振幅调制)	
3	C_1　C_2	C_1 热敏电阻 C_2 球	也有把热敏电阻装上,代替 C_2 的球
4		膜片式容量变换	
5	E_1　E_2	振动片应变计	
6		膜片式压电体	
7		热敏电阻	

4. 漩涡流量计的转换器

转换器的作用是将漩涡检测器发出的频率信号放大、整型，变换成统一的标准信号（4～20mA）输出，同时输出方波信号以进行流量积算。因此，转换器必须根据检测器中不同的敏感元件配以不同的测量电路，以便于对漩涡检测器输出的信号（如 R、V、L、C 等）进行处理。

三、漩涡流量计的应用

1. 特点

① 漩涡流量计精度高，可达 $0.5\%～1\%$ 左右，检测范围宽，可达 100∶1，阻力小，输出频率信号与流量成正比，抗干扰能力强。

② 不受流体压力、温度、密度、黏度及成分变化的影响，更换检测元件时不须重新标定。

③ 管道口径为 25～2700mm，压力损失相当小，尤其对大口径流量的检测更为优越。

④ 安装简便，维护量小，故障极少。

2. 使用要求

① 漩涡式流量计属于速度式仪表，所以管道内的速度分布规律变化对测量精度影响较大，因此在漩涡检测器前要有 15 倍的管道内径，后要有 5 倍的管道内径的直管段长度的要求，且要求内表面光滑。

② 管道雷诺数应在 $2\times10^4～7\times10^6$ 之间。如果超出这个范围，则斯特劳哈尔数便不是

常数，引起仪表常数 ξ 的变化，测量精度降低。

③ 流体的流速必须在规定范围。因为漩涡流量计是通过测漩涡的释放频率来测量流量的。测量气体时流速范围为 $4\sim60$m/s，测量液体时流速范围是 $0.38\sim7$m/s，测量蒸气时流速范围不超过 70m/s。

④ 此外敏感元件要保持清洁，经常吹洗。

3. 主要技术数据

常用漩涡流量计的主要技术数据如表 4-4 所示。

表 4-4　常用漩涡流量计的主要技术数据

传感器型号	检测元件	被测管道		介质压力 /MPa	介质温度 /℃	适用介质	显示仪表	生产厂
		公称直径 /mm	安装方式					
LUGB	压电晶体	$25\sim300$	法兰式	2.5,4	$-40\sim300$	气体、液体、蒸汽	LXL 或 LXB	广东省南海石化仪表厂
		$250\sim1000$	插入式	2.5				
LUCE	扩散硅压敏元件	$200\sim1400$	插入式	1.6	$-20\sim120$	液体	XLUY-11	天津自动化仪表十四厂
2350	热敏电阻	$25\sim40$	法兰夹装式	10	$-50\sim150$ （测水<40）	气体、液体	①接收基本频率信号的显示仪表（脉冲幅度 +6.5V）；②接收定标脉冲信号的显示仪表（如电磁计数器）；③接收 $4\sim20$mA DC 的模拟显示仪表	银河仪表厂引进美国 EASTECH 公司生产技术
2150		$50\sim200$						
3050	磁检测器	$50\sim200$		20	$-48\sim427$	气体、液体、蒸汽		
	压电陶瓷片				$-32\sim180$	气体、液体		
2525	热敏电阻	$250\sim450$	管法兰式	10	$-50\sim150$	气体、液体		
3010	磁检测器			20	$-48\sim427$	气体、液体、蒸汽		
	压电陶瓷片				$-32\sim180$	气体、液体		
3715,3735	热敏电阻			6	$-50\sim150$	气体、液体		
3725				4				
3610,3630	磁检测器	$250\sim2700$	插入式	6	$-48\sim427$	气体、液体、蒸汽		
3620				4	$-48\sim204$			
3610,3630	压电陶瓷片			2.5	$-32\sim180$	气体、液体		
3620								

第八节　涡轮流量计

涡轮流量计是一种速度式流量计。当被测流体流过仪表时，冲击涡轮叶片，使涡轮旋转，在一定检测范围内，涡轮转速与流量成正比。图 4-55 所示为涡轮流量计的组成方块图。

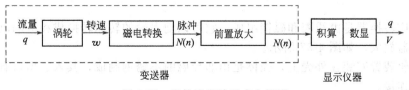

图 4-55　涡轮流量计组成方框图

涡轮将流量 q 转换成涡轮的转速 ω，磁电装置又把此转速 ω 变成电脉冲 n，经前置放大器送入显示仪表进行积算和显示，由单位时间的脉冲数 n 和累计脉冲数 N 反映出瞬时流量 q 和累积流量 V。由于它采用非接触式的，反作用小的磁电转换方式，大大减轻了涡轮的负载，耐压高且反应快，并用数字显示流量，在目前生产与科研中得到广泛应用。

由图 4-55 可见，涡轮流量计由流量变送器和显示仪表组成。本章主要介绍涡轮流量变送器。

一、涡轮流量变送器的结构及工作过程

(一) 结构

涡轮流量变送器的结构如图 4-56 所示。

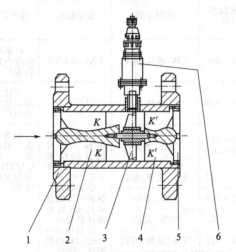

图 4-56　涡轮流量变送器结构
1—壳体；2，4—导向器；3—涡轮；
5—压紧环；6—磁电转换器

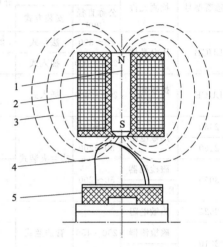

图 4-57　磁电转换器原理示意
1—磁钢；2—线圈；3—磁力线；
4—叶片；5—涡轮

将涡轮置于摩擦力很小的滚珠轴承中，由磁钢和感应线圈组成的磁电装置装在变送器的壳体上，当流体流过变送器时推动涡轮转动并在磁电装置中感应出电脉冲信号，放大后送入显示仪表。

涡轮是由导磁的不锈钢材料制成，装有数片螺旋叶片。为减少流体作用在涡轮上的轴向推力，采用反推力方法对轴向力进行自动补偿。从涡轮轴体的几何形状可以看出，当流体流过 $K\text{-}K$ 截面时，流速变大而静压力下降，随着流通截面的逐渐扩大而静压力逐渐上升，在截面 $K'\text{-}K'$ 处的静压力大于截面 $K\text{-}K$ 处的静压力。此不等的静压场所造成的压差作用在涡轮转子上，其方向和流体对涡轮转子的轴向推力相反，从而互相抵消，减轻轴承的轴向负荷，提高了变送器的寿命和精度，也可以采用中心轴打孔的方式实现轴向自动补偿。

导向器是由导向环（片）及导向座组成，使流体在到达涡轮前先导直，以避免因流体的自旋而改变流体与涡轮片的作用角，从而保证仪表的精度。在导向器上还装有滚珠轴承，用来支承涡轮。

磁电感应转换器是由线圈和磁钢组成，它可以把涡轮的转速转换成相应的电信号，并送给前置放大器放大。如图 4-57 所示。

整个涡轮装置安装在外壳上，壳体是由非导磁的不锈钢制成，其入、出口有螺纹，以便与流体管道连接。

(二) 工作原理及过程

涡轮流量变送器是根据流体动量矩原理进行工作的。当流体沿管道的轴向流动冲击涡轮

叶片时，便有与流体流速 v，密度 ρ 等相关量成比例的力作用于叶片上，受变送器结构尺寸 K 的影响，产生出相应的测量力矩 M，推动涡轮旋转，使涡轮以 ω 的转速转动。即

$$M=f(v,\rho,\omega,K)$$

而 $v=q/A$，则上关系式可表达为

$$M=f(q,\rho,\omega,K,A)$$

涡轮旋转的同时伴有阻碍涡轮转动的阻力矩 $M_{阻}$，如机械摩擦阻力矩、磁电反应阻力矩、流体黏性摩擦阻力矩等，根据动量矩原理，则涡轮运动的方程式为

$$J\frac{\mathrm{d}\omega}{\mathrm{d}t}=M-M_{阻} \tag{4-56}$$

式中　J——涡轮的转动惯量；

$\dfrac{\mathrm{d}\omega}{\mathrm{d}t}$——涡轮的角加速度；

　　M——推动涡轮转动的测量力矩；

$M_{阻}$——各种阻碍涡轮转动的阻力矩。

在一定流量范围内，涡轮的角速度 ω 与流体流量 q 之间有稳定的对应关系，如图 4-58 所示。

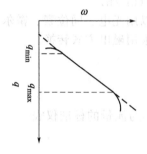

图 4-58　变送器静态特性

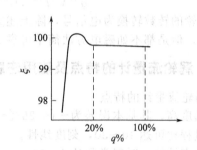

图 4-59　变送器 q 与 ξ 特性曲线

可以看出，流量 q 与涡轮转速 ω 之间在有效范围内为线性特性，可表示为

$$\omega=\xi'q-A \tag{4-57}$$

式中　A——与变送器结构、介质特性、流动状态有关的阻力参数；

　　ξ'——与介质特性等有关的转换系数。

考虑到涡轮叶片数的影响，

$$n=\frac{Z}{2\pi}\omega$$

则式(4-57)可近似表示为

$$n=\frac{Z}{2\pi}\xi'q-\frac{Z}{2\pi}A=\xi q \tag{4-58}$$

式中　n——涡轮以 ω 速度旋转时，相应的机械转数；

　　Z——叶片数；

　　ξ——流量系数。

式(4-58)表明：当流量 q 很小时，由于阻力的作用涡轮并不转动，$n=0$ 只有当 $q>q_{min}$ 后，涡轮的测量力矩克服了各种阻力矩后才开始转动，并近似为线性关系。如图 4-59 所示。受到寿命及压力损失等因素的影响，也不允许 $q>q_{max}$。

涡轮的流量系数 ξ 定义为：单位体积流量 q 通过变送器时，变送器输出的脉冲数，即脉冲数/m^3。仪表出厂时，制造厂是取测量范围内和流量系数的平均值作仪表常数。

由图 4-57 所示的磁电转换原理，涡轮以 ω 转速转动后，叶片则以 n 数量穿过磁场，切割磁力线，从而改变了通过线圈的磁通量，根据电磁感应原理，线圈中就感应出交变电信号。交变电信号的脉冲数与涡轮转数成正比，也即与流量成正比。可表示为

$$n = \xi q \tag{4-59}$$

或

$$N = \xi V \tag{4-60}$$

式中　n——与机械脉冲相对应的电脉冲频率数；

　　　N——一段时间里的脉冲数；

　　　q——瞬时体积流量；

　　　V——流体体积总量。

将电脉冲信号（N 或 n）经前置放大器放大后，送往电子计数器或电子频率计，显示环节将 N 或 n 除以流量系数 ξ（脉冲数/m³），便可显示出流体总量或瞬时流量。

【例 4-5】　涡轮流量变送器的流量系数 $\xi = 15 \times 10^4$ 脉冲数/m³，显示仪表在 10 分钟内积算得的脉冲数 $N = 6000$ 次，求流体的瞬时流量和 10 分钟内的累计流量。

解　10 分钟内流体流过变送器的累计流量为

$$V = N/\xi = 6000/15 \times 10^4 = 0.04 \ (\text{m}^3)$$

流体的瞬时流量为

$$q = V/t = 0.04/10 \times 60 = 0.24 (\text{m}^3/\text{h})$$

将涡轮的转数转换为电信号，除上述方法外，也可以用光电、同位素、霍尔元件等方式进行转换，但是都不如磁电方法简单可靠。所以目前多采用磁电方式转换。

二、涡轮流量计的特点及使用注意事项

1. 涡轮流量计的特点

① 精度高，其基本误差为 $\pm(0.25\% \sim 1.0\%)$，可作为流量的标准仪表。

② 量程比可达 $10 \sim 30$，刻度线性。

③ 动态性好，时间常数达 $1 \sim 50$ms，可检测脉动流。

④ 能耐高压达 5×10^7Pa；压力损失小，约为 $5 \sim 75 \times 10^3$Pa。

⑤ 可检测 $0.01 \sim 7000$m³/h 的流量；公称直径在 $4 \sim 500$mm。

⑥ 可以直接输出数字信号，抗干扰能力强，便于与计算机相连进行数据处理。

2. 使用注意事项

① 要求被测介质洁净，以减少对轴承的磨损，并防止涡轮被卡住。对于不洁净介质，应在变送器前加装过滤器。

② 介质的密度和黏度的变化对指示值有影响。由于变送器的流量系数一般是在常温下用水标定的，所以密度改变时应该重新标定。对同一液体介质，密度受温度、压力的影响很小，可忽略其影响；对于气体介质，由于密度受温度和压力变化的影响较大，必须对密度进行补偿。一般随着黏度的增高，最大流量和线性范围均减小。涡轮流量计出厂时是在一定黏度下标定的，因此黏度变化时必须重新标定。

③ 仪表的安装方式要求与出厂时校验情况相同。一般要求水平安装，避免垂直安装，必须保证变送器前后有一定长度的直管度，一般入口直管段的长度取管道内径的 10 倍以上，出口取 5 倍以上。

第九节　靶式流量计

靶式流量计适用于低雷诺数的流体，高黏度液体，易结晶或易凝结的流体以及带有沉淀

物或固体颗粒的流体等介质的流量测量。

一、工作原理

(一) 工作原理

靶式流量计的原理结构如图 4-60 所示，在管道中央有垂直于流向的同轴圆片形靶，流体沿靶周围的环形间隙流过时，靶受到流体推力的作用，力的大小与流体的动能和靶的圆形面积成正比。当管道雷诺数大于流量计的界限雷诺数时，流过流量计的流量与靶受到的力有确定的数值对应关系。

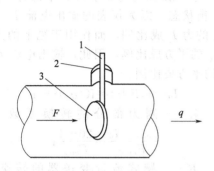

图 4-60　工作原理图
1—靶；2—出轴密封膜片；3—靶的输出力杠杆

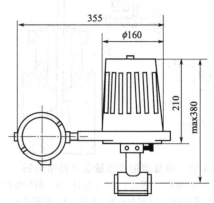

图 4-61　电 Ⅲ 型靶式流量变送器

由伯努利方程和连续性方程可得靶式流量计的基本方程式。

$$q_\mathrm{m} = 1.253CD \frac{1-\beta^2}{\beta} \sqrt{\rho F} \tag{4-61}$$

$$q_\mathrm{v} = \frac{q_\mathrm{m}}{\rho} = 1.253CD \frac{1-\beta^2}{\beta} \sqrt{\frac{F}{\rho}} \tag{4-62}$$

式中　q_m——质量流量，kg/s；

　　　q_v——体积流量，m³/s；

　　　C——流出系数；

　　　β——直径比，$\beta = d/D$；

　　　d——靶直径，m；

　　　D——管道内径，m；

　　　ρ——流体密度，kg/m³；

　　　F——靶受到的力，N。

可见，靶上所受的力 F 的平方根与流量 q_m（或 q_v）成正比，这和差压式流量计的 Δp 需要开方才能反映流量值有共同之处。

流出系数 C 由靶的几何尺寸及雷诺数确定。在测量过程中，当雷诺数大于界限值时，流出系数 C 可视为一常量。对靶式流量计而言，界限雷诺数在 2000～4000 之间，故对靶式流量计能用于测量高黏度、低流速流体的流量。因为高黏度、低流速流体的雷诺数一般较小。

(二) 靶式流量计的工作过程

图 4-61 和图 4-62 分别为电 Ⅲ 型靶式流量变送器外观示意图和内部结构图。

靶式流量变送器由测量环节和转换部分组成。测量环节包括测量管、靶和轴封膜片等。转

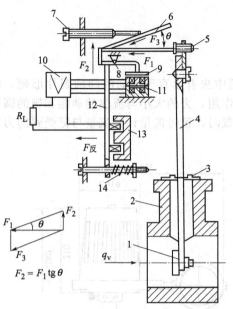

图 4-62 电Ⅲ型靶式流量变送器结构图

1—靶；2—基座；3—膜片；4—主标杆；5—调整螺钉；
6—矢量机构；7—丝杠；8—支点；9—检测片；
10—放大器；11—差动变压器；12—副杠杆；
13—反馈线圈；14—调零装置

换部分包括力传递系统（主、副杠杆，矢量机构，调整螺钉等）、磁电系统、位移检测放大器等。

流体作用于靶 1 上的力 F，使主杠杆 4 以轴封膜片 3 为支点产生偏转位移，该位移经矢量机构 6 传递给副杠杆 12，使固定在副杠杆上的检测片 9 产生位移。此时，差动变压器 11 的平衡电压产生变化，由放大器 10 转换为 4~20mA 的电流输出。同时，该电流经过处于永久磁钢内的反馈线圈 13 与磁场作用，产生与之成正比的反馈力 $F_反$。该反馈力与测量力 F 平衡时，杠杆便达到平衡状态。因为仪表的输出电流 I_0 和作用于靶上的力 F 成比例，而作用于靶上的力 F 和流量 q_v 的平方成比例，因此，输出电流 I_0 和流量 q_v 的平方成比例。

$$I_0 = k_0 F + 4 = K(q_v)^2 + 4 \qquad (4\text{-}63)$$

式中　k_0——测力部分的转换系数，$k_0 = \dfrac{I_{max} - I_0}{F_{max}} = \dfrac{20-4}{F_{max}}$；

K——靶式流量变送器的转换系数，$K = \dfrac{I_{max} - I_0}{(q_{v\,max})^2} = \dfrac{20-4}{(q_{v\,max})^2}$。

为使输出成为线性刻度，在靶式流量变送器后应接开方器。

二、靶式流量变送器的选型

（一）确定变送器的类型

靶式流量变送器分电动和气动两类。若工作场所要求必须防火防爆，则可选用防爆型电动Ⅲ型变送器或气动变送器。当工作现场要求集中控制或实现计算机程控，则可选用防爆型电动Ⅲ型变送器。

（二）确定变送器规格

为确定变送器的具体规格，要做好下述几项工作。

1. 了解被测流体的实际参数

如名称，q_{max}，q_{ch}，q_{min}，工作状态，物理特性参数，管道内径，允许压损，相对湿度等。

2. 计算相当于工作状态下的被测流体最大水流量 $q'_{v\,max}$ 或 $q'_{m\,max}$

因为靶式流量变送器出厂时的标定是以水介质为基准进行的，（这点与转子流量计相似）。换算方式为

$$q'_{m\,max} = q_{m\,max} \sqrt{\dfrac{\rho'}{\rho}} \qquad (4\text{-}64)$$

$$q'_{v\,max} = q_{v\,max} \sqrt{\dfrac{\rho}{\rho'}} \qquad (4\text{-}65)$$

式中　$q_{m\,max}$，$q_{v\,max}$——工作状态下被测流体的质量流量和体积流量的最大值；

$q'_{m\,max}$，$q'_{v\,max}$——工作状态下水的质量流量和体积流量的最大值；

ρ——工作状态下被测流体的密度；

ρ'——工作状态下水的密度。

3. 计算最小雷诺数 Re_{mim}

通常可选下述公式计算

$$Re_{min} = \frac{4}{\pi} q_v (D\eta) \tag{4-66}$$

或

$$Re_D = \frac{4}{\pi} q_m / (\rho D \eta)$$

式中　Re_D——管道雷诺数；

　　　q_m——质量流量，kg/s；

　　　q_v——体积流量，m^3/s；

　　　η——流体的黏度，Pa·s；

　　　D——管道内径，m。

4. 初步确定传感器的规格

根据安装变送器处的工艺管径 D，被测流体最小雷诺数 Re_{min}，被测流体相当于水标定时的最大流量 q'_{mmax}（或 q'_{vmax}），由产品资料（样本，说明书）查得适当型号与规格的靶式流量变送器，如表 4-5 所示。

表 4-5　电动Ⅲ型靶式流量变送器规格

型号	公称通径 D/mm	靶径 d/mm	$\beta=\dfrac{d}{D}$	测量范围 /(m³/h)	公称压力/MPa
DBLB-255A-Ⅲ	25	20	0.8	0～4…0～6	
		17	0.68	0～8	
DBLB-505A-Ⅲ	50	40	0.8	0～8…0～10	
		35	0.7	0～16…0～20	
DBLB-805A-Ⅲ	80	56	0.7	0～20…0～25	
		48	0.6	0～25…0～40	6.4
DBLB-1005A-Ⅲ	100	60	0.6	0～40…0～60	
		50	0.5	0～60…0～80	
DBLB-1505A-Ⅲ	150	75	0.5	0～80…0～100	
		60	0.4	0～100…0～160	
DBLB-2005A-Ⅲ	200	70	0.35	0～200…0～250	

要注意计算出的 Re_{min} 应大于变送器标定的界限雷诺数 Re_g，且换算得到的最大水流量 q'_{max} 应小于变送器标定的 q_{max} 值。

同一种口径的变送器，常有 2 种不同直径的靶。如表 4-5 所示。当选定口径后，尽可能选择直径较小的靶，这样可使压力损失较小。如果与管道同径的变送器，不能满足要求，则可选用与管径不同的变送器，直到全部满足要求。在安装与管径不同的变送器时，其前后直管道仍应与变送器的口径一致。

（三）验算

变送器的规格选定后，应进行验算。

1. 验算最大被测流量时靶受力值

此力值不得超过选型设计时所选的靶受力最大值，否则会损坏变送器。国内产品中靶的受力范围为 0～7.845N 至 0～78.45N 的力连续可调，一般要求所求得的 $F_{max} = 0.7F'_{max}$（标定上限值)。

2. 验算最小雷诺数

即 $Re_{min}>Re_g$，保证在测量范围内，变送器的流出系数 C 变化不大，系统稳定，测量准确。

3. 验算压力损失是否符合要求

三、应用

靶式流量计不需引压管路，但有时在某些场合下的耐腐、耐摩擦等问题还需进一步解决。

靶式流量计的安装如图 4-63 所示。注意靶中心应与管道轴线同心。

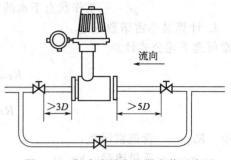

图 4-63　靶式流量变送器安装示意图

第十节　流量仪表的选择与标定

一、流量仪表的选择

流量仪表的选择应根据工艺要求和工艺条件进行合理选择。表 4-6 给出一些参考依据。

二、流量仪表的标定

流量标准的建立和传递是一项十分复杂的工作。因为流量计的标定随介质不同其差异很大，不同的介质需要不同的标定装置，不同的流量、管径标定装置也不相同。我国流量标准的传递系统，目前还处于建立和发展之中，对不同的介质，(如气、水、油)应分别建立传递系统。但目前还是按标准与被检仪表的误差要求来进行仪表检定的。即用某标准装置对被检仪表检定后，就依此确定出被检仪表的精度。

目前用来检定液体流量计的一些标准和方法大致有：标准容积法、标准质量法、标准仪表校验法、标准体积管校验法等。用来检定气流气体流量计的一些标准装置和方法也有：标准仪表校验法、标准容器校准法、置换法、声速喷嘴校准法等。图 4-64 所示为一种流量仪表标定装置系统。

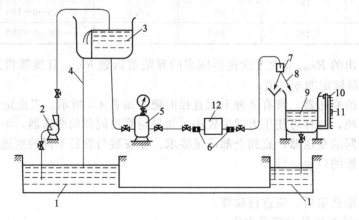

图 4-64　流量仪表标定装置系统

1—水池，2—水泵；3—高位水槽；4—溢流管；5—稳压容器；6—活动管接头；7—切换机构；
8—切换挡板；9—标准容积计量槽；10—液位标尺；11—游标；12—被校流量计

表 4-6　流量仪表选型参考

流量计类型			精确度/%	洁净液体	蒸汽或气体	脏污液体	黏性液体	带微粒、导电腐蚀性液体	带微粒、导电磨损悬浮液	微流量	低速流体	大管道	自由落下固体粉粒	整车
差压		标准孔板	1.5	0	0	*	*	0	*	*	*	*	*	*
	非标准	文丘里	1.5	0	0	*	*	0	*	*	*	0	*	*
		双重孔板	1.5	0	0	*	*	0	*	*	0	*	*	*
		1/4圆喷嘴	1.5	0	0	*	*	0	*	*	0	*	*	*
		圆缺孔板	1.5	0	0	0	*	*	*	*	*	*	*	*
	笛形均速管		1.0、1.5、2.5、4	0	0	*	*	*	*	*	*	0	*	*
	特殊	蒸汽流量计	2.5	*	0/*	*	*	*	*	*	*	*	*	*
		内藏孔板	2	0	0	*	0	*	*	0	*	*	*	*
面积		玻璃转子	1~5	0	*/0	*	*	*	*	*	*	*	*	*
	金属转子	普通	1.6、2.5	0	*/0	*	*	*	*	*	*	*	*	*
		特殊 蒸汽夹套	1.6、2.5	0	*/0	*	*	*	*	*	*	*	*	*
		特殊 防腐型	1.6、2.5	0	*/0	*	*	0	*	*	*	*	*	*
速度		靶式	1.5~4	0	*/0	0	0	0	0	*	*	*	*	*
	涡轮	普通	0.1、0.5	0	0	*	*	*	*	*	*	*	*	*
		插入式	0.1、0.5	0	0	*	*	*	*	*	*	0	*	*
	水表		2	0	*	*	*	*	*	*	*	*	*	*
	漩涡	普通	0.5、1、1.5	0	0	*	*	*	*	*	*	*	*	*
		插入式	1.0、1.5、2、2.5	0	0	*	*	*	*	*	*	*	*	*
电磁			0.2、0.25、0.5、1.0、1.5、2、2.5	0	*	0	0	0	0	*	*	*	*	*
容积		椭圆齿轮	0.2、1.0、0.1、0.5	0	*	*	0	*	*	*	*	*	*	*
		刮板式	0.2、1.0、0.1 0.5、1.5	0	*	*	0	*	*	*	*	*	*	*
	腰轮	液体	0.1、0.5	0	*	*	0	*	*	*	*	*	*	*
固体		冲量式	1.0、1.5	*	*	*	*	*	*	*	*	*	0	*
		电子皮带秤	0.25、0.5	*	*	*	*	*	*	*	*	*	0	*
		轨道衡	0.5	*	*	*	*	*	*	*	*	*	*	0
新型		超声波流量计	0.5、1.0、1.5、3.0	0	*	0	0	0	0	0	0	0	*	*
		质量流量计	0.4	0	*	0	0	0	0	0	0	*	*	*

注：0 为宜选用，＊为不宜选用。

本章小结

本章介绍了各种流量仪表的工作原理、输入输出特性、结构组成及应用特点等。如表 4-7 所示。

流量分瞬时流量和流量总量。瞬时流量简称流量，它是指单位时间内流过管道某截面的

表 4-7　各类流量仪表的性能比较

对比项目	流量计名称							
	电磁流量计	容积流量计	孔板流量计	涡轮流量计	YF-100型漩涡流量计	转子流量计	靶式流量计	微动流量计
理论公式	$q=\dfrac{\pi D}{4}\cdot\dfrac{e}{B}$	$q=K\cdot N$	$q=K\cdot\sqrt{\Delta p}$	$q=\xi\cdot f$	$q=K\cdot f$	$q=KH$	$q=K\sqrt{F}$	$q_m=K\cdot\theta$
检测原理	感应电动势 e	转一周容积排量	压差 Δp	叶轮转数	漩涡数	转子的高度	靶上作用力 F	U形管扭转角 θ
输出信号与流量关系	成比例	成比例	成开方	成比例	成比例	成比例	成开方	成比例
测量范围	20～30	5～10	3	5～10	10～30	10	3	20
精确度	量程值 ±0.5%	量程值 ±0.2%～0.5%	量程值 ±2%	测量值 ±0.2%～0.5%	测量值 ±1%	测量值 ±1%～4%	测量值 ±1%	±0.2%
主要测量介质	导电液体	液体(气体)	液体、气体、蒸汽	液体(气体)	液体、气体、蒸汽	液体、气体	液体	各种流体
介质温度	−10～+120℃	100℃ 范围	～+600℃	～+120℃ 范围	−40～+300℃ +400℃	<70℃	<200℃	−240～+200℃
压力损失	很小	(包含过滤器)大	大	(包含过滤器)较大	小	小且恒定	大	小
直管段要求	上游侧 5～10D 下游侧无	无	上游侧 10～62D 下游侧 5～7D	上游侧 20D 下游侧 5D	上游侧 10～20D 下游侧 5D	无	上游侧>5D 下游侧>3D	无
可动部件	无	有	无	有	无	有	有	有
注	测量导电流体	气、液结构不同,温度区域不同,结构不同	与差压变送器配合使用,导压孔易阻塞,冷天要保温	气、液不同结构	液、气和蒸汽转换器不同	就地指示为玻璃锥管运转指示为金属锥管	测粘性介质	测流体质量流量

流体数量，用体积流量和质量流量来表示。流体总量称总量，是指某一段时间内流过管道某截面的液体总数。

1. 差压式流量计

由节流装置、引压管线及差压计（或差压变送器）三部分组成。它是根据节流原理进行工作的，节流装置前后产生的静压差 ΔP 与流量 q 成开方关系，$q=K\sqrt{\Delta p}$。测出差压，即可知道相应的流量大小。差压式流量计的使用必须符合管道条件和使用条件，同时，安装是否正确，对测量的精度有很大的影响，因此必须十分重视。

差压式流量计中节流装置的设计计算应按照国标 GB/T 2624—93 的要求进行。参见附录二。

2. 转子流量计

由锥形管和转子组成流量检测环节，配以信号转换变送单元，可构成电远传转子流量计或气远传转子流量计。在测量过程中，转子前后的差压 Δp 恒定不变，而介质的流通截面随输入流量变化而改变通过转子所处位置的高低反映流量的大小。转子流量计出厂时是以 20℃，101.32Pa 的条件对水或空气进行刻度标定，因此，在使用前，必须根据实际流体及工作压力和工作温度对转子流量计进行刻度修正。

3. 微动流量计

它属于直接测量式的质量流量计。它应用哥里奥利效应，直接感受介质质量的变化，并转换成 U 型测量管的扭转角，通过光电检测器，输出与质量流量成稳定线性对应关系的电脉冲信号。它由质量流量传感器、检测器和显示仪表构成，其优点是相当明显的，不受介质温度、压力、密度等变化的影响，精度可达计量表的要求（±0.2%），能方便计算机联用。

4. 容积式流量计

它直接测量通过流量计中标准容积的数量来测量体积流量。它适用于精度高的油类流量的计量，测量精度高，性能稳定，测量过程与介质的温度压力密度的变化无关。为了防止可动部件摩擦，容积式流量计前应加装过滤器。

5. 电磁流量计

是根据电磁感应定律进行工作的，因此强调要求被测介质为导电液体，及对电、磁干扰的防护、屏蔽。它的量程比宽，线性度高，测量过程与介质工作状态无关。

6. 漩涡流量计

它由旋涡发生体、频率检测器、信号转换器等环节构成。根据卡曼漩涡原理工作，测量过程几乎与被测介质的物理性质的变化无关。测量气、液态流量性能稳定，线性输出 f 信号，所以计算机数字化处理十分方便。

7. 涡轮流量计

是利用动量矩原理工作，流体推动动轮转动，在磁电转换的作用下，输出与流量成正比的频率信号。

8. 靶式流量计

是通过测量流体对靶的作用力而进行工作的。$q = k\sqrt{F}$，适用于测量黏性介质和悬浮颗粒的介质。

习题与思考题

4-1 说明流量测量的特点及流量测量仪表的分类。

4-2 说明差压式流量计的组成环节及作用。

4-3 标准节流装置和标准压力表中的"标准"是否表示同一个意义？

4-4 为什么对标准节流件的前后直管路长度提出要求？

4-5 说明用标准节流装置测气、液、蒸汽的流量时，其取压口位置、信号管道的铺设特点。

4-6 差压式流量计在安装时，变送器的位置及冷凝器、隔离器等辅助装置有什么要求？

4-7 用孔板测量流量，孔板装在调节阀前为什么是合理的？

4-8 为什么要求差压式流量计的最小流量是最大值的 $\frac{1}{3}$？加开方器后能否使最小流量值降到 $\frac{1}{10}$？

4-9 怎样操作三阀组，须注意什么？

4-10 用标准孔板测量某液体流量，已知差压变送器的量程范围为 0~40kPa，显示仪标尺长 100mm，流量刻度 0~30t/h，运行中，流量值在 20~30t/h 范围。若将流量起始值改为 20t/h，试确定①改换后差压变送器的测量范围？②对应流量 22t/h，24t/h，26t/h，28t/h 的刻度点跟标尺起始点的距离各为多少？

4-11 用孔板测气体流量，给定设计参数 $p = 0.8$kPa，$t = 20℃$，而实际工作参数 $p_1 = 0.5$kPa，$t_1 = 40℃$ 现场仪表指示 3800m³/h，求实际 q？

4-12 某一用水标定的转子流量计，满度值为 1000dm³/h，转子密度为 7.92g/cm³，现用来测密度为 0.789g/cm³ 的乙醇流量，其测量上限？若将转子换为密度 2.861g/cm³ 的铝时，其测量上限？

4-13 现用一玻璃转子流量计来测压力为 0.25kPa，温度为 37℃ 的 CO_2 气流量，若已知流量计上的读数为 40m³/h（标定状态下，$P = 1$ 个大气压，$t = 200℃$），求 CO_2 在标定状态下的流量。

4-14 转子流量计有哪些类型？应用于哪些场合？

4-15 分析椭圆齿轮流量计如何实现流量测量的?

4-16 椭圆齿轮流量计的测量误差主要由什么原因引起?

4-17 椭圆齿轮流量计在应用上有何要求?

4-18 有一台椭圆齿轮流量计,某一天 24 小时的走字数为 120 字。已知积算系数为 $1m^3$/字,求这天的物料量是多少 m^3? 平均流量是多少 m^3/h?

4-19 微动质量流量计的工作原理是什么?

4-20 根据微动质量流量计的工作过程说明微动质量流量计的测量结果与介质的温度、压力无关?

4-21 说明电磁流量计的工作原理?

4-22 电磁流量计在选型时应注意哪些问题? 使用中有何要求?

4-23 漩涡流量计的检测原理是什么?

4-24 常见的漩涡发生体有哪些? 各有什么特点?

4-25 漩涡流量计频率检测的方法有哪些?

4-26 如图 4-65 所示,请回答下列问题。①记录仪接收的是什么信号?②流量为 25% 时的电流是多少? ③满量程时变送器的输出频率为 140Hz,则流量为 25% 时的频率为多少? ④脉冲输出的最大负载电容为 $0.22\mu F$,如果负载电容大于 $0.22\mu F$,则脉冲接收器收到的信号会有什么变化? ⑤脉冲输出的最小负载规定为 10kΩ,如果小于 10kΩ,则脉冲接收器收到的信号会有什么变化?

4-27 涡轮流量计测流量时,是如何将流量转换为电脉冲信号的?

4-28 检定一台涡轮流量变送器,当流过 $16.05m^3$ 流体时,测得 41701 个脉冲,则仪表的流量系数 ξ 是多少?

4-29 一台口径为 50 的涡轮流量变送器,其出厂校验单上的仪表常数 ξ 为 151.13 次/L,如果把它安装在现场,用频率计测得它的脉冲数为 400Hz,则流过变送器的流量为多少?

4-30 说明靶式流量计中的选型方法。

4-31 流量仪表的选择要注意什么?

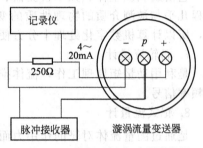

图 4-65 漩涡流量变送器接线图

第五章 温度检测及仪表

温度是国际单位制（SI）七个基本物理量之一，也是工业生产和科学实验中最普遍、最重要的变量之一。物体的许多物理现象和化学性质都与温度有关，许多生产过程都是在一定温度范围内进行的。例如精馏塔利用混合物中各组分沸点不同实现组分分离，对塔釜、塔顶等温度都必须按工艺要求分别控制在一定数值上，否则产品质量将不合格。在氨合成中，温度是关键的控制指标之一。因此，温度的检测是人们经常遇到的问题。

第一节 概　述

一、温度的概念

温度是表征物体冷热程度的物理量，它反映了物体分子做无规则热运动的平均动能的大小。任意两个冷热程度不同的物体相接触，必然发生热交换，热量将从热物体传向冷物体，直至两者的冷热程度完全一致，即达到温度相等。

温度定义本身并没有提供衡量温度高低的数值标准，因此不能直接加以测量，只能借助于冷热不同物体间的热交换以及物体的某些物理性质随冷热程度不同而变化的特性来加以间接测量。当用以测温的选择物体与被测物体温度达到相等时，通过测量选择物体的某一物理量（如液体的体积、导体的电阻等），便可以定量得出被测物体的温度数值。也可以利用热辐射原理或光学原理等进行非接触测量。

二、温标及温度标准的传递

为了确定温度的数值大小，人们制定了温度标尺，简称"温标"。温标是用来量度物体温度高低的标尺，它规定了温度的读数起点（零点）和温度测量的基本单位。国际上温标种类很多，使用较多的温标有摄氏温标、华氏温标、热力学温标和国际实用温标。

（一）摄氏温标

摄氏温标是根据液体受热后体积膨胀的性质建立起来的。摄氏温标规定在标准大气压下纯水的冰熔点为0℃，水沸点为100℃，在0到100℃之间分成一百等份，每一等份为1摄氏度，单位符号为℃。温度变量记作 t。

（二）华氏温标

华氏温标也是根据液体受热后体积膨胀的性质建立起来的。华氏温标规定在标准大气压下纯水的冰熔点为32℃，水沸点为212℃，中间180等份，每一等份为1华氏度，单位符号为℉。温度变量记作 t_F。摄氏温度值 t 和华氏温度值 t_F 之间的关系为

$$t = \frac{5}{9}(t_F - 32) \quad ℃$$

$$t_F = \frac{9}{5}t + 32 \quad ℉$$

可见，用不同的温标所确定的同一温度的数值大小是不同的。利用上述两种温标测得的

温度数值，与所采用的选择物体的物理性质（如水银的纯度）及玻璃管材料等因素有关，因此不能严格保证世界各国所采用的基本测温单位完全一致。

（三）热力学温标

热力学温标又称开氏温标，是以热力学第二定律为基础的理论温标，与物体任何物理性质无关，国际权度大会采纳为国际统一的基本温标。单位行号为 K，温度变量记作 T。

热力学温标有一个绝对 0 度，它规定分子运动停止时的温度为绝对零度，因此它又称为绝对温标。根据热力学中的卡诺定理，如果在温度为 T_1 的热源与温度为 T_2 的冷源之间实现了卡诺循环，则存在

$$\frac{T_1}{T_2} = \frac{Q_1}{Q_2} \tag{5-1}$$

式中 Q_1 和 Q_2 分别表示工质在温度 T_1 时从高温热源吸收的热量和工质在温度为 T_2 时向冷源放出的热量。若指定一个定点作参考点，就可由热量比例求取未知温度。1954 年国际权度会议选定了水的三相点为参考点，且定义该点温度为 273.16K，相应换热量为 $Q_{\text{参}}$，则式(5-1) 改为

$$T = 273.16 \frac{Q}{Q_{\text{参}}} \tag{5-2}$$

于是，可由 $Q/Q_{\text{参}}$ 求取被测温度 T。这种方法建立起来的温标避免了分度的"随意性"，但理想的卡诺循环无法实现，热力学温标不能付诸实用。

借助于理想气体温度计可以实现热力学温标，但气体温度计结构复杂，使用不便。所以，为了实用建立了一种紧密接近热力学温标的简便温标，即国际实用温标。

（四）国际实用温标

国际实用温标是用来复现热力学温标的。自 1927 年建立国际实用温标以来，随着社会生产及科学技术的进步，温标的复现也在不断发展，约每 20 年对温标作一次较大的修改或更新。根据第 18 届国际计量大会（CGPM）的决议，自 1990 年 1 月 1 日起在全世界范围内实行"1990 年国际温标（ITS—90）"，以此代替多年使用的"1968 年国际实用温标（IPTS—68）"和"1976 年 0.5～30K 暂行温标（EPT—76）"。中国于 1994 年 1 月 1 日起全面实施 1990 年国际温标。

1. 温度单位

热力学温度是基本物理量，其单位为开尔文（K），温标单位大小定义为水三相点的热力学温度的 1/273.16。

1990 年国际温标（ITS—90）同时定义国际开尔文温度（变量符号为 T_{90}）和国际摄氏温度（变量符号为 t_{90}）。虽然水三相点的热力学温度为 273.16K，T_{90} 和 t_{90} 之间关系保留以前的温标定义中使用的用与 273.15K 差值表示温度，即

$$t_{90}/℃ = T_{90}/K - 273.15 \tag{5-3}$$

T_{90} 的单位为开尔文（K），而 t_{90} 的单位为摄氏度（℃）。

2. 1990 年国际温标（ITS—90）的通则

ITS—90 由 0.65K 向上到根据普朗克辐射定律使用单色辐射实际可测得的最高温度。ITS—90 通过各温区和分温区来定义 T_{90}。某些温区或分温区是重叠的，重叠区的 T_{90} 定义有差异，然而这些定义应属等效。在同一温度下，根据不同定义，测量值是有差异的，此差只在最高精度测量时才能察觉。然而这一差值在实际使用中是不足取的，它是使温标不至于太复杂的条件下所能得到的最小差异。

3. 1990 年国际温标（ITS—90）的定义

0.65K 到 5.0K 之间，T_{90} 由 ^{3}He 和 ^{4}He 蒸汽压与温度的关系式来定义。

由 3.0K 到氖三相点（24.5561K）之间，T_{90}是用氦气体温度计来定义的。它使用三个定义固定点及利用规定的内插法来分度，三个定义固定点为氖三相点（24.5561K）、平衡氢三相点（13.8033K）以及 3.0K 到 5.0K 之间的一个温度点，这三个定义固定点是可以实现复现，并具有给定值的。

平衡氢三相点（13.8033K）到银凝固点（961.78℃）之间，T_{90}是用铂电阻温度计来定义的，它使用一组规定的定义固定点及利用所规定的内插方法来分度。

银凝固点（961.78℃）以上，T_{90}借助于一个定义固定点和普朗克辐射定律宋定义。可使用单色辐射温度计或光学高温计来复现。

ITS—90 的定义固定点如表 5-1 所示。

表 5-1　ITS—90 定义固定点

序号	温度		物质	状态	序号	温度		物质	状态
	T_{90}/K	$t_{90}/℃$	a	b		T_{90}/K	$t_{90}/℃$	a	b
1	3～5	−270.15～−268.15	He	V	10	302.9146	29.7646	Ga	M
2	13.8033	−259.3467	e-H_2	T	11	429.7485	156.5985	In	F
3	≈17	≈−256.15	e-H_2 或 He	V 或 G	12	505.078	231.928	Sn	F
4	≈20.3	≈−252.89	e-H_2 或 He	V 或 G	13	692.677	419.527	Zn	F
5	24.5561	−248.5939	Ne	T	14	933.473	660.323	Al	F
6	54.3584	−218.7961	O_2	T	15	1234.93	961.78	Ag	F
7	83.8058	−189.3442	Ar	T	16	1337.33	1064.18	Au	F
8	234.3156	−38.8344	Hg	T	17	1357.77	1084.62	Cu	F
9	273.16	0.01	H_2O	T	—				

注：1. 除 ^{3}He 外，其他物质均为自然同位素成分，e-H_2 为正、仲分子态处于平衡浓度时的氢。

2. 对于这些不同状态的定义，以及有关复现这些不同状态的建议，可参阅"ITS—90 补充资料"。表中各符号的含义为：

V：蒸汽压点；T：三相点，在此温度下，固、液、蒸汽相呈平衡；G：气体温度计点；M、F：熔点和凝固点，在 101325Pa 压力下，固、液相平衡温度。

（五）温度标准的传递

根据国际温标的规定，各国都要相应地建立起自己国家的温度标准。为保证这个标准的准确可靠，还要进行国际对比。通过这些方法建立起的温度标准，就可以作为本国温度测量的高根据——国家标准。中国的国家标准保存在中国计量科学研究院，而各地区、省、市计量局保存次级标准，以保证全国各地区间标准的统一。

中国的温度量值是按高温、中温和低温分别逐级传递的。温度量值传递参见现行的温度最值传递表。

三、温度的检测方法及分类

温度测量范围很广，有的处于接近绝对零度的低温，有的在几千度的高温。这样宽的范围需用各种不同的温度检测方法和测温仪表来测量。

在工业生产和科学实验中，比较常见的测温方法可归纳为下列几种。

1. 利用物质热膨胀与温度关系测温

用以测温的选择物体可以是固体、气体或液体，其受热后体积膨胀，在一定温度范围内体积变化与温度变化呈连续、单值的关系，且复现性好。如双金属温度计、压力式温度计和玻璃液体温度计。

2. 利用导体或半导体的电阻与温度关系测温

对于铂、铜等金属导体或半导体热敏电阻，其阻值随温度变化发生相应变化，借助 R-t 关系测量温度。如铂电阻温度计。

3.利用热电效应测温

两种不同的导体两端短接形成闭合回路，当两接点处于不同温度时，回路中出现热电势。利用这一原理制成生产中广泛使用的热电偶温度计。

4.利用热辐射原理测温

物体辐射能随温度而变化，利用这一性质制成选择物质不与被测物质相接触而测温的辐射式温度计，如单色辐射高温计、光学高温计和比色高温计等。

在温度测量系统中，感受温度变化的元件称感温元件；将温度转换成其他物理量（如电压、电阻等）输出的仪表称温度传感器。习惯上，按测温范围不同，将 600℃ 以上的测温仪表称为高温计，把测量 600℃ 以下测温仪表称为温度计。根据感温元件与被测物质是否接触，将温度检测仪表分为接触式和非接触式两大类。常用温度检测仪表的分类如表 5-2 所示。

表 5-2 常用温度检测仪表的分类

测温方式	测温原理或敏感元件		温度传感器或测温仪表
接触式	体积变化	固体热膨胀； 液体热膨胀； 气体热膨胀	双金属温度计； 玻璃液体温度计、液体压力式温度计； 气体温度计、气体压力式温度计
	电阻变化	金属热电阻； 半导体热敏电阻	铂、铜、铁电阻温度计； 碳、锗、金属氧化物等半导体温度计
	电压变化	PN 结电压	PN 结数字温度计
	热电势变化	廉价金属热电偶； 贵重金属热电偶； 难熔金属热电偶； 非金属热电偶	镍铬-镍硅热电偶、铜-康铜热电偶等； 铂铑$_{10}$-铂热电偶、铂铑$_{30}$-铂铑$_6$ 热电偶等； 钨铼系热电偶、钨钼系热电偶等； 碳化物-硼化物热电偶等
	频率变化	石英晶体	石英晶体温度计
	其它	其他	光纤温度传感器、声学温度计等
非接触式	热辐射能量变化	比色法； 全辐射法； 亮度法； 其他	比色高温计； 辐射感温式温度计； 目视亮度高温计、光电亮度高温计等； 红外温度计、火焰温度计、光谱温度计等

第二节 膨胀式温度计

膨胀式温度计是利用物质受热体积膨胀的性质与温度的固有关系为基础制造的。膨胀式温度计按选择物体和工作原理不同可分为三大类：液体膨胀式温度计、固体膨胀式温度计和压力式温度计。本节就三种温度计的结构、特点和应用进行简要介绍。

一、液体膨胀式温度计

基于液体的热胀冷缩特性来制造的温度计即液体膨胀式温度计，通常液体盛放于玻璃管之中，又称玻璃管液体温度计。由于液体的热膨系数远远大于玻璃的膨胀系数，因此通过观察液体体积的变化即可知温度的变化。

（一）玻璃管液体温度计组成原理

玻璃液体温度计由感温泡（也称玻璃温包）、工作液体、毛细管、刻度标尺及膨胀室

（也称安全泡）等组成，如图 5-1 所示为常用棒式玻璃管液体温度计。当被测温度升高时，温包里的工作液体因膨胀而沿毛细管上升，根据刻度标尺可以读出被测介质的温度。为防止温度过高时液体膨胀破温度计，在毛细管顶部留一膨胀室。

玻璃管液体温度计读数直观、测量准确、结构简单、价格低廉，因此被广泛应用于实验室和工业生产各领域。其缺点是碰撞和振动易断裂、信号不能远传。

（二）玻璃管液体温度计的分类

玻璃管液体温度计按工作液体不同可分为水银温度计、酒精温度计和甲苯温度计等。水银作为工作液体，由于它不易氧化、不沾玻璃、易获得高纯度、熔点和沸点间隔大，能在很大温度范围内保持液态，特别是 200℃ 以下体积膨胀系数线性好，因此得到广泛应用。普通水银温度计测温范围在 −30～+300℃ 之间。若采用石英玻璃管，在水银上面空间充以一定压力的氮气，其测量上限可达 600℃，甚至更高。

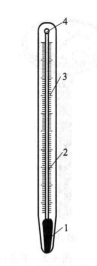

图 5-1　玻璃管液体温度计
1—玻璃温包；2—毛细管；
3—刻度标尺；4—膨胀室

玻璃管液体温度计按用途可分为标准水银温度计、实验室和工业用温度计。标准水银温度计主要用于温度量值的传递和精密测量，标准水银温度计有一等标准和二等标准两种。一等标准由一套 9 支温度计组成，二等标准由一套 7 支不同量程的温度计组成。实验室用温度计精度比标准水银温度计低，但比工业用玻璃液体温度计要高，属于精密温度计，其分度值可达 0.1、0.2、0.5℃。工业用温度计一般做成内标尺式，其下部有直的、90°角的、135°角的，为避免在使用时被碰伤，通常在其外面罩有金属保护管。

（三）玻璃管液体温度计的使用

使用玻璃管液体温度计应注意以下问题。

① 读数时视线应正交于液柱，避免视差误差。

② 注意温度计的插入深度。标准温度计和许多精密温度计背面一般都标有"全浸"字样，要做到液柱浸泡到顶；工业用温度计一般要求"局浸"，应将尾部全部插入被测介质中或插入到标志的固定位置深度，否则将引起测量误差。局浸式因大部分液柱露出，受环境温度影响，精度低于全浸式温度计。

③ 由于玻璃的热后效影响，使玻璃温包体积变化，引起温度计零点偏移，出现示值误差，因此要定期对温度计进行校验。

二、固体膨胀式温度计

基于固体受热体积膨胀的性质制成的温度计称为固体膨胀式温度计。工业中使用最多的是双金属温度计。

（一）双金属温度计组成原理

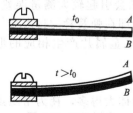

图 5-2　双金属片

双金属温度计的感温元件是用两片线膨胀系数不同的金属片叠焊在一起制成的。双金属片受热后由于膨胀系数大的主动层 B 形变大，而膨胀系数小的被动层 A 形变小，造成双金属片向被动层 A 一侧弯曲，如图 5-2 所示。双金属温度计就是利用这一原理制成的。

工业上广泛应用的双金属温度计如图 5-3 所示。其感温元件为直螺旋形双金属片，一端固定，另一端连在刻度盘指针的芯轴上。

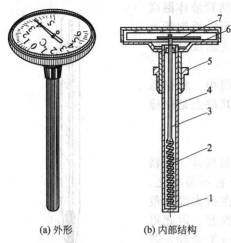

图 5-3　工业用双金属温度计
1—固定端；2—双金属螺旋；3—芯轴；
4—外套；5—固定螺帽；6—度盘；7—指针

为了使双金属片的弯曲变形显著，要尽量增加双金属片长度。在制造时把双金属片制成螺旋形状，当温度发生变化时，双金属片产生角位移，带动指针指示出相应温度。在规定的温度范围内，双金属片的偏转角与温度呈线性关系。

（二）双金属温度计的应用

双金属温度计结构简单、耐振动、耐冲击、使用方便、维护容易、价格低廉，适于振动较大场合的温度测量。目前国产双金属温度计的使用温度范围为－80～＋100℃，精度为 1.0、1.5 和 2.5 级，型号为 WSS。

双金属片常被用作温度继电器控制器、极值温度信号器或仪表的温度补偿器。其原理如图 5-4 所示。当温度上升时，双金属片 1 产生弯曲，直至与静触点调节螺钉 2 接触，使电路接通，信号灯 4 亮。若用继电器代替信号灯 4，就可以实现继电器控制，进行位式温度控制。调节螺钉 2 与双金属片 1 之间距离可以调整温度限值（控制范围）。

三、压力式温度计

压力式温度计是根据在封闭系统中的液体、气体或低沸点液体的饱和蒸汽受热后体积膨胀引起压力变化这一原理制作的，并用压力表来测量这种变化，从而测得温度。

压力式温度计主要由温包（感温元件）、毛细管、弹簧管等构成。如图 5-5 所示。毛细管连接温包和弹簧管，并传递压力，它是用铜或不锈钢冷拉而成的无缝圆管。弹簧管感测压力变化并指示出温度。

按照感温介质的不同，压力式温度计分为三类。

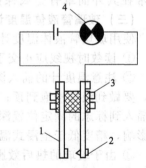

图 5-4　双金属温度信号器
1—双金属片；2—静触点调节螺钉；
3—支撑；4—灯

（一）液体压力式温度计

液体压力式温度计的密闭系统中充满感温液体，当温度升高时，温包内液体膨胀，经毛细管使弹簧管变形，借助于指示机构指示温度值。感温液体常用水银，测温范围－30～＋500℃，上限可达 650℃。若测 150℃ 和 400℃ 以下的温度可分别用甲醇和二甲苯作感温液体。这种温度计的测量下限不能低于感温液体的凝固点，但上限却可以高于常压下的沸点。这是由于随温度升高，感温液体压力上升，使感温液沸点升高的缘故。

液体压力式温度计使用时应将温包全部浸入被测介质之中，否则会引起较大测量误差。环境温度变化过大，也会对示值产生影响。为此，常采用补偿方法，即在弹簧管的自由端与仪表指针之间插入一条双金属片，如图 5-6 所示，当温度变化时，双金属片产生相应的形变，以补偿因环境温度变化而出现的附加误差。

（二）气体压力式温度计

这种温度计的密闭系统中加压灌装气体，由于气体膨胀系数比固体大得多，视为密闭系统定容，其压力与温度成正比。当温包温度升高时，密闭系统压力升高，指示出相应温度。

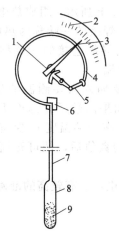

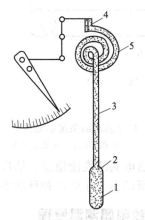

图 5-5　压力式温度计构成示意图　　　图 5-6　带温度补偿的液体压力式温度计

1—传动机构；2—刻度盘；3—指针；4—弹簧管；　　　1—工作物质；2—温包；3—毛细管；

5—连杆；6—接头；7—毛细管；8—温包；9—工作介质　　　4—双金属片；5—盘簧管

　　气体压力式温度计密闭系统中常充以氮气，一般测量范围－50～＋550℃。充以氢气，测温下限可达－120℃。

　　这种温度计温包体积常做得较大，在使用中要求温包全部浸入被测介质。环境温度变化对示值会产生影响，也常采用如同液体压力式温度计的加入双金属片补偿法；由于在制造时采用加压灌装感温气体的方法，温包内压力比大气压大得多，环境压力变化对温度计影响可以忽略。

（三）蒸气压力式温度计

　　蒸气压力式温度计是基于低沸点液体的饱和蒸气压力随温度变化的性质工作的。金属温包中 2/3 的容积用来盛放低沸点液体，密闭系统的其余空间充满这种液体的饱和蒸汽。

　　由于饱和蒸汽压力只与气液分界面的温度有关，环境温度变化对蒸汽压力式温度计无影响，这是这种温度计的主要优点。但饱和蒸气压力与温度的关系呈非线性，这种温度计的刻度不均匀。这种温度计使用时，应将温包全部浸入被测介质之中。

　　蒸汽压力式温度计的使用温度上限一般不超过＋200℃，常用低沸点液体有氯甲烷（－20～＋100℃）、氯乙烷（10～120℃）、乙醚（0～150℃）、丙酮（0～170℃）等。蒸汽压力式温度计不适于测量与环境温度接近的介质温度，因为此时毛细管和弹簧管中的蒸汽易发生完全冷凝（被测温度高于环境温度）或完全汽化（被测温度低于环境温度）的不稳定情况，当温包和指示部分不在同一高度时，很难判定示值中是否含有液柱高度误差，因此也要求温包和指示部分安装在同一高度。由于这种温度计的初始压力很低，因此大气压力变化对其示值影响较大，使用时应予注意。

第三节　热电偶温度传感器

　　热电偶温度传感器将被测温度转化为毫伏（mV）级热电势信号输出。热电偶温度传感器通过连接导线与显示仪表（如电测仪表）相连接组成测温系统，实现远距离温度自动测量、显示或记录、报警及温度控制等，如图 5-7 所示。热电偶温度传感器本身虽然不能直接指示出温度值，但习惯上被称为热电偶温度计。

　　热电偶温度传感器的敏感元件是热电偶。热电偶由两根不同的导体或半导体一端焊接或

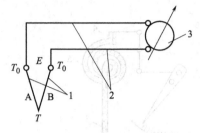

图 5-7　热电偶测温系统示意图

1—热电偶；2—连接导线；3—显示仪表

铰接而成，如图 5-7 中 A、B 所示。组成热电偶的两根导体或半导体称为热电极；焊接的一端称为热电偶的热端，又称测量端、工作端；与导线连接的一端称为热电偶的冷端，又称参考端、自由端。

热电偶的热端一般要插入需要测温的生产设备中，冷端置于生产设备外，如果两端所处温度不同，则测温回路中会产生热电势 E。在冷端温度 t_0 保持不变的情况下，用显示仪表测得 E 的数值后，便可知道被测温度的大小。

由于热电偶的性能稳定、结构简单、使用方便、测温范围广、有较高的准确度，信号可以远传，所以在工业生产和科学实验中应用十分广泛。

一、热电偶测温原理

把两种不同的导体或半导体两端相接组成如图 5-8 所示的闭合回路，当两接点分别置于 T 和 T_0（设 $T > T_0$）两不同温度时，则在回路中就会产生热电势，形成回路电流。这种现象称塞贝克效应，即热电效应。热电偶就是基于热电效应而工作的。

（一）热电势的产生

热电偶回路产生的热电势由接触电势和温差电势两部分组成，下面以导体为例说明热电势的产生。

1. 接触电势

不同的导体由于材料不同，电子密度不同，设 $N_A > N_B$。当两种导体相接触时，从 A 扩散到 B 的电子数比从 B 扩散到 A 的电子数多，在 A、B 接触面上形成从 A 到 B 方向的静电场 E_S 如图 5-9 所示。这个电场又阻碍扩散运动，最后达到动态平衡，则此时接点处形成电势差 $E_{AB}(T)$ 或 $E_{AB}(T_0)$，其大小可用下式表示

$$E_{AB}(T) = \frac{KT}{e} \ln \frac{N_A(T)}{N_B(T)} = -E_{BA}(T) \tag{5-4}$$

$$E_{AB}(T_0) = \frac{KT_0}{e} \ln \frac{N_A(T_0)}{N_B(T_0)} = -E_{BA}(T_0) \tag{5-5}$$

式中　$N_A(T)$、$N_B(T)$——材料 A、B 在温度为 T 时的自由电子密度；

$\quad\quad N_A(T_0)$、$N_B(T_0)$——材料 A、B 在温度为 T_0 时的自由电子密度；

$\quad\quad e$——单位电荷，$e = 1.6 \times 10^{-19} C$；

$\quad\quad K$——玻尔茨曼常数，$K = 1.38 \times 10^{-23} J/K$。

可见，接触电势的大小与接点处温度高低和导体电子密度有关。温度越高，接触电势越大；两种导体电子密度的比值越大，接触电势也越大。

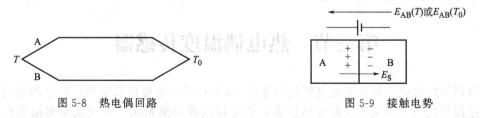

图 5-8　热电偶回路　　　　　　　　　　　图 5-9　接触电势

2. 温差电势

同一根导体两端处于 T 和 T_0 不同温度，导体中会产生温差电势。导体 A 两端温度分别为 T 和 T_0，温度不同，从而从高温端跑到低温端电子数比低温端跑到高温端的多，于是在

高、低温端之间形成静电场。与接触电势的形成同理，形成温差电势 $E_A(T, T_0)$，如图 5-10 所示。其大小可用下式表达

$$E_A(T, T_0) = \frac{K}{e} \int_{T_0}^{T} \frac{1}{N_{At}} \frac{\mathrm{d}(N_{At}t)}{\mathrm{d}t} \mathrm{d}t = -E_A(T_0, T) \qquad (5\text{-}6)$$

式中 N_{At}——A 导体在温度 t 时的电子密度。

可见，$E_A(T, T_0)$ 与导体材料的电子密度和温度及其分布有关，且呈积分关系。若导体为均质导体，即热电极材料均匀，则其电子密度只与温度有关，与其长度和粗细无关，在同样温度下电子密度相同。即 $E_A(T, T_0)$ 的大小与中间温度分布无关，只与导体材料和两端温度有关。

3. 热电偶回路总电势

热电偶回路接触和温差电势分布如图 5-11 所示，则热电偶回路总电势为

$$E_{AB}(T, T_0) = E_{AB}(T) + E_B(T, T_0) - E_A(T, T_0) - E_{AB}(T_0)$$

$$= \frac{KT}{e} \ln \frac{N_A(T)}{N_B(T)} + \frac{K}{e} \int_{T_0}^{T} \frac{1}{N_{Bt}} \times \frac{\mathrm{d}(N_{Bt}t)}{\mathrm{d}t} \mathrm{d}t \qquad (5\text{-}7)$$

$$- \frac{K}{e} \int_{T_0}^{T} \frac{1}{N_{At}} \times \frac{\mathrm{d}(N_{At}t)}{\mathrm{d}t} \mathrm{d}t - \frac{KT_0}{e} \ln \frac{N_A(T_0)}{N_B(T_0)}$$

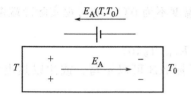

图 5-10　温差电势

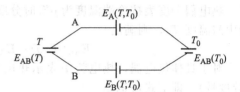

图 5-11　热电偶回路电势分布

在回路电势中，电子密度大的热电极称正极，电子密度小的热电极称为负极。

对式（5-7）整理推导后可得

$$E_{AB}(T, T_0) = \frac{K}{e} \int_{T_0}^{T} \ln \frac{N_A}{N_B} \mathrm{d}t = -E_{BA}(T, T_0) \qquad (5\text{-}8)$$

可见总电势与电子密度 N_A、N_B（即相应热电极材料）及两接点温度 T、T_0 有关。在热电极材料一定时，$E_{AB}(T, T_0)$ 是两端点温度的函数差，即

$$E_{AB}(T, T_0) = f(T) - f(T_0) \qquad (5\text{-}9)$$

如果冷端温度 T_0 保持恒定，则总电势成为热端温度 T 的单值函数，即

$$E_{AB}(T, T_0) = f(T) + C = \varphi(T) \qquad (5\text{-}10)$$

保持冷端温度不变，对于确定材料的热电偶，$E \sim T$ 之间呈单值关系，可以用精密实验法测得。用显示仪表测得 E，即可知热端温度 T。

热电偶的热电势与温度对应关系通常使用热电偶分度表来查询。分度表的编制是在冷端（参考端）温度为 0℃时进行的，根据不同热电偶类型，分别制成表格形式，参见书后附录三。现行热电偶分度表是按 1990 国际温标的要求制定的，利用分度表可查出 $E(t, 0)$，即冷端温度为 0℃时，热端温度为 t℃时的回路热电势。

（二）热电偶的基本定律

使用热电偶测温，要应用以下几条基本定律为理论依据。

1. 均质导体定律

由一种均质材料（导体或半导体）两端焊接组成闭合回路，无论导体截面如何以及温度如何分布，将不产生接触电势，温差电势相抵消，回路中总电势为零。

可见，热电偶必须由两种不同的均质导体或半导体构成。若热电极材料不均匀，由于温度梯度存在，将会产生附加热电势。

2. 中间温度定律

如图 5-12 所示，热电偶回路两接点（温度为 T、T_0）间热电势，等于热电偶在温度为 T、T_n 的热电势与在温度为 T_n、T_0 时的热电势的代数和。T_n 称中间温度证明如下。

$$E_{AB}(T,T_n)+E_{AB}(T_n,T_0)=\frac{K}{e}\int_{T_n}^{T}\ln\frac{N_A}{N_B}dt+\frac{K}{e}\int_{T_0}^{T_n}\ln\frac{N_A}{N_B}dt=\frac{K}{e}\int_{T_0}^{T}\ln\frac{N_A}{N_B}dt$$

因为

$$E_{AB}(T,T_0)=\frac{K}{e}\int_{T_0}^{T}\ln\frac{N_A}{N_B}dt$$

所以

$$E_{AB}(T,T_0)=E_{AB}(T,T_n)+E_{AB}(T_n,T_0) \tag{5-11}$$

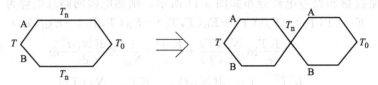

图 5-12　中间温度定律示意图

热电偶分度表按冷端温度为 0℃时分度，若冷端温度不为 0℃，则可视实际冷端温度 T_0 为中间温度 T_n，则满足

$$E_{AB}(T,0)=E_{AB}(T,T_0)+E_{AB}(T_0,0) \tag{5-12}$$

对于具体热电偶，热电势中表示热电极材料的下标 AB 可以不写，或注以热电偶型号（分度号），即上式可记作

$$E(t,t_0)=E(t,0)-E(t_0,0) \tag{5-13}$$

此时，$E(t,t_0)$ 为热电偶回路产生的热电势，$E(t,0)$ 为热电偶热端温度对应的热电势，$E(t_0,0)$ 为热电偶冷端温度对应的热电势。

【例 5-1】　某支铂铑10-铂热电偶（S 型）测温，冷端温度 30℃，测得回路电势为 7.345mV，求被测介质温度。

解　由于测得回路电势为 7.345mV，则 $E_S(t,30)=7.345mV$

查附录三 S 型热电偶分度表可查知：$E_S(30,0)=0.173mV$

根据中间温度定律可知

$$E_S(t,0)=E_S(t,30)+E_S(30,0)=7.345mV+0.173mV=7.518mV$$

查 S 型热电偶分度表可知被测介质温度 $t=815.9℃$。

答：被测介质温度 $t=815.9℃$。

由于热电偶 $E\sim t$ 之间通常呈非线性关系，当冷端温度不为 0℃时，不能利用已知回路实际热电势 $E(t,t_0)$ 直接查表求取热端温度值；也不能利用已知回路实际热电势 $E(t,t_0)$ 直接查表求取的温度值，再加上冷端温度确定热端被测温度值，需按中间温度定律进行修正。

3. 中间导体定律

在热电偶回路中接入中间导体（第三导体 C），只要中间导体两端温度相同，中间导体的引入对热电偶回路总电势没有影响，这就是中间导体定律。

在热电偶测温应用中，中间导体的接入不外乎图 5-13(b)、(c) 所示的两种方式，基本原理如图 (a) 所示。对图 5-13(a) 进行证明。

图 5-13(a) 回路的热电势分布如图 5-14 所示，该回路总电势为

$$E_{ABC}(T,T_0)=E_{AB}(T)+E_B(T,T_0)+E_{BC}(T_0)+E_C(T_0,T_0)-E_{AC}(T_0)-E_A(T,T_0)$$

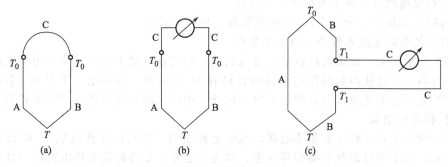

图 5-13 接入中间导体的热电偶测温回路

设导体 C 亦为均质导体，则 $E_C(T_0, T_0) = 0$，又由于

$$E_{BC}(T_0) - E_{AC}(T_0) = \frac{KT_0}{e} \ln \frac{N_B(T_0)}{N_C(T_0)} - \frac{KT_0}{e} \ln \frac{N_A(T_0)}{N_C(T_0)}$$

$$= \frac{KT_0}{e} \ln \frac{N_B(T_0)}{N_A(T_0)}$$

$$= -\frac{KT_0}{e} \ln \frac{N_A(T_0)}{N_B(T_0)}$$

$$= -E_{AB}(T_0)$$

所以总电势为

$$E_{ABC}(T, T_0) = E_{AB}(T) + E_B(T, T_0) - E_{AB}(T_0) - E_A(T, T_0) = E_{AB}(T, T_0)$$

图 5-13(b)、(c) 形式同理可得到证明。在显示仪表内部线路中无其他电势产生的情况下，可视为在带连接导线（中间导体）的热电偶回路基础上，两端温度相等情况下引入的另一种中间导体，对回路总电势无影响。

依据中间导体定律，在热电偶实际测温应用中，常采用热端焊接、冷端开路的

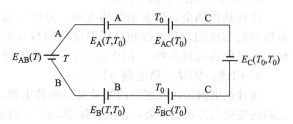

图 5-14　热电势分布图

形式，冷端经连接导线与显示仪表连接构成测温系统，如图 5-13(b) 所示。采用图 5-13(c) 方案，常将热电偶与另一补偿热电偶对接，补偿热电偶与测温热电偶热电极材料相同，设法使补偿热电偶热端恒定为 t_0，就相当于把测温热电偶的冷端温度固定为 t_0。若 $t_0 = 0℃$，则测温仪表的示值可不必进行修正。

二、热电极材料及常用热电偶

（一）热电极材料的要求

任何不同的导体或半导体构成回路均可以产生热电效应，但并非所有导体或半导体均可作为热电极来组成热电偶，必须对它们进行严格选择。作为热电极的材料应满足如下基本要求。

① 在测温范围内，材料的热电性能不随时间而变化，即热电特性稳定。

② 在测温范围内，电极材料有足够的物理、化学稳定性，不易被氧化和腐蚀。

③ 在测温范围内，单位温度变化引起的热电势变化要足够大，使测温系统具有较高灵敏度。

④ 热电势与温度关系要具有单调性，最好呈线性或近似线性关系，便于仪表具有均匀刻度。

⑤ 材料复现性好，便于大批生产和互换。

⑥ 材料组织均匀（为匀质），机械性能好，易加工成丝。

⑦ 材料的电阻温度系数小，电阻率要低。

能够完全满足上述要求的材料是很难找到的，因此在应用中根据具体应用情况选用不同的热电极材料。广泛使用的制作热电极的材料有 40～50 种，国际电工委员会（IEC）对其中公认的性能较好的热电极材料制定了统一标准。中国大部分热电偶按 IEC 标准进行生产。

（二）标准热电偶

目前，国际上有 8 种标准化热电偶，国际上称之为"字母标志热电偶"，即其名称用专用字母表示，这个字母即热电偶型号标志，称为分度号，是各种类型热电偶的一种很方便的缩写形式。热电偶名称由热电极材料命名，正极写在前面，负极写在后面。下面简要介绍各种标准热电偶的性能和特点。

1. 铂铑$_{10}$-铂热电偶（S 型）

这是一种贵重金属热电偶，其分度号为 S。正极为铂铑合金，其中含铑 10％；负极是商用纯铂，热电极直径为 0.5mm 以下。S 型热电偶在热电偶系列中准确度最高，常用于科学研究和测量准确度要求比较高的生产过程中。它的物理和化学性能良好，热性能和高温下抗氧化性能好，适用于氧化和惰性气氛中使用。ITS—90 规定标准 S 型热电偶不再是温标的内插仪器，但仍是中国温度检定量值传递中的一、二等标准仪器。在工业测温中，一般可长期用在 1300℃ 以下测量温度，在良好的使用环境下，可短期测量 1600℃ 的温度。

S 型热电偶的热电势偏小，热电势率也比较小，因而灵敏度低。此外材料价格昂贵。

2. 铂铑$_{13}$-铂热电偶（R 型）

这种热电偶也是贵重金属热电偶，分度号为 R。它的正极为铂铑合金，其中含铑 13％；负极为商用纯铂。其性能和使用温度范围与 S 型热电偶基本相同，其热电动势比 S 型热电偶稍大，灵敏度也较高些。中国生产这种热电偶较少，所以目前使用也较少。

3. 铂铑$_{30}$-铂铑，热电偶（B 型）

这种热电偶是比较理想的测量高温的热电偶，也是一种贵重金属热电偶，其分度号为 B。它的热电极均为铂铑合金，正极含铑 29.6％；负极含铑 6.12％，我国俗称双铂铑热电偶。

B 型热电偶测温上限达 1600℃，短期使用可达 1800℃。它宜在氧化性和惰性气氛中使用，也可短时间用于真空中。应注意，它不适用于还原性气氛或含有金属或非金属蒸气的气氛中，除非使用密封性非金属保护管保护。它的高温稳定性主要取决于保护管材料的质量，最好使用低铁高纯氧化铝作保护管或绝缘材料。

这种热电偶热电势极小、灵敏度低，不能应用于 0℃ 以下温度测量。这种热电偶当冷端温度在 0～50℃ 范围内使用时可以不必修正，查阅分度表可知 50℃ 时其热电势只有 2μV。

4. 镍铬-镍硅热电偶（K 型）

镍铬-镍硅热电偶是目前使用十分广泛的廉价金属热电偶，分度号为 K。其正极为镍铬合金，镍 90％，铬 10％；负极为镍硅锰合金，一般为镍 95％、硅 1％、锰和铝各 2％，热电极直径 1～3.2mm。

K 型热电偶测温范围 −270～+1300℃，长期使用最高温度 900℃。在 500℃ 以下可在还原性、中性和氧化性气氛中可靠地工作，但在 500℃ 以上只能在氧化性或中性气氛中工作。

K 型热电偶和中国以前生产的镍铬-镍铝热电偶（旧分度号 EU-2）具有几乎完全一致的热电特性，由于镍硅合金在抗氧化及热电势稳定性方面优于镍铝合金，目前已取代了镍铬-镍铝热电偶。

镍铬-镍硅热电偶具有热电势率大，灵敏度高；线性度好，显示仪表刻度均匀；抗氧化性能比其他廉价金属热电偶好；价格便宜等优点，虽然其测量精度较低，但能满足工业测温要求，是工业上最常用的廉价热电偶。

5. 镍铬硅-镍硅热电偶（N 型）

这种热电偶是一种很有发展潜力的标准化镍基合金热电偶，是国际新认定的标准热电偶，其分度号为 N。它的正极含镍 84%、14%～14.4% 的铬、1.3%～1.6% 的硅、不超过 0.1% 的其他元素；负极含镍 95%、4.2%～4.6% 的硅、0.5%～1.5% 的镁。

N 型热电偶是一种比 K 型热电偶更好的，能用到 1200℃ 的廉价金属热电偶，其抗氧化能力强，不受短程有序化的影响。除非有保护管保护，这种热电偶也像 K 型热电偶一样，不能在高温下用于硫、还原性或还原与氧化交替的气氛中，高温下不能用于真空中。

6. 镍铬-康铜热电偶（E 型）

它是一种能测量低温的廉价金属热电偶，分度号为 E，测量低温精度很高。它的正极与 K 型正极相同；负极为铜镍合金，含铜 55%、镍 45%，热电极直径一般为 1～3.2mm。

E 型热电偶是应用比较普遍的热电偶，测温范围 −200～+800℃。这种热电偶稳定性好，常用于氧化性或惰性气氛中；热电势率很大，可测量微小变化的温度；价格便宜。

7. 铜-康铜热电偶（T 型）

铜-康铜热电偶是一种测量精度较高的廉价金属热电偶，广泛用于 −248～+370℃ 温度范围测量。其分度号为 T，正极为铜；负极为铜镍合金，同 E 型负极，一般含 0.1 的钴、铁和锰。

T 型热电偶的热电势率较大，热电特性良好，材料质地均匀，价格低廉。特别在 −200～0℃ 范围使用，性能稳定性高，可作为二等计量标准热电偶。

8. 铁-康铜热电偶（J 型）

这种热电偶也是一种工业中广泛应用的廉价金属热电偶，分度号为 J。其正极为商用铁（含 99.5%）；负极为铜镍合金，与 E、T 型热电偶相似，但含有略多一些的钴、铁和锰，它不能用 E、T 型负极来替换。

J 型热电偶热电率较高，热电特性线性好，它不仅可以在氧化性、惰性气氛及真空中使用，还可以在还原性气氛中使用。其测量温区可覆盖 −210～+1200℃，由于铁高温下易氧化，这种热电偶常用于 0～760℃ 测温范围。

标准热电偶分度表见附录三，符合 1990 国际温标。常用标准热电偶技术数据见表 5-3。

表 5-3　标准化热电偶技术数据

| 热电偶名称 | 分度号 | 热电极识别 | | E(100,0) mV | 测温范围/℃ | | 对分度表允许偏差/℃ | | |
	新	极性	识别		长期	短期	等级	使用温度	允差
铂铑₁₀-铂	S	正	亮白较硬	0.646	0～1300	1600	Ⅲ	≤600	±1.5℃
		负	亮白柔软					>600	±0.25%t
铂铑₁₃-铂	R	正	较硬	0.647	0～1300	1600	Ⅱ	≤600	±1.5℃
		负	柔软					>1100	±0.25%t
铂铑₃₀-铂铑₆	B	正	较硬	0.033	0～1600	1800	Ⅲ	600～800	±4℃
		负	稍软					>800	±0.5%t
镍铬-镍硅	K	正	不亲磁	4.096	0～1200	1300	Ⅱ	−40～1300	±2.5℃ 或 ±0.75%t
		负	稍亲磁				Ⅲ	−200～40	±2.5℃ 或 ±1.5%t
镍铬硅-镍硅	N	正	不亲磁	2.774	−200～1200	1300	Ⅰ	−40～1100	±1.5℃ 或 ±0.4%t
		负	稍亲磁				Ⅱ	−40～1300	±2.5℃ 或 ±0.75%t
镍铬-康铜	E	正	暗绿	6.319	−200～760	850	Ⅱ	−40～900	±2.5℃ 或 ±0.75%t
		负	亮黄				Ⅲ	−200～40	±2.5℃ 或 ±1.5%t
铜-康铜	T	正	红色	4.279	−200～350	400	Ⅱ	−40～350	±1℃ 或 ±0.75%t
		负	银白色				Ⅲ	−200～40	±1℃ 或 ±1.5%t
铁-康铜	J	正	亲磁	5.269	−400～600	750	Ⅱ	−40～750	±2.5℃ 或 ±0.75%t
		负	不亲磁						

（三）非标准化热电偶

非标准化热电偶在生产工艺上还不够成熟，在应用范围和数量上均不如标准化热电偶。它没有统一的分度表，也没有与其配套的显示仪表。但这些热电偶具有某些特殊性能，能满足一些特殊条件下测温的需要，如超高温、极低温、高真空或核辐射环境，因此在应用方面仍有重要意义。

非标准化热电偶有铂铑系、铱铑系、钨铼系及金铁热电偶、双铂钼等热电偶。

三、热电偶的结构形式

热电偶温度传感器广泛应用于工业生产过程的温度测量，根据它们的用途和安装位置不同，具有多种结构形式。但其通常都由热电极、绝缘套管、保护管和接线盒等主要部分组成。

（一）热电偶温度传感器的基本组成

1. 热电极

热电极作为测温敏感元件，是热电偶温度传感器的核心部分，其测量端通常采用焊接方

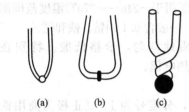

图 5-15　热电偶测量端焊点的形式

式构成。焊点的形式常用的有点焊、对焊和绞状点焊（麻花状）等，如图 5-15 所示。图 5-15 中（a）为细偶丝焊接形式，（b）、（c）为粗偶丝焊接形式。焊接质量好坏将影响测温的可靠性，因此要求焊接牢固、有金属光泽、表面圆滑、无玷污变质、夹渣和裂纹等。为减小传热误差和动态响应误差，焊点尺寸应尽量小，通常为两倍热电极直径。测量端焊接方法较多，下面介绍几种常用焊接方法。

（1）气焊（乙炔焊）　气焊是工业上常用的氧炔焰焊。焊接前将热电极测量端绞接或对碰在一起，稍加热后蘸上焊剂（K 型热电偶焊剂是四硼酸钠和石英砂各一半混合而成），再将氧炔焰心对准接点，待接点处熔成一个小球状时迅速离开火焰，立即将热电极放入热水中洗去焊点上的残渣。这种方法操作简单，应用较广。

（2）碳精粉电弧焊　焊接装置如图 5-16 所示。金属碳精盒作为电源一个电极，被焊热电极作另一电源电极，碳精盒内装碳精粉。焊接前先除净热电极被焊处的氧化物等，并绞成麻花状。电源电压调至 50～100V（视偶丝粗细而定），然后将热电极的接点插入碳精粉中，几秒钟后，待起弧后立即断电。焊好后也要清洗。这种方法易引起热电极脆断，且碳精粉易引起贵金属精度变差，适用于廉价金属热电偶焊接。

（3）直流电弧焊　焊接装置如图 5-17 所示。焊接时，热电偶接电源正极，用碳棒与热

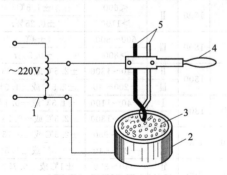

图 5-16　碳精粉电弧焊
1—自耦变压器；2—碳精盒；3—碳精粉
4—把手；5—热电偶

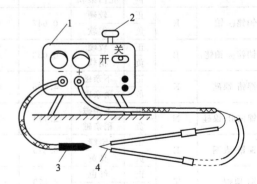

图 5-17　直流电弧焊
1—整流器；2—调压器手柄；3—碳棒；4—热电偶

电极顶端瞬间接触起弧，待点焊端熔成球状后迅速离开碳棒。这种焊接方法简单、操作容易、测量端不易玷污，适用于贵重金属热电偶的焊接。

2. 绝缘套管

两热电极之间要求有良好的绝缘，绝缘套管用于防止两根热电极短路。各类绝缘材料有自己的局限性，要根据测温范围和绝缘材料特性选定。常用绝缘材料如表 5-4 所示。

表 5-4　常用绝缘材料性能表

材料名称	使用温度上限/℃	材料名称	长期耐用温度/℃
聚乙烯	80	玻璃和玻璃纤维	400
聚四氟乙烯	250	高纯氧化铝	1600
天然橡胶	60～80	石英	1100
聚全过程氟乙烯	200	陶瓷	1200
硅橡胶	250～300	氧化钍	2500

使用方便，常将绝缘材料制成圆形或椭圆形管状绝缘套管，其结构形式通常为单孔、双孔、四孔以及其他规格。

3. 保护管

为延长热电偶的使用寿命，使之免受化学和机械损伤，通常将热电极（含绝缘套管）装入保护管内，起到保护、固定和支撑热电极的作用。作为保护管的材料应有较好的气密性，不使外部介质渗透到保护管内；有足够的机械强度，抗弯抗压；物理、化学性能稳定，不产生对热电极的腐蚀；高温环境使用，耐高温和抗震性能好。常用保护管的材料及其适用温度如表 5-5，保护管选用一般根据测温范围、加热区长度、环境气氛以及测温滞后要求等条件决定。

表 5-5　常用保护管材料

材料名称	熔点/℃	长期使用温度/℃	材料名称	熔点/℃	长期使用温度/℃
铜	1084	350	石英($SiO_2$99%)	1705	1100
低碳钢(20#)		600	氧化铝($Al_2O_3$99%)	~2050	1600
不锈钢(1Cr18Ni9Ti)	1400	900	氧化镁(MgO99.8%)		2000
高铬铸铁(28Cr)	1480	1100	氧化铍(BeO99.8%)	2530	2100
高温钢(Cr25Ti)		1000	氧化锆(ZrO_2)	2600	2400
高温不锈钢(CH_{40})		1200	碳化硅	2300	1700

4. 接线盒

热电偶的接线盒用来固定接线座和连接外接导线之用，起着保护热电极免受外界侵蚀和外接导线与接线柱良好接触的作用。

热电极、绝缘套管和接线座组成热电偶的感温元件，如图 5-18 所示，一般制成通用性部件，可以装在不同的保护管和接线盒中。接线座作为热电偶感温元件和热电偶接线盒的连接件，将感温元件固定在接线盒上，其材料一般使用耐火陶瓷。

接线盒一般由铝合金制成，根据被测介质温度对象和现场环境条件要求，设计成普通型、防溅型、防水型、防爆型等接线盒，其结构及特点如表 5-6。接线盒与感温元件、保护管装配成热电偶产品即形成相应类型的热电偶温度传感器。

（二）普通型热电偶

普通型热电偶的结构形式根据保护管形状、固定装置形式和接线盒类型组装而成，如图 5-19 所示为直形螺纹连接防溅式热电偶的构造。下面介绍几种常见结构形式。

表 5-6　热电偶接线盒的结构及特点

形式	特　点	用　途	结构示意图
普通接线盒	保证有良好的电接触性能,结构简单,接线方便	适用于环境条件良好、无腐蚀性气氛	
防溅接线盒	能承受降雨量为 5mm/s 与水平成 45°角的人工雨,历时 5min(同时保护管绕纵轴旋转)不得有水渗入接线盒内部	适用于雨水和水滴能经常溅到的现场(如有栅的生产设备或管道)	
防水接线盒	能承受距离为 5m 处用喷嘴直径为 25mm 的水龙头喷水(喷嘴出口前水压低于 0.196MPa 历时 5min)不得有水渗入接线盒内部	适用于露天的生产设备或管道,以及有腐蚀性气氛的环境	
防爆接线盒	防爆式接线盒的热电偶应符合《防爆电气设备制造检验规程》国家标准的规定,并经国家指定的检验单位检验合格,才给防爆合格证		

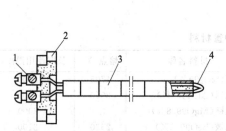

图 5-18　热电偶感温元件

1—接线柱;2—接线座;3—绝缘套管;4—热电极

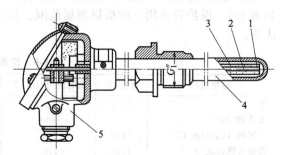

图 5-19　直形螺纹连接防溅式热电偶的构造图

1—测量端;2—热电极;3—绝缘套管;
4—保护管;5—接线盒

1. 直形无固定装置热电偶

如图 5-20 所示,l 表示插入深度,l_0 表示不插入部分长度。(b) 为非金属保护管,不插入部分加装金属加固管。

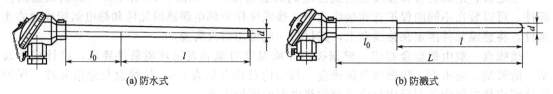

(a) 防水式　　　　　　　　　　　　　　　(b) 防溅式

图 5-20　直形无固定装置热电偶

2. 直形螺纹连接头固定热电偶

螺纹连接头固定,一般适用于无腐蚀介质的管道安装,具有体积小、安装紧凑的优点,可耐一定压力（0～6.3MPa）。结构形式如图 5-21 所示。

3. 锥形螺纹连接头固定热电偶

结构形式如图 5-22 所示，适用于压力达 19.6MPa，承受液体、气体或蒸气流速达 80m/s 的管道上温度测量。

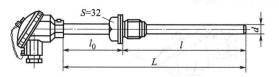

图 5-21 直形螺纹连接头固定热电偶

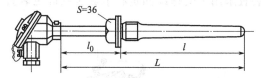

图 5-22 锥形螺纹连接头固定热电偶

4. 直形法兰固定热电偶

结构形式如图 5-23 所示，固定法兰热电偶适用于在设备上以及高温、腐蚀性介质的中、低压管道上安装，具有适用性广、利于防腐蚀、方便维护等特点。活动法兰热电偶的活动法兰在金属保护管上，可以移动调节，改变插入深度，适用于常压设备及需要移动或临时性测温场所。

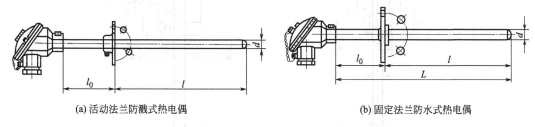

(a) 活动法兰防溅式热电偶　　　　　　(b) 固定法兰防水式热电偶

图 5-23 直形法兰固定装置热电偶

（三）铠装热电偶

这是一种 20 世纪 60 年代发展起来的热电偶结构形式，它是由金属套管、绝缘材料和热电极经焊接、密封和装配等工艺制成的坚实的组合体。金属套管材料铜、不锈钢（1Cr18Ni9Ti）和镍基高温合金（GH30）等，绝缘材料常使用电熔氧化镁、氧化铝、氧化铍等的粉末，热电极无特殊要求。套管中热电极有单支（双芯）、双支（四芯），彼此间互不接触。我国已生产 S 型、R 型、B 型、K 型、E 型、J 型和铱铑$_{40}$-铱等铠装热电偶，套管长达 100m 以上。铠装热电偶已达到标准化、系列化。铠装热电偶体积小，热容量小，动态响应快；可挠性好，具有良好柔软性，强度高，耐压、耐震、耐冲击。因此被广泛应用于工业生产过程。

1. 测量端结构形式

铠装热电偶测量端常见以下几种形式，如图 5-24 所示。

图 (a) 碰底型：热电偶的测量端与金属套管接触并焊在一起。它适用于温度较高、气氛稍坏的场所。

图 (b) 不碰底型：测量端单独焊接后填以绝缘材料，再将套管端部焊牢，测量端与套管绝缘。它适用于电磁干扰较大和要求热电极与套管绝缘的仪表等设备上，这种型式应用最多。

图 (c) 露头型：测量端暴露于金属套管外面，测量时热电极直接与被测介质接触，绝缘材料暴露。它只适用于测量温度不太高、干燥的介质，其

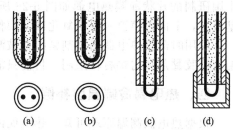

图 5-24 铠装热电偶测量端结构形式

动态响应最快。

图（d）帽型：把露头型的测量端套上一个用套管材料做成的保护帽，用银焊密封起来。

2. 固定装置结构

铠装热电偶常用于具有内压力的生产设备的测温，承受压力达 50MPa 或更高，其固定装置采用卡套螺纹固定和卡套法兰固定装置，如图 5-25 所示。

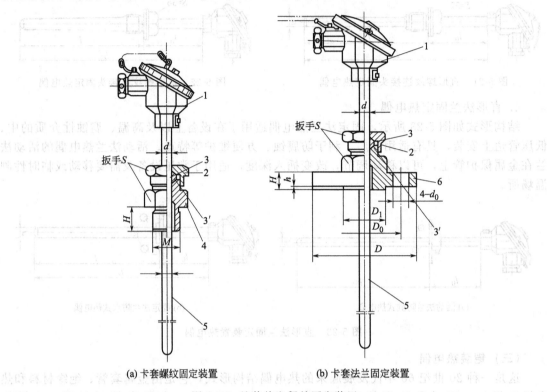

(a) 卡套螺纹固定装置   (b) 卡套法兰固定装置

图 5-25　铠装热电偶的固定装置

1—接线盒；2—固定螺母；3—固定卡套；3'—活动卡套；
4—固定螺栓；5—铠装热电偶；6—带螺母的法兰

卡套螺纹固定装置由固定卡套 3（或活动卡套 3'）、压紧螺母 2、固定螺栓 4 组成，安装时先将固定螺栓 4 固定在生产设备上，然后拧紧压紧螺母 2，使卡套卡紧在铠装热电偶上。活动卡套当松开压紧螺母 2 后可调节插入深度，但一般用于无内压生产设备。卡套法兰的作用与卡套螺纹相同。

（四）薄膜热电偶

薄膜热电偶是由两种金属薄膜连接而成的一种特殊结构的热电偶，它的测量端既小又薄，热容量很小，可用于微小面积上温度测量；动态响应快，可测量快速变化的表面温度。中国研制的片状薄膜热电偶如图 5-26 所示，它采用真空蒸镀法将两种电极材料蒸镀到绝缘基板上，上面再蒸镀一层二氧化硅薄膜作为绝缘和保护层。

应用时薄膜热电偶用粘剂紧贴在被测物表面，所以热损失很小，测量精度高。由于使用温度受胶黏剂和衬垫材料限制，目前只能用于 −200～+300℃ 范围。

四、热电偶冷端温度补偿

根据热电偶测温原理可知，热电偶回路热电势的大小不仅与热端温度有关，而且与冷端温度有关，只有当冷端温度保持不变，热电势才是被测热端温度的单值函数。热电偶分度表和根据分度表刻度的显示仪表都要求冷端温度恒定为 $0{}^\circ\!C$，否则将产生测量误差。然而在实际应用中，由于热电偶的冷端与热端距离通常很近，冷端（接线盒处）又暴露于空间，受到周围环境温度波动的影响，冷端温度很难保持恒定，保持在 $0{}^\circ\!C$ 就更难。因此必须采取措施，消除冷端温度变化和不为 $0{}^\circ\!C$ 所产生的影响，进行冷端温度补偿。

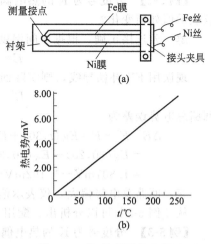

图 5-26　铁-镍薄膜热电偶

（一）补偿导线法

一般温度显示仪表安装在远离热源、环境温度 t_0 较稳定的地方（如控制室），而热电偶通常做得较短（满足插入深度 l 即可），其冷端（即接线盒处，温度为 t'_0）在现场。用普通铜导线连接，冷端温度变化将给测量结果带来误差。若将热电极做得很长，使冷端延伸到温度恒定的地方，一方面对于贵重金属热电偶很不经济，另一方面热电极线路不便于敷设且易受干扰影响，显然是不可行的。解决这一问题的方法是使用补偿导线。

补偿导线是由两种不同性质的廉价金属材料制成的，在一定温度范围内（$0\sim100{}^\circ\!C$）与所配接的热电偶具有相同的热电特性的特殊导线。用补偿导线连接热电偶和显示仪表，由于补偿导线具有与热电偶相同的热电特性，将在热电偶回路中产生 $E_{补}(t'_0,t_0)$ 的热电势，$E_{补}(t'_0,t_0)$ 等于热电偶在相应两端温度下产生的热电势 $E(t'_0,t_0)$，根据中间温度定律，热电偶与补偿导线产生的热电势之和为 $E(t,t_0)$，因此补偿导线的使用相当于将热电极延伸至与显示仪表的接线端，使回路热电势仅与热端和补偿导线与仪表接线端（新冷端）温度 t_0 有关，而与热电偶接线盒处（原冷端）温度 t'_0 变化无关。

补偿导线起到了延伸热电极的作用，达到了移动热电偶冷端位置的目的。正是由于使用补偿导线，在测温回路中产生了新的热电势，实现了一定程度的冷端温度自动补偿。若新冷端温度不能恒定为 $0{}^\circ\!C$，则不能实现冷端温度的"完全补偿"，还需要配以其他补偿方法。必须指出，补偿导线本身不能消除新冷端温度变化对回路热电势的影响，应使新冷端温度恒定。

补偿导线分为延伸型（X）补偿导线和补偿型（C）补偿导线。延伸型补偿导线选用的金属材料与热电极材料相同；补偿型补偿导线所选金属材料与热电极材料不同。常用热电偶补偿导线如表 5-7 所示。

表 5-7　常用热电偶补偿导线

补偿导线型号	配用热电偶	补偿导线材料		补偿导线绝缘层着色	
		正极	负极	正极	负极
SC	S	铜	铜镍合金	红色	绿色
KC	K	铜	铜镍合金	红色	蓝色
KX	K	镍铬合金	镍硅合金	红色	黑色
EX	E	镍硅合金	铜镍合金	红色	棕色
JX	J	铁	铜镍合金	红色	紫色
TX	T	铜	铜镍合金	红色	白色

在使用补偿导线时，要注意补偿导线型号与热电偶型号匹配、正负极与热电偶正负极对应连接、补偿导线所处温度不超过 $100{}^\circ\!C$，否则将造成测量误差。

【例 5-2】 分度号为 K 的热电偶误配 EX 补偿导线，极性连接正确，如图 5-27 所示，问仪表示值如何变化？

解 若连接正确，根据中间温度定律，回路总电势为

$$E = K_K(t,30) + E_K(30,20)$$

现误用 EX 补偿导线，则实际回路总电势为

$$E' = K_K(t,30) + E_E(30,20)$$

回路总电势误差为

$$\Delta E = E' - E = E_K(t,30) + E_E(30,20) - E_K(t,30) - E_K(30,20)$$
$$= E_E(30,20) - E_K(30,20) = E_E(30,0) - E_E(20,0) - E_K(30,0) + E_K(20,0)$$
$$= 1.801\text{mV} - 1.192\text{mV} - 1.203\text{mV} + 0.798\text{mV} = 0.204\text{mV} > 0$$

答：回路总电势偏大，仪表示值将偏高。

从［例 5-2］可以分析出，配用补偿导线错误，回路总电势可能偏大，也可能偏小。

【例 5-3】 分度号为 K 的热电偶配用 KX 补偿导线，但极性接反，如图 5-28 所示。问回路电势如何变化？

解 若极性连接正确，回路总电势为 $E = E_K(t,t'_0) + E_K(t'_0,t_0)$

现补偿导线接反，回路总电势为 $E' = E_K(t,t'_0) - E_K(t'_0,t_0)$

回路电势误差为

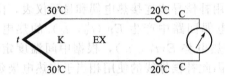

图 5-27 例 5-2 测温线路连接图　　　图 5-28 例 5-3 测温线路连接图

$$\Delta E = E' - E = E_K(t,t'_0) - E_K(t'_0,t_0) - E_K(t,t'_0) - E_K(t'_0,t_0)$$
$$= -2E_K(t'_0,t_0)$$

分析：若 $t'_0 > t_0$，则 $\Delta E < 0$，回路电势偏低；若 $t'_0 < t_0$，则 $\Delta E > 0$，回路电势偏高；若 $t'_0 = t_0$，则 $\Delta E = 0$，回路电势不变。

（二）冷端温度校正法

配用补偿导线，将冷端延伸至温度基本恒定的地方，但新冷端若不恒为 0℃，配用按分度表刻度的温度显示仪表，必定会引起测量误差，必须予以校正。

1. 计算修正法

已知冷端温度 t_0，根据中间温度定律，应用下式进行修正

$$E(t,0) = E(t,t_0) + E(t_0,0)$$

其中，$E(t,t_0)$ 为回路实际热电势。

【例 5-4】 某加热炉用 S 型热电偶测温，仪表指示 1210℃，冷端温度为 30℃，求炉子的实际温度。

解 查 S 型热电偶分度表可知 $E_S(1210,0) = 12.071\text{mV}$；$E_S(30,0) = 0.173\text{mV}$；

仪表指示 1210℃，说明回路实际热电势 $E_S(t,30) = 12.071\text{mV}$

$$E_S(t,0) = E_S(t,30) + E_S(30,0) = 12.071 + 0.173 = 12.244\text{mV}$$

查 S 型热电偶分度表可知炉子实际温度 $t = 1224.3℃$。

答：炉子实际温度 $t = 1224.3℃$。

这种对冷端温度进行校正的方法称为计算修正法。计算修正法需要反复查表，只适用于实验室不经常测量时使用。

2. 机械零位调整法

当冷端温度比较恒定时，工程上常用仪表机械零位调整法。如动圈仪表的使用，可在仪表未工作时，直接将仪表机械零位调至冷端温度处。由于外线路电势输入为零，调整机械零位相当于预先给仪表输入一个电势 $E(t_0, 0)$。当接入热电偶后，外电路热电势 $E(t, t_0)$ 与表内预置电势 $E(t_0, 0)$ 叠加，使回路总电势正好为 $E(t, 0)$，仪表直接指示出热端温度 t。使用仪表机械零位调整法简单方便，但冷端温度发生变化时，应及时断电，重新调整仪表机械零位，使之指示到新的冷端温度上。

使用冷端温度校正法，要求冷端温度基本恒定，工业上常用加装补偿热电偶的方法。为节省补偿导线和投资费用，常用多支热电偶配用一台公用显示仪表，通过转换开关实现多点测量，并采用补偿热电偶来恒定冷端温度，如图 5-29(a) 所示。

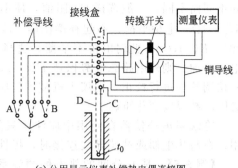

(a) 公用显示仪表补偿热电偶连接图

(b) 补偿热电偶工作原理

图 5-29　补偿热电偶线路连接图

加装补偿热电偶的原理如图 5-29(b) 所示，即中间导体定律的实际应用。AB 表示测温热电偶；CD 表示补偿热电偶，它可以是与测温热电偶相同的热电偶，也可以是测温热电偶的补偿导线。补偿热电偶测量端必须在恒温 t_0 处，如地下 2～3m 处、恒温器、恒温控制室、冰槽中等。

（三）冰浴法

为避免冷端温度校正的麻烦，实验室常采用冰浴法使冷端温度保持为恒定 0℃。通常把补偿导线与铜导线连接端放入盛有变压器油的试管中，然后将试管再放入盛有冰水混合物的容器（如保温瓶、恒温槽）中，使冷端保持 0℃，如图 5-30 所示。为减少传热对冰水混合物温度影响，应使冰面略高于水面，并用带双试管插孔的盖子密封（图中未画出）。

（四）补偿电桥法

补偿电桥法利用不平衡电桥产生的不平衡电势来补偿因冷端温度变化而引起的热电势变化值，可以自动地将冷端温度校正到补偿电桥的平衡点温度上。

配动圈仪表的补偿器应用如图 5-31 所示。桥臂电阻 R_1、R_2、R_3、R_{Cu} 与热电偶冷端处于相同的温度环境，R_1、R_2、R_3 均为由锰铜丝绕制的 1Ω 电阻，R_{Cu} 是用铜导线绕制的温度补偿电阻。$E=4V$ 是经稳压电源提供的桥路直流电源。R_S 是限流电阻，阻值因配用的热电

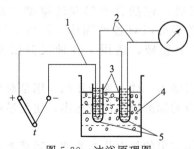

图 5-30　冰浴原理图

1—补偿导线；2—铜导线；3—试管；
4—冰水混合物；5—变压器油

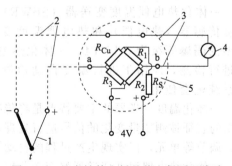

图 5-31　具有补偿电桥的热电偶测温线路

1—热电偶；2—补偿导线；3—铜导线；
4—指示仪表；5—冷端补偿器

偶不同而不同。一般选择 R_{Cu} 阻值，使不平衡电桥在 20℃（平衡点温度）时处于平衡，此时 $R_{Cu}^{20}=1\Omega$，电桥平衡，不起补偿作用。冷端温度变化，热电偶热电势将变化 $E(t,t_0)-E(t,20)=E(20,t_0)$，此时电桥不平衡，适当选择 R_s 的大小，使 $U_{ba}=E(t_0,20)$，与热电偶热电势叠加，则外电路总电势保持 $E(t,20)$，不随冷端温度变化而变化。如果配用仪表机械零位调整法进行校正，则仪表机械零位应调至冷端温度补偿器的平衡点温度（20℃）处，不必因冷端温度变化重新调整。

冷端温度补偿器在使用中应注意只能在规定的温度范围内与相应型号的热电偶配套使用；在与热电偶或补偿导线连接时，极性不能接反，否则会加大测量误差。

【例 5-5】 某 E 分度的热电偶测温系统，动圈仪表指示 504℃，后发现补偿导线接反，且冷端温度补偿器误用 K 分度的补偿器，若接线盒处温度 50℃，冷端温度补偿器处 30℃，求对象的实际温度值。

解 由于未特殊指明，则冷端温度补偿器的平衡点温度视为 20℃，动圈仪表机械零位已调至 20℃，表内预置 $E_E(20,0)$。

仪表指示 504℃，说明此时热电偶测温系统的实际总热电势为 $E_E(504,0)$，根据总热电势组成环节，可列写出实际热电偶测温系统的总热电势等式为

$$E_E(504,0)=E_E(t,50)-E_E(50,30)+E_K(30,20)+E_E(20,0)$$

查 E、K 分度表可知

$$E_E(504,0)=37.329\text{mV}；E_E(50,0)=3.08\text{mV}；E_E(30,0)$$
$$=1.801\text{mV}；E_K(30,0)=0.793\text{mV}；$$
$$E_K(20,0)=0.525\text{mV}；E_E(20,0)=1.192\text{mV}$$
$$E_E(t,0)=E_E(504,0)+E_E(50,0)+E_E(50,0)-E_E(30,0)-E_K(30,0)$$
$$+E_K(20,0)-E_E(20,0)$$
$$=37.329+3.048+3.048-1.801-0.793+0.525-1.192$$
$$=40.164(\text{mV})$$

查 E 分度表可知对象的实际温度为 $t=539.01$℃。

答：对象的实际温度为 $t=539.01$℃。

有很多显示仪表的内部电路中根据补偿电桥原理或其他原理设置了冷端温度自动补偿功能，如配热电偶的电子电位差计（如 XWC 仪表）、数字显示仪表等，其电路设计相当于在表内自动预置热电势 $E(t_0,0)$，使仪表能够直接指示被测温度值，此时不必使用冷端温度补偿器。

五、一体化热电偶温度变送器

一体化热电偶温度变送器（SBWR）是国内新一代超小型温度检测仪表。它主要由温度传感器（热电偶）和热电偶温度变送器模块组成，包括普通型和防爆型产品，防爆型的隔爆等级为 d Ⅱ BT4。一体化热电偶温度变送器可以对各种固体、液体、气体温度进行检测，应用于进行温度自动检测、控制的各个领域，适用于各种仪器以及计算机系统配套使用。

一体化温度变送器的主要特点是将传感器与变送器融为一体。变送器的作用是对传感器输出的表征被测变量变化的信号进行处理，转换成相应的标准统一信号输出，送到显示、运算、调节等单元，以实现生产过程的自动检测和控制。

一体化热电偶温度变送器的变送器模块，对热电偶输出的热电势经滤波、运算放大、非线性校正、V/I 转换等电路处理后，转换成与温度呈线性关系的 4～20mA 标准电流信号输出。其原理框图如图 5-32 所示。

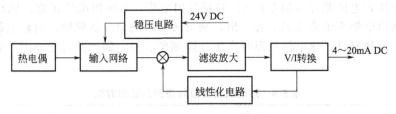

图 5-32　一体化热电偶温度变送器工作原理框图

一体化热电偶温度变送器的变送单元置于热电偶的接线盒中，取代接线座。安装后的一体化热电偶温度变送器外观结构如图 5-33 所示。变送器模块采用航天技术电子线路结构形式，减少了元器件；采用全密封结构，用环氧树脂浇注，抗震动、防潮湿、防腐蚀、耐温性能好，可用于恶劣的使用环境。

变送器模块外形如图 5-34 所示。图中"1"、"2"分别代表热电偶正负极连接端；"4"、"5"为电源和信号线的正负极接线端；"6"为零点调节；"7"为量程调节。一体化热电偶温度变送器采用两线制，即电源和信号公用两根线，在提供 24V 供电同时，输出 4～20mA 电流信号。

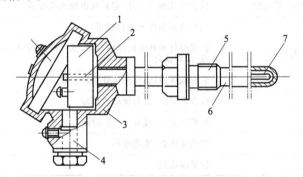

图 5-33　一体化温度变送器的外形结构
1—变送器模块；2—穿线孔；3—接线盒；4—进线孔；
5—固定装置；6—保护套管；7—热电极

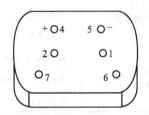

图 5-34　变送器模块外形

两根热电极从变送器底下的两个穿线孔中穿上，在变送器上面露一点再弯下，对应插入"1"和"2"接线柱，拧紧顶紧螺丝。将变送器固定在接线盒内，接好信号线，封接线盒盖，则一体化温度变送器组装完成。

变送器在出厂前已经调校好，使用中一般不必再做调整。若使用中产生了附加误差，可以利用"6"、"7"两个电位器进行微调。在单独调校变送器时，用精密信号源提供 mV 信号，多次重复调整零点和量程即可达到要求。

一体化热电偶温度变送器的安装与其他热电偶安装要求基本相同（下面介绍），特别要注意感温元件与大地间应保持良好的绝缘，不然将直接影响测量结果的准确性，严重时甚至会影响仪表的正常运行。

六、热电偶温度传感器的应用

（一）热电偶的故障处理

热电偶与显示仪表配套组成测温系统来实现温度测量，因此，测温系统出现故障往往通过显示仪表反映出来。如果出现故障现象，需要首先判断故障是产生在热电偶回路方面还是显示仪表方面。为此可将补偿导线与显示仪表连接处拆开，用万用表测量热电偶回路电阻，观察线路电阻是否正常。若电阻明显不正常，则应检查热电偶及连接导线；若电阻基本正常，然后用便携式电位差计（如 UJ-36）测量输出电势。若输出电势正常，则故障在显示仪表方面；若输出电势不正常或无电势输出，则可按故障现象分析原因，对热电偶及连接导线等部分进行检查和修复。热电偶测温时产生故障现象、热电偶回路可能原因及处理方法如表5-8 所示。

表 5-8　热电偶常见故障原因及处理方法

故障现象	可能原因	处理方法
热电势低于实际值（显示仪表示值偏低）	热电偶内部潮湿	保护管和热电极烘干，检查漏水原因
	热电极局部短路或接线盒处局部短路	取出热电极，查漏电原因。绝缘管绝缘不良，应予更换；清洁接线柱，排除短路原因，更换补偿导线或重新改接
	补偿导线用错或极性接反，热电偶型号与仪表不匹配	更换热电偶及补偿导线
	热电极腐蚀或变质	剪去变质部分，重焊工作端；或更新热电偶
热电势高于实际值（显示仪表示值偏高）	补偿导线与热电偶不匹配	更换补偿导线
	热电极变质	更换热电偶
	绝缘破坏造成外电源进入热电偶回路	检查干扰源并排除，修复或更换绝缘材料
	冷端温度偏高(测负温时)	调整冷端温度或进行校正
热电势不稳（仪表示值常波动）	接线柱与测量端接触不良，时连时断	将接线柱和热电极冷端擦净，重新拧紧；若存在断点，应焊接好
	热电偶安装不牢或震动	采取减震措施，将热电偶牢固安装
	外界干扰	检查干扰源，进行屏蔽或接地
无热电势输出（显示仪表无指示）	测量线路短路	找到短路处，接好，更换绝缘
	热电偶回路断线	找到断线处，重新连接
	接线柱松动	拧紧接线柱

热电偶在长期使用过程中，其热电极会与周围介质作用发生物理或化学变化，或由于机械作用，产生局部应力，使热电偶的热电特性发生改变，造成测量误差。因此热电偶经过使用后，应从外观鉴别其损坏程度，如损坏严重应予以报废，热电偶的损坏程度和鉴别方法如表5-9 所示。

表 5-9　热电偶损坏鉴别及处理

损坏程度	铂铑$_{10}$-铂热电偶(贵金属)		廉价金属热电偶	
	外观现象	处理方法	外观现象	处理方法
轻度	呈现灰白色、有少量光泽	清洗和退光、检定合格后使用	有白色泡沫	将损坏段截掉或热端冷端对调，焊好检定合格使用
中度	呈现乳白色、无光泽		有黄色泡沫	
较严重	呈现黄色、硬化	热电特性变坏，应予报废	有绿色泡沫	热电特性变坏，应做报废处理
严重	呈黄色、脆、有麻面		硬化成槽渣	

（二）热电偶的误差分析

在热电偶测温过程中，测量结果存在一定误差，主要原因有以下几方面。

1. 热交换引起的误差

热电偶测温，保护管插入深度 l，外部长度 l_0，被测介质温度 t，外部环境温度 t_0，设 $t > t_0$，由于热量将沿热电偶向外传导，工作端温度 $t_1 > t_0$；由于热电偶向外散热，$t_1 - t$ 的误差通常不等于零，为减小这种误差，可采取如下措施。

- 设备外部敷设绝缘层，减小设备壁与被测介质温差；
- 测量较高温度时，热电偶与器壁之间应加装屏蔽罩，以消除器壁与热电偶之间的直接辐射作用；
- 尽可能减小热电偶的保护管外径，宜细宜薄。但这与对保护管的强度、寿命要求有矛盾；
- 宜采用导热系数较小的材料做保护管，如不锈钢、陶瓷等。但这会增加导热阻力，使动态测量误差增加；
- 测量流动介质温度时，将工作端插到流速最高的地方，以保证介质与热电偶之间传热。

2. 热惯性引起误差

热电偶测量变化较快的温度时，由于热电偶存在热惯性，其温度变化跟不上被测对象的变化，产生动态测量误差。为减少动态误差可采用小惯性热电偶，把热电偶热端直接焊在保护管的底部或把热电偶的热端露出保护管外，并采取对焊以尽量减小热电偶的热惯性。

3. 分度误差

由于热电极材料存在化学成分的不均匀性，同一类热电偶的化学成分、微观结构和应力也不尽相同，同时热电偶使用过程中由于氧化腐蚀和挥发、弯曲应力以及高温下再结晶等导致热电特性发生变化，与分度不一致，形成分度误差，经热电偶校验可以测知。

（三）热电偶温度传感器的安装

热电偶属接触式温度计，热电偶要与被测介质相接触。热电偶安装正确与否，严重影响测温精度。由于被测对象不同，环境条件不同，热电偶的安装方法和措施也不同，需要考虑多方面因素。

1. 热电偶在管道或设备上安装

为确保测量的准确性，首先，根据管道或设备工作压力大小、工作温度、介质腐蚀性要求等方面，合理确定热电偶的结构型式和安装方式；其次，正确选择测温点，测温点要具有代表性，不应把热电偶插在被测介质的死角区域；热电偶工作端应处于管道流速较大处；最后，要合理确定热电偶的插入深度 l。一般在管道上安装取 $150\sim200mm$，在设备上安装可取 $\leqslant400mm$。热电偶在不同的管道公称直径和安装方式下，插入深度如表 5-10 所示。

表 5-10　热电偶的插入深度标准

种　类	普通热电偶						铠装热电偶		
安装方式	直型连接头直插	45°角连接头斜插	法兰直插	高压套管		卡套螺纹直插	卡套法兰直插		
					固定套管	可换套管			
连接件标称直径	60	120	90	150	150	41	～70	60	120	60
32								75	135	75
40								75	135	75
50								75	135	100
65						100	100	100	150	100
80	100	150	150	200	200	100	100	100	150	100
100	150	150	150	200	200	100	150	100	150	100
125	150	200	150	200	200	100	150	150	200	150
150	150	200	200	250	250	150	150	150	200	150
175	150	200	200	250	250	150	150	150	200	150
200	150	200	200	250	250	150	150	150	200	150
225	200	250	250	300	250	300		200	200	200
250	200	250	250	300	300			200	200	200
＞250	200	250	250	300	300					

① 插入深度的选取应当使热电偶能充分感受介质的实际温度。对于管道安装通常使工作端处于管道中心线 1/3 管道直径区域内。

② 在安装中常采用直插、斜插（45°角）等插入方式，如果管道较细，宜采用斜插。在斜插和管道肘管（弯头处）安装时，其端部应对着被测介质的流向（逆流），不要与被测介质形成顺流，如图 5-35 所示。

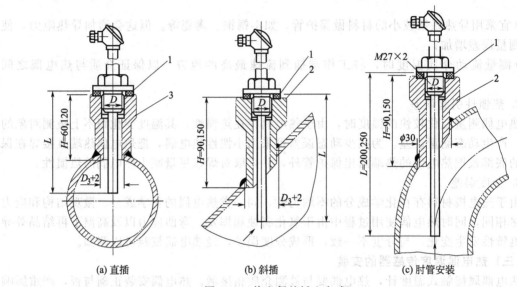

(a) 直插　　　　　　(b) 斜插　　　　　　(c) 肘管安装

图 5-35　热电偶的插入方式

1—垫片；2—45°角连接头；3—直形连接头

对于在 DN<80mm 的管道上安装热电偶时，可以采用扩大管，其安装方式如图 5-36 所示。

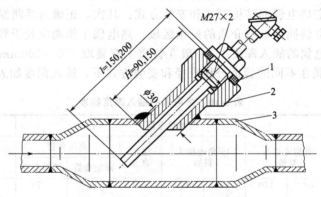

图 5-36　热电偶在扩大管上的安装

1—垫片；2—45°角连接头；3—温度计扩大管

③ 用热电偶测量炉膛温度时，应避免热电偶与火焰直接接触，避免安装在炉门旁或与加热物体距离过近之处。在高温设备上测温时，为防止保护套管弯曲变形，应尽量垂直安装。若必须水平安装，则当插入深度大于 1m 或被测温度大于 700℃时，应用耐火黏土或耐热合金制成的支架将热电偶支撑住。

④ 热电偶的接线盒引出线孔应向下，以防因密封不良而使水汽、灰尘与脏物落入接线盒中，影响测量。

⑤ 为减少测温滞后，可在保护外套管与保护管之间加装传热良好的填充物，如变压器

油（＜150℃）或铜屑、石英砂（＞150℃）等。

2. 电线、电缆及补偿导线的敷设

仪表电气线路在安装区内，一般采用汇线槽、托盘或金属穿线管架空敷设。汇线槽敷设是信号传送管线、电力传输线在现场敷设的一种常用手段，汇线槽为金属结构、带盖。汇线槽内装填的就是电缆及管缆。当现场仪表电气线路在安装区内，一般采用汇线槽、托盘或金属穿线管架空敷设。

汇线槽敷设是信号传送管线、电力传输线在现场敷设的一种常用手段，汇线槽为金属结到控制室或现场内部之间，电线、电缆的数量较多时，宜采用汇线槽敷设。槽内填充系数（填充物总截面积占汇线槽截面积的比例）一般为 20%～30%。各类电线、电缆在槽内应分类放置。对于交流 220V 的仪表电源线路和安全联锁线路，在槽内应利用隔离板与微弱仪表信号线路分开敷设。

金属穿线管常用于汇线槽至热电偶接线盒之间的敷设。穿线管宜用镀锌管或电线管，管内填充系数不超过 40%。穿线管直管段长度每超过 30m 或弯曲角度的总和大于 270℃ 时，应在适当位置设拉线盒。穿线管与热电偶接线盒连接时，应安装密封配件和金属软管。补偿导线截面积 2.5mm² 的穿线管，其管径按表 5-11 确定。

表 5-11 补偿导线穿线管管径选择表

穿 线 管	导 线 根 数											
	1	2	3	4	5	6	7	8	9	10	11	12
电线管/mm	20	25	32		40		50		70	80		—
镀锌钢管/mm	15	20	25		32		40		50		70	80
轻型聚氟乙烯管/mm	15	20	25		32		40		50		65	80

进行电线电缆敷设，首要问题是正确选择路线，应按最短途径集中成排敷设，减少弯曲，避免与各种管道相交。热电偶补偿导线最好单独敷设。信号线与动力线交叉敷设时，应尽量成直角；当平行敷设时，二者之间允许的最小距离应符合表 5-12 的规定，以避免产生噪声干扰。

表 5-12 动力线与信号线之间允许的最小距离

动力线容量		动力线与信号线间允许最小距离/mm	动力线容量		动力线与信号线间允许最小距离/mm
电压/V	电流/A		电压/V	电流/A	
125	10	300	440	200	—
250	50	460	5000	800	—

电气线路走向应尽量避开热源、潮湿、有腐蚀性介质排放、易受机械损伤、强电磁场和强静电场干扰的区域。

第四节　热电阻温度传感器

热电阻温度传感器是利用导体或半导体的电阻随温度变化而变化的性质工作的，用仪表测量出热电阻的阻值变化，从而得到与电阻值对应的温度值。

虽然热电偶温度传感器是比较成熟的温度检测仪表，但当被测温度在中、低温时，如 S 型热电偶，热电偶的热电势较小，受干扰影响明显，对显示仪表放大器和抗干扰措施均有较高要求，相应仪表维修困难；热电偶在低温区，热电势小，冷端温度变化引起的相对误差显得很突出，且不容易得到完全补偿，因此在500℃以下测温，受到一定限制。

工业上常用热电阻温度传感器来测量−200～+600℃之间的温度，在特殊情况下可测量极低或高达1000℃的温度。热电阻温度传感器的特点是准确度高；在中、低温下（500℃以下）测量，输出信号比热电偶大得多，灵敏度高；由于其输出也是电信号，便于实现信号的远传和多点切换测量。

热电阻测温系统俗称热电阻温度计，由热电阻温度传感器、连接导线和显示仪表等组成。热电阻温度传感器由电阻体、引出线、绝缘套管、保护管、接线盒等组成。电阻体是测温敏感元件，有导体和半导体两类。实验证明大多数金属导体在温度升高1℃时，其阻值要增加0.4%～0.6%，而半导体的阻值要减小3%～6%。

一、热电阻测温原理

利用热电阻测温，将温度变化转换为导体或半导体的阻值R_t的变化。通常显示仪表方便接受电压或电流信号，为此常采用电桥来测量R_t阻值的变化，并转化为电压输出。其原理如图5-37所示。

当温度处于测量下限时，$R_t = R_{tmin}$，合理设计桥路电阻阻值，使满足$R_3 R_{tmin} = R_2 R_4$，此时电桥平衡，$\Delta U = 0$，即

$$\Delta U = \frac{R_{tmin}}{R_{tmin} + R_4} \times E - \frac{R_2}{R_2 + R_3} E = 0$$

$$\frac{R_{tmin}}{R_{tmin} + R_4} = \frac{R_2}{R_2 + R_3} \tag{5-14}$$

当温度上升时，桥路失去平衡，设任一时刻$R_t = R_{tmin} + \Delta R_t$，则在输出端开路时，有

$$\Delta U = \frac{R_t}{R_t + R_4} \times E - \frac{R_2}{R_2 + R_3} E \tag{5-15}$$

即

$$\Delta U = \frac{R_{tmin} + \Delta R_t}{R_{tmin} + \Delta R_t + R_4} \times E - \frac{R_{tmin}}{R_{tmin} + R_4} E$$

$$\Delta U = \frac{R_4 \Delta R_t}{(R_{tmin} + \Delta R_t + R_4)(R_{tmin} + R_4)} E$$

当$\Delta R_t \ll R_{tmin} + R_4$时，$\Delta U = \frac{R_4 \Delta R_t}{(R_{tmin} + R_4)^2} E$，$\Delta U$与$\Delta R_t$之间呈现较好的线性关系。根据$\Delta U$可以知道$R_t$的变化，从而测量温度。

电桥电源E为稳压电源，否则将引起测量误差。由于电桥有电源流过，连接导线和热电阻均会发热而引起附加温度误差，在设计和使用中要求这种误差不超过0.2%。通常当流过热电阻6mA电流时，因发热会产生的误差约0.1℃，一般选择流过热电阻的电流为3mA。

在实际应用中，由于热电阻温度传感器安装在现场，带有电桥的仪表如热电阻温度变送器、显示仪表或其他类型的信号转换器常安装于控制室，将热电阻引入电桥的连接导线需要经过现场到控制室之间较长的距离，连接导线的阻值R_1将随温度而变化，如图5-37中热电阻的连接导线均接入热电阻R_t所在桥臂，则当环境温度变化时，连接导线电阻值变化与热电阻阻值变化相叠加，从而给仪表带来较大的温度附加误差。工业上常采用三线制接法，原理如图5-38所示。从热电阻接线盒处引出三根线，使导线电阻分别加在电桥相邻的两个桥臂AC和AD上以及供电线路上。R_1变化对桥路电压的影响较小；因R_1变化，影响式（5-15），使得R_t和R_2同时等量变化，可以互相抵消一部分，从而减小因导线电阻变化对仪表读数的影响。但这种补偿是不完全的，连接导线的温度附加误差依然存在。但采用三线制接法，在环境温度为0～50℃内使用时，能满足工程要求（温度附加误差可控制在0.5%以内或更小）。

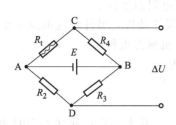

图 5-37　不平衡电桥原理

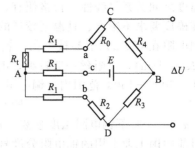

图 5-38　三线制桥路连接

二、热电阻材料及常用热电阻

(一) 热电阻材料的选择

虽然大多数金属导体的电阻值随温度变化而变化，但它们并不都能作为测温热电阻的材料。制作热电阻的材料一般应满足以下要求。

① 电阻温度系数 dR/dt 要大。电阻温度系数越大，热电阻灵敏度越高。一般材料的电阻温度系数并非常数，与 t 和 R 有关，并受杂质含量、电阻丝内应力影响。热电阻材料通常使用纯金属，并经退火处理消除内应力影响。

② 有较大的电阻率 ρ。电阻率大，则同样阻值的电阻体体积可以小一些，从而使热容量小，测温响应快。

③ 在整个温度范围内，应具有稳定的物理化学性质和良好的复现性。

④ 电阻值与温度关系最好呈线性，成为平滑曲线关系，以便刻度标尺分度和读数。

选择完全满足以上要求的热电阻材料是有困难的，目前广泛应用的金属热电阻材料为铂和铜。

(二) 常用热电阻

1. 铂电阻

铂电阻在氧化性介质中，甚至在高温下其物理、化学性质都非常稳定，铂金属易于提纯。ITS—90 中规定 13.8K 到 961.78℃ 之间用标准铂电阻温度计来复现温标，作为内插仪器。铂电阻在还原性介质中，特别是在高温下很容易被污染，使铂丝变脆，并改变了其电阻和温度之间的关系，因此要特别注意。

工业用铂电阻的温度系数为 $3.580 \times 10^{-3}℃^{-1}$，工作范围为 $-200 \sim +850℃$，其在 $-200 \sim 0℃$ 范围内

$$R(t) = R(0℃)[1 + At + Bt^2 + C(t-100℃)t^3] \tag{5-16}$$

在 $0 \sim 850℃$ 范围内

$$R(t) = R(0℃)(1 + At + Bt^2) \tag{5-17}$$

式中　$R(t)$——温度 $t℃$ 时的电阻值；

$R(0℃)$——温度为 $0℃$ 时的电阻值；

A、B、C——系数，$A = 3.9083 \times 10^{-3}℃^{-1}$；$B = -5.775 \times 10^{-7}℃^{-2}$；$C = -4.183 \times 10^{-12}℃^{-4}$。

铂的纯度以电阻 $R(100℃)/R(0℃)$ 来表示。一般工业用铂电阻温度计对纯度要求不少于 1.3851。目前中国常用的铂电阻有两种，分度号 Pt100 和 Pt10，最常用的是 Pt100，$R(0℃) = 100.00\Omega$，分度表见附录三。

2. 铜电阻

铜电阻也是工业上普遍使用的热电阻。铜容易加工提取，其电阻温度系数很大，而且电

阻与温度之间关系呈线性，价格便宜，在－50～＋150℃内具有很好的稳定性。所以在一些测量准确度要求不很高、且温度较低的场合较多使用铜电阻温度计。

铜电阻在150℃以上易被氧化，氧化后失去良好的线性特性；另外铜的电阻率小（$\rho_{Cu} = 0.017\Omega mm^2/m$），电阻丝一般较细，电阻体体积较大，机械强度低。

在－50～＋150℃范围内，铜电阻与温度之间关系为

$$R(t) = R(0℃)(1 + \alpha_0 t) \tag{5-18}$$

式中　α_0——0℃下铜电阻温度系数，$\alpha_0 = 4.28 \times 10^{-3} ℃^{-1}$。

目前中国工业上用的铜电阻分度号为 Cu50 和 Cu100，其 $R(0℃)$ 分别为 50Ω 和 100Ω。铜电阻的电阻比 $R(100℃)/R(0℃) = 1.4284 \pm 0.002$。分度表见附录三。

3. 半导体热敏电阻

多数半导体热敏电阻的电阻值随温度变化呈负温度系数变化，且变化程度比金属电阻大，反应灵敏。半导体热敏电阻作为感温元件应用日趋广泛。

半导体热敏电阻值与温度的关系不是线性的，如图 5-39 所示。R 与 T 关系为

$$R(T) = Ae^{B/T} \tag{5-19}$$

式中 A、B 是决定于材料的成分及结构而与温度无关的常数。热敏电阻的电阻温度系数 $\alpha = -\dfrac{B}{T^2}$，可见 α 与绝对温度的平方成反比。

半导体热敏电阻通常用铁、镍、锰、钼、钛、镁、铜等一些金属氧化物作原料制成，也常用它们的碳酸盐、硝酸盐和氯化物等原料制成。这些原料精制混合，加入有机黏合剂，再经过成型和高温烧结而成。半导体热敏电阻可制成片状、柱状和珠状，如图 5-40 所示。

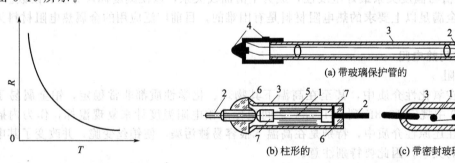

图 5-39　热敏电阻的特性曲线

图 5-40　半导体热敏电阻结构

1—电阻体；2—引出线；3—玻璃保护管；
4—引出极；5—锡箔；6—密封材料；7—导体

半导体热敏电阻常用来测量－100～＋300℃温度。由于热敏电阻的互换性差，非线性严重，目前半导体热敏电阻在工业上适用于一些测温要求较低的场所。

三、热电阻温度传感器的结构

（一）普通热电阻温度传感器

工业用普通热电阻温度传感器由电阻体、绝缘套管、保护管、接线盒和连接电阻体与接线盒的引出线等部件组成。绝缘套管、保护管、接线盒与热电偶温度传感器基本相同，绝缘套管一般使用双芯或四芯氧化铝绝缘材料，引出线穿过绝缘管。电阻体和引出线均装在保护管内。热电阻温度传感器外形与热电偶温度传感器相同。

铂电阻体常见形式如图 5-41 所示，其中图 5-41（a）为云母片作骨架，把云母片两边作成锯齿状，将铂丝绕在云母骨架上，然后用两片无锯齿云母夹住，再用银带扎紧。铂丝采用

双线法绕制，以消除电感。图5-41（b）采用石英玻璃，具有良好的绝缘和耐高温特性，把铂丝双绕在直径为3mm的石英玻璃上，为使铂丝绝缘和不受化学腐蚀、机械损伤，在石英管外再套一个外径为5mm的石英管。铂电阻体用银丝作为引出线。

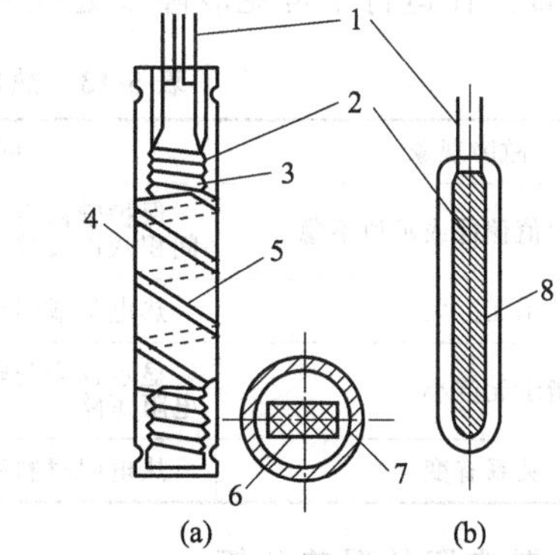

铜电阻体结构如图5-42所示。它采用直径约0.1mm的绝缘铜线（它包括锰铜或镍铜部分）采用双线绕法分层绕在圆柱形塑料支架上。用直径1mm的铜丝或镀银铜丝做引出线。

为改善热传导，在电阻体与保护管之间常置有金属夹持件或内套管。

（二）铠装热电阻

铠装热电阻是将电阻体与引出线焊接好后，装入金属小套管，再充填以绝缘材料粉末，最后密封，经冷拔、旋锻加工而成的组合体。

由于铠装热电阻的体积可以做得很小，因此它的热惯性小，反应速度快。除电阻体部分外，其他部分可以做任何方向弯曲，因此它具有良好的耐震动和抗冲击的性能，并且不易被有害介质所侵蚀，其使用寿命比普通热电阻长。

图5-41 铂电阻体的结构
1—银引出线；2—铂丝；3—锯齿形云母骨架；
4—保护用云母片；5—银绑带；6—铜电阻横截面；
7—保护套管；8—石英骨架

四、一体化热电阻温度传感器

与一体化热电偶温度传感器一样，一体化热电阻温度传感器将热电阻与变送器融为一体，将温度值经热电阻测量后，转换成4～20mA的标准电流信号输出。变送器原理框图与图5-32类似，将热电偶改为热电阻，同样经过转换、滤波、运算放大、非线性校正、V/I转换等电路处理输出。

一体化热电阻温度传感器的变送器模块与一体化热电偶温度变送器一样，都置于接线盒中，其外形简图如图5-33所示。传感器与变送器融为一体组装，消除了常规测温方法中连接导线所产生的误差，提高了抗干扰能力。

图5-43中，"1""2"为热电阻引出线接线端，"3"为热电阻三线制输入的引线补偿端接线柱。若采用引出线二线输入，则"3"和"2"必须短接，即实现一体化安装。分体式安装如图5-43（a）所示，提供三线制接法。

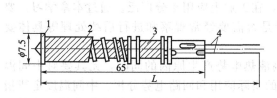

图5-42 铜电阻体的结构
1—线圈骨架；2—铜热电阻丝；3—补偿组；4—铜引出线

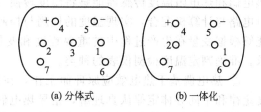

图5-43 变送器模块外形

(a) 分体式　　(b) 一体化

五、热电阻温度传感器的应用

（一）热电阻的故障处理

热电阻温度测量系统故障判定方法与热电偶测温系统相似。热电阻常见故障是电阻短路或断路，其中以断路为多，这是由于电阻较细所致。断路和短路极易判别，用万用表欧姆挡可方便检查。在运行中常见故障及处理方法如表 5-13 所示。

表 5-13　热电阻常见故障及处理方法

故障现象	可能原因	处理方法
显示仪表示值偏低或示值不稳	保护管内有金属屑、灰尘；接线柱间积灰以及热电阻短路	除去金属屑，清扫灰尘；找出短路点，加好绝缘
显示仪表指示无穷大	热电阻或引出线断路	更换热电阻或焊接断线处（焊毕要校验）
显示仪表指示无穷小	显示仪表与热电阻接线有误或热电阻短路	改正接线；找出短路处，加好绝缘
阻值与温度关系有变化	热电阻材料受腐蚀变质	更换热电阻

（二）热电阻的误差分析

热电阻测温产生的误差与热电偶测温产生误差原因大致相同，不同方面如下。

① 动态误差。由于电阻体体积较大，热容量大，其动态误差比热电偶大，这也制约了热电阻在快速测温中的应用。

② 连线电阻变化与热电阻阻值变化产生叠加，引起测量误差。应采用三线制接法予以消除。实现三线制连接，一定要从热电阻温度传感器的接线盒引出三根线，分别为 A、B、B（C），前两根连接桥臂，后者连接电源；后两根连接接线盒同一接线柱。

③ 热电阻通电发热引起误差。在实际测温中，热电阻流过电流使热电阻发热，从而引起误差。

（三）热电阻的安装

热电阻的安装与热电偶的安装要求基本相同，相应参照即可，这里不再赘述。

本 章 小 结

温度是工业生产过程中经常测量的变量。本章重点介绍了温度检测仪表中应用最广泛的热电偶温度传感器、热电阻温度传感器，此外对膨胀式温度计等作了简要介绍。这些温度检测仪表均属接触式检测仪表，在应用中，仪表选用、检测点位置的选择、安装方式的选择、走线布线都十分重要，要予以高度重视。

① 膨胀式温度计属于就地显示仪表，不能输出远传信号，一般仅用于现场就地指示；热电偶和热电阻温度传感器能够将温度转换为热电势和电阻信号输出，与二次仪表或通过接口电路与计算机配合，实现温度的检测与控制，在工业上应用十分广泛。通过本章学习，要能够根据变量在生产过程中的重要程度和变量是否需要经常观察和进行后续处理等具体要求，准确判定温度检测仪表的种类。

② 热电偶基于热电效应原理而工作，在搞清热电势产生原因的同时，尤其要对中间温度定律和中间导体定律认真理解，指导热电偶的实际应用和回路电势分析。中间温度定律指导分析回路中总电势的分段求取和冷端温度校正；中间导体定律是热电偶多种应用形式的理论依据，如冷端开路、连接显示仪表、配用补偿热电偶、热端开路测金属表面温度等。

热电偶种类较多，其适用环境和测温范围、精度、线性度不尽相同，根据测温范围和环境条件要求能够正确选择热电偶的类型。根据使用环境不同，对热电偶的结构型式和安装方式有不同要求，要求能够选配合理的保护套管、插入深度及接线盒种类。尤其要深入思考补偿导线的敷设方法，防止和减少干扰对 mV 级热电势的影响。

热电偶的四种冷端温度补偿方法中，用补偿导线法可实现热电极延伸和"不完全补偿"，现场热电偶温度传感器通常都要由补偿导线连接，将热电势传给二次仪表，要求对补偿导线型号选定、极性判别、使用条件有明确认识。冷端温度校正法中计算修正是实验室仪表校验时常用的修正方法；机械零位调整法是动圈仪表常用的冷端温度校正方法。由于热电势与温度之间存在非线性关系，修正时要采用中间温度定律 $E(t,0)=E(t,t_0)+E(t_0,0)$ 进行修正。热电偶测温具有的非线性是二次仪表中要解决的重要问题，通常采取非线性刻度标尺或线性化措施来处理。动圈仪表在冷端温度不稳定时常配用冷端温度补偿器，配以机械零位调整；电子电位差计和数显仪表等表内具有冷端温度自动校正功能，在分析测温回路的实际总电势时要特别注意。

③ 铂电阻性能稳定，测温准确度高；铜电阻线性度好，价格低廉；热敏电阻具有负温度特性，灵敏度高。热电阻变化一般要经过电桥转换为电压输出，提供后续处理；为克服连线电阻阻值随环境温度变化产生温度附加误差，热电阻通常采用三线制连入不平衡电桥。热电阻温度传感器与热电偶温度传感器外形基本相同。

习题与思考题

5-1 什么是温标，常用温标有哪几种？现在执行的是哪种国际实用温标？各温标之间的转换关系如何？

5-2 玻璃液体温度计为什么常选用水银做工作液？怎样提高其测量上限？

5-3 双金属温度计是怎样工作的？它有什么特点？

5-4 三种压力式温度计的温包内充灌的是什么物质？它们是怎样工作的？

5-5 什么是热电效应？热电偶测温回路的热电势由哪两部分组成？

5-6 利用电势分布证明图 5-13(b) 测温回路的总电势为 $E_{ABC}(t,t_0)=E_{AB}(t,t_0)$。

5-7 已知分度号为 S 的热电偶冷端温度为 $t_0=20℃$，现测得热电势为 11.710mV，求热端温度为多少度？

5-8 已知分度号为 K 的热电偶热端温度 $t=800℃$，冷端温度为 $t_0=30℃$，求回路实际总电势。

5-9 列表比较说明 8 种标准热电偶的名称、分度号、正负极材料、常用测温范围、使用环境和特点。

5-10 热电偶温度传感器主要由哪些部分组成？各部分起什么作用？

5-11 简述碳精粉电弧焊法焊接热电偶的方法和注意事项。

5-12 说出四种普通热电偶的结构形式，并指出它们通常用于什么场合。

5-13 什么是铠装热电偶？它有哪些特点？

5-14 在用热电偶测温时为什么要进行冷端温度补偿？

5-15 补偿导线有哪两种？怎样鉴别补偿导线的极性？使用补偿导线需注意什么问题？

5-16 分析并判断图 5-44 各热电偶测温回路中，显示仪表获得热电势是否为 $E(t,t_0)$。图中 A′、B′分别为热电极 A、B 的补偿导线，C 为铜导线。

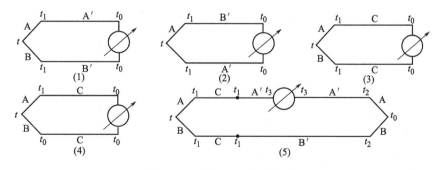

图 5-44 题 5-16 回路连接图

5-17 现用一只镍铬-康铜热电偶测温，其冷端温度为 30℃，动圈仪表（未调机械零位）指示 450℃。则认为热端温度为 480℃，对不对？为什么？若不对，正确温度值应为多少？

5-18 已知测温热电偶为镍铬-镍硅，将补偿导线接到动圈仪表上。设错用 JX 型补偿导线，且极性接反；动圈仪表错用配 N 型热电偶刻度的动圈仪表，机械零位调至 25℃。若 $T=900℃$，接线盒处 $t_1=60℃$，仪表接线处 $t_0=20℃$，求仪表指示多少度？

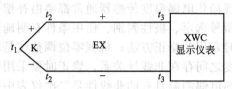

5-19 已知测温热电偶为镍铬-镍硅，用补偿导线接于 XWC 型仪表上，如图 5-45 所示。设 $t_1=800℃$，$t_2=50℃$，$t_3=20℃$，若补偿导线误接为镍铬-康铜的，问能引起误差多少度（按 0.04mV/℃ 热电势率计算）？

图 5-45　题 5-19 配 XWC 测温系统连接图

5-20 热电偶冷端温度补偿器的工作原理是什么？使用时应注意哪些问题？

5-21 在检修热电偶时，如何从颜色上鉴别热电极的损坏程度？

5-22 仪表现在指示炉温 971℃，工艺操作人员反映仪表指示值可能偏低。怎样判断仪表指示值是否正确？

5-23 一体化热电偶温度变送器有什么特点？如何组装一体化热电偶温度变送器？

5-24 为保证测量的准确性，热电偶温度传感器的安装时检测点位置应按哪些要求确定？

5-25 采用汇线槽进行架空电气线路敷设时，应注意哪些方面？

5-26 现利用 S 型热电偶测量加热炉炉膛温度，请充分考虑安装和线路敷设、冷端温度补偿等多方面因素，说明应如何进行该热电偶的结构形式选择、热电偶安装、补偿导线敷设以及配接动圈仪表显示温度时考虑冷端温度补偿问题？

5-27 用热电阻测温为什么常采用三线制连接？应怎样连接保证确实实现了三线制连接？若在导线敷设至控制室后再分三线接入仪表，是否实现了三线制连接？

5-28 为什么要控制流过热电阻的电流不超过 6mA？校验热电阻时，直接用万用表或惠斯登电桥测量热电阻阻值是否可以？为什么？

5-29 一支测温电阻体，分度号已经看不清楚，你如何用简单的方法鉴别出电阻体的分度号？举例说明。

5-30 什么是铠装热电阻？它有什么优点？

第六章　自动成分分析仪表

第一节　概　述

一、作用及特点

用于检测物质的组成和含量以及物质的各种物理特性的装置称为成分分析仪表。分析仪表可分为实验室用分析仪器和工业用自动分析仪表两种形式。

实验室用分析仪器主要用于科学实验中物质的结构、价态、状态分析，微区和薄层的定性和定量分析以及工业生产中物料组分含量的定性和定量分析，分析结果比较准确，通常是现场人工取样，在实验室进行分析，属于间断分析。例如，某反应器停车检修时，需要先对反应器中残余组分进行含量的定量分析，确保安全后，检修人员才可进入。工业用自动分析仪表用于工业流程上的定量分析，多数是从实验室分析仪器演变而来的，能自动取样，连续分析及信号的处理和远传，并随时指示或记录出分析结果。在化工生产过程中，除了利用温度、压力、流量、物位等参数为操作人员控制生产过程提供数据外，还需要随时了解和掌握化学反应过程的收率高低、分离过程中产品纯度的高低等，掌握产品质量是否合格，因此必须靠分析的方法去检定。工业自动分析仪表能直接测量和控制物质的成分及含量，在稳定生产和保证质量方面起到了重要的作用。所以对自动分析仪表而言稳定、可靠、连续运行是非常重要的。

（一）自动分析仪表的作用

1. 工艺监督

在生产过程中合理地选用自动分析仪表能迅速、准确地分析出参与生产过程的有关物质的成分及含量，指导操作人员及时地控制和调节，实现稳定生产并达到提高产品质量和产量的目的。例如，连续分析进入氨合成塔的气体组成，根据分析结果及时调节和控制气体中氢和氮的含量，使其保持最佳的比值，从而获得最佳的氨合成率，使产氨量增加。

2. 安全生产

在生产过程中，及时分析有害物质含量能确保生产安全和防止发生事故。例如，合成氨原料气体中氧含量分析十分重要。氧含量超过一定限量，将会发生爆炸，因此，及时准确地分析合成氨原料气中氧含量有着极其重大意义。

3. 节约能源

在生产过程中，及时分析过程参数对节能降耗起着一定作用。例如，实时分析锅炉燃烧过程中烟道气中的二氧化碳和氧气含量，可及时了解燃烧质量，达到经济燃烧、节能降耗的目的。

4. 污染监测

对生产中排放物进行分析，能对环境污染进行监督和控制，使排放物中有害成分不超过环保规定的数值。例如，对化工生产中排放出来的污液、废气等分析和及时控制，使排放物符合国家标准并保护操作人员的人身安全。

（二）自动分析仪表的特点

① 自动分析仪表的分析方法的研究比较困难，仪表结构较复杂。

② 机械加工要求高，电子元件要求严格。

③ 仪表专用性强，品种多，批量小，价格高。

④ 使用条件苛刻。

二、分类

自动成分分析仪表中应用的物理、化学原理广泛而复杂，按其工作原理，可分为以下几种。

① 电化学式分析仪表，如电导仪、酸度计、氧化锆氧分析仪。

② 热学式分析仪表，如热导式氢分析仪、可燃气体测爆仪。

③ 磁学式分析仪表，如热磁式氧分析仪、磁力机械式氧分析仪。

④ 光学式分析仪表，如红外线分析仪、光电比色式分析仪、分光光度计。

⑤ 色谱式分析仪表，如气相色谱仪、液相色谱仪。

⑥ 射线式分析仪表等。

由上述可知，分析仪表的种类繁多，本章着重介绍化工生产中常用的工业自动成分分析仪表。

三、组成

自动分析仪表一般由自动取样装置、预处理系统、传感器、信息处理系统、显示仪表、整机自动控制系统六部分组成。它们之间的关系如图 6-1 所示。

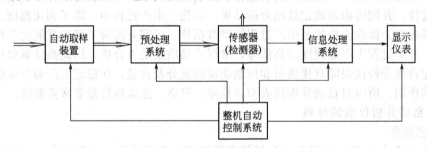

图 6-1　自动成分分析仪表的基本组成

1. 自动取样装置

它的任务是将待分析样品引入仪表，根据不同的对象和不同分析仪表的要求，有各种取样方式，如正压取样和负压取样。对取样装置的要求是定时、定量地从被测对象中取出有代表性的待分析样品，送到预处理系统。

2. 预处理系统

它的任务是将生产过程中取出的待分析样品加以处理，以满足传感器对待分析样品的要求。包括稳压、升温、稳流、除尘、除水、清除待分析样品中的干扰组分和对仪表的有害物质等。预处理系统包含各种化学或物理的处理设备。

由于对待分析样品预处理的好坏，对分析仪表的分析准确性影响很大，必须引起足够的重视，要依据不同的工艺流程、不同的分析仪表，合理地设置预处理系统，以保证输送给传感器的样品符合技术要求。例如，用来分析烟道气中 CO_2 含量的热导式分析仪表，预处理部分有硫化物过滤器除去硫化物气体、有棉花过滤器除去机械杂质、有 H_2 燃烧器除去 H_2 对 CO_2 的干扰、有冷却器除去水蒸气。

3. 传感器

传感器（也称检测器、转换器）是分析仪表的核心部分。它的任务是将被分析物质的成分或物质性质转换成电信号。不同分析仪表，不同的转换形式，也就有不同的传感器。一台分析仪表的技术性能，在很大程度上取决于传感器，因此，对于传感器的设计、使用和维护必须给予充分重视。

4. 信息处理系统

它的任务是对传感器输出的微弱电信号进行放大、对数转换、模数转换、数学运算、线性补偿等信息处理工作，给出便于显示仪表显示的电信号。

5. 显示仪表

它的任务是接收来自信息处理系统的电信号，以指针位移量、数字量或屏幕图文显示方式显示出被测成分量的数值大小。

6. 整机自动控制系统

它的任务是控制各个部分自动而协调地工作以及消除或降低客观条件对测量的影响。如取样、流路切换、调零、校准、稳压、恒温等。

以上六个部分是指较大型的工业分析仪表而言。有些分析仪表并不一定都包括以上六个部分。如有的分析仪表传感器直接放在试样中，就不需要取样和预处理系统。

四、主要性能指标

1. 精度

指仪表分析结果和人工化验分析结果之间的偏差。目前自动分析仪表的精度为 1.0、1.5、2.0、2.5、4.0、5.0 等级别。

2. 再现性

指同类产品仪表，分析相同样品，仪表输出信号的误差。

3. 灵敏度

仪表识别样品最小变化量的能力。即仪表输出信号变化与被测组分浓度变化之比。

4. 稳定性

在规定时间内，连续分析同一样品，仪表输出信号的误差。

5. 测量范围

仪表所能测出最大和最小值之间的范围。

6. 可靠性

在正常的使用条件下，无故障连续工作的能力。

7. 时间常数

被测量出现一个阶跃变化后，仪表开始响应到输出信号达到最终稳定示值的 63% 之间的时间间隔。自动分析仪表的时间常数愈短愈好，尤其是在以分析仪表的输出作为自动控制系统的信号源时更加重要。

五、发展趋势

为了满足现代化生产的需要，工业分析仪表发展趋势着重在以下几个方面。

① 广泛采用科学技术发展的新成就、新技术来制造新型工业分析仪表，以适应不同领域的需要。

② 不断提高工业分析仪表的技术性能，以实现成分量的自动控制系统。

③ 进一步克服某一种仪表应用上的局限性，仪表间采用联用的方式，扩大分析范围和功能。

④ 研制微量和超微量分析仪表。

⑤ 建立鉴定工业分析仪表的质量标准，并规定其精度等级。

第二节　热导式气体分析仪

各种气体的热传导速度是不相同的，利用气体的这种物理特性制成的气体分析仪，称为热导式气体分析仪。热导式气体分析仪是最基本、最成熟、最早应用于生产的一种分析仪表。可分析气体混合物中某个组分的百分含量，如在一定条件下可分析混合气体中的 H_2、CO_2、SO_2、Ar、NH_3 等气体的含量。热导式气体分析仪结构简单、性能稳定、使用维护方便、价格便宜、并能在比较恶劣的环境下工作。因此，广泛应用在化肥工业和有氢气作业的工业过程中，在监督生产和确保安全方面起了一定的作用。

一、基本原理

（一）气体的导热系数

在热力学中物体的热传导速度是由导热系数来表示的。在热传导过程中，不同的物质，由于导热系数不同，因而传热的能力也不同。导热系数大，表示物体导热速度快；导热系数小，表示物体导热速度慢。固体、液体、气体都有导热能力，一般来说，固体导热能力强于液体和气体，气体导热能力最弱。导热系数用 λ 表示，其数值与物质的组成、结构、密度、温度以及压力等有关。

表 6-1 列出了常见气体的导热系数、相对导热系数及其温度系数。气体的相对导热系数是指各种气体的导热系数与相同条件下的空气的导热系数的比值。温度系数是指导热系数随温度变化的速度。

表 6-1　各种气体的导热系数 λ_0、相对导热系数、导热系数的温度系数

气体名称	导　热　系　数		$0\sim100℃$，导热系数的温度系数$/K^{-1}$
	$0℃$时气体的绝对导热系数 $\lambda_0 \times 10^{-5}/(W \cdot m^{-1}K^{-1})$	$100℃$时气体的相对导热系数	
空气	2.43	1.00	0.0028
H_2	17.33	7.10	0.0027
N_2	2.42	0.996	0.0028
O_2	2.45	1.014	0.0028
Ar	1.63	0.696	0.0030
NH_3	2.17	1.04	0.0048
CO	2.35	0.962	0.0028
CO_2	1.46	0.700	0.0048
SO_2	1.00	—	
Cl_2	0.78	0.370	—
CH_4	3.00	1.450	0.0048
水蒸气		0.775	

对于彼此之间无化学反应作用的多组分的混合气体，它的导热系数近似地认为是各组分导热系数的算术平均值。

$$\lambda = \lambda_1 C_1 + \lambda_2 C_2 + \cdots + \lambda_n C_n = \sum_{i=1}^{n} \lambda_i C_i \tag{6-1}$$

式中　λ——混合气体的导热系数；

λ_i——混合气体中第 i 组分的导热系数；

C_i——混合气体中第 i 组分的体积百分含量。

从式(6-1)看出，混合气体的导热系数与各组分的体积百分含量和相应导热系数有关，某一组分含量变化，必然会引起混合气体导热系数的变化。热导式气体分析仪就是利用气体体积的百分比含量 C 与气体导热系数 λ 有关这一物理特性进行分析工作的。它可以检测混合气体中某一种组分的含量，这个组分称为待测组分。

（二）热导分析法的使用条件

对于多组分的混合气体，设待测组分为 C_1，其余组分（常称为被测气体的背景气体），的含量为 C_2、$C_3\cdots C_n$。这些背景气体含量都是未知量，不加条件地使用式(6-1)确定待测组分的含量是不可能的。

而要想利用式(6-1)达到分析混合气体中待测组分含量的目的，必须使混合气体的导热系数仅随待测组分的含量变化而变化，而不随背景气体含量变化而变化，这就必须满足下列条件。

① 混合气体中除待测组分外，其余各组分的导热系数必须近似相等或十分接近。即除 λ_1 外，$\lambda_2 \approx \lambda_3 \approx \cdots \approx \lambda_n$，它们之间愈是接近，测量精度越高。

因为　除 λ_1 外，$\lambda_2 \approx \lambda_3 \approx \cdots \approx \lambda_n$，

$$C_1 + C_2 + C_3 + \cdots + C_n = 100\%$$

则式(6-1)可写成

$$\lambda = \lambda_1 C_1 + \lambda_2(C_2 + \cdots + C_n) = \lambda_1 C_2 + \lambda_2(1 - C_1) = \lambda_2 + (\lambda_1 - \lambda_2)C_1 \tag{6-2}$$

由式(6-2)可见，λ_1 和 λ_2 在温度变化不大的情况下为常数，当 C_1 改变时，λ 随之改变，即 $\lambda = f(C_1)$。实现这个函数关系，需有另一个条件来保证，要求

$$\frac{\mathrm{d}\lambda}{\mathrm{d}C_1} = \lambda_1 - \lambda_2 \neq 0 \tag{6-3}$$

由此引入下面第二个条件。

② 待测组分的导热系数与其余组分的导热系数要有明显的差别，即 $\lambda_1 \gg \lambda_2$。差别越大，测量越灵敏。

从表 6-1 可见，H_2 的导热系数最大，传热能力最强；而 CO_2、SO_2、Ar 等气体的导热系数比一般气体要小。所以，热导分析仪表主要用于分析一个混合气体中 H_2 的含量，也可以用于检测分析 CO_2、SO_2、Ar 等气体的含量。

由上述可知，要用热导分析法测量混合气体中某一组分的含量，必须使进入热导分析仪检测器的混合气体满足使用条件，才能保证测量精度。但大多数工业混合气体不满足使用条件，要想准确地测出工业气体中某一组分的含量必须对混合气体进行预处理（又称净化），使其符合测量条件。例如，燃烧后的烟道气，其中有 CO_2、N_2、CO、SO_2、O_2、H_2 以及水蒸气等，如要测量 CO_2 含量，就必须除去含量均较低的水蒸气、SO_2 和 H_2，以便只剩下 CO_2 和导热系数相近的 N_2、O_2 及 CO，这样 CO_2 作为待测组分就能符合条件，保证测量结果准确性。

二、热导式气体分析仪的检测器

（一）检测器的工作原理

从上述分析可知，热导式气体分析仪是通过对混合气体的导热系数的测量来分析待测组分的含量。由于气体的导热系数很小，直接测量比较困难，所以热导式分析仪大多是把气体导热系数的变化转换成热敏电阻值的变化，通过对热敏电阻值进行测量，来反映出待测组分的体积百分含量。通常把导热系数转换成电阻值的转换部件称为热导式气体分析仪的检测器，又称为热导池。

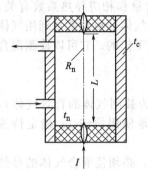

图 6-2 检测器原理图

图 6-2 为热导检测器原理图。在由金属制成的圆筒形腔体内垂直悬挂一根热敏电阻元件，一般为铂丝。热敏电阻元件和腔体之间有良好的电绝缘。电阻元件通过两端引线通以一定强度的电流 I。设电阻元件的长度为 L，半径为 r_n，电阻元件在电流 I 作用下平衡温度为 t_n，此时的电阻值为 R_n。0℃时电阻值为 R_0，气室的内半径为 r_c，气室内壁温度为 t_c。被测气体从气室的下口流入，从上口流出，气体的流量很小，并且控制其恒定。

气室内电阻丝由于通过电流 I，所产生的热量为

$$Q_1 = 0.24I^2R_n \tag{6-4}$$

电阻丝向四周散发热量的方式有周围气体的热传导、热对流、电阻丝的辐射散热、被流通气体带走的热量、电阻丝的轴向热传导等。在这些散热方式中，只有热传导是通过导热系数来反映，其余方式散发热量均为干扰。为减少干扰，可采取加大电阻丝长度与直径比、控制 $t_n - t_c < 200℃$、减小 r_c、使被测气体流量小且恒定等措施。

热导池气室依靠周围气体热传导所散失的热量经过理论推导为

$$Q_2 = \frac{\lambda 2\pi L(t_n - t_c)}{\ln\dfrac{r_c}{r_n}} \tag{6-5}$$

式中 λ——混合气体在平均温度 $\left[\dfrac{1}{2}(t_n - t_c)\right]$ 下的导热系数；

t_n——热平衡时电阻丝的温度；

t_c——气室内壁温度。

当电阻元件所产生的热量与通过气体热传导所散失的热量相等时，就达到热量平衡，即 $Q_1 = Q_2$。

根据理论推导电阻丝的电阻值和气体导热系数之间近似为

$$R_n = R_0(1 + \alpha t_c) + \frac{K}{\lambda}R_0^2\alpha I^2 \tag{6-6}$$

式中 R_n——为温度为 t_n 时电阻元件的阻值；

R_0——0℃时电阻丝的电阻值；

α——电阻材料的电阻温度系数。

由式(6-6)看出，当 R_0、α、t_c、I 为常数时，电阻丝的阻值与导热系数之间为单值函数关系。因为电阻值的变化与电流成平方关系，所以电流稳定与否对电阻值影响极大，气室壁温度、流过气室气体流量对电阻值都有一定的影响，所以热导式气体分析仪表都设有稳压、稳流、恒温装置。以保证流过电阻丝的电流、壁温、气体流量稳定。

(二) 检测器的结构

1. 检测器的结构类型

检测器是热导式气体分析仪的核心部件，它决定分析仪的测量精度。一个好的检测器，在结构上要保证：对气体热传导以外的各种散热途径都有抑制和稳定作用；电阻丝的平衡温度受外界条件影响小；有良好的动态性能。

目前各国生产的检测器，其结构有分流式、对流式、扩散式、对流扩散式四种，如图 6-3(a)～(d) 所示。

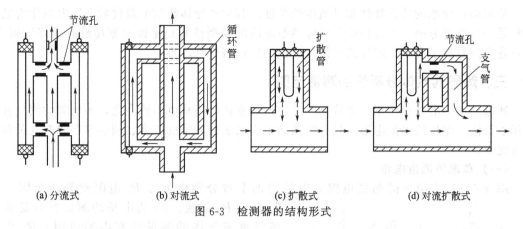

| (a) 分流式 | (b) 对流式 | (c) 扩散式 | (d) 对流扩散式 |

图 6-3　检测器的结构形式

● 分流式结构具有反应速度快、滞后小的优点。但气体流量变化对测量具有一定影响，因此，采用分流式检测器的仪表必须有严格的稳压、稳流措施，才能保证分析结果的可靠性。

● 对流式结构的检测器特点是待测气体流量变化对测量影响不大。缺点是反应速度慢，滞后大，动态特性差。

● 扩散式结构的检测器适用于分析质量小而扩散系数大的气体（如 H_2），滞后时间小。当分析质量大而扩散系数小的气体时，应减小测量气室的体积，以防滞后。由于测量气室内的气体以扩散方式运动，所以气体的流量波动不影响分析结果。

● 对流扩散式结构综合了对流式和扩散式检测器的优点，减少了待测气体压力和流量波动对分析结果的影响，提高了仪表的灵敏度和响应速度。当待测气体从主气路中流过时，一部分气体以扩散方式进入测量气室中，被电阻丝加热，形成上升的气流。由于节流孔的限制，一部分气体经过节流孔进入支管中，被冷却后向下方移动，最后排入主气路中，这样气体流过测量气室的动力既有对流作用，也有扩散作用，故称为对流扩散式。这种结构既不会产生气体倒流现象，也避免了气体在测量室内的囤积，从而保证样气有一定流速。这种检测器反应速度快、滞后小、且气体流量的波动影响小。目前生产的热导式气体分析仪都采用这种形式的检测器。

2. 检测器内电阻丝的支承方法

热导式气体分析仪，普遍采用裸体铂丝作为热敏电阻元件。

目前国内外生产的热导式气体分析仪中裸体铂丝的支承方法有 V 字型、直线型、弓型三种，见图 6-4。安装时要保证电阻丝在工作过程中始终处于气室中心位置，电阻丝与池壁保持绝缘。

直线型结构最简单，易满足安装要求；弓型结构安装方便；V 型结构特点是在同样长度的气室条件下，电阻丝长度可增加近一倍，灵敏度高。目前应用最多的是弓形结构的检测元件。

为了提高热敏电阻元件的耐蚀性和抗震性，可在铂丝表面覆盖一层玻璃，其结构形式可分为 U 型、直线型和螺旋型，如图 6-5 所示。

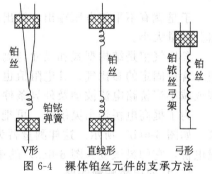

图 6-4　裸体铂丝元件的支承方法

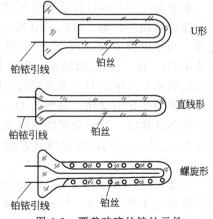

图 6-5　覆盖玻璃的铂丝元件

从提高热导池的动态特性和灵敏度的角度，利用半导体热敏电阻代替金属电阻作为敏感元件是一个发展方向。不过目前半导体热敏电阻的复制性和稳定性问题还没有很好地解决，一旦这个问题有了突破，热导式气体分析仪的特性将得到改善。

三、热导式气体分析仪的测量电路

通过检测器的转换作用，把待测组分含量的变化转换成电阻值变化，而电阻的测量普遍采用电桥法。电桥法测量电阻，具有线路简单、灵敏度和精度较高、调整零点和改变量程方便等优点。

（一）单电桥测量电路

图 6-6（a）为简单的测量电路，电桥的四个臂分别由 R_n、R_s 电阻丝和两个固定电

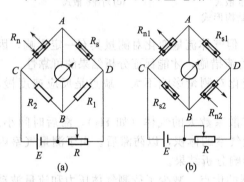

图 6-6　单电桥测量电路

阻 R_1、R_2 组成。R_n 为电桥的测量臂，是置于流经被测气体的测量气室内的电阻；R_s 为参比臂，是置于封有相当于仪表测量下限值的标准气样的参比气室的电阻。当测量气室中通入被测组分含量为下限值的混合气体时，桥路处于平衡状态，即

$$R_1 R_s = R_2 R_n$$

此时电桥无输出，显示仪表指示值为零。当被测气体含量变化时，R_n 的值也相应地随之变化，电桥失去平衡，即

$$R_1 R_s \neq R_2 R_n$$

于是就有不平衡电压输出，输出的电压与 R_n 成正比，这样显示仪表就直接指示出被测组分含量大小。

参比气室是结构型式和尺寸与测量气室完全相同的热导池，气室内封入或连续通入被测组分含量固定的参比气，其电阻值也是固定的，并置于工作臂的相邻桥臂上，其作用是：克服或减小当桥路电流波动及外界条件变化（如 t_c 变化）对测量的影响。

为了提高电桥输出灵敏度，可把图 6-6（a）中固定电阻 R_1、R_2 也改换为参比臂和测量臂，如图 6-6（b）所示。这样测量臂为 R_{n1}、R_{n2}，参比臂为 R_{s1}、R_{s2}，这种电桥称为双臂测量电桥，它的灵敏度为图 6-6（a）的单臂电桥的两倍。

（二）双电桥测量线路

由于加工工艺难以保证测量气室和参比气室的对称性，即干扰影响难以对称性出现，为了消除这方面的影响，可以采用双电桥测量电路，如图 6-7 所示。Ⅰ为测量电桥，Ⅱ为参比电桥。测量电桥中 R_1、R_3 气室中通入被测气体，R_2、R_4 气室中充以测量下限气体；参比电桥中 R_5、R_7 气室充以测量上限气体，R_6、R_8 气室中充以测量下限气体。参比电桥输出一固定的不平衡电压 U_{AB} 加在滑线电阻 R_P 的两端，测量电桥输出电压 U_{CD} 的变化随着被测组分含量的变化而变化。显然若 D、E 两点之间有电位差 U_{DE}，则经放大器放大后，推动可逆电机 ND 转动，并带动滑线电阻 R_P 的滑动点 E 移动，直到 $U_{DE}=0$，放大器无输入信号，此时 $U_{CD}=U_{AE}$。所以滑动触点 E 的每一个位置 x 对应于测量电桥的输出电压 U_{CD}，即相应于一定的气体含量。$x = L U_{CD}/U_{AB}$，L 为滑线电阻的长度。

由此可见，当环境温度、电源电压等干扰信号同时出现在两个电桥中时，虽然会使两个电桥的输出电压发生变化，然而却能保证两者比值不变，仪表指示不受影响，提高了仪表的测量精度。

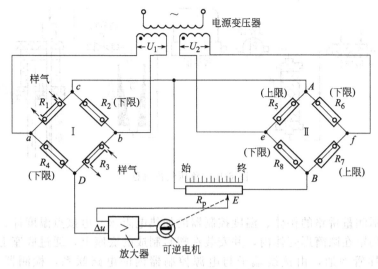

图 6-7　双电桥测量线路

四、RD 型热导式气体分析仪

RD 型热导式气体分析仪品种和规格比较多、结构简单、使用维护方便，被广泛地用来分析混合气体中的 H_2、Ar、SO_2、NH_3 等气体，实现对工艺过程的监控。

RD-004 型氢气分析仪表在化肥厂通常用来分析合成氨生产过程中氢气的含量。

（一）仪表组成

RD-004 型氢气分析仪由取样及预处理系统、检测器、电源控制器、显示仪表四部分组成。其组成框图如图 6-8 所示。

1. 取样及预处理系统

由于取样方法不同，预处理有不同的流程，正压取样及预处理组件有调节阀、稳压器、过滤器、干燥器、流量计及取样探头。其气路流程如图 6-9 所示。负压取样

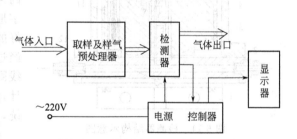

图 6-8　RD-004 型氢分析器组成框图

及预处理组件有抽气泵、调节阀、流量计、过滤器、干燥器和取样头。其气路流程如图 6-10 所示。

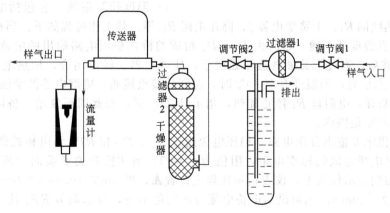

图 6-9　正压气体流程

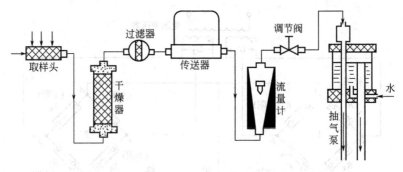

图 6-10　负压气体流程

2. 检测器

检测器包括测量桥路的桥体、温度控制器的加热电阻丝、电接点温度计、底座、接线盒等。所有部件均罩在圆筒形壳体内，并安装在塑料制成的底座上，通过底座上的塑料接头将检测气室与取样管沟通，由接线端子与电源控制器内的电路联系，检测器结构如图 6-11 所示。

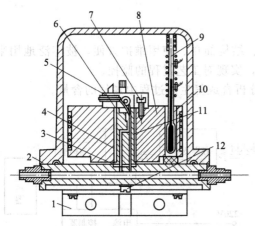

图 6-11　检测器结构示意图

1—支架；2—底座；3—密封垫圈；4—塑料套；
5—接线座；6—桥体；7—连接螺丝；8—金属
骨架；9—电接点水银温度计；10—金属箱；
11—铂丝桥臂；12—螺钉

检测器的核心部分是圆柱形桥体，它有两组结构对称的对流扩散式气室，一组为参比气室，内封装有分析下限浓度的参比气体和热敏元件 R_{s1}，R_{s2}；另一组为检测气室，电桥测量臂 R_{n1}，R_{n2} 置于其中，热敏元件用 $\phi0.02mm$ 高纯铂丝熔包在玻璃毛细管里制成，呈"弓"字形式，铂丝不与被测气体接触，所以具有很好的抗腐蚀性和较高的机械强度，每组元件都经过特殊处理和严格选配。桥体外装有带加热线圈的金属骨架，骨架上装有电接点水银温度计，加热线圈与外部电路组成桥体温度控制系统，使其温度恒定，一般为 60℃。

3. 电源控制器

电源控制器包括直流稳压电源、检测器温度控制系统、桥路供电及检测电桥输出分压电路，如图 6-12 所示。

（1）温度控制系统　它包括电接点水银温度计 K_J、加热线圈 R_J、干簧继电器 J、降压电阻 R_{16} 等。其工作过程如下：当桥体温度低于 60℃时，电接点温度计不通，这时由 $D_5 \sim D_8$ 组成的桥式整流电路输出的电流经过电容 C_2 和电阻 R_{16} 滤波后，通过干簧继电器激磁绕组，使继电器 J 触点闭合，加热电阻丝 R_J 通电加热，指示灯 ZD_2 亮；当温度升至 60℃时，温度计接点接通，则继电器的激磁线圈被短路，继电器 J 触点断开，电阻丝 R_J 停止加热，指示灯 ZD_2 灭。如此周而复始，桥体温度始终保持在 （60±0.5）℃范围内。

（2）电桥供电及输出分压电路　稳压电源通过 R_{10}、R_{11} 和 RP_4 为电桥提供 18V 直流电压。R_{11} 是校对电桥电流的标准电阻，阻值为 0.04Ω。当切换开关 S 拨向"校对"位置时，R_{11} 两端电压加到显示仪表上，仪表指示在规定位置▲，即 8mV （0.04×200＝8）地方，即电桥工作电流为 200mA。如果供给电桥电流与规定值不符，可以调节 RP_4 使仪表指示值在规定位置上。

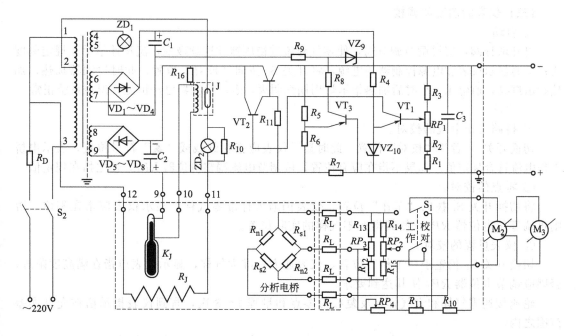

图 6-12 RD-004 型氢分析仪电气原理图

电桥输出信号加在 R_{14}、R_{15}、RP_2 三个电阻组成的分压器上，当 S_1 拨向 "工作" 位置时，显示仪表指出被测组分含量大小。RP_2 为量程调节电位器，用来调节显示仪表的上限。电桥的调零是由电阻 R_{12}、RP_3、R_{13} 组成的分流支路来完成的，它是采用并联调零法，即在相邻的两个桥臂上分别并联比桥臂电阻大得多的 R_{12}、R_{13}，RP_3 为零位调节电位器，用来小范围内调整零位。大范围调整测量下限需改变参比气室内参比气体下限浓度。R_L 为线路补偿电阻，为了减少线路电阻变化的影响，引线应尽量短。用线路补偿电阻把线路总电阻调整为规定值，一般为 10Ω。

（3）直流稳压电源 稳压电源是为测量电路提供稳定工作电压的装置。它是一个带辅助电源和过载保护的串联调整式稳压电路。

4. 显示仪表

RD-004 型氢气分析仪的显示仪表采用 $0\sim10\mathrm{mV}$ DC 的电子电位差计，刻度是按氢含量刻度的。

（二）仪表的安装

仪表的检测器应安装在取样点附近，周围环境应符合仪表的要求，显示仪表安装在控制室内。

① 按不同气路流程用优质橡胶管或软聚乙烯管连接，管路需按要求进行气密性试验，干燥器内装满合适干燥剂、稳压器内注满变压器油或甘油。

② 按说明书中的接线图接线，控制器与检测器之间各连接导线的电阻相等，导线电阻加上线路电阻盒内电阻总和应等于 10Ω，如果导线电阻小于 2Ω，又不影响仪表零位调整可不必调整线路电阻。桥臂电阻绝缘不低于 $20\mathrm{M}\Omega$。

③ 信号线和电源线应分开敷设，信号线采用屏蔽导线（或穿管屏蔽）。仪表应设专用地线，决不能和电源的地线相接。

④ 多台分析仪表在一起时，仪表的排气管线最好单独敷设，如果共用一个排气管，其截面应大于各气路管线面积之和。

（三）仪表的启动和调校

1. 启动

打开取样阀，缓慢调节调节阀，使零气样流进稳压器并连续鼓泡，流量计指示在规定刻度线；接通显示仪表和电源控制器的电源，将开关 S_1 拨向"校对"位置，此时检测器加热，加热指示灯亮，通电 1.5 小时后加热指示灯周期性明灭，表示检测器已经恒温，温控系统正常。

2. 调校

① 桥路工作电流的校对。

切换开关 S_1 置于"校对"位置，此时显示仪表应指在红线或"▲"符号位置，表示电桥工作电流符合规定值。如果不指在应有位置，可调节电流调整电位器 RP_4，使之指在规定值。

② 零点的校对。

将切换开关 S_1 拨向"工作"位置，仪表仍通入标准零气样，显示仪表应指在零位。否则可调零位电位器 RP_3，使其指在零气样的实际位置。

③ 仪表量程的校对。

切换开关 S_1 仍置于"工作"位置，仪表通入标准大气样，显示仪表应指在满高度附近，否则应调节电位器 RP_2 使其达到要求。

轮流接通零气样和大气样，反复校对零点和量程 2～3 次，直到仪表指示值在允许误差范围之内。

全部调校工作完毕后，各电位器应锁紧，并将箱盖盖上、锁紧以保密闭、安全和正常工作。

至此仪表的气路、电路调整工作全部结束，可通流程气监视生产。

（四）使用与维护

仪表的正常运行很大程度上取决于日常使用中的定期调校和精心维护。

应经常检查并调准气样流量，干燥器内干燥剂的潮湿和污染都会增加气阻，严重时甚至会堵塞气路管道，应予及时更换。根据恒温指示灯明灭周期监视仪表温控系统的工作情况，如果指示灯损坏应立即更换。经常清洗仪表可动触点触头，保持良好接触。此外为了保证仪表的全量程范围内的准确性，应定期检查工作电流、零点和满刻度。取样探头要经常检查，发现问题，及时处理。

（五）故障分析与处理

① 显示仪表指示最大或最小，调节零位电位器和量程电位器均不起作用。

产生这种故障的原因，一般是电桥桥臂损坏。这时可测量桥臂电阻值，四个电阻应相等并且符合规定值。若不等或不符合规定值，则桥臂有故障，需更换或重新焊接。一般应送到制造厂修理或更换。

② 恒温控制系统指示灯一直亮而不灭，检测器外壳发烫。

这是由于温控系统失控所致。若把温度计两根引线短路，指示灯随即熄灭，表明温度计损坏，应予更换或修理；若指示灯仍然亮，说明干簧继电器的簧片被粘住不放，需更换干簧继电器。

③ 稳压电源输出不为 18V 或输出不稳定。

一般是由于稳压电源出现故障，需检修稳压电源。

第三节　氧化锆氧分析仪

氧化锆氧分析仪又称为氧化锆氧量计。它是利用氧化锆固体电解质做成的检测器来检测混合气体中氧气的含量。它具有结构简单、反应速度快（测高中氧含量时，时间常数 $T<3s$，测 10^{-6} 级氧含量时，$T\leqslant30s$）、灵敏度高（测量下限可达 10^{-11} 大气压氧）、精度高、稳定性好等优点。它适合于各工业部门用来连续分析各种锅炉的燃烧情况，并可通过自调系统来控制锅炉的风量，以保证最佳的空气燃烧比，达到节约能源及减少环境污染的双重效果。

一、氧化锆固体电解质导电机理

氧化锆 ZrO_2 固体电解质，在常温下具有单斜晶系结构，不导电；在高温 $1150℃$ 时，晶系由单斜晶系转变为立方晶系，同时大约有 9% 体积收缩，有一定的导电能力。如果在氧化锆 ZrO_2 中加入一定量的稳定剂氧化钙 CaO 或氧化钇 Y_2O_3 等稀土氧化物，经高温焙烧后，其晶型变为不随温度而变的稳定的萤石型立方晶体，$ZrO_2 \cdot CaO$ 或 $ZrO_2 \cdot Y_2O_3$。这时四价的锆 Zr^{4+} 被二价的钙 Ca^{2+} 或三价的钇 Y^{3+} 置换，同时产生氧离子空穴，如图 6-13 所示。当温度高于 $600℃$ 后，空穴型的氧化锆就变成了良好的氧离子导体，从而构成氧浓差电池。氧化锆氧分析仪是依据氧浓差电池的原理而工作的。

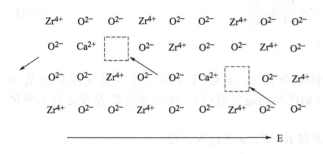

图 6-13　ZrO_2（＋CaO）固体电解质与导电机理示意图

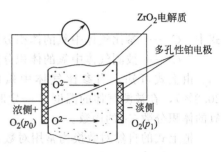

图 6-14　氧化锆氧分析仪检测器原理示意图

二、氧化锆氧分析仪的工作原理

氧浓差电池原理图见图 6-14 所示。

在 $ZrO_2 \cdot CaO$ 固体电解质片的两侧，用烧结法制成几 μm 到几十 μm 厚的多孔铂电极，并焊上铂丝作为引线，就构成了一个浓差电池。多孔铂电极具有催化氧分子和氧离子之间正逆变反应作用。

如电池左侧通入空气（作为参比气），氧分压为 p_0，氧含量一般为 20.8%。右侧通入被测的烟气，氧分压为 p_1（未知），氧含量一般为 $3\%\sim6\%$。当温度达到 $600℃$ 以上时，氧浓差电池表达式为

$$（＋）Pt|空气（氧分压 p_0）\| ZrO_2CaO \| 待测烟道气（氧分压 p_1）|Pt（－）\qquad(6-7)$$

浓差电池中高浓度侧氧分子要向低浓度侧扩散。当高浓度侧的氧分子渗入多孔铂电极后，在铂电极催化作用下发生还原反应

$$O_2+4e \longrightarrow 2O^{2-} \qquad (6-8)$$

因氧分子从铂电极上夺取电子而生成氧离子，使铂电极失去电子，带正电，成为浓差电池的阳极。

氧离子 O^{2-} 通过氧化锆到达低浓度侧的铂电极，氧离子在铂电极作用下发生氧化反应，氧离子氧化为氧分子，同时释放出电子，即

$$2O^{2-} \longrightarrow O_2+4e \qquad (6-9)$$

因低浓度侧铂电极得到电子，而带负电，成为浓差电池的阴极。从而在两电极之间形成静电场。由于静电场的存在，阻碍了氧离子 O^{2-} 从高浓度侧向低浓度侧扩散，加速了低浓度侧的

氧离子向高浓度侧的迁移，最后扩散作用和电场作用达到平衡，氧离子 O^{2-} 正、反运动速率相等。在固体电解质两侧形成电位差，把这种由于浓度不同而产生的电位差称为浓差电势。

浓差电势的大小可用涅恩斯特（Nernst）公式表示

$$E=\frac{RT}{nF}\ln p_0/p_1 \tag{6-10}$$

式中　E——浓差电池电动势，V；

　　　R——理想气体常数，8.315J/(mol·K)；

　　　T——气体绝对温度，K；

　　　n——参加反应的电子数（对氧而言 $n=4$）；

　　　F——法拉第常数，96500℃；

　　　p_0——空气中氧分压；

　　　p_1——待测气体中氧分压。

当待测气体的总压力与参比气体总压力相同，则上式可改写成

$$E=\frac{RT}{nF}\ln\frac{C_0}{C_1} \tag{6-11}$$

式中　C_0——参比气体中氧的体积分数；

　　　C_1——被测气体中氧的体积分数。

由上式可知，当参比气体中氧的体积分数 C_0 确定后（如空气中氧气体积分数为20.8%），在被测气体的温度 T 一定时（如已知烟道气温度），则浓差电势 E 仅是被测气体氧的体积分数 C_1 的函数。

把上式的自然对数换为常用对数，并将 R、F、n 值代入，得

$$E=0.4961\times10^{-4}T\lg\frac{C_0}{C_1} \tag{6-12}$$

氧浓差电势 E 与被测气体氧的体积分数 C_1 的关系如表 6-2 所示。

表 6-2　氧浓差电势与氧浓度的关系

氧的体积分数	氧的浓差电势/mV				氧的体积分数	氧的浓差电势/mV			
	600℃	700℃	800℃	850℃		600℃	700℃	800℃	850℃
1.00	56.89	63.42	69.89	73.20	3.40	33.89	37.77	41.65	43.59
1.10	55.13	61.45	67.76	70.91	3.50	33.34	37.17	40.96	42.87
1.20	53.47	59.60	65.72	68.79	3.60	32.82	36.57	40.33	42.21
1.30	51.97	57.92	63.87	66.85	3.80	31.80	35.44	39.08	40.90
1.40	50.58	56.37	62.16	65.06	4.00	30.83	34.37	37.88	39.66
1.50	49.28	54.92	60.57	63.39	4.50	28.62	31.91	35.11	36.81
1.60	48.06	53.57	59.07	61.82	5.00	26.63	29.69	32.73	34.26
1.70	46.92	52.30	57.67	60.36	5.50	24.85	27.71	30.54	31.96
1.80	45.85	51.10	56.35	58.97	6.00	23.21	25.89	28.52	29.85
1.90	44.83	49.97	55.10	57.67	6.50	21.70	24.19	26.67	27.91
2.00	43.85	48.89	53.88	56.41	7.00	20.31	22.64	24.95	26.11
2.20	42.07	46.89	51.71	54.12	7.50	19.01	21.19	23.36	24.45
2.40	40.44	45.07	49.70	52.01	8.00	17.79	19.84	21.87	22.88
2.60	38.39	43.39	47.85	50.08	8.50	16.65	18.56	20.47	21.42
2.80	37.54	41.84	46.14	48.29	9.00	15.57	17.36	19.13	20.04
3.00	36.23	40.39	44.51	46.62	9.50	14.56	16.23	17.89	17.73
3.20	35.03	39.04	43.05	45.06	10.00	13.55	15.11	16.65	17.45

利用氧化锆浓差电池测量氧含量应满足以下条件。

① 为了保证测量准确性，减少温度 T 的变化对氧浓差电势的影响，在恒温的基础上，仪表应加温度补偿环节。当工作温度恒定在850℃左右时仪表的灵敏度最高。

② 保证参比气体和被测气体压力相同，以保证两种气体的氧分压之比能代表氧含量比。

③ 氧化锆两侧气体（特别是空气）要不断流动更新。以保证有较高的灵敏度。

三、氧化锆氧分析仪的构成

氧化锆氧分析仪由氧化锆探头（又称传感器、检测器）、变送器两部分组成。探头的作用是将氧量转化为电势信号，而变送器的作用是恒定探头中电池温度并将电势信号转换为氧量显示和 4～20mA 电流输出，供记录仪或控制系统使用。

氧化锆管是氧化锆探头的核心，它由氧化锆固体电解质管、铂电极和引线构成，如图 6-15 所示。管外径为 10mm，壁厚 1mm，管长约为 70～160mm，在管内、外壁上各烧结一层长约 20～30mm 的多孔铂电极，通过铂丝引线引出。管子内部通入参比气体，管子外部通入被测气体。

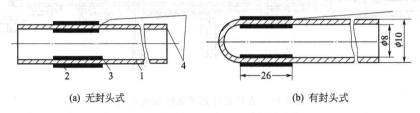

(a) 无封头式　　　　　　　　(b) 有封头式

图 6-15　氧化锆管的结构

1—氧化锆管；2,3—内、外铂电极；4—电极引出线

(一) 直插定温式氧化锆

图 6-16 为直插定温式测量系统方框图。系统由氧化锆探头、温度控制器、毫伏变送器及显示记录仪表组成。

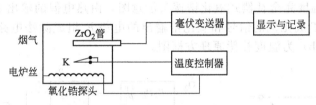

图 6-16　直插定温式测量系统框图

直插定温式氧化锆探头结构示意图如图 6-17 所示。主要由氧化锆管、热电偶、恒温加热器、陶瓷管等构成。氧化锆管构成氧浓差电池，根据被测气体中氧含量的高低转换为相应的 mV 电势；加热器用于加热氧化锆，使它达到某一设定温度范围内；热电偶用于测量氧浓差电池中的温度。氧化锆探头长度为 600～1500mm，直径为 60～100mm。

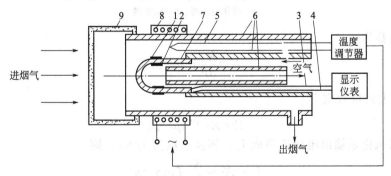

图 6-17　直插定温式氧化锆探头结构示意图

1,2—内外电极；3,4—内外电极引线；5—热电偶；6—氧化铝陶瓷管；

7—氧化锆管；8—恒温加热器；9—陶瓷过滤器

温度控制器、连接探头、热电偶和加热器，用于控制氧浓差电池的温度，使之恒定在某一设定温度上。

毫伏变送器连接探头信号，将氧量信号（mV 电势信号）转换成统一的电流信号，送给显示仪表进行显示。

（二）直插补偿式氧化锆

图 6-18 所示为直插补偿式氧化锆探头结构。与定温式相比无加热器。

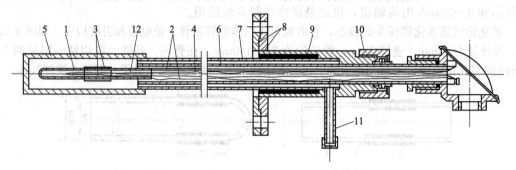

图 6-18　直插补偿式氧化锆探头结构

1—氧化锆管；2—内、外电极引线；3—内、外铂电极；4—绝缘管；5—陶瓷过滤器；

6—高铝管；7—保护套管；8—法兰；9—固定筒；10—固定螺帽；11—导气管；12—热电偶

在测量烟道气中的氧含量时，烟气的温度是不稳定的，恒温控制系统不能达到要求，可采用补偿式测量系统。

1. 完全补偿式测量系统

图 6-19(a) 是温度完全补偿式氧化锆探头示意图，由热电偶的输出 E_T 通过函数发生器转换成与绝对温度 T 成比例的信号和氧化锆输出的电势 E 组成除法电路，即可对温度变化进行补偿。图 6-19(b) 为温度补偿原理方框图。

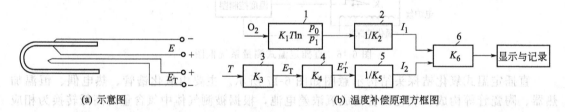

图 6-19　温度完全补偿式氧化锆检测器

1—氧化锆管；2—毫伏变送器；3—热电偶；4—函数发生器；

5—毫伏变送器；6—除法器

氧化锆输出电势为

$$E = \frac{RT}{nF}\ln p_0/p_1$$

令 $K_1 = \dfrac{R}{nF}$，上式可写成

$$E = K_1 T \ln p_0/p_1 \tag{6-13}$$

毫伏变送器将氧化锆输出电势转换成 I_1，转换系数为 $1/K_2$，则

$$I_1 = \frac{E}{K_2} = \frac{K_1}{K_2} T \ln p_0/p_1 \tag{6-14}$$

热电偶输出信号 E_T 通过函数发生器转换成与绝对温度 T 成比例的信号

$$E'_T = K_4 E_T = K_3 K_4 T \tag{6-15}$$

毫伏变送器将电势 E'_T 转换成电流 I_2，转换系数为 $1/K_5$，则

$$I_2 = \frac{E'_T}{K_5} = \frac{K_3 K_4}{K_5} T \qquad (6\text{-}16)$$

除法器输入为 I_1 和 I_2，输出为 I，除法器系数为 K_6，则

$$I = K_6 \frac{I_1}{I_2} \qquad (6\text{-}17)$$

将式(6-14)、式(6-16) 代入式(6-17) 得

$$I = \frac{K_1 K_5 K_6}{K_2 K_3 K_4} \ln p_0 / p_1 = K \ln p_0 / p_1 \qquad (6\text{-}18)$$

由式(6-18) 可知，温度补偿后的输出电流 I 与被测气体工作温度无关。I 的大小仅取决于氧浓差大小，这种补偿称为完全补偿。

2. 部分补偿式测量系统

全补偿式由于所用仪表多、线路复杂、投资大，在实际应用中也可采用部分补偿式的方法来达到温度补偿的目的。图 6-20 为部分补偿式测量系统。此系统将热电偶的输出 E_T 与氧化锆的输出 E 反向串接，可起到部分温度补偿作用。氧化锆由于工作温度升高引起电势增大，热电偶温度升高电势也增大，两电势反向串接，温度变化引起的电势变化可互相抵消。由于两者增量不相同，不能完全抵消，所以只能部分补偿。

图 6-20　部分补偿装置原理示意图

四、DH-6 型氧化锆氧分析仪

DH-6 型氧化锆氧分析仪主要用于分析锅炉、加热炉和窑炉中烟道气中的氧含量。仪表的探头为直插式，可直接置于被测气样中，不需附加取样装置，故能及时反映炉内的燃烧状况，并可与调节仪表组成自动控制系统，以保证最佳的空气燃料比，提高燃烧效率，达到节约能源及减少环境污染的双重效果。

仪表具有性能稳定可靠、结构简单、反应迅速、适用范围广、使用维护方便等特点。仪表由探头、电源控制器、二次仪表、空气泵及变压器组合件组成。

(一) 氧化锆探头

探头部件是仪表的核心，它由碳化硅过滤器、隔爆件、氧化锆元件、加热器、热电偶、气体导管（包括参比气管和校验气管）和接线盒等组成。探头内部结构图如图 6-21 所示。氧化锆元件置于加热器内，用来检测氧浓度的变化。碳化硅过滤器具有两个方面的作用：一是防止气样中的灰尘进入氧化锆元件内部而污染电极；二是起缓冲作用，以减少气流冲击引起的信号噪声。位于过滤器和氧化锆元件之间的是隔爆件，其作用是安全隔爆。它是用网状不锈钢材料制作的，能耐高温和腐蚀。加热器由炉管、加热丝、保护套管及隔热材料、金属外壳组成。镍铬-镍硅热电偶用来检测电极元件部分温度，与加热丝、温控电路配合实现对氧化锆元件恒温控制。在探头底座侧面有一个气体接嘴，是校验气进口，用来做检查和校准探头之用，此接嘴平时是用闷头封死的，以防空气进入。探头所有连接导线全部套在一只蛇皮管内，其中一根双芯屏蔽电缆是探头信号输出线（红色为正，蓝色为负），两根较粗的线为加热线，另两根为热电偶补偿导线，再一根为地线。此外，在蛇皮管内还有一根橡胶（或塑料）管，是用来与气泵相连，以提供探头所需的新鲜干净的参比气体（空气）。

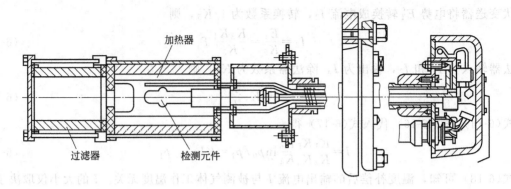

图 6-21　探头内部结构图

过滤器　　　　　　检测元件

（二）电源控制器

电源控制器的作用是控制探头加热器温度及将氧化锆元件产生的氧浓差信号转换为线性标准信号输出。它主要由测量电路和温度控制电路组成。

1．测量电路

测量电路的作用是将氧化锆产生的浓差电势转换成所需线性标准信号（0～10mA 或 4～20mA）输出，送给显示仪表作氧含量显示，此输出信号也可与电动单元组合仪表相配套，组成自动控制系统，从而实现对烟道气氧含量的自动控制。

测量电路包括量程选择电路、高阻抗缓冲放大器、线性化电路及输出电路四个主要部分。测量电路组成框图如图 6-22 所示。

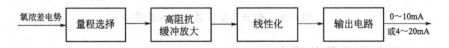

图 6-22　测量电路方框图

量程选择电路的主要作用是调整仪表输出信号的零点和量程。高阻抗缓冲放大器的作用是阻抗转换和信号放大。由于待测气体中氧含量和探头产生的电势 E 是对数关系，因此不便于仪表显示和自动调节。为了实现被测氧含量和仪表输出信号呈线性关系，仪表中采用了非线性补偿电路。输出电路的作用是实现隔离和转换，隔离是指电源隔离和输入/输出隔离；转换是指将输入的电压信号转移成电流信号（4～20mA 或 0～10mA）输出。

2．温度控制电路

从测量原理可知。当氧化锆检测器工作温度恒定时，浓差电势与氧含量成单值函数关系。本仪表采用了温度控制电路，保证检测器电极部位的温度为 700℃。温度控制电路由测温电路、偏差信号放大器、PI（比例、积分）放大器、触发脉冲形成电路、可控硅控制电路等组成。温度控制电路方框图如图 6-23 所示。

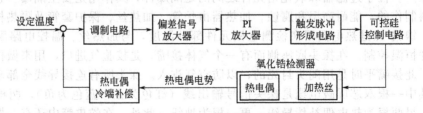

图 6-23　温度控制电路原理方框图

3. 稳压电源

测量电路和温度控制电路所需电源是由三端稳压器（7815 和 7915）组成的直流稳压电源提供的 ± 15VDC 电压。

（三）DH-6 型氧化锆氧分析仪的调校

仪表在使用过程中，应定期用标准气样对仪表进行调校。具体方法是将 1％和 8％的标准气体从校验气孔通入氧化锆探头，反复调节量程零位电位器 RP_1 和量程电位器 RP_2，使显示仪表指在相应的位置。若将探头从烟道内取出再进行校验，会更准确一些。

氧化锆探头部件的过滤器、隔爆器、加热器、氧化锆元件和电极引线等部分都可单独拆卸，便于检查和更换。有关仪表检查和元件更换方法见仪表说明书。

第四节 红外线气体分析仪

红外线气体分析仪是应用气体对红外线光吸收原理制成的一种仪表，它具有灵敏度高、反应快、分析范围宽、选择性好、抗干扰能力强等特点，是分析仪表中应用比较多的一种光学式分析仪表，被广泛地应用于石油、化工、冶金等工业生产中。

一、红外线的基本知识

（一）红外线的特征

红外线是波长在可见光中红色光波长以外的一段光线，故称红外线。其波长为 $0.75 \sim 1000 \mu m$，如图 6-24 所示。工程上又把红外线所占据的波段分为四部分，即近红外、中红外、远红外和极远红外。红外线除具有与可见光相同的反射、折射、直线传播特征外，还具有以下特点。

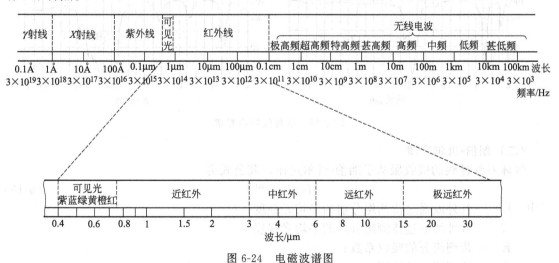

图 6-24 电磁波谱图

① 受热物体是红外线的良好发射源，即红外线辐射容易产生。

② 在整个电磁波谱中，"红外线波段"的热功率最大，因此红外辐射又称为"热辐射"。

③ 红外线辐射容易被物体吸收并转换成热能，而物体的热能变化又容易检测出来。红外线气体分析仪中主要是利用 $1 \sim 25 \mu m$ 之间一段光谱。

由于各种气体的分子本身都具有一个特定的振动和转动频率，只有在红外光谱的频率与分子本身的特定频率相一致时，这种分子才能吸收红外线。所以，各种气体并不是对所有不同波长的红外线都能吸收，而是具有选择性吸收的能力。即某种气体只能吸收某一波长范围或某几个波长范围的红外线，这是利用红外线法对气体的组成定性分析的基础。

由于无极性同核双原子气体，如 N_2、O_2、Cl_2、H_2 及各种惰性气体如 He、Ar、Ne 等不吸收 $1\sim25\mu m$ 波长范围内的红外线，所以红外线气体分析仪不能分析这类气体。

工业红外线气体分析仪主要用来分析 CO、CO_2、CH_4、C_2H_2、NH_3、C_2H_5OH、C_2H_4、C_3H_6、C_3H_8 及水蒸气等气体。其中最常分析的一些气体，如 CO、CO_2、CH_4、C_2H_2、C_2H_6、C_2H_4 的红外吸收光谱如图 6-25 所示。红外吸收光谱图的横坐标为红外线波长，纵坐标为透过气体的红外线的百分率。从图中可看出，例如 CO 气体能吸收红外线波长（又称特征吸收波长）为 $2.37\mu m$ 和 $4.65\mu m$，而且看出 CO 对波长为 $4.65\mu m$ 附近的红外线吸收能力强。即对 $4.65\mu m$ 的红外线具有最大的吸收。CO_2 的特征吸收波长为 $2.78\mu m$ 和 $4.26\mu m$，CH_4 的特征吸收波长为 $3.3\mu m$ 和 $7.65\mu m$。

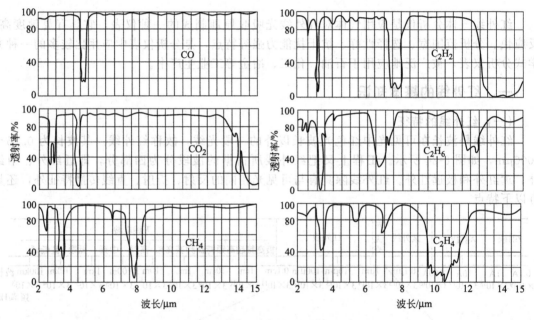

图 6-25　红外线吸收光谱

（二）朗伯-贝尔定律

气体对红外线的吸收服从于朗伯-贝尔定律，其公式为

$$I = I_0 e^{-KCL} \tag{6-19}$$

式中　I_0——红外线通过待测组分前的平均光强度；

　　　I——红外线通过待测组分后的平均光强度；

　　　K——待测组分的吸收系数；

　　　C——待测组分的浓度；

　　　L——红外线通过待测组分的长度（气室的长度）；

　　　e——为 2.718。

上式表明，K 对某种待测组分来说是一个确定的常数，而当红外线通过待测组分的长度 L 以及通过待测组分前的光强 I_0 一定时，红外线透过待测组分后的光强度 I 就只是浓度 C 的单值函数。并且 I 随着待测组分浓度的增加而以指数规律下降。如图 6-

26 所示。这种非线性关系对仪表的刻度会引起一定的误差。但从图中可以看出，当被测组分浓度不大，吸收层厚度 L 很小时，有 $KCL \leqslant 1$ 时，式（6-19）可近似地成为下面的线性关系

$$I = I_0(1 - KCL) \tag{6-20}$$

根据上式，通常在红外线气体分析仪的设计中，被测气体固定后，K 值即固定。则应使 C 和 L 的乘积比较小。所以当被测气体的浓度较大时，为保证线性，选用较短的检测气室；而当被测气体的浓度较小时（如微量分析仪），线性易保证，为提高灵敏度，应选用较长的检测气室。式（6-20）是利用红外线法对待测气体定量分析的基础。

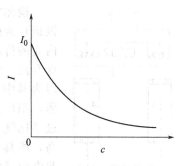

图 6-26　光的吸收与物质浓度的关系

二、红外线气体分析仪的结构形式及工作原理

（一）红外线气体分析仪的结构形式

从红外线分析仪的用途和要求出发，可以分为工业型和实验室型；从物理特征出发，又可分为色散型（分光式）和非色散型（非分光式）两种形式。

分光式是根据待测组分的特征吸收波长，采用一套光学分光系统，使通过被测介质层的红外线波长与待测组分特征吸收波长相吻合，进而测定待测组分的浓度。分光式红外线分析仪主要用在实验室。

非分光式是光源的连续光谱全部投射到待测样品上，而待测组分对红外线有选择性吸收，即待测组分仅吸收其特征波长的红外线。工业过程主要是应用这类仪表。其主要类型如图 6-27 所示。

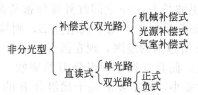

图 6-27　工业红外线气体分析仪类型

（二）直读式红外线气体分析仪

直读式红外线气体分析仪的基本原理是，一束光通过气室后，对红外线来说，由于特征波长光被吸收而光强减弱，减弱程度取决于气室内气体的浓度。对气室内的气体来说，由于吸收了红外线而温度升高。测出温度的变化，便可知道被测气体的浓度。

分析仪的结构原理图见图 6-28 所示。

两个相同的镍铬合金丝辐射器，构成红外线光源 1，由光源稳流器供给 1.3A 的恒定电流，将其加热至一定温度（700～900℃），辐射器就能辐射出两束具有相同波长范围和相同能量的红外线。两束平行光束由同步电机 2 带动切光片 3 以 3～25Hz/s 的频率调制成断续的红外线，其一束通过参比气室 5 到达检测室 6 的一边，参比气室中封入的是不吸收红外线的气体如 N_2，它的作用是保证两束红外线的光学长度相等，即几何长度和通过窗口数要相等，因此通过参比气室而到达检测器的红外线光强和波长范围基本不变。另一束通过工作气室 4 后进入检测器 6 的另一边，因工作气室 4 连续通过被测气体，根据朗伯-贝尔定律，被测气体吸收了一部分红外线辐射能，使出工作气室的平均光强减弱，此光到达检测室 6 的另一边。因此到达检测室左右两边的两束红外线辐射产生了差异。

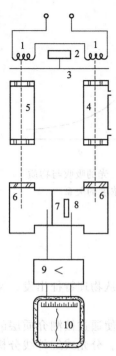

图 6-28　直读式红外线
分析仪原理图

1—灯丝；2—同步电机；
3—切光片；4—测量室；
5—参比室；6—检测器；
7—薄膜；8—定片；
9—放大器；10—记录仪

检测室（也称电容微音器）是一个由铝膜（动极板）和铝板（定极板）为两极的电容器，内充待测气体。当检测室接收到红外光后，内充的待测气体要进一步吸收其特征波长的能量，使检测室内气体温度升高。到达检测室左右两边的两束红外线强度不同，温升也不同。因为其中一束红外光在工作气室中已被待测气体吸收过一次而光强较弱，则检测气室内相应的一侧气体温度较低，所具有的压力小。而通过参比气室的那束红外光强度大，检测气室内相应的一侧气体温度较高，所具有的压力则大。所以电容器动片自然朝工作室一边凸起，引起电容量的变化，由于切光片的运动，使电容器薄膜周期振动，从而引起电容微音器电容量的周期变化，其振动频率决定于切光频率，振动幅度决定于待测物体的浓度。

由电容器电容量的周期变化而产生的电流信号经放大器 9 放大，并由记录仪表 10 进行指示和记录。

显然待测组分浓度越大，进入检测室的两束红外线能量差值也越大，薄膜电容器的电容量变化也就越大，输出信号就越大。这是"正式"红外线气体分析仪的基本原理。

在待分析的混合气体中，除了待测组分之外，其余气体称为背景气体。如果背景气体中某一或某几个组分的特征吸收波长范围与待测组分的特征吸收波长范围互相重叠，就称为干扰组分。干扰组分的存在，对测量准确度影响很大。

设待测组分为 A，其吸收红外线波长为 $a \sim c$ 之间；干扰组分为 B，其吸收红外线波长为 $b \sim d$ 之间，如图 6-29 所示。

可见波长为 $b \sim c$ 之间红外线能被待测组分 A 和干扰组分 B 同时吸收，假如背景气体中无干扰组分 B，则检测室吸收的能量应该是 a、c、f、e、a 所包围的范围，现在因干扰组分 B 的存在，波长 $b \sim c$ 之间的能量不仅能被待测组分 A 所吸收，而且也被干扰组分 B 所吸收，一方面造成作用于检测室的红外线能量比不含干扰组分 B 时要小，更重要的是干扰组分 B 的含量也不恒定，当 B 的含量变化时，检测器在 $a \sim b$ 之间波长范围内所吸收的红外线能量也变化，会给测量造成误差。

为了避免干扰组分的存在给测量带来的误差，当待分析气体中有干扰组分时，就要设置滤波气室。滤波气室内充以一定浓度的干扰气体。设有滤波气室的直读式红外线分析仪工作原理及能量分布图如图 6-30 所示。

从结构上看，图 6-30 较图 6-28 中的直读式红外线分析仪多了两个滤波气室。结合图 6-30（b）（b′）来分析其工作原理。

被测组分为 A，吸收波长为 $a \sim c$ 之间，B 为干扰组分，吸收波长为 $b \sim d$ 之间，重叠部分为 $b \sim c$ 之间的波长。比较①①′，说明光源发出的两束红

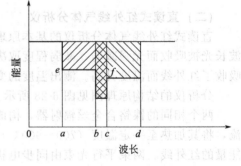

图 6-29　干扰组分与待测组分吸
收波长的重叠

外线光强，波长范围相同。比较②②′，左侧参比气室不吸收红外线，光强不变，右侧工作气室内被测组分 A 吸收了 $a \sim c$ 波长的一部分红外线能量，干扰组分 B 吸收了 $b \sim d$ 波长的一部分红外线能量。比较③③′，左侧滤波气室吸收了 $b \sim d$ 波长的全部能量，右侧滤波气室吸收了 $b \sim d$ 波长经过工作气室后所剩下的全部能量。这样，工作气室内被测组分 A 所吸收

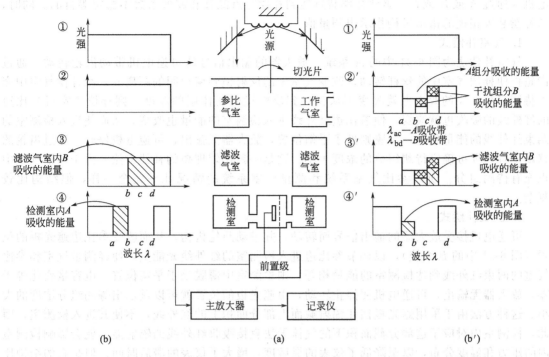

图 6-30　设有滤波气室的红外线分析仪工作原理和能量分布示意图

的 $b\sim c$ 波长的能量及干扰组分 B 所吸收的 $b\sim d$ 波长的能量，加上滤波气室所吸收的 $b\sim d$ 波长能量总和始终与右侧滤波气室所吸收的 $b\sim d$ 波长的能量相等。因此，认为 $b\sim d$ 波长的能量被滤掉，不会有 $b\sim d$ 波长的光进入检测室，两束光路仅仅是 $a\sim b$ 波长的能量差。比较 ④④′，检测器左边检测室吸收了左边光束中 $a\sim b$ 波长的全部能量，右手检测室吸收了右边光束中 $a\sim b$ 波长所剩余的红外线能量。可见，两检测室所吸收的能量总等于工作气室内被测组分 A 所吸收的 $a\sim b$ 波长的能量。从而消除了干扰组分 B 对测量的影响。

（三）补偿式红外线气体分析仪

直读式红外线气体分析仪的结构比较简单，但其工作的可靠性与测量元件的质量关系很大，如果元件的质量不高，则容易产生零点漂移和放大系数不稳定等毛病。为此可采用补偿式结构。补偿式的优点是性能稳定可靠、外界干扰影响小，即使放大器的稳定性差些，对输出亦无影响。

补偿的方法有机械补偿式、光源补偿式、气室补偿式三种，为了简明起见，图 6-31 中 A、B、C 分别代表三种补偿方法的控制信号线。

补偿式红外线气体分析仪的基本工作过程是：当待测组分通入工作室后，引起到达检测室两侧的红外线光强度不同，检测室内的薄膜产生位移，电容量相应变化，通过前置级进行阻抗转换，经主放大器进行放大后，带动可逆

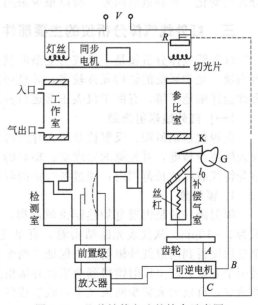

图 6-31　几种补偿方法的综合示意图

电机（通过 A 或 B 或 C）驱动补偿装置达到补偿零点漂移和放大系数不稳定等目的。同时，与补偿装置相连的指示机构指示出测量值。

1. 气室补偿式

气室补偿法为图 6-31 中的 A 系统。放大器的输出信号使可逆电机带动齿轮转动，通过齿轮再使补偿气室中的丝杆转动，改变气室中的反射镜到窗口间的距离 l_0，在补偿气室中充入待测组分，l_0 的改变也就改变了从窗口到反射镜间气体层的厚度，则补偿气室对参比边的红外线的吸收也就改变，使参比边红外线进入检测室的能量也改变，从而使进入检测室的两束红外线的能量相等，薄膜则处于平衡位置，放大器无输出，可逆电机停转。通过齿轮的移动位置，即可确定待测组分的浓度大小。这是一种比较理想的补偿方法，由于补偿气室中也充有待测组分，所以参比气室系统和测量气室系统的情况几乎完全一样，但结构比较复杂。

2. 机械补偿式

可逆电机接受放大器的输出信号而转动，并带动凸轮机构，从而改变参比边遮光板的位置（图 6-31 中的 B 系统），以调节参比边进入检测室的红外线光能量，使经测量气室和参比气室的两束红外线到达检测室的能量相等，则检测室中薄膜处于平衡位置，电容量变化等于零，放大器无输出，可逆电机便停止转动，由遮光板的位置就可以显示出等测组分浓度的大小。这种方法由于采用遮光板挡住辐射截面上部分面积上的红外线，不使其进入检测室，因此，检测室内对应于这部分截面积下的气体无法直接吸收红外线的辐射能，就会影响检测室内的压力和温度分布，以至降低了仪表的灵敏度，增大了仪表的滞后时间。但是它的结构比较简单，因此应用较多。

3. 光源补偿式

如图 6-31 中 C 系统，可逆电机接受放大器输出信号而转动，带动可变电阻 R 的滑动触点，从而改变了参比边灯丝中流过的电流强度，进而改变了参比边红外线光源发射红外线的强度，使检测室两侧接收到的红外线强度相等，薄膜处于平衡状态，放大器无输出，可逆电机停止转动，根据电阻滑动触点的平衡位置可确定待测组分浓度大小。这种方法由于改变了光源的加热电流，从而改变了光源的加热温度，结果在补偿的同时又会引起光源辐射光谱成分发生变化，容易造成误差。所以很少采用。

三、红外线气体分析仪的主要部件

红外线气体分析仪是一种较为复杂的仪表。从总的结构讲可分为两部分，光学系统和电气系统。光学系统的结构元件较多，并且每部分元件都有某些特殊要求，对这些元件的结构和性能仔细地了解，有助于仪表正常运行和维护。下面对光学系统的结构元件作一些介绍。

（一）红外线辐射光源

光源包括辐射源、反射镜及切光片三部分。为了使光源所辐射的红外线强度恒定，保证仪表的测量精度，对光源的要求是：辐射的光波成分要稳定；辐射能量应大部分集中在待测组分特征吸收波长范围内；通过各气室的红外线要求严格地平行于气室的中心轴。

1. 辐射源

辐射源一般是由通电加热镍铬丝而得，工作温度为 $700 \sim 900℃$，发出的红外线辐射波长为 $3 \sim 10 \mu m$。从仪表光路结构看，有单光源和双光源之分，单光源是用一个光源通过两个反射镜得到两束红外辐射线，保证了两个光源变化一致，但安装调整比较困难。双光源是用两个光源、两个反射镜得到两束红外辐射线，特点是安装调整比较容易，通过对光路平衡的调整，可以大大减少两束光不一致造成的误差。光源灯丝的几何形状常绕制成螺旋形或锥形，见图 6-32 所示。

螺旋形　　锥形

图 6-32　光源灯丝绕制形式

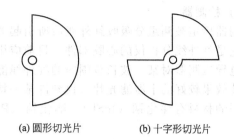

(a) 圆形切光片　　(b) 十字形切光片

图 6-33　切光片形式

2. 反射镜

对反射镜要求是光洁度高、表面不易氧化、反射效率高。一般用铜镀铬、黄铜镀金、铝合金抛光等办法制成。单光源使用平面反射镜。双光源使用抛物面反射镜，反射面做成球形或圆锥形。尽管加工复杂，但易得到平行光。

3. 切光片

切光片的形状见图 6-33 所示。因为红外线是不随时间而变化的恒定光束，则检测器的薄膜总是处于静态受力，向一个方向固定变形。这样既影响薄膜作用寿命，又使待测组分有微小变化时，薄膜相对位移量小，电气测量也比较困难。因此，在红外线分析仪中采用切光片把红外线光束调制成时通时断地射向气室和检测器的脉冲光束，从而把电容检测器的直流输出信号变为交流信号，提高了灵敏度和抗干扰能力，也便于信号放大。切光片在几何上应严格对称，这样调制的光波信号也是对称的光波。调制频率一般为 6.25Hz。

（二）气室及滤波元件

仪表所用气室包括测量气室（工作气室）、参比气室和滤波气室，为圆筒形，两端用光学晶片（或称窗口）密封，除了测量气室带有气体进出口外；其他气室都是密闭的。要求气室内壁光洁、不吸收红外线、不吸附气体、化学性能要相当稳定，因此，所用的材料一般为内部表面抛光的黄铜镀金、玻璃镀金或铝合金管。

1. 测量气室的长度

测量气室的长度应保证线性刻度及仪表灵敏度。当待测组分种类确定后，气室长度短一些，并可在仪表的放大器部分采用线性校正网络，使输出与待测组分浓度呈线性关系。而用于微量分析时，气室长度应长一些，以保证仪表的灵敏度。

2. 晶片

气室、检测器用的晶片，既要保证气室的密封性能，又要有良好的透射性能；吸收、反射和散射损失应当很低；要有一定的机械强度、不易破裂、不怕潮湿、表面光洁度能长期保持；对接触的介质应有化学稳定性。常用的晶片材料有氟化钙、氟化锂、石英、蓝宝石等，国内的红外线分析仪采用氟化钙的最多，也有用蓝宝石的。

晶片上沾污、积灰、有毛发等都会引起仪表灵敏度下降和零点漂移，所以只能用镜头纸、绸布等擦拭，不可用手触及表面。

3. 滤波元件

滤波元件包括滤波气室和滤光片。滤光片是在晶片表面上喷涂若干涂层，使它只能让待测组分所对应的特征吸收波长的红外线透过，且透过的是一个很窄的波长范围，而不让其他波长的红外线透过或使其大大衰减。从而把各种干扰组分的特征吸收波长的红外线都过滤掉，使干扰组分对测量无影响，滤光片具有滤波效果好、工作可靠、结构简单等优点，但制造工艺复杂，在只有一、二种干扰组分时，滤光片不如滤波气室过滤彻底。

(三) 检测器

检测器检定被测组分吸收红外线后所引起的能量的微弱变化量，并将此变化量转变为电信号，它是红外线分析仪的心脏部件。目前应用的有光电导式和薄膜电容式两种检测器。

光电导检测器对某一波长范围内的红外线能量都能吸收，故称为非选择性检测器，它必须和滤波效果较好的干涉滤光片（仅允许某一特定波长的红外线通过）配合使用。光电导检测器采用的材料有锑化铟（InSb）、硒化铅（PbSe）、硫化铅（PbS）等，用得最多的是锑化铟。

薄膜电容检测器又称薄膜微音器或电容微音器。由于这种检测器内充以待测组分，它只吸收待测组分特征吸收波长的红外线，所以具有选择性好、灵敏度高、制造工艺简单等优点，在工业红外线气体分析仪中被广泛应用。薄膜电容器是由薄膜作为电容器的动片与定片，构成一个以气体为介质的电容器。薄膜电容检测器有单通式和双通式两种。

单通式检测器结构简图如图 6-34 所示。单通式采用半圆形切光片，它使红外线光束轮流进入检测室。工作原理如图 6-36(a) 所示。单通式检测器稳定性较高。

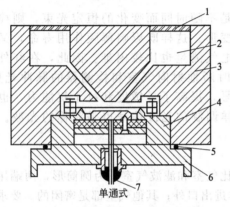

图 6-34　单通式检测器结构简图

1—晶片；2—气室；3—壳体；
4—薄膜电容检测器；5—密封圈；
6—后盖；7—电极引线

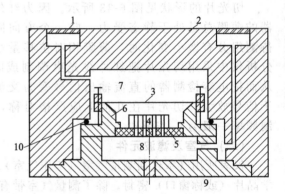

图 6-35　双通式检测器结构简图

1—晶片（窗口）；2—壳体；3—薄膜；4—定片；
5—绝缘体；6—支持器；7,8—薄膜两侧的空间；
9—后盖；10—密封垫圈

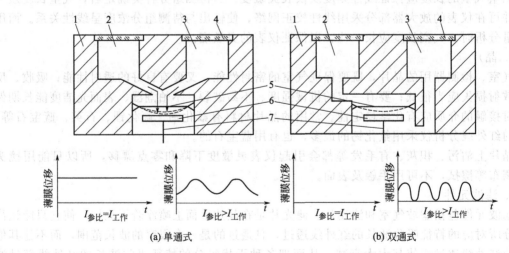

(a) 单通式　　　　　　　　　　(b) 双通式

图 6-36　薄膜电容式检测器工作原理图

1—检测器壳体；2—参比边检测器；3—工作边检测室；
4—窗口镜片；5—薄膜；6—固定极板；7—引出电极

双通式检测器的结构简图如图 6-35 所示。采用十字形切光片，它使两路光同时进入检测气室。工作原理如图 6-36（b）所示。双通式检测器灵敏度较高。

四、QGS-08 型红外线分析器

QGS-08 型红外线分析器，是北京分析仪器厂从西德麦哈克（Maihak）公司引进的，具有国际先进水平。用来连续测定气体和蒸气的相对浓度。适用于大气监测、废气控制和化工、石油工业等流程分析控制，而且也适用于实验室分析。

由于分析器设计成卧式结构，可以容纳较长气室，因而可作气体浓度的微量分析（如 CO：$0\sim30\mu l/L$；CO_2：$0\sim20\mu l/L$）。它具有整体防震结构，改变量程或测量组分，只要更换气室或检测器即可。电气线路采用插件板形式，以便更换或增添新的印刷板。因此有良好的稳定性和选择性，并且维护量较小。

（一）测量原理

QGS-08 型红外线分析器属于非分光型红外线分析仪，带薄膜微音器型检测器。检测器由两个吸收室组成，它们相互气密，在光学上是串联的。先进入辐射的称为前吸收室，后面的称为后吸收室。前吸收室由于较薄主要吸收带中心的能量，而后吸收室则吸收余下的两侧能量。检测器的容积设计使两部分吸收能量相等，从而使两室内气体受热产生相同振幅的压力脉冲。当被分析气体进入气室的分析边时，谱带中心的红外辐射在气室中首先被吸收掉，导致前吸收室的压力脉冲减弱，因此压力平衡被破坏，所产生的压力脉冲通过毛细管加在差动式薄膜微音器上，被转换为电容的变化。通过放大器把电容变化变成与浓度成比例的直流测定值，从而测得被测组分的浓度。其结构原理示意图如图 6-37 所示。

为了保证进入分析仪表的气体干燥、清洁、无腐蚀性，装设的预处理装置如图 6-38 所示。

气体温度超出 100℃ 时应加装水冷却器。预过滤器内装棉花，用以过滤气样中的灰尘、机械杂质及焦油。化学过滤器，滤掉 SO_2、H_2S 和 NH_3 等腐蚀性气体。化学过滤器内装无水硫酸铜试剂（$CuSO_4$ 96%，Mg 0.2%，石墨粉 2% 用水合成形 $300\sim400$℃ 烘干）。当试剂失效后，便由原来的蓝色变成黑褐色。干燥过滤器内装干燥剂（氯化钙或硅胶）用来干燥气体。

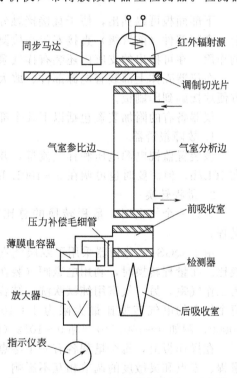

图 6-37　QGS-08 型红外分析仪原理示意图

（二）QGS-08 型分析器结构

QGS-08 型分析器设计成嵌装式（19″插入式和表板开孔截面 267×450mm），也有壁挂型和简易型。

在 QGS-08 分析器分成几块的上面板上，在指示仪表下面装有电源开关，样气泵开关，以及故障报警、控温、电源和泵用的发光二极管，多量程时还有量程转换开关和表示量程的发光二极管。在下面板上装有检查过滤器。

电源和记录器接线用插头连接，与控制输入和继电器接点用的插座以及与样气入口和出口的接头一起安装在仪器的背面。

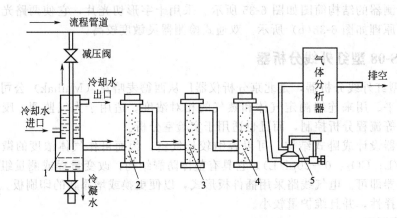

图 6-38　预处理装置系统图

1—水冷却器；2—预过滤器；3—化学过滤器；4—干扰过滤器；5—流量控制器

下部面板可以抽出，便于直接接触分析器。分析器通过防震元件装在可抽出的恒温底座上。高频部件（前置级）直接安装在检测器上，这样，更换检测器时不会影响电气温度补偿的作用。在可抽出的支座内还装有样气泵和留有安装电磁阀的部位。

在仪器壳体上部装有电源部件、放大器和其他附加的印刷板。打开上部右方面板，即可方便地接触到印刷板。

仪器备有的附加装置包括以下几个部分。

1. 故障报警器

该装置监视电源电压和样气流量，并发出泵工作中断或样气管道堵塞的信号。阈值可调在 10L/h，但需要时也可调在 5～100L/h。

2. 量程转换

只有一个气室时，量程转换的总比例可为 1：10。在上述比例范围内最多可有 4 个量程。

由于 QGS-08 分析器采用了双层气室（两个气室串联），在两量程之间可取得很大的转换比。在量程转换时，利用电磁阀（装在仪器壳体可抽出的支座上）转换气路。一个气室作为工作气室，另一气室用纯氮吹洗。结合量程转换装置，可有四个量程供选择。双层气室中每个气室的电气转换比最大限为 1：10。按照气室的长度比，则最大转换比可达到 1：10000，例如 0～100×10⁻⁶ 和 0～10%（体积）。

在操作板上，每个量程各有一个零点和一个灵敏度调节电位器，这样便可单独调校每个量程。零点和灵敏度的调节相互不影响。

3. 自动量程转换

当指示超过或低于所调定的测量上限值时，仪器能自动地转换成较高或较低的量程。自动转换的量程最多有三个。

4. 对数化

利用对数校正曲线，指示仪表能覆盖较大浓度的量程。同时在低浓度范围有较高的分辨率。

5. 线性化

所有量程的校正曲线均可用电气方法线性化。

6. 量程压缩

量程压缩最大可达满量程的 70%，结合量程转换可得下列各量程，0～100×10⁻⁶；（20～40）×10⁻⁶；（40～80）×10⁻⁶ 或 0～50%；50%～100%（体积）。在四个量程中最多能够压缩 2 个量程。

7. 极限值开关

仪器有 3 个极限值接点。这些接点可在所有量程内调节。转换接点可从外部接入。

8. 差动测量

把参比气通过气室参比边，把零点调到刻度中点，分析器便可以进行差动测量，例如 $(-20 \sim +20) \times 10^{-6} CO_2$，以空气（约 $300 \times 10^{-6} CO_2$）作为参比气体。

9. 带 2-10 进制编码输出的数字显示

带指示表头的变压器部件采用 $3\frac{1}{2}$ 位数字显示装置替换。该部件除有一个 20mA 的输出插孔外，还有一个 2-10 进制编码并行输出。显示值和小数点位置能与量程相一致。在转换量程时显示值也随量程自动作出相应转换。

(三) 仪表的安装和调整

1. 安装的一般要求

要使红外线分析仪长期稳定运行，则要求安装仪表的现场尽可能地符合仪表使用条件。即：温度稳定（包括风吹、日晒、雨淋和强烈热辐射等）、无明显的冲击和振动、无强烈腐蚀性气体、无外界强电磁场干扰、无大量粉尘等。为了减少测量滞后，仪表尽可能地靠近取样点。外壳要可靠地接地。对于零气样和被测的样气均需按仪表的要求严格处理。

2. 仪表的光路平衡调整

两束红外线能量相等的标志是仪表指示值最小，如图 6-39 曲线 A 点所示。为了检查光路平衡是否调整好，可通过"状态检查"按钮进行，当按下"状态检查"按钮时，工作边光源电流将被分流一部分，使工作边光能量减小，这就相当于给了一个固定信号，仪表指示应由小到大，单方向偏转，说明"光路平衡"已调整好。若指示向减小方向偏转或先向减小方向偏转，尔后又向增大方向偏转，即出现"回程"现象，说明"光路平衡"没有调好，应当重新调整，直到不出现"回程"现象为止。

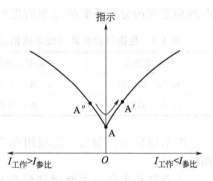

图 6-39 "回程"现象示意图

由检测器测量原理可知，仪表输出电压 $U = f(\Delta C)$，只要 $I_{工作} \neq I_{参比}$，不论哪一个大，仪表都会有一个指示值，如图 6-39 曲线所示。设仪表通零气样时，$I_{工作} > I_{参比}$（如图曲线中 A″ 位置），仪表有一个指示值；而当仪表改通被测组分浓度大于零的样气，$I_{工作}$ 逐渐减小，指示值沿着曲线经过 $I_{工作} = I_{参比}$ 这一平衡点（即 A 点）后，再向 $I_{工作} < I_{参比}$ 方向变化，指示表指针的移动过程如图中箭头所示，是先减小，然后增大，此即"回程"现象。为了消除"回程"现象一般在调整时使 $I_{参比}$ 稍大于 $I_{工作}$，仪表通入零气样时，仪表指示在 A′ 位置。这样就不会出现"回程"现象了。

第五节　工业气相色谱仪

气相色谱仪是一种多组分分析仪表，它用分离分析方法，对混合物能进行多组分分析测定。具有选择性好、分析的灵敏度高、分析速度快和应用范围广等特点。被广泛应用在生产和科研各个领域，是工业生产、科学研究的有力的分析工具。

色谱法是俄国植物学家茨维特（Tsweet）于 1906 年首先提出来。他在研究植物叶的色素成分时，将植物叶子的萃取物倒入一根装有碳酸钙吸附剂的直立玻璃管内，然后加入石油醚使其自由流下，结果在管内形成不同颜色的谱带，即色素中不同的色素成分得到分离。这种方法因此得名为色谱法，以后此法逐渐应用于无色物质的分离，"色谱"二字虽已失去原来的含义，但这种分离物质成分的方法仍被人们沿用至今。

色谱法是一种物理分离技术，它可以定性、定量地一次性分析多种物质但并不发现新物质。其物理过程是，被分离的混合组分分布在两个互不相溶的两相中，其中一相是固定不动的称固定相，另一相则是通过或沿着固定相做相对移动的称流动相。流动相在流动过程中，被分离的混合组分在两相中利用分配系数或溶解度的不同进行多次反复分配，从而使混合组分得到分离。

在色谱法中，固定相有两种状态，即在使用温度下呈液态的固定液和在使用温度下呈固态的固体吸附剂。流动相也分两种，液体物质和气体物质，气体流动相也称载气。装有固定相的管子（玻璃管或不锈钢管）称为色谱柱。

从不同的角度有各种分类方法。按应用场合，可分为实验室色谱仪和工业色谱仪；按照流动相的状态，可分为气相色谱仪（固定相为液体或气体）和液相色谱仪（固定相为液体或气体），如表 6-3 所示。

按照分离原理，可把色谱法分为吸附色谱和分配色谱两类。吸附色谱是利用吸附剂对混合物质的不同组分的吸附能力的差别而进行分离的；分配色谱是利用混合物质中的不同组分在两相之间的分配系数的差别而进行分离的，如表 6-4 所示。

表 6-3　色谱仪的分类（按流动相状态）

气相色谱仪	液相色谱仪
1. 气—液色谱	1. 液—液色谱
2. 气—固色谱	2. 液—固色谱

表 6-4　色谱法的分类（按分离原理）

吸附色谱	分配色谱
1. 气—固色谱	1. 气—液色谱
2. 液—固色谱	2. 液—液色谱

本节仅研究目前被广泛应用在工业流程中，以气体为流动相，以液体为固定相的工业气相色谱仪。

工业气相色谱仪主要由样气预处理系统、载气预处理系统、取样装置、色谱柱、检测器、信号处理系统、记录显示仪表、程序控制器等组成，如图 6-40 所示。

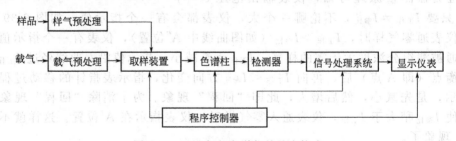

图 6-40　工业气相色谱仪的基本构成

在程序控制器的控制下，载气经预处理系统减压、干燥、净化、稳压、稳流后，再经取样装置到色谱柱、检测器后放空。被测气体经预处理系统后，通过取样装置进入仪表，被载气携带进入色谱柱，混合物通过色谱柱后被分离成单一组分，然后依次进入检测器，检测器就根据各组分进入的时间及其含量输出相应的电信号，经过数据处理由显示仪表直接显示出被测各组分的含量。

一、气相色谱分析原理

(一) 气相色谱的分离原理

气-液色谱中的固定相是涂在惰性固体颗粒（称为担体）表面的一层高沸点的有机化合物的液膜，这种高沸点的有机化合物称为"固定液"。担体仅起支承固定液的作用，对分离不起作用。起分离作用的是固定液。分离的根本原因是混合气体中的各个待测组分在固定液中有不同的溶解能力，也就是各待测组分在气、液两相中的分配系数不同。

当被分析样品在载气的带动下，流经色谱柱时，各组分不断被固定液溶解、挥发、再溶解、再挥发…，由于各组分在固定液中溶解度有差异，溶解度大的组分较难挥发，向前移动速度慢些，停留在柱中的时间就长些，而溶解度小的组分易挥发，向前移动速度快些，停留在柱中的时间短些，不溶解的组分随载气首先流出色谱柱。这样，经过一段时间样品中各组分就被分离，图 6-41 为样品在色谱柱中分离过程示意图。设样品中仅有 A 和 B 两种组分，并设 B 组分的溶解度大于 A 组分的溶解度。t_1 时刻样品被载气带入色谱柱，这时它们混合在一起，由于 B 组分较 A 组分溶解度大，B 组分向前移动的速度比 A 组分小，在 t_2 时已看出 A 组分超前、B 组分滞后，随时间增长，两者的距离逐渐拉大，最后得以分离。两组分在不同时间先后流出色谱柱，而进入检测器，随后记录仪记录下相应两组分的色谱峰。

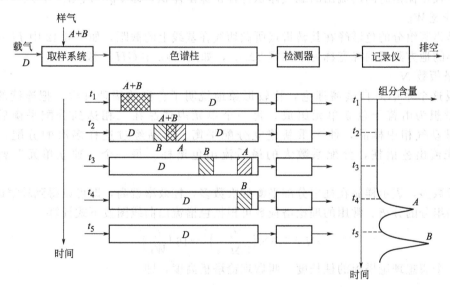

图 6-41　组分 A、B 在色谱柱中分离过程示意图

设某组分在气相中浓度为 C_G，在液相中的浓度为 C_L，则它的分配系数 K 为

$$K = C_L / C_G \qquad (6-21)$$

各个气体组分的 K 值是不一样的，是某种气体区别于其他气体特有的物理性质。

显然分配系数越大的组分溶解于液体的性能越强，因此在色谱柱中流动的速度就越小，越晚流出色谱柱。反之，分配系数越小的组分，在色谱柱中流动的速度越大，越早流出色谱柱。这样，只要样品中各组分的分配系数有差异，通过色谱柱就可以被分离。

(二) 色谱图及常用术语

色谱图又称为色谱流出线，它是样气在检测器上产生的信号大小随时间变化的曲线图形，是定性和定量分析的依据。图 6-42 为典型的色谱图，曲线所示为一个峰形面积，它表示样品中某一组分的含量。

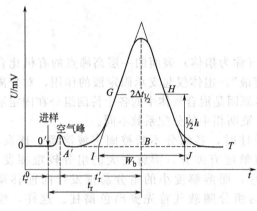

图 6-42 色谱流出曲线图

色谱分析的常用术语如下。

1. 基线

无样品进入检测器时，记录仪所划出的一条反映检测器随时间变化的曲线，叫做基线。稳定的基线为一条直线，如图 6-42 中 $0\sim T$ 线。

2. 死时间 t_r^0

不被固定相吸附或溶解的气体（如空气），从进入色谱柱开始到出现浓度最大值所经历的时间称死时间 t_r^0。如图 6-42 中 $0'A'$ 段。

3. 保留时间 t_r

保留时间为色谱法的定性分析的基础，指从样品进入色谱柱起到某组分流出色谱柱达到最大值的时间。如图 6-42 中 $0'B$ 一段。保留时间（t_r）扣除死时间（t_r^0）的保留时间，称为校正保留时间（t_r'）。

4. 保留体积 V_R

指在保留时间内所流出的载气体积。设载气的流量为 F_C，则保留体积为 $V_R = F_C \times t_r$。同理：在校正保留时间内流出的载气体积为校正保留体积，即 $V_R' = F_C(t_r - t_r^0)$。

5. 峰宽 W_b

它是指某组分的色谱峰在其转折点所做切线在基线上的截距，如图 6-42 中 IJ 一段。在峰高一半的地方测得的峰宽称为半峰宽 $2\Delta t_{1/2}$，如图 6-42 中 GH 一段。

6. 塔板数 N

塔板这个术语来自蒸馏理论，比较形象地说明了色谱的物理过程。把连续的色谱分离过程设想为由若干独立单元组成，每一个单元内样品在二相达到分配平衡后，脉冲式载气推动气相中样品，使之重新建立分配平衡。样品经过这样多次的分配，分配系数小的先流出色谱柱，分配系数大的最后流出色谱柱。每一个"独立单元"就称为一个塔板。

塔板数多，表示样品在柱中分配平衡的次数多，柱效率就高，即可以得到较窄的峰，有利于不同组分的分离。常用的理论塔板数可根据色谱流出曲线图按下式计算

$$N = 5.5 \times \left(\frac{t_r}{2\Delta t_{1/2}}\right)^2 = 16\left(\frac{t_r}{W_b}\right)^2 \tag{6-22}$$

相当于一个假想理论塔板的柱长度，叫做理论塔板高度，即

$$H = \frac{L}{N} \tag{6-23}$$

式中　L——柱长；

　　　N——理论塔板数；

　　　H——理论塔板高度。

塔板高度 H 更能真实地反映色谱柱的分离效能，H 小，表示获得较好的分离效果所需的柱子较短。一般填充色谱柱的理论塔板高度为 $0.2\sim2.0$mm，即每米长色谱柱上有 $500\sim5000$ 个理论塔板。

7. 分辨率 R

样品通过色谱柱分离后所流出的曲线，希望每个组分都有一个对称的峰形，并且相互分离。但当某些组分的保留时间相差不大或色谱柱比较短时，流出曲线中某些组分的峰形常会发生重叠，如图 6-43 所示。这种重叠的峰形会给测量带来误差。为了衡量色谱柱分离效率

的好坏，可用分辨率 R 大小表示。

$$R=2(t_{rb}-t_{ra})/(W_b+W_a) \qquad (6\text{-}24)$$

式中　t_{ra}，t_{rb}——组分 a，b 的保留时间；

　　　W_a，W_b——组分 a，b 的峰宽。

式(6-24) 说明了保留时间相差越大、峰宽越窄，则分辨率就越高。如当 $R=1$ 时，分离效率为 98%；$R=1.5$，其分离效率为 99.7%。一般认为 $R=1.5$ 时完全分离。工业气相色谱仪要求有较高的分辨率，以便于程序的安排和维持较长的柱寿命。分辨率与柱长 L 的平方根成正比，与理论塔板高度的平方根成反比，即

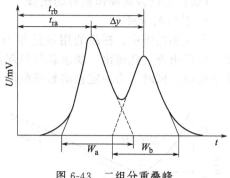

图 6-43　二组分重叠峰

$$R=\sqrt{\frac{L}{H}} \qquad (6\text{-}25)$$

由式(6-25) 可知，L 越大，H 越小，分辨率越大。

（三）范弟姆特（Van. Deemter）方程式

塔板理论形象地说明了色谱柱的分离过程，解释了色谱峰正态分布，提出了柱效的量度。然而谱峰为什么会扩展，影响柱效的因素究竟是什么，范弟姆特仍然采用塔板理论的概念，把影响柱效的因素综合起来，推导出了把理论塔板高度 H 和载气流速联系起来的方程式，并在方程式中包含了涡流扩散、分子扩散及传质阻力对塔板高度影响的定量关系。其方程式为

$$H=A+B\frac{1}{u}+Cu \qquad (6\text{-}26)$$

式中　A——涡流扩散项；

　　$B\dfrac{1}{u}$——分子扩散项；

　　Cu——传质阻力项；

　　u——为载气的线速度。

1. 涡流扩散项 $A=2\lambda d_p$

其中 λ 为和色谱柱填充情况有关的常数，d_p 为担体颗粒的平均直径。气体流动时不断与颗粒碰撞而改变方向，形成涡流。由于气体各分子走过的路径不同，到达检测器有先后，这就形成色谱峰。所以涡流扩散项表示气体流过色谱柱的多路效应对分离效率的影响。

2. 分子扩散项 $B\dfrac{1}{u}=2\gamma\dfrac{D_G}{u}$

γ 为气相通路弯曲系数，D_G 为样品分子在载气中的扩散系数。气体分子在柱内沿纵向存在浓度梯度，因此产生纵向扩散，这对色谱峰变宽起主要作用。分子扩散项就是说明了分子扩散对分离效率的影响。

3. 传质阻力项 $Cu=\dfrac{8}{\pi^2}\times\dfrac{k}{(1+k)^2}\times\dfrac{d_L^2}{D_L}u$

其中 d_L 为固定液的液膜厚度，D_L 为样品分子在液相中的扩散系数，k 为柱容量系数。传质阻力项表示组分在气液两面相进行分配时，不能迅速达到平衡，而产生的阻力。样品分子因溶解而进入液相，又由于挥发而回到气相中，这一过程称为传质。传质过程所需时间越长，则传质阻力越大。

载气流速较低时，柱效主要取决于分子扩散项；载气流速较高时，传质阻力项则远大于分子扩散项和涡流扩散项。

（四）色谱分离操作条件的选择

1. 载气的选择

在气相色谱中，样品的用量是相当小的，它由连续流动的载气携带进入色谱柱、检测器，最后由排气孔排出。要求载气只起携带样品的作用，而不能与样品中各组分、固定液起化学反应，同时不为固定相溶解或吸附。

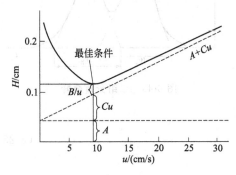

图 6-44　塔板高度与载气流速的关系

样品分子在载气中的扩散系数与载气分子量的平方根成反比，在分子量较小的载气中，样品分子容易扩散，使柱效率降低。当载气流速较低时，分子扩散项对柱效影响显著，这时应采用分子量较大的气体作载气，如 N_2、Ar 等。但是，当流速较大时分子扩散项的影响已不起主导作用，为了提高分析速度，多采用分子量小的 H_2、He 作载气。选用载气时，还应考虑对不同检测器的适应性。

2. 载气流速的选择

对一定的色谱柱和样品，有一个最佳的载气流速，此时柱效最高。柱效与载气流速的关系如图 6-44，最佳流速可由式（6-26）求导而得

$$\frac{dH}{du}=0$$

$$u_{最佳}=\sqrt{\frac{B}{C}}$$

（6-27）

实际工作中，为了缩短分析时间，往往使载气流速稍大于最佳流速。

3. 色谱柱温度的选择

柱温是一个重要的操作条件，直接影响分离效能和分析速度。每一种固定液都有一定的使用温度，因此柱温不能高于固定液的最高使用温度，否则会使固定液挥发而流失。

提高柱温，则各组分的差异变小，故分离效率下降，所以从分离的角度考虑，宜采用较低的柱温。但柱温过低，组分分子在两相中的扩散速率大大减小，传质阻力影响加大，并延长了分析时间。

柱温的选择要兼顾分离效能和分析速度这两个方面。在保证柱温比环境温度高 20℃ 以上的条件下，对低沸点样品柱温选在平均沸点附近，对高沸点样品柱温可比平均沸点略低。当分析样品中各组分的沸点相差很大时，如还采用一个固定的柱温，往往不能满足要求，这时应根据样品组分沸点分布和出峰顺序采取程序升温的办法。

4. 进样时间和进样量

为了得到较好的谱峰，要求注入色谱柱的样品在时间上短、体积上集中，也就是要求在瞬间完成进样过程。进样时间越短，柱的效率就越高。

进样量一般是比较少的，如进样量太多，会使峰面积过大而造成分离不好；但进样量太少，又会使含量少的组分因检测器灵敏度不够而不出峰。最大允许进样量，应使被分离的组分都能得到完全分离，并且能够检测出来为宜。

二、色谱柱

色谱柱是色谱分析仪表的核心部件，它起着把混合气体分离成各个单一组分气体的作用。它的质量好坏，对整个仪表的性能具有重要的作用。不同的分析对象对色谱柱的形式、填充材料以及柱子尺寸要求是不同的。

1. 对色谱柱的要求

① 样品中的所有要分离的组分在每一个分析周期内通过色谱柱后都能被分离，并且各组分都能从柱中流出。因为任何留在柱中的组分，积累起来都会改变柱子的性能或在下一个周期中流出而影响测定。

② 色谱柱的分离作用即要适用于正常的工作状态，也应适用于非正常条件，即在生产不正常的条件下，也能够提供可靠的生产数据。

③ 色谱柱必须防止不可逆或具有过强吸附能力的组分进入。

④ 色谱柱的稳定性要好，寿命要长。对于连续工作的工业色谱仪这一点很重要。

⑤ 柱系统要尽量简单，以便调整维护方便。

⑥ 为了便于柱温控制，色谱柱的柱子工作温度要大于 20℃。

常用色谱柱的柱管采用对所要分离的样品不具有活性和吸附性的材料制造。一般用不锈钢和铜做柱管，柱管内径为 4～6mm。柱长主要由分配系数决定，分配系数越接近的物质所需的柱越长，长度为 0.5～15m。为了便于柱温的控制和节省空间，色谱柱做成螺旋状，螺旋状柱管的曲率半径为 0.2～0.25m。

用固定液作固定相的色谱柱称为气液色谱柱，简称气液柱。气液柱的固定相由担体和涂敷在担体上的高沸点的有机化合物（固定液）组成。

2. 担体

担体是用来支撑固定液的多孔固体颗粒。对担体的要求如下。

① 有比较大的化学惰性表面，孔径要均匀。

② 表面吸附性能很弱。

③ 有一定的机械强度和均匀粒度。

依据上述要求，常用的担体有硅藻土型和非硅藻土型担体两类。硅藻土型担体是用天然的硅藻土煅烧制成。工业气相色谱柱中所用的担体主要是硅藻土型担体。如红色 6102、201，白色担体 101 等。担体的选用要依据被分析的物质，如红色担体适用于分析无极性或弱极性的物质；白色担体适用于分析极性物质。

3. 固定液

在气液柱中，其固定相是涂在担体表面的一层很薄的高沸点有机化合物的薄膜，这种有机化合物薄膜就称为固定液。对固定液的要求如下。

① 在操作条件下，有很高的化学稳定性和热稳定性。

② 对被分离的物质，应具有较高的选择性。

③ 蒸汽压要低，一般要求小于 1.3Pa。若蒸汽压高，会造成固定液流失严重，影响柱的寿命。

三、柱切技术

工业气相色谱仪需要在较短的时间内完成组分的完全分离，同时又要有长期的稳定性，一般采用多柱系统，按程序进行几根柱子的切换操作，人们称为柱切技术。

（一）工业色谱仪应用柱切技术的原因

① 除去有害组分，保护柱子和检测器，延长仪表的使用寿命。

② 使不测定的组分（它们具有较长的保留时间，可能影响下一次分析）不经过分离柱（主柱），以缩短分析时间。

③ 选用不同长度和不同填充剂的柱子，对待分析组分进行有效分离。

④ 吹掉不测定的而又会因扩展影响小峰的主峰，以改善组分分离效果。主要用于微量分析中。

（二）柱切技术的几种形式

1. 反吹式柱切系统

它是柱切技术的基本形式，如图 6-45(a) 所示。柱Ⅰ是预切柱，柱Ⅱ是平衡柱，与预切柱相同，其作用是保证切换前后气路气压平衡。柱Ⅲ为主柱。两个四通平面转阀为柱切阀（反吹阀）。进样后，在载气推动下，样品按实线位置运动，经过柱Ⅰ而至柱Ⅲ，当欲分离的组分已进入柱Ⅲ，而需反吹的组分还未流出柱Ⅰ时，安排柱切阀动作。动作后按虚线位置运动，原来一路载气通过柱Ⅱ而与柱Ⅲ串联在一起，继续推动被测组分在柱Ⅱ中分离。另一路载气则通过四通阀反向通过柱Ⅰ，而将不需要的组分通过气阻反吹排空。

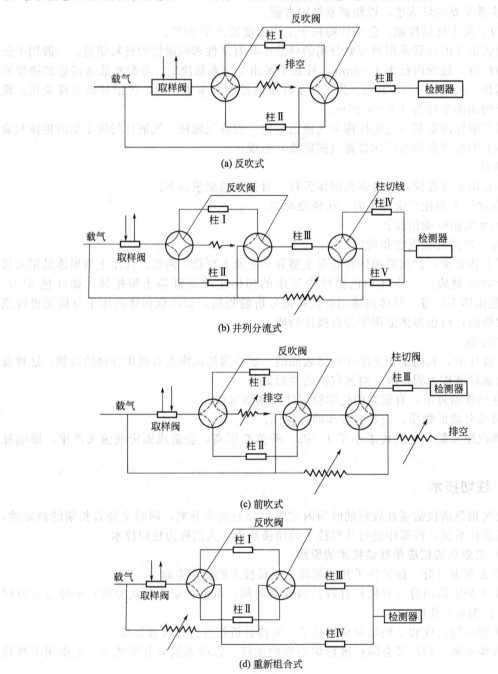

(a) 反吹式

(b) 并列分流式

(c) 前吹式

(d) 重新组合式

图 6-45　柱切系统的流程形式

2. 分流式柱切系统

在分析有机气体和无机气体混合物，或要分析的组分用一根柱子分离不开时，采用两根柱子分别分离，称为分流式柱切系统。

如图6-45(b)所示。样品在载气带动下，先经反吹系统将不需要分析的组分除去。剩余的要分析的组分经过柱Ⅲ分离成柱Ⅳ能分离的组分和柱Ⅴ能分离的组分。当柱Ⅳ能分离组分全部进入柱Ⅳ后，而柱Ⅴ能分离的组分仍滞留在柱Ⅲ中时，柱切阀动作，使柱Ⅲ与柱Ⅴ串联，柱Ⅳ与可调气阻相联。一路载气通过可调气阻推动柱Ⅳ中样品进行分离，另一路载气推动柱Ⅲ中样品流入柱Ⅴ中分离。两柱中各组分按时间差依次流入检测器检测出来。

3. 前吹式柱切系统

在对高纯度物质进行纯度分析时，多成分杂质大都重叠在主要物质峰的拖尾段，为了提高主峰与杂质峰的分离度，可采用前吹式柱切系统，如图6-45(c)所示。把大部分不与杂质重叠的主峰前吹掉，以便于主柱Ⅲ的分离。

4. 重新组合式柱切系统

重新组合式柱切系统是反吹式柱切系统的一种变形。区别在于不是反吹排空，而是反吹到检测器中测定。如图6-45(d)所示。此种方式适用于将轻组分分离，而将重组分组合成一个峰，从而测定各轻组分含量，并把重组分一起测定出来的场合。

四、检测器

气相色谱检测器的作用是检测从色谱柱中随载气流出来的各组分的含量，并把它们转换成相应的电信号，以便测量和记录。根据检测原理的不同，检测器可分为浓度型检测器和质量型检测器两种。

浓度型检测器测量的是载气中某组分浓度瞬间的变化，即检测器的响应值和组分的浓度成正比。如热导检测器和电子捕获检测器等。

质量型检测器测量的是载气中某组分进入检测器的速度变化，即检测器的响应值和单位时间进入检测器某组分的量成正比。如氢火焰离子化检测器和火焰光度检测器。

在工业气相色谱仪中主要用热导式检测器和氢火焰离子化检测器。

（一）热导式检测器

热导式检测器由于灵敏度适宜、通用性强（对无机物、有机物都有响应）、稳定性好、线性范围宽、对样品无破坏作用、结构简单、维护方便，得到了广泛应用。

热导式检测器的工作原理与本章第二节讲授的工作原理一样。经过色谱柱分离后的样品组分，在载气的带动下，进入热导检测器，由热导检测器把样品中各组分浓度的高低转换成电阻值的变化，再由桥路把电阻值的变化转换成电信号输出，由显示仪表显示出各组分浓度的大小。

（二）氢火焰离子化检测器

氢火焰离子化检测器简称氢焰检测器。这种检测器对大多数有机化合物具有很高的灵敏度，一般比热导式检测器的灵敏度约高3～4个数量级，能检测至10^{-9}级的痕量物质。但它仅对在火焰上被电离的含碳有机化合物有响应，对无机化合物或在火焰中不电离或很少电离的组分没有响应，因此它只应用在对含碳有机物的检测中。它具有结构简单、灵敏度高、稳定性好、响应快等特点。

1. 结构与作用原理

氢焰检测器一般用不锈钢制成，其结构如图6-46所示。主要由火焰喷嘴、收集极、发射极（极化极）、点火装置及气体引入孔道组成。点火装置可以是独立的，如用点火线圈，也可以利用发射极作点火极，实际应用时，只需将点火极或发射极加热至发红将氢气引燃。

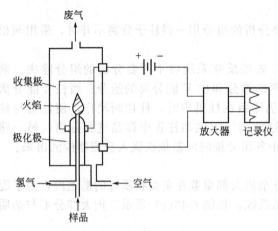

图 6-46　氢火焰离子化
检测器结构示意图

在收集极和发射极之间加有 $150 \sim 300V$ 的极化电压。氢气燃烧产生灼热的火焰。

火焰喷嘴是一段内径为 $0.5 \sim 0.6mm$ 的管子，要求能耐高温，化学稳定性好，热噪声要小，常用材料为白金，石英式高频陶瓷。由喷嘴或引管作为发射极，收集极的形状可做成平板、丝状、圆筒、盘状等，其中筒状效果最好。收集极的材料选用铂、镍、不锈钢和镍丝等。

由载气携带的样品气体，进入检测器后，在氢火焰中燃烧分解，并与火焰外层中的氧气进行化学反应，产生正负电性的离子和电子，离子和电子在收集极和发射极之间的电场作用下定向运动而形成电流，电流的大小与组分中的碳原子数成正比，电流的大小就反映了被测组分浓度的高低。

氢焰检测器对待分析的样品来说，它的电离效率很低，约为十万分之一，所得到的离子流的强度同样很小，因此形成的电流很微弱，并且输出阻抗很高，需用一个具有高输入阻抗转换器放大后，才能在记录仪上得到色谱峰。

因为电离产生的离子数目与单位时间内进入火焰的碳原子总质量有关，所以称为质量型检测器。

2. 影响灵敏度的主要因素

（1）极间电压　极间电压的作用是产生一个分离并收集离子的电场。因此要求电场尽快地使离子分开并越完全收集越好，保证检测器具有一定的灵敏度。极化电压与灵敏度之间关系如图 6-47 所示。由图可见，当极化电压低于 90V 时，收集极不能完全收集所产生的离子。随着极化电压增大，灵敏度增大。极化电压高于 400V 时离子运行速度相当快，高速运动的离子和电子撞击收集极产生二次电子或撞击气体分子而使其电离，形成二次电离，结果使灵敏度上升，检测器工作不稳定。因此极化电压取在 $150 \sim 300V$ 之间，这样极化电压波动不至于影响灵敏度的变化，仪表稳定工作。

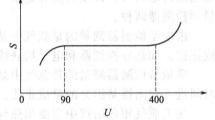

图 6-47　灵敏度与极化电压的关系

（2）空气流量　空气的流量大小实际上表示了氧气量的大小，它与灵敏度关系如图 6-48 所示。当空气流量过小时，因氧含量过低，电离反应不彻底致使灵敏度较低。当流量过大时，快速的空气流将使火焰不稳定，这时噪声大幅度增加，稳定性降低。

常用的空气流量约为 $600 \sim 800ml/min$ 左右。使空气流量的波动对灵敏度无影响。

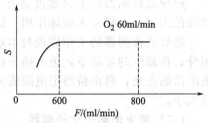

图 6-48　灵敏度与空气流量的关系

（3）氢气流量　氢气流量与灵敏度的关系如图 6-49 所示。氢气流量的大小会影响氢火焰的温度和形状，在流量较小时，由于氧化反应弱，灵敏度就小。随着氢气流量的增加，火焰温度上升，火焰的反应区加大，

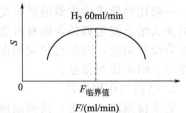

图 6-49　灵敏度与氢气
流量的关系

灵敏度也随之升高。但当氢气流量超过某一个临界值时，过多的氢气就会夺取火焰中的氧进行燃烧，这样又使氧化反应变弱，灵敏度也随之下降。

一般氢气与载气的流量比，可以选择在1.1～1.5范围内。

（4）载气的种类　原则上讲，只要是对检测器不起反应的气体都可作为载气，如N_2、H_2、CO_2、CO、He等，但实验结果表明氮气作为载气比较好，它比用H_2作载气时灵敏度要高4～5倍，线性范围也比氢气大。

五、取样阀

在工业气相色谱仪中，要求待分析样品自动地、周期性地、定量地送入色谱柱。这个任务由取样阀在程序控制器控制下来完成。而按程序切换柱子，则需要柱切阀。取样阀和柱切阀的类型有直线滑阀、平面转阀和膜片阀等。

（一）直线滑阀

直线滑阀的作用原理如图6-50所示，在聚四氟乙烯板上开上沟槽，密封在两块金属板之间，并可左右移动。在金属板上开有气孔道，与外气路连接。滑块的移动用压缩空气驱动。图（a）为取样位置，从取样系统来的样品连续流过样品的定量管。图（b）为进样位置，载气将携带一定量的样品进入柱子。通过滑块的左右移动达到取样、进样的目的。图（c）和（d）为液体样品取样阀。聚四氟乙烯板上的沟槽作为样品定量管。样品量通常是气体为0.5～10ml，液体为0.5～10μl。

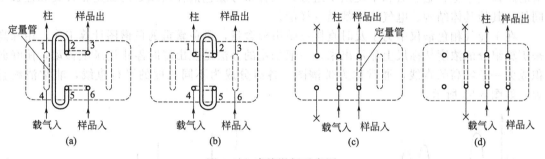

图6-50　直线滑阀示意图

（二）平面转阀

平面转阀有四通式、六通式、八通式、十二通式、十六通式等多种。驱动方式有电机拖动和气压驱动两种。电机拖动的动作比较慢，不适于液体；气压驱动的动作较快，适于液体进样。图6-51为六通平面转阀的示意图。在阀体上有六个小孔与外气路相通，阀盖上有三个圆弧形槽与阀体上的六个小孔对应，当旋转阀盖60°时，可以达到定量取样和进样的目的。平面转阀由于它的通路比较多，可做柱切阀。

（三）膜片式取样阀

图6-52是为高速色谱研制的膜片型取样阀，各通路之间用膜片的动作来完成取样、进样工作。它由压缩空气来驱动。当孔A通入压缩空气时，孔1-6、2-3、4-5间不通，而孔1-2、3-4、5-6间导通，为取样状态；当孔B通入压缩空气时，则孔1-6、2-3、4-5间导通，而孔1-2、3-4、5-6间不通，为进样状态。

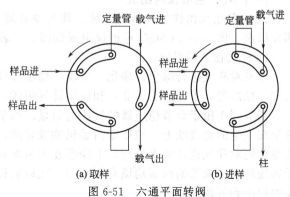

图6-51　六通平面转阀

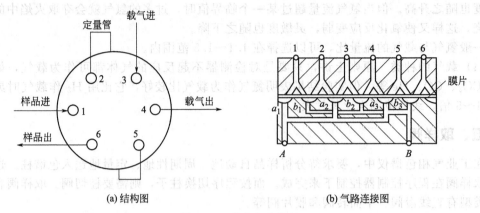

(a) 结构图　　　　　　　　　　　(b) 气路连接图

图 6-52　膜片式取样阀

六、SQG 系列工业气相色谱仪

　　SQG 系列工业气相色谱仪用在化肥工业上有三种；SQG-101 型可连续分析合成氨脱硫后的半水煤气中甲烷、二氧化碳、氮和一氧化碳四个组分；SQG-102 型可连续分析合成氨脱硫后的变换气中二氧化碳、氧、氮和一氧化碳四个组分；SQG-103 型可连续分析进合成塔的原料气中氨、氢、氮和甲烷四个组分。三种型号除色谱柱内填装的固定相种类和柱长不同外，其他具体结构、电气线路都是一样的。

　　在工业气相色谱仪中为了及时直接反映组分含量，避免繁重的色谱图计算工作，用峰高来折算组分的浓度从标尺上显示出来，一般采用的办法是在出峰时停止记录纸移动，使峰面积成为一条峰高的直线，通常称为带谱图，各组分成为不同长度的平行直线，非常清晰直观，如图 6-53 所示。

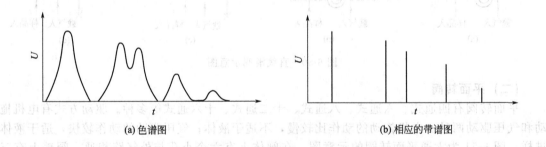

(a) 色谱图　　　　　　　　　　　(b) 相应的带谱图

图 6-53　色谱图与带谱图

（一）SQG 色谱仪的组成

　　SQG 色谱仪由样气预处理系统、载气预处理系统、分析器、电源控制器和显示仪表五部分构成。图 6-54 为 SQG 色谱仪组成框图。仪表的气体流程如图 6-55 所示。

　　1. 样气预处理系统

　　用来对样气进行除尘、净化、干燥、稳定样气压力和调节样气的流量。它由针形调节阀1、2，稳压器，干燥器Ⅰ、Ⅱ，和流量计等组成，如图 6-55 所示。

　　调节阀1用于调节稳压器的气体泄放量。调节阀2用于调节样气的流量，使样气流量计指示在规定的刻度线上。稳压器内盛机油或甘油，用于稳定样气的压力。干燥器Ⅰ内装有无水氯化钙对样气进行脱水处理，干燥器Ⅱ内装颗粒为 10～20 目的电石，进一步对样气进行干燥处理。干燥器的两端均填有脱脂棉（或玻璃棉）和过滤片，用于除去尘埃，防止细微固体颗粒带到气路中。

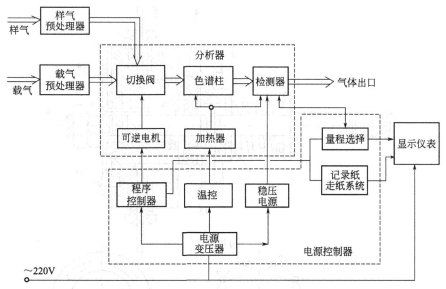

图 6-54　SQG 工业色谱仪组成框图

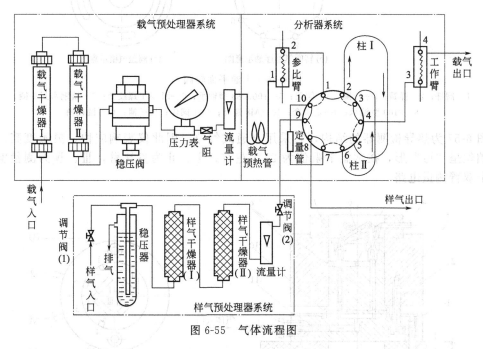

图 6-55　气体流程图

2. 载气预处理系统

用于对载气进行稳压、净化、干燥和流量调节。它由干燥器 Ⅰ、Ⅱ，稳压阀，压力表，气阻和流量计组成。干燥器内装 F-10 型（条状、变色型）变色分子筛，对载气进行脱水干燥处理。稳压器用于稳定载气压力，设置气阻的目的是提高柱前压力。

3. 分析器

分析器是仪表的心脏部件，用来对分析样品进行取样、分离和检测。它包括十通平面切换阀取样系统、色谱柱分离系统和组分检测系统。

图 6-56 为十通平面转阀结构，阀盖用改性四氟乙烯制成，阀座为不锈钢，两者接触平面是经过精密研磨而成。色谱柱采用孔径为 3mm，壁厚为 1mm 的四氟乙烯管，内装有固定相。

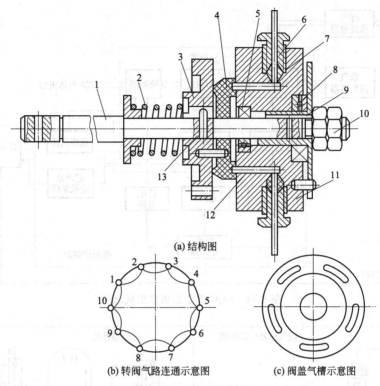

(a) 结构图

(b) 转阀气路连通示意图　　　　(c) 阀盖气槽示意图

图 6-56　十通平面转阀

1—阀杆；2—弹簧；3—压圈；4—阀盖；5—1000088 型轴承；6—M8×1 螺纹套；7—紫铜密封垫圈；
8—8100 型轴承；9—定位套；10—M8 螺母；11—阀体；12—销；13—圆柱销

图 6-57 为热导检测器的结构，它采用直通式气路，因此仪表响应快，灵敏度高。检测元件铂丝呈"弓"形，在常温下阻值为 27Ω 左右。Ⅰ、Ⅱ 为参比臂，Ⅲ、Ⅳ 为测量臂，组成一个双臂测量电路。

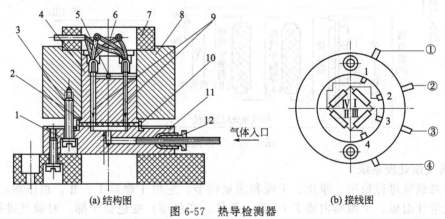

(a) 结构图　　　　　　　　　　　(b) 接线图

图 6-57　热导检测器

1—底座；2—密封衬垫；3—M4×20 螺钉；4—桥体；5—气体出口；6—桥臂引出线；
7—接线座；8—金属骨架；9—铂丝桥臂；10—定位圈；11—紫铜密封垫圈；12—螺纹套

4. 电源控制器

它包括测量电桥及量程选择电路、程序控制电路、平面转阀的驱动电路、分析箱恒温控制电路、稳压电路和显示仪表记录纸走纸电路。

5. 显示记录仪表

采用测量范围为 0~5mV 的电子电位差计，标尺按 100％刻度，走纸机构电气系统已经过改装。

（二）SQG 色谱仪的气体流程

SQG 色谱仪的气体流程如图 6-55 所示，样气经过样气预处理系统送往分析器系统，载气经过预处理系统后，为了减小环境温度对仪表的影响，在通往分析器前还要经过载气预热管再送入分析系统。

分析器的气体流程，根据平面转阀"实线"和"虚线"两个位置有两种气体流程。当转阀处于"实线"位置时，样气经过转阀的 9-10、7-8 气孔冲洗定量管后排空。载气经过预加热管、参比室后，经过转阀 1-2、5-6、3-4 气孔依次流过色谱柱Ⅰ、Ⅱ和工作室后排空，把这种气路状态的气体流程称为分析流程（或走基线流程）；当转阀处于"虚线"位置时，样气只经过平面转阀的 9-8 气孔后排空，而载气流过预加热管、参比室后经转阀的 1-10、7-6、3-2、5-4 气孔，将定量管中的样气吹入色谱柱中进行分离，分离出来的组分依次流过工作室后排空，把这种气路状态的气体流程称为进样流程。

SQG-101 型色谱仪自动运行时其气体流程工作过程如下：首先由程序控制器发出指令，转阀处于"虚线"位置（进样流程），载气把要分析的气样吹入色谱柱Ⅱ，由于色谱柱Ⅱ比较短，样气流经柱Ⅱ后，分离出 N_2 与 CO 的混合气和 CH_4、CO_2 两个单组分，我们事先设定在 N_2 与 CO 混合气流出柱Ⅱ而 CH_4、CO_2 仍然在柱Ⅱ中时（此时间通过试验确定），程序控制器发出指令，将转阀转到"实线"位置，这时柱Ⅱ中的 CH_4、CO_2 两组分依次进入工作室进行检测，而 N_2 与 CO 混合气则进入柱Ⅰ和柱Ⅱ两柱中继续分离，分离后的 N_2、CO 依次流入工作室进行检测。从上述可知气样中的 N_2、CO 两组分是经过了柱Ⅱ、柱Ⅰ和柱Ⅱ这样的色谱柱流程才被分离开。到此完成了一个样气分析循环过程。

图 6-58 为 SQG-101 色谱仪在柱Ⅰ、Ⅱ长度比较合理情况下，作出的色谱峰图。图（a）为 5s 进样时间得出的平头峰图，样气经过柱Ⅱ分离，它的第一个峰是 N_2 与 CO 混合峰，第二个峰为 CH_4 峰，第三个是 CO_2 峰；图（b）为全自动运行时，实际进样时间所作出的平头峰图，第一个峰 CH_4 和第二个峰 CO_2 是在柱Ⅱ中分离的，第三个峰 N_2 和第四个峰 CO 是经过柱Ⅱ、柱Ⅰ和柱Ⅱ后才分离出来的。图（c）为对各组分信号进行衰减后作出的色谱图。

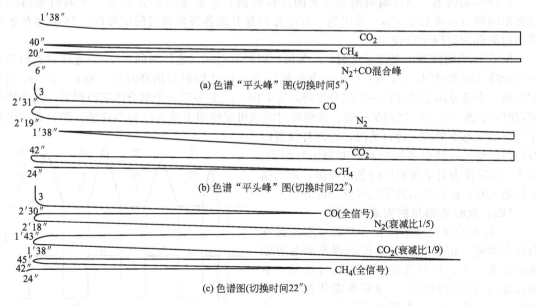

图 6-58　色谱图（H_2 载气 50ml/min，柱温 80℃，变换气进样量 4ml）

制造厂通常在二次仪表记录纸上都留有出厂调试时所选用的载气流速、进样时间（转阀切换时间）以及在此条件下所得到的色谱图，图上还标有各组分色谱峰的保留时间，可供第一次开表使用时参考。

（三）SQG 色谱仪的电气系统

1. 测量电桥和量程选择电路

测量电桥将各组分浓度的变化转换成电压信号。量程选择电路是用来对四种不同组分的浓度电信号，分别通过各自的分压电路，取其分压获得同一量程范围输出，以适应其共用一个显示仪表。

2. 稳压电源

仪表稳压电源有两组，一组为 18V 供给测量桥路，另一组为 28V 供给程序控制系统，两者最大输出电流均为 300mA，其结构均为串联调整式稳压线路。

3. 温控电路

热导池和色谱柱是在同一恒温条件下工作的。为此设有温度控制电路来保证检测器和色谱柱恒温。

4. 转阀驱动系统

驱动转阀完成进样和取样过程。

5. 记录仪走纸推进系统

SQG-101 色谱仪是按峰高定量的，为此仪表在"全自动"运行时，是记录带谱图形（棒形谱峰），这就要求走纸电机在仪表出峰时，停止转动，以便记下直线条带谱图形。当一个组分出完峰后，记录纸能很快移动一段距离，在样气中被测各组分全部出完峰后，记录仪能移动两倍距离，表示仪表第二次进样分析开始。这一功能由记录仪走纸推进系统在程序控制器的控制下完成。

6. 程序控制系统

程序控制系统是工业气相色谱仪的指挥中心，它在仪表全自动运行过程中向各系统按时间程序发出一系列动作指令信号的电路。程序控制电路整个系统由 10 块 JEC-2 多功能集成电路触发器和相应的阻容组成的 10 个单元组成。每一单元为一级，安排一个时间程序。

程序控制器第一级延时时间是仪表的进样时间，它是按图 6-58 对第一个峰所测得的实际流出时间（或再加 $3\sim5s$）设定的。程序控制器其余各级延时时间则按图 6-58 对各色谱峰所测得的保留时间予以设定。

图 6-59 为时间程序安排示意图，t_1 为第一级延时时间（进样时间），t_2 为进样后到出第一个组分峰的间隙时间，t_3、t_5、t_7、t_9 分别为 1、2、3、4 四组分出峰时间。而 t_4、t_6、t_8 则分别为前一个组分出完峰到后一个组分出峰间隙时间。t_{10} 是最后一个组分出完峰到第二次进样的间隙时间，取 $15\sim30s$ 之间某一值。各级延时时间可先按照上述进行初步调整，然后看仪表处于全自动状态下的实际运行情况，再对各级延时时间稍加修正，使得各组分出峰时指示灯燃亮，过 $1\sim2s$ 后仪表记录到相应的色谱峰图，而当指示灯熄灭时，仪表指示到零的位置为最好。

（四）SQG 色谱仪的安装与接线

① 仪表的预处理系统和分析器一般安装在取样点附近，记录仪和电源控制器安装在控制室的仪表盘上，最好安装在具有良好通风、有防爆要求的单独的室内。分析器安装在无强烈地振动、无强磁场，无爆炸性气体、无大于或等于 3m/s 气流直吹、无太阳直晒的场合。

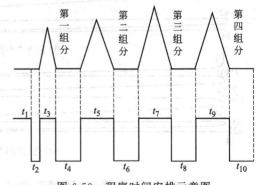

图 6-59　程序时间安排示意图

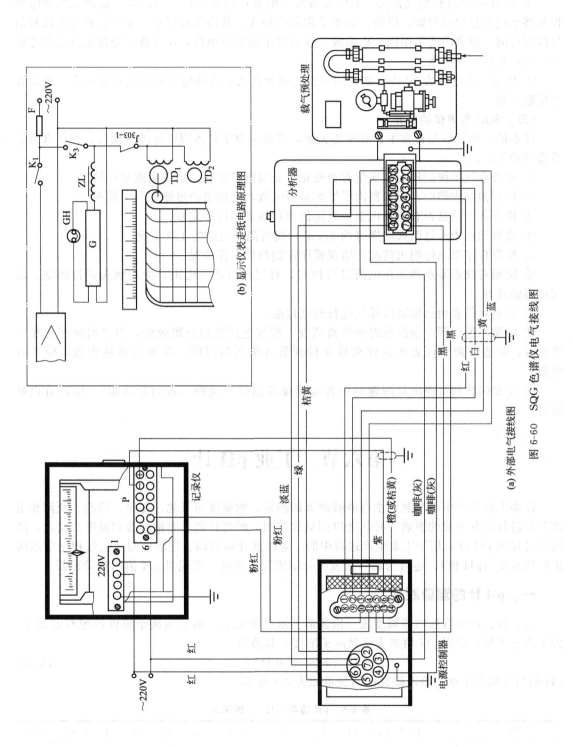

(b) 显示仪表走纸电路原理图

(a) 外部电气接线图

图 6-60 SQG 色谱仪电气接线图

② 用 $\phi3\times0.5$ 聚乙烯软管连接载气系统（也可用不锈钢），按气体流程连接样气系统，全部气路系统连接完成后，必须进行密封性试验。

③ 按图 6-60 进行电气接线。其中分析器至电源控制器的红、白、黄、蓝四根线和电源控制器至记录仪的两根紫、橙线，必须采用屏蔽导线，并用穿管保护。不允许将电源线和信号线穿在同一根管内或采用同一根电缆。仪表需单独敷设地线，仪表各部分接地点全部连接在一起，然后统一接地。

④ 仪表工作电源为 220V，如使用地点电源变化大，为避免影响仪表正常工作，应设置专用稳压器。

（五）SQG 色谱仪的维护

仪表的工作好坏与日常维护有密切关系，故必须对下列各项逐项进行检查，并认真做好日常维护工作。

① 检查载气系统的压力、流量有否变化，必须维持原状，定期用流量计核对。

② 检查预处理器中，干燥器内干燥剂是否失效，定期更换过滤片和干燥剂。

③ 检查各气路是否有泄漏现象，气路的密封性必须保持完好。

④ 观察加热指示灯明灭周期（约 3min），监视温控电路的工作情况。

⑤ 根据程序指示灯明灭情况，监视程序控制器的工作情况。

⑥ 定期对仪表零点和工作电流进行核对，对记录仪滑线电阻、滑动触头进行清洗，以保证接触良好。

⑦ 定期对仪表用已知浓度样气进行刻度校准。

⑧ 定期作色谱图，根据各组分分离情况，监视色谱柱的分离效能，当流出时间有较大变化时，应适当调整仪表的进样和程序控制器各级延时时间。发现色谱柱失效，应及时更换。

⑨ 定期向转阀可逆电机减速箱中各齿轮加高温轴承油脂（或润滑油脂）。保证有良好润滑。

第六节　工业 pH 计

许多工业生产中都涉及到水溶液酸碱度的测定。酸碱度对氧化、还原、结晶、吸附和沉淀等的进行都有重要的影响，必须加以测量和控制。酸度计就是测量溶液酸碱度的仪表，酸度计又称为 pH 计。用于工业生产过程中的工业酸度计可自动、连续地测工艺过程量中水溶液的酸碱度（pH 值），还可与调节仪表配合组成调节系统，实现对 pH 值的自动控制。

一、pH 计的测量原理

酸、碱、盐水溶液的酸碱度统一用氢离子浓度来表示。由于氢离子浓度的绝对值很小，为了表示方便，常用 pH 值来表示氢离子浓度，其值为

$$pH = -\lg[H^+] \tag{6-28}$$

pH 值与氢离子浓度、溶液酸碱度的关系如表 6-5 所示。

表 6-5　pH 值与 [H⁺] 的关系

[H$^+$]	10^{-1}	10^{-2}	10^{-3}	10^{-4}	10^{-5}	10^{-6}	10^{-7}	10^{-8}	10^{-9}	10^{-10}	10^{-11}	10^{-12}	10^{-13}	10^{-14}
pH 值	1	2	3	4	5	6	7	8	9	10	11	12	13	14
酸碱性	←酸性增加						中性					碱性增加→		

工业上是用电位法原理所构成的 pH 值测定仪来测定溶液的 pH 值。它是由电极组成的发送部分和电子部件组成的检测部分所组成。pH 计组成示意图如图 6-61 所示。

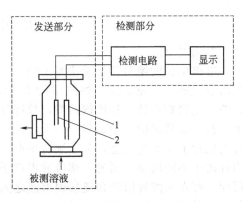

图 6-61　pH 计组成示意图
1—参比电极；2—工作电极

发送部分的是由参比电极和工作电极组成。当被测溶液流经发送部分时，电极和被测溶液就形成了一个化学原电池，参比电极和工作电极间就产生了电势 ε，ε 的大小与被测溶液的 pH 值成对应关系。由此可测出溶液的 pH 值。

（一）电极电位和原电池

1. 电极电位的产生

把一块铜片插入水中，表面上看好像没有发生任何变化，其实不然，由于极性强大的水分子和构成晶格的铜离子相互吸引，发生水化作用，使部分离子与其他离子间结合力减弱，结果就有部分铜离子离开金属表面，进入到紧贴铜表面的水层中，Cu^{++} 离开铜片后，使铜片表面多出一些电子而呈负电性，水层由于 Cu^{++} 呈正电性，它们的电荷量相等而极性不同，形成双电层现象，即产生电位。

如果不用铜片，而用 Zn 片放入水中，也会发生双电层现象，而且 Zn 比 Cu 活泼，得到的电极电位比铜更大。

如果把铜片插入到它的同名离子溶液（如 $CuSO_4$）中，一方面铜片上的铜离子进入溶液，这种趋势的大小用溶解压表示，另一方面溶液中的铜离子不断沉积到金属表面，这种趋势用渗透压表示，这两种作用的结果，在金属与溶液间建立如下平衡

$$M \underset{渗透}{\overset{溶解}{\rightleftharpoons}} M^{n+} + ne \tag{6-29}$$

如果溶解压大于渗透压，平衡时金属离子进入溶液，使金属表面带负电荷，该负电荷吸引溶液中阳离子排列在它的表面，形成双电层结构；同理，若溶解压小于渗透压，则平衡时金属表面沉积了许多金属离子而带正电荷。

综上所述，可得出如下结论。

① 任何一种金属插入该金属盐溶液（或纯水中）都会产生双电层现象，使金属表面与贴进水层间产生电极电位。

② 电极电位的大、小、正、负与构成电极的金属性质有关。

③ 电极电位会因溶液的性质与浓度不同而异。

2. 电极电位的大小

电极电位的大小决定于金属的性质、溶液中该离子浓度、温度等，可用涅恩斯特公式来定量描述

$$E = E_0 + \frac{RT}{nF} \ln \frac{[氧化态离子浓度]}{[还原态离子浓度]} \tag{6-30}$$

式中　E——电极电位；

E_0——标准电极电位；

R——气体常数，8.315J/K；

T——溶液的绝对温度，K；

F——法拉第常数，96500C；

n——电极反应中得失电子数。

对金属电极，根据式（6-29）的电极反应方程得到

$$E = E_0 + \frac{RT}{nF} \ln [M^{n+}]$$ (6-31)

3. 原电池

电极电位的绝对值是无法测出的，只能测出两个电极电位之差，这就必须要由两个电极与溶液组成一个原电池。如图6-62所示，将锌片放入硫酸锌溶液，铜片放入硫酸铜溶液，这两个电极相比较，锌比铜活泼，故锌片上电子较多，若此时用一根导线将两电极相接，则电子自然要从多的一端跑到少一端，即在导线上可测出有电流，而电子的移动必然打破了锌片与铜片上原来的状态，为了维持平衡，锌片以溶解压为主，铜片以渗透压为主，结果使一边锌离子不断增加，而另一端硫酸根离子不断增加，阻碍了电极反应的进一步进行，为维护反应，可在硫酸锌溶液和硫酸铜溶液之间加一个盐桥，（离子在盐桥间可自由迁移，而分子却不能通过）。这时，两边电极反应就可源源不断维持下去，导线上始终有电流，这时可测出两电极间的电位差-原电池电动势ε。

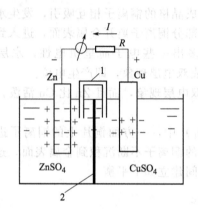

图6-62 原电池示意图
1—盐桥；2—隔板

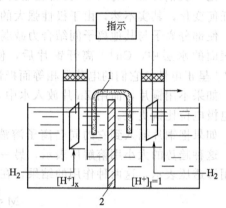

图6-63 氢-氢电极组成的原电池
1—盐桥；2—隔板

（二）氢电极

作为工业pH计，为测出待测溶液的pH计（实际是[H^+]），也必须由两个电极组成原电池，一个是作为参比电极使用，要求电极电位恒定不变，另一个作测量电极，要求电极电位随待测溶液[H^+]而变，两电极之间以盐桥相接。

氢电极是指将氢放入含有氢离子的溶液中，由此产生的电位。但氢不是金属，常温下呈气态，为使氢气能留在溶液中，常用表面镀有海绵状铂黑的铂片，放在氢气上方，以便对H_2吸附，铂片浸入含有[H^+]的溶液中，铂片仅起着吸附氢气和导电的作用，其电极反应为：

$$H_2 \Longleftrightarrow 2H^+ + 2e$$ (6-32)

（三）pH值测量方法

根据上述原理，可将两个氢电极插入两种不同[H^+]浓度溶液中组成原电池，如图6-63所示。其中一个作为工作电极，插入到氢离子浓度为[H^+]$_x$的待测溶液，另一个作为参比电极插入到氢离子浓度[H^+]=1的溶液。两种溶液通过盐桥连接起来。电极表达式为

$$Pt, H_2(101.3kPa)_{E_1} | [H^+]_x \| [H^+]_1 {}_{E_2} | H_2(101.3kPa), Pt$$ (6-33)

原电池所产生的电动势ε为

$$\varepsilon = E_1 - E_2$$

$$= \{E_{0H_2} + \frac{RT}{F} \ln [H^+]_x\} - \{E_{0H_2} + \frac{RT}{F} \ln [H^+]_1\}$$ (6-34)

因为 $E_{0H_2}=0$，$[H^+]_1=1$ 所以

$$\varepsilon=\frac{RT}{F}\ln[H^+]_X=2.303\frac{RT}{F}\lg[H^+]_X \qquad (6-35)$$

又因为 $pH=-\lg[H^+]$，所以

$$\varepsilon=-\frac{2.303RT}{F}pH_X \qquad (6-36)$$

式(6-36)又可简化为

$$\varepsilon=-\xi pH_X \qquad (6-37)$$

式中 ξ——转换系数，其值为 $\dfrac{2.303RT}{F}$。

上述说明，由二个氢电极及两种不同 $[H^+]$ 浓度的溶液组成的原电池，如果其中一种溶液的 $[H^+]$ 浓度不变，另一个为未知氢离子浓度待测溶液，则原电池所产生的电动势与待测溶液的氢离子浓度成正比，即与待测溶液的 pH 值成正比。也就是说，这种原电池可将待测溶液的 pH 值的变化转换成电信号。通过测定原电池的电动势来测得溶液的 pH 值，这就是 pH 值的测量原理。

二、电极的结构

通过上面讲述可知，用原电池原理测量溶液的 pH 值时，原电池中的一个电极的电极电位是恒定不变的，称为参比电极；另一个电极的电极电位是随被测溶液中的氢离子浓度变化而变化的，称为工作电极。由于氢电极结构复杂、使用条件严格，一般仅将它作为标准电极使用。参比电极工业上常用甘汞电极和银-氯化银电极，工作电极常用玻璃电极、锑电极和氢醌电极。

(一) 参比电极

1. 甘汞电极

甘汞电极的结构如图 6-64 所示。它分内管和外管两部分，内管的上部装有少量的汞，并在里面插入导电用的引线，汞的下面是糊状的甘汞（氯化亚汞、Hg_2Cl_2），最下端由棉花托住，以防止汞和甘汞脱落。为了使甘汞电极与被测溶液进行电的联系，中间必须设置盐桥。在甘汞电极中采用饱和的 KCl 溶液作盐桥，内管的甘汞电极插在装有饱和 KCl 溶液外管中，KCl 溶液通过棉花渗入糊状甘汞中，使甘汞呈液态状。此时金属汞插入了它的同名离子溶液甘汞中，从而产生了电极电位。

由式(6-30)可得甘汞电极的电极电位为

$$E=E_0-\frac{RT}{F}\ln[Cl^-] \qquad (6-38)$$

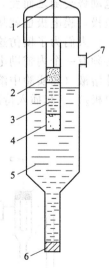

图 6-64　甘汞电极

1—引出线；2—汞；3—甘汞（糊状）；4—棉花；5—饱和 KCl 溶液；6—多孔陶瓷；7—注入口

上式表明甘汞电极的电极电位不取决于溶液的 pH 值，而仅取决于使甘汞呈液态的 KCl 溶液中的氯离子浓度，即和 KCl 的浓度有关。当 KCl 溶液中氢离子浓度一定时，电极具有恒定的电位。常用的 KCl 溶液有三种浓度，即 0.1mol/L，1mol/L 和饱和溶液三种，因饱和的 KCl 溶液不需要特殊的配制，用得最为普遍。这三种溶液在 25℃时分别对应 +0.3365V，+0.2810V 及 +0.2458V 三种电极电位。

甘汞电极在工作时，由于 KCl 溶液不断渗漏，当 KCl 溶液液面低于汞与甘汞界面时，电极电位就不正常或测不出来。所以必须在电极上留有专用的注入口，定时或连续地注入规定的 KCl 溶液。

甘汞电极优点是结构简单、电位比较稳定。缺点是电极电位易受温度变化的影响，故不宜在温度波动大的场合使用。

2. 银-氯化银电极

银-氯化银电极的原理及结构类似于甘汞电极。它是在铂丝表面镀上一层银，然后放在稀盐酸中通电，银的表面被氧化成 AgCl，将电极插入饱和的 KCl（或 HCl）溶液中就形成了银-氯化银电极。

电极电位为

$$E = E_0 - \frac{RT}{F} \ln[Cl^-] \tag{6-39}$$

式(6-39) 表明银-氯化银电极也和里面充的 KCl 或 HCl 溶液的浓度有关。常用的饱和 KCl 溶液在 25℃时可得到的电极电位为 +0.197V。

银-氯化银电极除结构简单外，工作温度比甘汞电极高，可使用至 250℃，其缺点是价格较贵。

（二）工作电极

1. 玻璃电极

玻璃膜的电位特性是在实验中发现的，如图 6-65 所示。把一个玻璃膜放在氢离子浓度不同的两溶液之间，并插入两个甘汞电极，可组成原电池，其电极表达式为

$$\underbrace{电极_1 | 溶液_1}_{E_1} | \underbrace{玻璃膜}_{膜电位 E_M} | \underbrace{溶液_2 | 电极_2}_{E_2} \tag{6-40}$$

这时电池电动势 ε 为

$$\varepsilon = E_1 + E_M - E_2 \tag{6-41}$$

从前述可知，甘汞电极内 $[Cl^-]$ 不变时，其电极电位是恒定的，即 E_1、E_2 均为定值，而实验中发现，若溶液_1 中 $[H^+]_1$ 浓度变化或溶液_2 中 $[H^+]_2$ 浓度变化后，则该电池电动势 ε 也随之变化，根据式(6-41) 可见，玻璃膜电位 E_M 的变化决定了电池电动势 ε 的大小。

如果令 $[H^+]_1 = [H^+]_0$ 为常数，而 $[H^+]_2$ 为待测溶液，则待测液 pH 值变化时，电动势会随之而变，并满足涅恩斯特方程。这样，玻璃膜就变成了一种对溶液中 H^+ 敏感的电极，膜电极也就从此诞生了。

人们为了模仿这个实验过程，做出了玻璃电极，如图 6-66，不难看出，这个玻璃电极必须有一个内辅助电极作为引出电极（如实验中电极_1），必须有 $[H^+]_0$ 为常数的溶液作缓冲溶液（如实验中溶液_1）。此时，它就可作为工作电极使用了，当它与参比电极（如实验中电极_2）一起插入待测溶液（如实验中溶液_2），即可通过电动势来反应待测溶液的 pH 值。

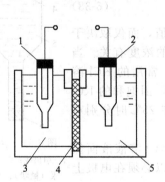

图 6-65　玻璃膜的电位原理图

1,2—甘汞电极；3,5—溶液；

4—玻璃膜

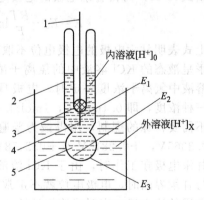

图 6-66　玻璃电极

1—引线；2—支持玻璃；3—锡封；

4—Ag/AgCl 电极；5—敏感玻璃

玻璃膜为特制敏感玻璃，其主要成分为：SiO_2 72%，Na_2O 22%，CaO 6%，厚度 $0.1～0.2mm$，缓冲溶液可为 0.1N 的盐酸，内辅助电极可为 Ag-AgCl 电极。

图 6-67　水化层与膜电位

如图 6-67 所示，当玻璃薄膜的二边都有水溶液存在时，玻璃薄膜二边表层吸水而使玻璃膨胀，在它的表面形成厚度约为 $0.1\mu m$ 水化凝胶层，简称水化层。这时溶液中的氢离子 H^+ 和玻璃薄膜中的碱性金属离子 M^{n+}（如 Na^+）在水化层表面发生离子交换，并相互扩散，从而使膜相和液相两相中原来的电荷分布发生变化，在玻璃膜和溶液之间就产生电位差，即玻璃薄膜的电极电位，玻璃薄膜分别与内溶液和外溶液建立两个电极电位，用 E_2 和 E_3 表示，它们符合涅恩斯特方程式。

玻璃电极表达式

$$Ag\,|\,AgCl_{E_1}\,|\,(\text{固体}),\text{缓冲溶液}[H^+]_{0_{E_2}}\,|\,\text{玻璃薄膜}_{E_3}\,|\,\text{待测溶液}[H^+]_X \qquad (6\text{-}42)$$

电极电位为

$$E = E_1 + (E_2 - E_3)$$
$$= E_1 + \{E_{02} + \frac{RT}{F}\ln[H^+]_0\} - \{E_{03} + \frac{RT}{F}\ln[H^+]_X\} \qquad (6\text{-}43)$$

对同一玻璃电极来说有 $E_{03} = E_{02}$。所以

$$E = E_1 + \frac{RT}{F}\ln[H^+]_0 - \frac{RT}{F}\ln[H^+]_X$$
$$= E_1 + 2.303\frac{RT}{F}\{\lg[H^+]_0 - \lg[H^+]_X\}$$
$$= E_1 + 2.303\frac{RT}{F}(pH_X - pH_0) \qquad (6\text{-}44)$$

从式（6-44）可以看出，玻璃电极所产生的电极电位 E，它既是被测溶液 pH_X 的函数又是内溶液 pH_0 的函数。只有 pH_0 恒定时，电极电位才与被测溶液 pH_X 成单值函数关系。pH_0 大小依据被测溶液的 pH 变化范围来选择，以达合适的量程范围，提高测量精度。工业用的玻璃电极有 pH_0 为 2 与 pH_0 为 7 两种。

当被测溶液和内溶液氢离子浓度相等时，玻璃薄膜两端的电位差（$E_2 - E_3$）应该为零。但实际上，当 $pH_X = pH_0$ 时，（$E_2 - E_3$）并不等于零，即（$E_2 - E_3$）$= E_a$，称 E_a 为不对称电位。不对称电位的大小由玻璃的组成、厚度和加工工艺（热处理）的差异所造成。将玻璃电极在蒸馏水或酸性溶液中长期浸泡后，不对称电位可以大为下降，而且使用一段时间后会稳定在某个数值上。所以玻璃电极在使用前应在蒸馏水或酸性溶液中浸泡数小时，使不对称电位下降并趋于稳定。而在仪表使用时，可通过检测电路部分给予补偿。不用时，也应放在蒸馏水中。

玻璃电极的特点是性能稳定、能在较强的酸碱溶液中稳定工作，并在相当宽的范围（$pH = 2\sim10$）内有良好的线性关系。但因玻璃膜的存在，内阻极高，通常在 $10\sim150M\Omega$，给信号传输带来了困难，所以检测部分采用高阻转换器。同时电极内阻与温度有密切关系，在 20℃ 以下时，内阻极高，并随温度下降阻值迅速升高；在 20℃ 以上时，电阻急剧下降逐渐趋于平稳，如图 6-68 所示。故玻璃电极一般工作温度为 $20\sim95$℃。

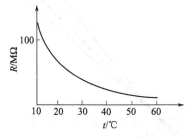

图 6-68　玻璃电极的电阻
与温度的关系

2. 锑电极

锑电极是工业常用的金属电极之一，结构简单、牢固、内阻低、反应灵敏，可在环境恶劣条件下工作。它是

在金属锑的表面覆盖一层金属氧化物 Sb_2O_3，当电极插入水溶液时，因 Sb_2O_3 为两性化合物，在水中 Sb_2O_3 形成 $Sb(OH)_3$。电极电位为

$$E = E_0 + \frac{RT}{3F}\ln\frac{1}{[H_2O]^3} + \frac{RT}{F}[H^+]$$

$$= E_0' + \frac{RT}{F}\ln[H^+] \tag{6-45}$$

式中

$$E_0' = E_0 + \frac{RT}{3F}\ln\frac{1}{[H_2O]^3}$$

在 pH 值变化时认为水的浓度不变，因此 E_0' 为定值。由式（6-45）可见，锑电极的电极电位与溶液中氢离子浓度成对数关系。锑电极尽管有上述优点，但由于在强氧化物中三价锑很容易被氧化成五价锑，而使电极电位改变，稳定性较差线性范围也窄。一般用在 pH= 2~12 之间，精度要求不高的场合。

（三）pH 发送器的电动势

玻璃电极和甘汞电极同时插在被测溶液中，就构成了一个简单的 pH 发送器。它实质上是一个原电池，可表示为

$$Ag\,|\,AgCl_{E_1}\,|\,缓冲溶液[H^+]_0\,_{E_2}\,|\,玻璃薄膜_{E_3}\,|\,待测溶液[H^+]_x\,\|\,Hg_2Cl_2\,_{E_4}\,|\,Hg \tag{6-46}$$

这个原电池的电动势 ε 为

$$\varepsilon = E_4 - (E_1 + E_2 - E_3) \tag{6-47}$$

因为

$$E_2 = E_{02} + \frac{RT}{F}\ln[H^+]_0$$

$$E_3 = E_{03} + \frac{RT}{F}\ln[H^+]_x$$

所以

$$\varepsilon = E_4 - E_1 + E_{03} + \frac{RT}{F}\ln[H^+]_x - E_{02} - \frac{RT}{F}\ln[H^+]_0 \tag{6-48}$$

而

$$E_{02} = E_{03}，并令 E_0 = E_4 - E_1$$

则

$$\varepsilon = E_0 + 2.303\frac{RT}{F}(pH_x - pH_0) \tag{6-49}$$

由上式可知，当溶液温度 T 一定时，发送器输出的电动势 ε 随被测溶液的 pH 值而变化。当温度变化时，会对测量带来误差。因而在检测部分的电路中设置了温度补偿环节。

图 6-69 为 pH 发送器输出电动势与溶液 pH 值的关系曲线（$pH_0=2$，20℃）。从图 6-69 可见，pH 值在 1~10 范围内，电动势与 pH 值呈线性关系，而在 pH 小于 1 和大于 10 时产生显著非线性。所以由玻璃电极和甘汞电极构成的 pH 发送器，测量范围为 pH=2~10 之间。

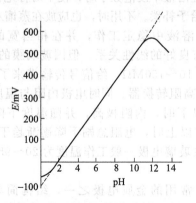

图 6-69　电动势与 pH 值的关系

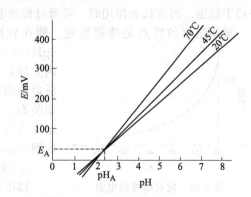

图 6-70　电动势随温度变化特性

图 6-70 为发送器在不同温度下一簇 pH-E 关系曲线，该簇曲线有一个共同的交点，称为等电位点，该点对应的 pH 值称为等电位 pH 值，用 pH_A 表示。显然，当溶液 pH 值为 pH_A 时，无论温度如何变化，发送器输出的电动势都不变（为 E_A），并且对不同的溶液，等电位具有相同的 pH 值，均为 2.5pH。

三、PHG-21B 型工业 pH 计

PHG-21B 型工业 pH 计可连续自动分析、测量工业流程中水溶液的酸碱度，测量信号可由二次仪表进行指示记录，也可输出标准统一信号与调节仪表配套对 pH 值进行控制。

（一）仪表的组成

PHG-21B 型工业 pH 计由电极组成的酸度发送器和高阻转换器（测量仪表）构成，如图 6-71 所示。酸度发送器与高阻转换器是两个独立的单元，发送器安装在分析现场，而高阻转换器安装在就地仪表盘或中央控制室内。它们之间用高绝缘低噪声屏蔽电缆连接。

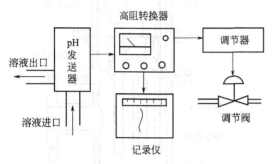

图 6-71 PHG-21B 型工业酸度计组成框图

1. 酸度发送器

酸度发送器由参比电极、工作电极、温度补偿铂电阻、外壳等组成。其作用是把工业流程中水溶液的 pH 值转换成相应的电势信号送给测量仪表——酸度指示器（高阻转换器）。由于被测溶液温度、压力、腐蚀性、清洁度及安装条件不同，酸度发送器的结构也有所不同。

① 可拆卸的沉入式发送器 PHGF-12。其结构如图 6-72。适用于测量开口容器中溶液的酸碱度。插入深度有 0.5m、1m、1.5m 等几种。

② 常压沉入式带自动清洗发送器 PHGF-13。它适用于测量开口容器中对电极有微量沾污的溶液。

③ 常压流通式发送器 PHGF-21。它适用于装在常压流通的管道中。溶液通道直径为 25mm。

④ 压力流通式发送器 PHGF-22，其结构如图 6-73。它适用于压力 0.1~1.0MPa 的流通管道溶液酸碱度的测量，但必须外加气压补偿。气压应高于溶液压力 0.05~0.1MPa。溶液通道直径为 25mm。

⑤ 常压流通式带自动清洗发送器 PHGF-23，其结构如图 6-74。它适用于常压管道内测量对电极有微量沾污的溶液。溶液通道直径为 25mm。

不论何种形式的发送器，内部都有一块高绝缘接线板以保证良好绝缘。要求玻璃电极接线柱对地绝缘电阻 $\geqslant 10^{12}\Omega$；甘汞电极接线柱对地绝缘电阻 $\geqslant 10^3\Omega$；温度补偿电极接线柱对地绝缘电阻 $\geqslant 2 \times 10^7\Omega$。同时都有金属外壳用以将电极与外界电磁场屏蔽。

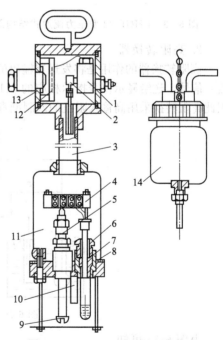

图 6-72 PHGF-12 型沉入式酸度
检测器结构图

1—甘汞电极；2—甘汞电极接嘴；3—主轴部分；
4—接线板；5—盐桥；6—紧固螺母；7—密封
橡皮；8—测量电极；9—盐桥调节螺丝；
10—铂电阻体；11—测量部分；
12—接线盒；13—接线盒
盖板；14—塑料容器

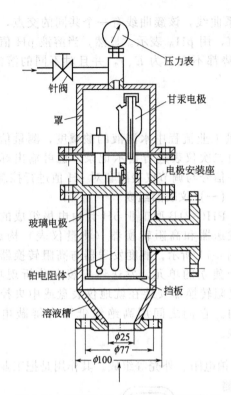

图 6-73 PHGF-22 型压力流通式结构图

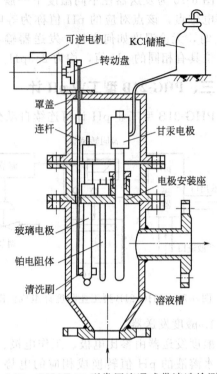

图 6-74 PHGF-23 型常压流通式带清洗检测器

2. 高阻转换器

高阻转换器的作用是将发送器输出的高内阻信号放大并转换成与其成比例的低内阻电压（电流）信号，送给显示仪表指示相应的 pH 值。由于发送器输出的信号是高内阻的直流电势信号，因此高阻转换采用高输入阻抗的调制型直流放大器。高阻转换器的工作原理如图 6-75 所示。

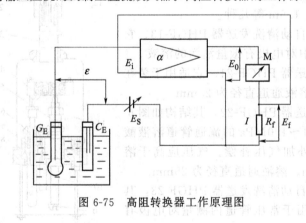

图 6-75 高阻转换器工作原理图

由图 6-75 可知

$$E_i = \varepsilon - E_f - E_S \quad 或 \quad \varepsilon = E_f + E_i + E_S$$

又

$$E_f = \beta E_0 = \alpha\beta E_i \ (\beta \ 反馈系数)$$

所以

$$\varepsilon = E_f + \frac{E_f}{\alpha\beta} + E_S = E_f\left(1 + \frac{1}{\alpha\beta}\right) + E_S$$

当 $\alpha\beta \gg 1$ 时，则

$$\varepsilon = E_f + E_S = IR_f + E_S$$

得

$$I = \frac{\varepsilon - E_S}{R_f} \tag{6-50}$$

式中，R_f 为负反馈电阻，对某一量程而言，为常数。

由式(6-50)知，转换器的输出电流 I 和输入电势 ε 呈线性关系，而与放大器放大倍数 α 变化无关，从而达到高度稳定转换之目的。

同时 I 与 R_f 成反比，故一则可利用 R_f 改变仪表的量程，二则可利用使 R_f 随温度的变化与 pH 随温度的变化相一致的办法来达到温度自动补偿的目的。调节 E_S 的大小可消除不对称电位的影响。另外，深度负反馈放大器又提高了转换器的输入阻抗，本转换器的等效输入阻抗可达 $10^{12}\,\Omega$。保证了测量精度。

（二）仪表的安装和调校

1. 仪表主要技术性能

量程：双量程 pH7～0，7～14，单量程 pH2～10；

仪表输出信号，0～10mA，0～10mV；

最大外接负载：双量程＜500Ω，单量程＜1200Ω；

测量精度：0.2pH；

稳定性：±0.02pH/24 小时；

灵敏度：不低于 0.02pH。

2. 仪表的安装

（1）酸度发送器　它必须安装于有代表性的溶液中，无论何种形式，安装时须特别小心，切勿碰坏玻璃电极。甘汞电极的橡皮套必须除去，盐桥调节螺丝和玻璃电极球泡要全部浸入待测溶液中。排除甘汞电极通路中的气泡，调整 KCl 溶液的渗出率（1～2 滴/分）。

温度补偿电极、玻璃电极、甘汞电极都应适当拧紧，绝不允许有待测溶液向上渗漏，且 KCl 溶液也不得向外渗漏，否则破坏绝缘，测量不准，严重时将不能投入运行。酸度发送器接线盒内必须放入干燥剂或吹入干燥空气。

（2）高阻转换器　为了避免由于传输电缆过长而造成输入信号的衰减和输入阻抗降低，希望把高阻转换器安装在发送器附近，一般不超过 40m。发送器与高阻转换器之间必须用高绝缘低噪音同轴屏蔽电缆连接。为了避免外界电场干扰，同轴电缆安装在钢管中，钢管应有良好的接地以作屏蔽。

3. 仪表的调校

仪表的酸度发送器与高阻转换器安装完毕即可进行调校。主要是调整定位调节。调整方法有两种：一是在运行时用实验室 pH 计校对，即用实验室 pH 计测量被测溶液的 pH 值，与 PHG-21B 工业酸度计指示的 pH 值比较，若相差在 0.5pH 范围内，调节仪表的"定位"调节电位器，使其指示实验室 pH 计测得的数值上。二是用缓冲溶液校对，将发送器下部壳体拆下，将电极浸入已知 pH 值的缓冲溶液中，调节仪表"定位"调节电位器，使仪表指示在缓冲溶液的标称值。

用上面两种方法调校时，如仪表指示值相差太大，调节定位调节电位器无效，则应检查仪表安装是否符合要求。

（三）仪表的使用和维护

为了保证仪表的测量准确性，应按仪表规定的条件使用和维护仪表。仪表应定期作定位调整。发现读数确有问题，对仪表应分别进行检查。

高阻转换器准确性检查：高阻转换器检查连接线路如图 6-76 所示。图中 $500M\Omega$ 高阻是用来模拟玻璃电极与甘汞电极的实际情况，在接线时高阻应严格屏蔽。检查时，用手动电位差计（精度不低于 0.05 级，电压范围大于 1V）对高阻转换器输入毫伏数，按每一

图 6-76　高阻转换器检查连接图

pH 级差进行检查。

高阻转换器与酸度发送器配套后准确性检查：检查方法与前述相同，即用实验室 pH 计或缓冲溶液进行检查。

（四）故障分析与处理

1. 仪表指示值不准

一般是发送器输入部分接触不良所致。检查发送器与显示之间的连接电缆是否与仪表接触不良。也可能是因为电极被沾污或接地不良、不正确。应找出具体的部位保证接触良好或清洗电极。

2. 指示超过刻度或缓慢漂移超出刻度

大多是输入部分断路或甘汞电极对地短路的问题。如甘汞电极内饱和 KCl 溶液有气泡或被堵塞，造成测量回路开路；或者同轴电缆外层金属网编织线碰地，造成短路；或者电极接线端断路。也可能是高阻转换器有故障。

3. 指示不稳定有抖动现象

大多是输入电阻降低所致。如发送器接线盒内漏水；高阻转换器工作不正常。

4. 高阻转换器一些元件的损坏

可以引起如"定位"调节电位器调不到零位，pH 在 pH7～0 档工作正常，而在 pH7～14 档工作不正常等现象。这时就要检修高阻转换器。

第七节　工业电导仪

酸、碱、盐溶液都具有传导电流的特殊性质，这种导电的性质，用物理量电导 G 来描述，它与溶液的浓度有关，利用溶液的这种性质可制成各种电导式分析仪。

工业电导仪是一种历史比较悠久、应用也比较广泛的分析仪表。它用来分析酸、碱溶液的浓度时，常称为浓度计。直接指示溶液电导的就称为电导仪。用来测量蒸汽和水中盐的浓度时，常称为盐量计。

另外，利用气体溶于某种溶液，再通过测量该溶液的电导，也能间接地用来分析气体的浓度。

一、工业电导仪的测量原理

（一）溶液的电导与电导率

电解质溶液中存在着正负离子。当电解质溶液中插入一对电极，并通以电流时，发现电解质溶液是可以导电的。如图 6-77 所示，其导电的机理是溶液中离子在外电场作用下，分别向两个电极移动，完成电荷的传递。所以电解质溶液又称为液体导体。电解质溶液与金属导体一样遵守欧姆定律，溶液的电阻也可用下式表示

$$R = \rho \frac{L}{A} \qquad (6\text{-}51)$$

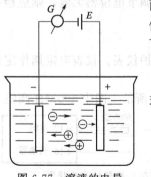

图 6-77　溶液的电导

式中　R——溶液的电阻，Ω；

L——导体的长度，即电极间的距离，m；

ρ——溶液的电阻率，$\Omega \cdot m$；

A——导体的横截面积，即电极的面积，m^2。

显然，电解质溶液导电能力的强弱由离子数决定，即主要取

决于溶液的浓度，表现为不同的电阻值。不过，在液体中常常引用电导和电导率这一概念，而很少用电阻和电阻率。这是因为对于金属导体，其电阻温度系数是正的，而液体的电阻温度系数是负的，为了运算上的方便和一致起见，液体的导电特性用电导和电导率表示。溶液的电导为

$$G=\frac{1}{R}=\frac{1}{\rho}\times\frac{A}{L}=\sigma\frac{A}{L} \tag{6-52}$$

式中　G——溶液的电导，S；

　　　σ——溶液的电导率，S/m。

由式(6-52)可知，当 $L=1m$，$A=1m^2$ 时，$G=\sigma$。因此，电导率的物理意义是 $1m^3$ 溶液所具有的电导，它表示在 $1m^3$ 体积中，充以任一溶液时所具有的电导。若用电导表示，则

$$\sigma=G\frac{L}{A} \tag{6-53}$$

令 $K=\frac{L}{A}$，K 称为电极常数，它与电极的几何尺寸和距离有关，对于一对已定的电极来说，它是一个常数。

式(6-52)和（6-53）可表示为

$$R=\rho K=\frac{K}{\sigma} \tag{6-54}$$

$$G=\frac{\sigma}{K} \tag{6-55}$$

（二）电导率与溶液浓度的关系

电导率的大小既取决于溶液的性质，又取决于溶液的浓度。即对同一种溶液，浓度不同时，其导电性能也不同。图6-78绘出了某些电解质溶液在20℃时电导率与浓度的关系曲线。图中的浓度 c 为物质的量浓度。单位 mol/L。从图上可看出，电导率 σ 与浓度 c 不是线性关系。但在低浓度区域或高浓度区域的某一小段内，电导率 σ 与浓度 c 可近似看成线性关系。图6-79给出了20℃时几种电解质溶液在低浓度范围的电导率和浓度的关系曲线。从上述可知，利用电导法测量溶液的浓度是受到一定限制的。应用电导法只能测量低浓度或高浓度的溶液，中等浓度区域的溶液，因为电导率与浓度不是单值函数关系，就不能用电导法测量。

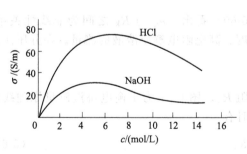

图6-78　常见几种水溶液在20℃时
电导率 σ 与浓度 c 的关系曲线

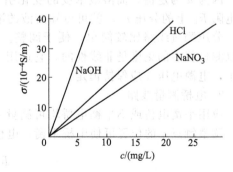

图6-79　常见几种浓度低的水溶液在20℃时
电导率 σ 与浓度 c 的关系曲线

在低浓度区域，电导率与浓度可近似表示为

$$\sigma=kc \tag{6-56}$$

电导与浓度的关系为

$$G=\frac{k}{K}c \tag{6-57}$$

式中 k——斜率。

在高浓度区域，电导率与浓度也可近似表示为

$$\sigma=kc+a \tag{6-58}$$

电导与浓度的关系为

$$G=\frac{k}{K}c+\frac{a}{K} \tag{6-59}$$

式中 a——直线延长线在 σ 轴上的截距；

k——直线的斜率，此时 k 为负值。

k 为负值原因是，溶液浓度高，溶液内离子增多，它们之间的相互作用加大，使得离子的运动受到限制，电导率反而下降。

(三) 溶液电导的测量方法

由式(6-57)和（6-59）可知，只要测出溶液的电导就可得知溶液的浓度。在实际测量中，都是通过测量两个电极之间的电阻来求取溶液的电导，最后确定溶液的浓度。溶液电阻的测量要比金属电阻测量复杂得多，溶液电阻的测量只能采用交流电源供电的方法，因为直流电会使溶液发生电解，使电极发生极化作用，给测量带来误差。可采用交流电源，结果就会使得溶液表现有电容影响。另外，相对于金属来说，溶液的电阻更容易受温度的影响。目前常用的测量方法有以下两种。

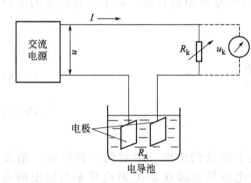

图 6-80 分压法测量线路原理图

1. 分压测量线路

分压测量线路如图 6-80 所示。在两个极板之间的溶液电阻 R_x 和外接的固定电阻 R_k 串联，在交流电源 u 的作用下，组成一个分压电路。在电阻 R_k 上的分压为

$$u_k=\frac{uR_k}{R_x+R_k} \tag{6-60}$$

因为 u 为定值，而溶液浓度的变化引起 R_x 的变化，进而引起 u_k 的变化，所以只要测出电阻 R_k 上的分压 u_k，就可得知溶液的浓度。

分压测量线路比较简单，便于调整。从式(6-60)看出，u_k 与 R_k 之间为非线性关系，所以测量仪表的刻度是非线性的。它适用于低浓度、高电阻电解质溶液的测量。在分压法测量中，电源电压 u 应保持恒定。

2. 电桥测量线路

应用平衡电桥或不平衡电桥均可测量溶液电阻 R_x。图 6-81 为平衡电桥法测量原理线路图，调整触点 a 的位置可使电桥平衡，电桥平衡时有

$$R_x=\frac{R_3}{R_2}R_1 \tag{6-61}$$

通过平衡时触点 a 的位置可知 R_x 大小，进而可确定溶液浓度大小。平衡电桥法适用于高浓度，低电阻溶液的测量。对电源电压稳定性要求不高，测量比较准确。

图 6-82 为不平衡电桥法测量原理线路图，当 R_x 处于浓度起始点所对应的电阻时，电桥处于平衡状态，指示仪表 3 指零。当溶液浓度变化而引起溶液电阻 R_x 变化时，电桥失去平衡，不平衡信号通过桥式整流后送入指示仪表显示测量结果。不平衡电桥法对电源稳定性要求较高。

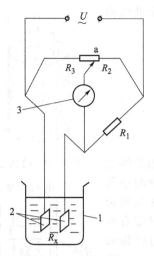
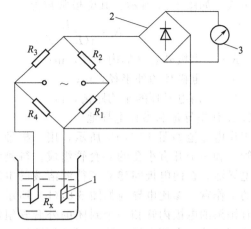

图 6-81 平衡电桥法测量原理线路图
1—电导池；2—电极片；
3—检流计

图 6-82 不平衡电桥法测量原理线路图
1—电导池；2—桥式整流器；
3—指示仪表

（四）电导仪的刻度方法和电极常数的确定

1. 浓度标尺的刻度方法

配以各种不同浓度的标准样品放入电导池中，然后直接一一对应进行刻度，这种刻度方法，很少采用。

2. 电导率标尺的刻度方法

依据 $\sigma=\dfrac{K}{R}$ 即 $R=\dfrac{K}{\sigma}$，从有关手册中查出各类已知浓度的溶液电导率 σ，在求得电极常数 K 以后，就可以计算出所对应的电阻值，然后用标准电阻箱代之，间接地一一对应进行刻度。这种方法是常采用的办法。

3. 电极常数 K 的确定方法

把需测定电极常数的电极，放入电导率 σ 为已知的溶液中（如 KCl 溶液），然后测定此溶液电阻值，这样根据 $K=R\sigma$ 就可计算出 K 值。

二、电导检测器

（一）电导检测器

电导检测器是用来测量溶液电导的一个装置，电导检测器又称电导池，它是指包括电极在内的充满被测溶液的容器整体而言。

常用的电导检测器有两种，一种是筒状电极，另一种是环状电极。

1. 筒状电极

筒状电极由两个直径不同但高度相同的金属圆筒组成，如图 6-83 所示。其电极常数 K 为

$$K=\ln\frac{R}{r}\times\frac{1}{2\pi L} \tag{6-62}$$

式中 R——外电极的内半径，为 $D/2$，m；

r——内电极的外半径，为 $d/2$，m；

L——电极的长度，m。

2. 环状电极

环状电极是由两个具有同样尺寸的金属电极环套在一个玻璃内管上组成，如图 6-84 所示。其电极常数为

$$K = \frac{L}{\pi(R^2 - r^2)} \tag{6-63}$$

式中　R——电极外套管的内半径，m；

　　　r——电极环的外半径，m；

　　　L——两电极环的平均距离，m。

3. 工作电导池和参比电导池

工作电导池如图 6-85(a) 所示，用一根带有两个镀有铂黑的电极内管，和一个开有小孔的外套管组成。待测溶液从外套管的小孔通过电导池，在两电极间建立了待测溶液的电阻电路，它作为测量电桥的工作臂。参比电导池如图 6-85(b) 所示，它是由一根带有两个镀有铂黑的电极内管和一个封闭的外套管组成。管内充有已知浓度的待测溶液，在两电极间建立了已知溶液浓度的电阻电路，它作为测量电桥的参比臂。

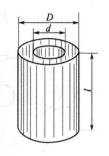

图 6-83　筒状电极

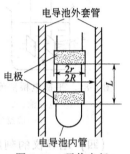

图 6-84　环状电极

(二) 影响溶液电导测量的因素

1. 电极的极化

在两电极之间外加直流电压时，电极会产生极化作用，可分为化学极化和浓差极化。

化学极化是由于溶液中离子定向运动，在电极表面有生成物产生，其生成物在电极与溶液之间形成一个电势，它的方向与外加电压相反，这就使电极之间的电流减小，等效的溶液的电阻增加，结果给测量带来误差。另一种情况是由于电解时电极反应生成的气体附着在电极表面形成一层气泡，使电极和溶液隔绝，同样使溶液等效电阻增大，从而产生测量误差。

浓差极化是由于生成物在电极上析出，造成电极附近的离子浓度降低，且电流密度越大，浓差极化越严重。这样就使电极处浓差极化层的电阻不同于本体溶液的电阻，从而造成测量误差。

为了避免极化作用的影响，电导检测器的测量电路不采用直流供电，而采用交流供电，且电源频率尽量高些。这样，由于电极两端电压交替改变，使生成物不稳定，而且浓差极化层会变得很薄，极化现象大大减弱。另外，为了减弱极化作用，应加大电极的表面积以减小电流密度。因此，工业上用的铂电极一般都镀上一层铂黑，使光滑的电极表面，沉积上一层坚固的粉状颗粒，增大了电极的表面积。

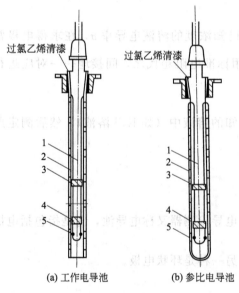

(a) 工作电导池　　(b) 参比电导池

图 6-85　电导池

1—电极内管；2—电极外套管；

3、4—电极；5—玻璃脚

2. 电极电容的影响

在考虑溶液的浓度和电导的关系时，只将电导池作为一个纯电阻元件，而电导池采用交流电源时，电极间就会出现一系列的电容，因此实际上应把它看作一个等效阻抗，这就产生了误差。

电导池的电容可等效地看成由两部分构成：一是电极与溶液接触界面上形成双电层的电容，它们与溶液电阻 R_x 串联；另一部分是两电极与被测电解质溶液形成的电容，它与 R_x 并联。

为了减小电极电容对测量的影响，一是提高电源电压的频率，二是增大电阻 R_x，使等效阻抗近似为电阻性。测量低浓度范围的溶液，由于溶液电阻大，所以频率不必太高，一般用工业频率（50Hz）就可以得到满意的测量结果。对于浓度高，电阻小的溶液，则必须采用高频电源，一般为 $1\sim4\text{kHz}$。

3. 温度的影响

电解质溶液与金属导体不同，它具有很大的负的电阻温度系数，电导率的温度系数是正值，电导率随温度的增加而有显著地增加。在低浓度时（0.05mol/L 以下），电导率与温度的关系可近似地用下式表示。

$$\sigma_t = \sigma_0[1+\beta(t-t_0)] \tag{6-64}$$

式中　　σ_t——温度 t 时的电导率；

　　　　σ_0——温度 t_0 时的电导率；

　　　　β——电导率的温度系数。

电导率的温度系数在室温的情况下，酸性溶液约为 $0.016℃^{-1}$，盐类溶液约为 $0.024℃^{-1}$，碱性溶液约为 $0.019℃^{-1}$。同时，温度升高时 β 的数值减小。

显然待测溶液的温度变化时，对电导率的影响很大，如不加温度补偿措施，会使测量结果产生很大的误差。电导检测器温度补偿方法主要有以下两种。

（1）电阻补偿法　它是在测量线路中用电阻作补偿元件，如图 6-86 所示。其中 R_t 为铜线绕制的温度补偿电阻，具有正的电阻温度系数，其阻值随溶液温度升高而增大，而溶液电阻随溶液温度升高而减小。由于溶液的温度系数很大，为了更好地达到温度补偿的目的，采用锰铜电阻 R_1 与溶液电阻 R_x 并联，其作用是校正溶液电阻的温度系数，以实现当溶液温度变化时，$R_1 /\!/ R_x + R_t = R_C$（为常数），达到了温度补偿效果。

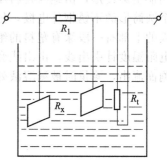

图 6-86　电阻补偿原理图

（2）参比电导池补偿法　用两个结构完全相同的电导池来进行温度补偿。将工作电导池和参比电导池放在测量电桥相邻的两个桥臂上，并使它们处于相同的温度下，也能得到较好的温度补偿。

三、DDD-32B 型工业电导仪

DDD-32B 型工业电导仪是用来测量锅炉蒸汽中含盐量，也可测量锅炉给水的电导率及其他工业流程中溶液的电导率的一种仪表。

DDD-32B 型工业电导仪的检测器配有三种电极常数（K 为 0.01、0.1、1.0）的电极，仪表的指示值直接以电导率 $\sigma\times10^{-6}$，即 $\mu S/m$，其量程有：$0\sim0.1\mu S/m$、$0\sim1\mu S/m$、$0\sim10\mu S/m$、$0\sim100\mu S/m$、$0\sim1000\mu S/m$ 五挡。电导仪测得的电导率乘以相应的转换系数，就是溶液的浓度。不同溶液的浓度在不同温度下，其转换系数是不同的，可以通过实验测得。

（一）仪表的组成

DDD-32B 型工业电导仪由电导检测器（发送器）、转换器和显示仪表三部分组成，如图 6-87 所示。显示仪表为通用产品，只要满足输入信号，用户可以自行选用。

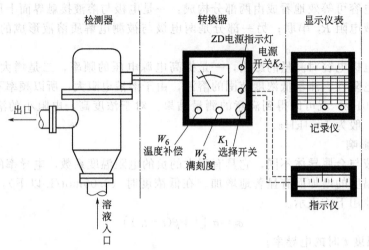

图 6-87　DDD-32B 型工业电导仪组成框图

1. 检测器

DDD-32B 型工业电导仪的检测器结构如图 6-88 所示，其电气原理图可参见图 6-89。检测器呈圆柱形，由绝缘材料压铸而成。其内装有两个电极，一个圆柱形的不锈钢内电极和一个圆筒形的不锈钢外电极，另外还安装了一支铂电阻温度计，用来作为温度补偿电极。内电极的上部有一段涂有塑料的绝缘层，它与在其外的外电极之间距离决定了电极常数。电极及电阻温度计引出线，由出线套管引出，在检测器上部有防护罩密封。被测溶液从下部进入，侧面流出，测量时被测溶液处在流动状态，并连续地流过电极。

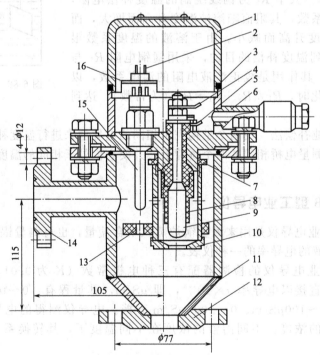

图 6-88　检测器结构示意图

1—防护罩；2—温度补偿接线头；3—密封橡皮圈；4—测量电极接线头；5—外电极接线头；6—出线套管；
7—外电极固定螺圈；8—内电极涂层；9—内电极；10—外电极；11—检测器外壳；12—进水法兰盘；
13—挡板；14—出水法兰盘；15—温度补偿电阻，16—固定螺帽

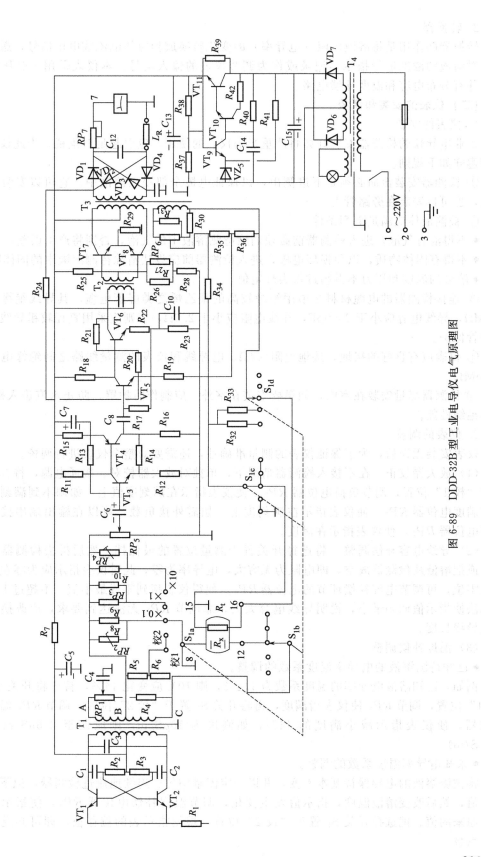

图 6-89 DDD-32B 型工业电导仪电气原理图

2. 转换器

转换器的作用是将溶液电阻（电导率）的变化转换成相应的电流或电压信号，送给显示仪表对溶液的浓度进行指示、记录或作为调节仪表的输入信号。本仪表采用了分压测量电路，并有分布电容和温度补偿电路。

（二）仪表的安装和调校

1. 仪表的安装

工业电导仪的检测器安装好坏将严重影响仪表的使用，应引起足够重视，为此仪表的安装需遵守如下规则。

① 检测器安装流向必须是下进侧出，以保证电极全部浸入溶液中。它可以安装在工艺管上，也可以安装在旁路管上。

② 被测液体应满足下列条件

● 不得混有气泡，进入检测器前必须消除待测溶液中的气泡，否则将产生误差；

● 不得有固体物质，以免损坏电极，进入检测器前应设法清除待测溶液中的固体物质；

● 溶液的温度和压力不得超过仪表规定值。

③ 连接检测器的电缆材料必须用绝缘较高的聚乙烯之类屏蔽电缆，其导线绝缘不少于 $100M\Omega$，导线电容应小于 $2000pF$，导线电阻应小于 2.5Ω，否则应采用直径较粗导线，并且要穿管保护。

④ 仪表应有良好的接地，接地电阻 $\leqslant 4\Omega$。电源线和仪表的测量线路之间绝缘电阻应大于 $10M\Omega$。

⑤ 检测器尽量安装在室内，如果要安装在室外，应制作防护罩，防止水汽进入检测器，破坏绝缘性能。

2. 仪表的调校

仪表安装无误后，为了保证仪表的测量准确性，还需要对整个仪表进行调校。

（1）放大器校正　在不接入检测器情况下，单独对放大器校对。接通电源，将选择开关置于"校1"位置，调节负荷电位器 RP_7，使仪表指示在满刻度值上，如调不到满刻度，可调节满度电位器 RP_5，使仪表指示在满刻度上。如需外接负载，可以在输出端串接，调节负荷电位器 RP_7，使仪表指示在满度。

（2）导线电容补偿调整　将选择开关置于测量位置的最低档，然后拆去检测器连接导线，或把溶液从检测器放空，即电阻为无穷大，电导率为零，此时仪表指示应为零左右，如不在零位，可调节电容补偿环节的电位器 RP_1，使得仪表指到零或最小值（不超过1小格）。如无法使指示值调到最小，说明导线电容太大，靠调节 RP_1 无法达到要求，应改换导线或缩短导线长度。

（3）温度补偿调整

● 已知待测溶液的电导率温度系数的调整。

例如，已知溶液电导率的温度系数为 1.4%，则 $10℃$ 应变化 14%，首先将开关 S_1 置于"校1"位置，调节 RP_5 使仪表指满度，再将开关 S_1 置于"校2"位置，调节 RP_6 温度补偿电位器，使仪表指示减小满度的 14%，如满度为 $10\mu S/m$，则应调至 $8.6\mu S/m$（减小 $1.4\mu S/m$）。

● 未知电导率温度系数的调整。

将被测溶液的电导保持基本不变，并以一定流量均匀、连续地流过检测器，记下仪表的指示值，然后改变溶液温度，指示值发生变化，调节温度补偿电位器 RP_6，使指示值仍指示在原来的值。把选择开关 S_1 置于"校2"位置，根据指示表的偏移值，即可知道溶液的温度系数。

（4）仪表准确度的检查　　仪表在使用过程中，应定期进行检查。用一块电阻箱代替检测器对转换器进行检查，电阻箱数值根据 $R=\dfrac{K}{\sigma}$ 进行整定，将选择开关拨至电导率×0.1、×1、×10 挡，分别用电阻箱校对满度值，如有误差，可根据量程范围和计算的 R 值调节 RP_2、RP_3 或 RP_4 电位器，使指示值指示在满度。

本 章 小 结

本章介绍了工业生产中常见成分量的测量方法和典型自动成分分析仪表的结构、转换原理、安装、调试及维护。重点应掌握各种成分量的测量方法和典型仪表的结构与转换原理。

自动成分分析检测系统由取样装置、预处理系统、检测器、信号处理系统、显示器以及整机控制系统构成。其中检测器是成分分析仪表的核心。

① 热导式气体分析仪的测量原理是在满足测量条件下，将混合气体中某一组分含量的变化转换成混合气体的导热系数的变化，经过热导池将导热系数的变化转换成电阻的变化，通过测量电阻变化可知被测组分浓度的大小。该仪表的测量条件一是除 λ_1 外，$\lambda_2 \approx \lambda_3 \approx \cdots \approx \lambda_n$；二是 $\lambda_1 \gg \lambda_2$；三是混合气体的 t 基本恒定。热导式气体分析仪一般可以用来测量混合气体中的 H_2 含量，也可以测量 CO_2 和 SO_2 的含量。

② 氧化锆氧分析仪是应用氧浓差电池原理，将氧含量的变化转换成氧浓差电势的变化，进而测量出浓差电势的大小可知被测氧含量的高低。氧化锆探头工作在 $T=850℃$ 左右时灵敏度最高。适用于氧含量<10％的氧量测量。

③ 红外线气体分析仪是依据不同的气体对红外线吸收具有不同的特征吸收波长这一特性进行工作的。应用朗伯-贝尔定律，使红外线以恒定的光强 I_0 连续地通过一定厚度的被测气样，测出气体吸收后的光强 I，就可知道被测气体的浓度 C。红外线气体分析仪的检测器分光电导检测器和薄膜电容检测器两种，测量方法分直读式和补偿式两类。

④ 工业气相色谱仪是利用色谱分离技术和检测技术，对混合物进行分离后检测，从而实现对多组分的复杂混合物进行定性分析和定量分析。其中色谱柱是工业气相色谱仪的心脏，它的作用是利用被测组分在气液两相中分配系数的差异，将混合在一起的各被测组分分离成各个单一组分。根据不同组分的色谱峰出现的时间不同进行定性分析，同时还可以根据色谱峰的高度或峰面积进行定量分析。色谱仪的检测器包括热导式检测器和氢火焰离子检测器等多种类型。

⑤ pH 值是表示电解质水溶液酸、碱度的物理量。工业 pH 计是利用化学原电池的电动势与溶液酸、碱度成单值函数关系的特性进行工作的。用电极电位不随被测溶液氢离子浓度变化的甘汞电极、银-氯化银电极作参比电极，用电极电位随被测溶液氢离子浓度变化的玻璃电极、锑电极、氢醌电极等作工作电极，组成原电池后，测量出原电池的电动势的大小，就可知被测溶液的酸、碱度。工业 pH 计由发送器（检测器）、高阻转换器和显示仪表组成。

⑥ 在一定的条件下，溶液的电导或电导率仅与溶液的体积分数 C 有关，所以，测得两电极间溶液的电导就可知溶液的浓度大小。这就是工业电导仪的基本工作原理。溶液电导（电阻）的测量方法有分压法测量电路和电桥法测量电路。电导检测器的结构分为筒状电极结构、环状电极结构。

习题与思考题

6-1 热导式气体分析仪的测量条件有哪些？如果工业流程中的气样不满足测量条件如何处理？

6-2 热导检测器有几种类型？各有什么特点？

6-3 参比气室的作用是什么？

6-4 热导式气体分析仪的测量电路有几种？各有什么特点？

6-5 预处理系统的作用是什么？一般包括哪些设备？

6-6 RD-004 型热导式气体分析仪有几部分组成？各部分的作用是什么？

6-7 $ZrO_2 \cdot CaO$ 固体电解质是依靠什么导电的？

6-8 简述氧浓差电池测量氧含量的原理。

6-9 氧化锆氧分析仪的测量电路有几种，各有什么特点？

6-10 氧化锆氧分析仪的探头有几种？测量条件是什么？

6-11 DH-6 型氧化锆氧分析仪由几部分构成？各部分的作用是什么？

6-12 红外线气体分析仪对气体进行定性分析和定量分析的依据是什么？

6-13 简述直读式红外线气体分析仪的工作原理？

6-14 什么是干扰组分？如何克服其对测量的影响？

6-15 红外线气体分析仪的类型有几种？各有什么特点？

6-16 什么是"回程现象"，如何克服？

6-17 QGS-08 型红外线气体分析仪有几部分构成？各部分的作用是什么？简述其转换原理。

6-18 色谱柱有什么作用？简述其分离原理。

6-19 在色谱分析法中，固定液起什么作用？载气起什么作用？

6-20 气相色谱的基本设备包括哪几部分？各有什么作用？

6-21 气相色谱的技术术语主要有哪些？这些术语的含义是什么？

6-22 气相色谱仪的检测器有几种？各有什么特点？

6-23 影响氢焰检测器灵敏度的因素是什么？

6-24 为了使色谱仪准确、有效地工作，在操作上应注意哪方面问题？

6-25 什么是柱切技术？常见的柱切系统有几种？各有什么特点？

6-26 取样阀有哪几种结构形式？并说明其工作原理。

6-27 SQG 系列气相色谱仪有几部分构成？各部分的作用是什么？

6-28 pH 值与溶液中的氢离子浓度及溶液酸、碱度的关系如何？

6-29 pH 值与原电池电动势的关系是什么？

6-30 常用的参比电极、工作电极有哪些？

6-31 写出玻璃电极和甘汞电极组成的原电池的表达式、电动势与 pH 值的关系式。

6-32 PHG-21B 型工业 pH 计由几部分构成？各部分的作用是什么？

6-33 电导率与溶液浓度关系如何？

6-34 溶液电导的测量方法有几种？

6-35 电导池的结构和影响电导测量的因素及克服方法是什么？

6-36 电极常数的确定方法有哪几种？

6-37 DDD-32B 型工业电导仪的组成和各部分作用如何？

第七章 自动检测系统

自动检测系统，用于对生产过程进行自动监测，其基本组成原理框图如图7-1所示。

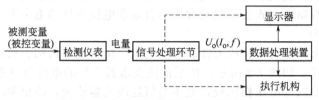

图 7-1 自动检测系统基本组成原理框图

检测仪表（传感器）以一定的精度把被测变量（或被控变量）转换为电量（如 4～20mA 的标准电流信号）；信号处理环节把检测仪表输出的电量变成具有一定功率的电压、电流、频率等，以推动后续的显示电路、数据处理电路及执行机构。

由显示仪表对工业自动化系统中的压力、流量、物位、温度等各种被测（被控）变量进行显示和记录。

数据处理装置用来对所获得的数据结果进行处理、运算、分析，对动态测试结果进行频谱分析、幅谱分析、能量谱分析等。完成以上工作必须采用计算机技术。

数据处理的结果通常送到显示器和执行机构中，以显示运算处理的各种数据及控制各种被控对象。而在不带数据处理装置的自动检测系统中，显示器和执行机构由信号处理电路直接驱动。如图 7-1 中的虚线所示。

所谓执行机构通常是指各种继电器、伺服电动机、调节阀门等在电路、工艺管路中起通断、控制、调节、保护等作用的设备装置。许多检测系统能输出与被测变量有关的电流、电压信号，去驱动这些执行机构，从而为自动控制系统提供控制信号。

第一节 检测信号的显示

用以显示和记录被测（被控）变量值的仪表称为显示仪表，以反映生产过程状况和变量变化情况。

目前常用的显示器有四类：模拟显示、数字显示、图像显示及记录仪等。

● 模拟显示方式以机械位移（如指针、记录笔的线位移或角位移量）来显示过程变量连续变化，此类仪表结构简单、可靠，价格低廉，能够通过指针反映过程变量的当前值。这类仪表通常要使用磁电式偏转机构或机电式伺服机构，因此读数速度慢，精度低。

● 数字显示方式直接以数字形式显示过程变量工程单位数值大小，显示方式比较普遍的是发光二极管（LED）和液晶（LCD）等以数字方式来显示读数。这种仪表内置模-数转换器，先将模拟量转换为离散量，再以数码形式显示，具有速度快，精度高，读数直观，具有唯一性等优点。前者亮度高，后者耗电量少。

● 图像显示方式直接在 CRT 或 LCD 屏幕上把过程变量值以图形、文字、数字、曲线等形式进行显示，还可以用图表形式、彩色图等形式来反映整个生产线流程和生产过程的多组数据多种状态。此类仪表是随着计算机技术和图像显示技术的发展和应用相应发展起来的新型显示仪表，内置微处理器和大容量存储器，可以实现变量值的长时间存储。

- 记录仪，用来记录过程变量状态及变化趋势。有笔式记录仪、光线记录仪、磁带记录仪、专用打印机等。

一、模拟式显示

（一）自动平衡式显示仪表

自动平衡式显示仪表具有较高精度和灵敏度，可与不同的传感器或变送器配套显示和记录各种过程变量。自动平衡式显示仪表常用的有电子电位差计和电子平衡电桥。

1. 电子电位差计

电子电位差计由测量桥路、放大器、可逆电机、指示记录机构、机械传动装置和稳压电源、同步电机等构成，如图 7-2 所示。传感器或变送器产生的电信号（电压、电流）形成外部输入电压，与桥路内部电压相比较，电压差值经放大器放大，输出驱动可逆电机带动滑线电阻滑动触点移动，调整内部电压，使整机电压达到平衡，同时带动指针和记录笔沿刻度标尺滑行，指示记录出被测变量的值。

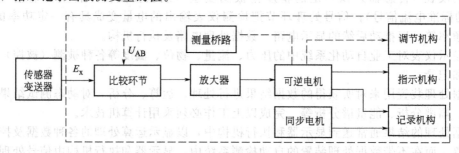

图 7-2　电子电位差计组成原理图

电子电位差计主要与热电偶等配套使用，根据电压平衡的工作原理设计。手动电位差计原理如图 7-3 所示，先调整检流计 G 的零位，进行机械调零；然后将开关 S 打到 1，调整 RP_1 改变回路电流 I，使 $IR_G = E_S$，则 $I_S = 0$，检流计指示回零，进行电流调零；将开关 S 打到 2，进入测量工作状态，手动调整滑动电阻 RP 触点，使检流计指示回零，则 $IR_{AB} = E_X$，由触点 A 位置可知被测电压 E_X 的大小。

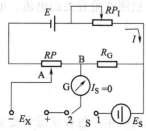

图 7-3　手动电位差计原理

电子电位差计对测量电路做了改进，采用了桥路结构，用可逆电机及一套机械传动机构代替了人工进行电压平衡操作，用放大器代替了检流计来检查内部电压与被测电压平衡差值并控制可逆电机的工作，带动滑动触点移动来改变内部电压。

测量电路设计考虑测量范围的多样性，采用有上下支路的桥路形式，内部电压 $U_{AB} = U_{AC} - U_{BC}$，当 $U_{AB} = E_X$ 时仪表达到平衡，如图 7-4 所示。

仪表测量下限为

$$E_{xmin} = U_{ABmin} = I_1 R_G - I_2 R_2 \tag{7-1}$$

仪表测量上限为

$$E_{xmax} = U_{ABmax} = I_1 (R_G + RP_n) - I_2 R_2 \tag{7-2}$$

则仪表电量程为

$$\Delta E_n = E_{xmax} - E_{xmin} = I_1 RP_n \tag{7-3}$$

改变测量桥路有关电阻值，就能得到各种不同的测量范围。合理选择 R_G 和 R_2，可实现起始点为零或为正、为负的某一值；改变电阻 RP_n 的值，可以改变电子电位差计的量程。

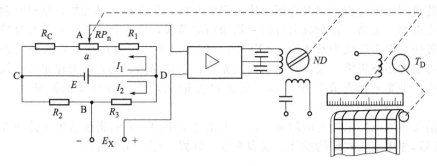

图 7-4　电子电位差计工作原理示意图

电子电位差计桥路供电采用具有两级稳压和温度补偿措施的直流稳压电源，$E=1V$。工作电流大小是从桥路等效电阻、减小温度变化引起的误差等方面综合考虑的，目前中国生产的电子电位差计较多地选定上支路电流 $I_1=4mA$，下支路电流 $I_2=2mA$，总工作电流为 6mA。

2. 电子平衡电桥

电子平衡电桥基于电桥平衡原理工作，主要与热电阻配接进行测温显示，由测量桥路、放大器、可逆电机、同步电机、机械传动机构等部分组成，热电阻作为桥路的一部分存在。与电子电位差计相比，除所配感温元件及测量桥路外，其余部分几乎完全相同。由放大器判别 U_C、U_D 的电位相等与否，即电桥平衡与否。若电桥不平衡，放大器输出驱动可逆电机，带动滑动触点移动，使电桥平衡。当仪表达到平衡时，电子平衡电桥

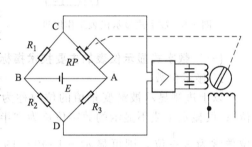

图 7-5　电子平衡电桥工作原理图

的测量桥路处于平衡状态，无不平衡电压输出。工作原理如图 7-5，组成原理如图 7-6 所示。

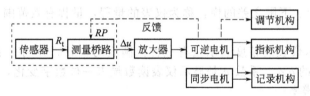

图 7-6　电子平衡电桥组成原理框图

（二）声光式显示仪表

声光式显示仪表是以声音或光柱的变化反映被测变量超越极限或模拟显示被测变量连续变化的仪表。具有显示醒目、形象直观、精度稳定、耐颠震等优点，广泛地应用在石油、化工、冶金、电力等工业系统中，可显示压力、流量、物位、温度等各种物理参数。同时，带报警机构的声光式显示仪表，当测量值超越上、下设定值时，能自动发出报警信号。

图 7-7　XXS-10 型闪光报警仪

如图 7-7 所示，XXS-10 型闪光报警仪为 8 路报警仪，以单片机为核心，适用于极限控制系统的显示和报警。每个回路带有一个闪光信号灯，可以监视一个界限值。报警回路的信号，可以是常开或常闭方式，在一台仪表中可以混合使用。该报警仪可与各种电接点式仪表配合使用，具有报警可靠、操作简单、使用方便、功耗低、报警方式可调等特点。

报警器每四个闪光报警回路合用一块印刷线路板，称为报警单元板，整机有两块报警单元板。灯光电源、振荡、音响放大合用一块印刷电路板，称为公用板。它是与报警回路上的印刷线路板插座组合而成为整体的。XXS-10型闪光报警仪可以在线设置八种报警方式，一台仪表就可实现多路报警。采用八个平面发光器，发光强烈、均匀，可输出音响控制信号和快闪、慢闪、平光三种发光控制信号，可带报警记忆功能，可外接遥控开关，实现远程控制。

报警信号输入电路采用光电隔离器件，采用开关电源，具有极强的电压适应性和抗干扰性。采用国际通用卡入式结构设计，仪表安装、维修、更换简单方便。

二、数字式显示

数字式显示仪表是一种具有模-数转换器并能以十进制数码形式显示被测变量值的仪表，

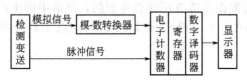

图 7-8　数字式显示仪表工作原理

可与各种传感器、变送器配套。与模拟式显示仪表相比，数字式仪表具有精度高、功能全、速度快、抗干扰能力强等优点，且体积小、耗电低、读数直观，能将测量结果以数字形式输入计算机，从而实现生产过程自动化，工作原理如图 7-8 所示。

（一）数字式显示仪表的主要技术指标

1. 显示位数

以十进制显示被测变量值的位数称为显示位数。能够显示"0～9"的数字位称为"满位"；仅显示 1 或不显示的数字位称为"半位"或"1/2 位"。如数字温度显示仪表的显示位数常为 $3\frac{1}{2}$ 位，则可显示 $-1999\sim1999$。高精度的数字表显示位数可达到 $8\frac{1}{2}$ 位甚至更高。

2. 仪表量程

仪表标称范围上、下限之差的模，称为仪表的量程，量程有效范围上限值称为满度值。

3. 精度

目前数字式显示仪表的精度表示法有三种：满度的 $\pm a\%\pm n$ 字、读数的 $\pm a\%\pm n$ 字、读数的 $\pm a\%\pm$ 满度的 $b\%$。系数 n 是显示仪表读数最末一位数字变化，一般 $n=1$。

4. 分辨力和分辨率

分辨力指仪表示值末位数字改变一个字所对应被测变量的最小变化值，它表示了仪表能够检测到的被测量最小变化的能力。分辨率指仪表显示的最小数值与最大数值之比。数字式显示仪表在不同量程下的分辨力不同，通常在最低量程上具有最高的分辨力，并以此作为该仪表的分辨力指标。

（二）数字式显示仪表的主要环节

在工业生产过程中，过程变量经传感器检测变换后，多数转换成模拟电量输出。由于传感器、变送器输出的电信号较小，通常需经前置放大，然后进行模-数（A/D）转换，把连续的电信号转换成离散的数字量输出，并以工程单位数值形式显示出来。大多数被测变量与工程单位显示值之间存在非线性函数关系，在模拟显示仪表中，较多以非线性刻度来简易解决。但在数字显示仪表中，必须配以线性化器进行非线性补偿，并进行各种系数的标度变换，使过程变量按十进制工程单位方式或百分值显示。

由此可知，一台数字式显示仪表应具有模-数（A/D）转换、非线性补偿和标度变换三大基本部分，这三部分相互组合，可以组成适用于各种不同要求的数字显示仪表。

1. 模-数（A/D）转换器

模-数转换器是数字显示仪表的重要组成部分。模-数转换器的任务是使连续变化的模拟量转换成离散的数字量，以便进行数字显示。模-数转换器目前应用较多的有双积分型、逐次逼近型、电压—频率变换型等。关于模-数（A/D）转换，将在本章第二节详细介绍。

● 双积分型 A/D 转换器先将输入电压转换为时间 t，再利用周期为 q 的脉冲在时间 t 内计数，脉冲计数器上得到的脉冲数 N，即为量化结果的数字量。

● 逐位逼近型 A/D 转换器测量全过程是逻辑电路的判断过程，它完成一次转换只需要 $(n+1)$ 个时钟脉冲（n 为转换器位数），具有高速转换的性能，转换精度高。但电路复杂，抗干扰能力差，要求精密元件多，主要用于高速多点检测和计算机测量系统。

● 电压—频率型 A/D 转换器先将直流电压转换成与其成正比的频率，然后在选定的时间间隔内对该频率进行计数，将电压转换成对应的数字量。

2. 非线性补偿环节

非线性补偿可以在 A/D 转换之前、之后进行，也可以在转换同时进行。非线性补偿实现了输出量与过程变量之间的线性关系，满足直接显示工程单位值的需要。目前常用的方法有模拟式非线性补偿法、非线性 A/D 转换补偿法、数字式非线性补偿法。下面主要介绍非线性 A/D 转换补偿法。

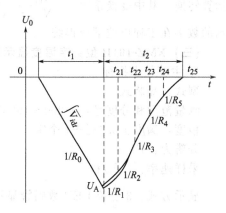

图 7-9　非线性 A/D 积分器输出波形图

非线性 A/D 转换器在将模拟量转换成数字量的过程中完成非线性补偿，以双积分型 A/D 为例说明引入非线性补偿原理。

热电势与温度关系呈现非线性，利用折线法校正思路，选定几个折点，通过电路实现不同折线段斜率，从而得到非线性补偿。双积分型非线性 A/D 转换器，利用反向积分期间改变积分 R，实现积分速率改变，从而使 t_2 发生变化，形成 n 段模拟 $E{\sim}t$ 非线性的函数关系，实现非线性补偿，如图 7-9。由 U_A 到积分器输出回零的过程，分 n 段折线完成。

图 7-10 是分挡改变积分电阻的 A/D 转换器电路方框图。图中 $S_1{\sim}S_n$ 为场效应管开关，由逻辑开关门控制，$R_1{\sim}R_n$ 是阻值不同的积分电阻，阻值由 $E{\sim}t$ 非线性特性来确定。

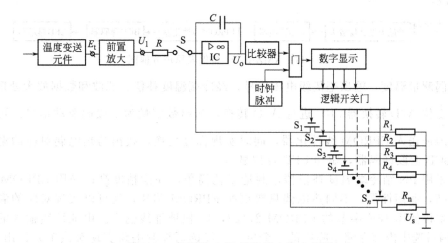

图 7-10　非线性 A/D 转换器电路方框图

当有一个输入电压 U_i 时，在 t_1 时间内对 U_i 积分。待 t_1 结束，采样阶段完成，进入比较阶段，开关 S 断开，S_1 接通，经 R_1 对 U_S 反向积分，同时计数器开始计数。当计数时间达到 t_{21} 时，逻辑开关门使 S_1 断开，S_2 接通，经 R_2 对 U_S 继续反向积分，计数器继续计数，依次类推。由于 R_1、R_2…阻值不同，积分斜率也不同。反向积分直至使 U_0 回零为止，计数停止。在积分过程中开关 $S_1 \sim S_n$ 是否全部动作一次，由输入信号大小决定。

3. 标度变换

过程变量要直接以工程单位进行显示，需要进行标度变换。所谓标度变换，就是对测量值乘与一个系数，转换为数字式仪表能直接实现的工程值，即比例尺的变更。可以对模拟量先进行标度变换后再进行 A/D 转换，也可以对 A/D 转换后的数字量进行标度变换。

模拟量标度变换，一般是在模拟信号输入的前置放大器中，通过改变放大器的放大倍数来达到。模拟量标度变换要考虑其输出范围驱动 A/D 转换器，产生的数字量方便直接驱动显示，并以工程单位数值显示，不必再进行变换，否则意义不大。

经 A/D 转换和线性化后，反映测量值的数字量必须乘以某一系数，才能转换成数字仪表所能直接显示的工程单位值，该变换称为数字量标度变换。

数字量标度变换十分灵活，在实现线性化以后，利用公式 $y = c(N - N_{min}) + y_{min}$ 进行运算转换，其中变换系数 $c = \dfrac{y_{max} - y_{min}}{N_{max} - N_{min}}$。可通过内部电路实现转换运算，使被测变量和显示的数字在工程单位下获得统一。

（三）XMZ-101H 型数字温度显示仪表

1. 主要技术指标

型式：盘装式

测量范围和分度号：－200～1999℃各种分度号热电偶

精度：满度±0.5%±1 个字

分辨力：1℃

采样速率：3 次/秒

显示方式：$3\frac{1}{2}$ 位 LED 数码管显示

2. 工作原理

XMZ-101H 型仪表为单点简易数字式温度显示仪，配接热电偶测温，其原理方框图如图 7-11 所示。

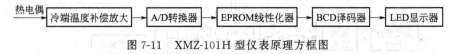

图 7-11　XMZ-101H 型仪表原理方框图

热电偶测量温度，输出毫伏级电压信号，经冷端温度补偿、滤波和数据放大处理后的信号送至 $3\frac{1}{2}$ 位 A/D 转换器 7107 进行 A/D 转换，输出数字量为 7 段码驱动信号。再将该数字量作为地址送入 EPROM 线性化器，同时实现标度变换，找出与热电偶对应的温度值送 CD4511 BCD 七段译码器，驱动 LED 各位显示。

仪表采用 PN 结冷端温度补偿器，制造工艺简单，补偿精度高；采用 EPROM 线性化器，精度高，通用性强，不同热电偶只要更换 EPROM 芯片，就可以实现对应的温度非线性补偿。本机使用 16K 字节的 EPROM 27128，14 根地址线输入。由地址线输入的地址经 X、Y 译码后选中内部存储矩阵中的一个单元，经读写控制电路实现对该单元读出。同时，EPROM 中存储非线性补偿对应的温度数值，输出显示为与被测温度一致的温度值的各位

BCD 码信号。EPROM 输出送至 CD4511 BCD 七段译码器，产生驱动数码管显示的 a～g 输出，使数码管显示出相应数值，实现数字显示。

三、图像显示

计算机的图像显示方式已经越来越广泛地应用于各行业，包括 CRT 或 LCD 屏幕显示，其主要特点是：

① 显示清晰明了，读取方便准确；

② 可实现多回路、多类型信号监测；

③ 无机械传动结构，日常维护方便；

④ 具有较高的精度和可靠性；

⑤ 具有与上位机通讯的标准，可实现与计算机通讯；

⑥ 通过数据通讯方式，连接打印机。

以 CPU 为核心，将检测信号的处理与 LCD 屏幕显示结合，构成了无纸记录仪。它直接把工艺参数的变化量以文字、图形、曲线、字符等多种方式在屏幕上进行显示，兼有模拟式显示仪表和数字式显示仪表的功能，具有传统仪表无法比拟的丰富功能，灵活的设置功能和强大的统计分析功能，具备计算机大存储量的记忆能力与快速性特点，已成为计算机控制系统中不可缺少的显示装置，在电力、石化、冶金、轻工、制药等众多领域获得广泛的应用。

无纸记录仪的结构原理框图如图 7-12 所示，由工业专用 CPU、A/D 转换器、只读存储器 ROM、随机存取存储器 RAM、显示控制、键盘控制器、供电单元、报警电路、时钟电路、通讯控制器等部分组成。

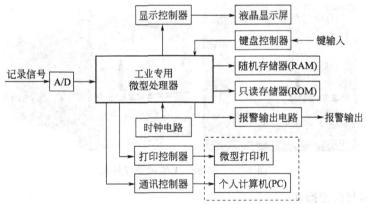

图 7-12 无纸记录仪结构原理框图

工业专用 CPU 包括运算器和控制器，实现对输入变量的运算处理，负责指挥协调无纸记录仪的各种工作，是记录仪的核心。

A/D 转换器将来自被记录信号的模拟量转换为数字量以便 CPU 进行运算处理。

ROM 和 RAM 是无纸记录仪必备的数据信息存储装置。ROM 中存放支持仪表工作的系统程序和基本运算处理程序，如滤波处理程序、开方运算程序、线性化程序、标度变换程序等，在仪表出厂前由生产厂家将程序固化在存储器内，其中内容用户不能更改；RAM 中存放过程变量的数值，包括输入处理单元送来的原始数据、CPU 中间运算值和变量工程单位数值，其中主要是过程变量的历史数据。对于各个过程变量的组态数据如记录间隔、输入信号类型、量程范围、报警限等均存放在 RAM 中，允许用户根据需要随时进行修改。

显示控制用以将 CPU 内的数据显示在点阵液晶显示屏上，一般液晶显示屏可显示 160×128 点阵。

无纸记录仪一般不采用101标准键盘，而使用在面板方便设置的简易键盘，使仪表结构紧凑、面板美观。操作人员通过键盘控制器输入至CPU，使CPU按照按键的要求工作。

供电单元采用交流220V、50Hz供电或24V直流供电。内设高性能备用电池，使记录仪掉电时，保证所有记录数据及组态信息不会丢失。当被记录的数据越限时，CPU可及时发出信号给报警电路，产生报警输出。时钟电路产生记录时间间隔、时标或日期送给CPU。

另外，无纸记录仪设有通信接口，通过通信网络与上位计算机通信，将数据传给计算机，利用打印机打印出需要的报表和信息，或进行数据的综合处理。有的记录仪带有与PC完全兼容的磁盘驱动器，能方便地把表内的数据通过磁盘转存或保存。目前，多数无纸记录仪具有RS-232C和RS-485两种串行通信接口。RS-232C标准通信方式支持点对点通信，一台计算机挂接一台记录仪，传输速率为19.2Kbps，最适合于使用便携机随机收取记录仪数据；RS-485标准通信方式支持点对多点通信，允许一台计算机同时挂接多台记录仪，对于使用终端机的用户是十分方便的。近年来，生产过程自动化程度不断提高，使用智能仪表越来越普遍，大多配用终端计算机进行过程总体监视和过程优化处理，RS-485通信方式使用较多。使用RS-485通信方式需在记录仪机箱内的扩展槽中插入RS-485通信卡。

EN880型无纸记录仪的外观如图7-13所示。它的基本特点是：
① 具有棒图、数字、曲线、圆图、报表和追忆显示画面；
② 操作简便，设置功能强，数据统计和转存方便，报警功能灵活；
③ 具有强大的数学计算功能和完善的流量计算功能；
④ 具有实用的仪表和输入信号检查功能；
⑤ 具备完善的上位机管理软件，可实现RS232/RS485和以太网通讯（可选）。

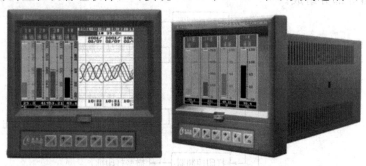

图 7-13　EN880 无纸记录仪外观

1. 画面显示与按键操作

无纸记录仪的操作画面可以充分发挥其图像显示的优势，实现多种信息的综合显示。EN880无纸记录仪具有两种基本工作状态，即常规显示记录状态和设置状态，其显示方式非常丰富，包括棒图、数字、曲线、圆图、报表和追忆显示画面等，用户可根据需要进行设置和组合。

（1）棒图显示、数字显示　棒图显示是EN880的默认显示方式，棒图右侧为通道数值标尺，左顶部为倍率，上部显示通道名称，下部是以数字形式表示的通道实时值和单位。棒图区域用两条短白线标出报警值，如图7-14。数字显示方式，画面以数字显示相邻通道的实时值，如图7-15所示。

（2）曲线棒图垂直显示、水平显示　曲线棒图垂直显示具有翻页功能，画面背景为可移动的坐标记录纸，棒图刷新和走纸速度可设置，如图7-16。曲线棒图水平显示快捷键，与曲线棒图垂直显示内容基本相同，如图7-17。

（3）巡回显示　一般情况下，上述几种显示方式显示几个固定通道的信息，如果需要查看其他通道和画面的内容，可利用巡回显示实现自动翻页和画面自动切换。如图7-18。

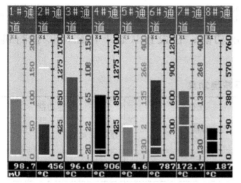

图 7-14　棒图显示界面

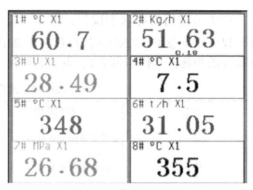

图 7-15　数字显示界面

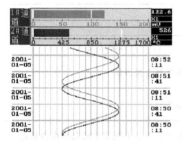

图 7-16　曲线棒图垂直显示界面

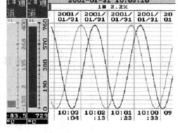

图 7-17　曲线棒图水平显示界面

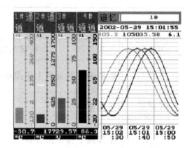

图 7-18　巡回显示界面

在任何显示方式下，按下 键 3s 后，EN880 响一声提示并进入通道巡回显示；按下 键 3s 后，EN880 响一声提示并进入画面巡回显示；退出方式与进入方式相同。

EN880C 操作简便，在正常使用状态下，大部分功能仅需一次按键即可完成。同时，在设置状态，可以对时间参数、通道参数、报警参数、流量算法、通讯参数和某些显示方式进行设置。在设置状态下，EN880 为用户每一步操作提供了提示，极大的方便了操作。设置菜单按类别分层次布置，总体设置体系如图 7-19 所示。

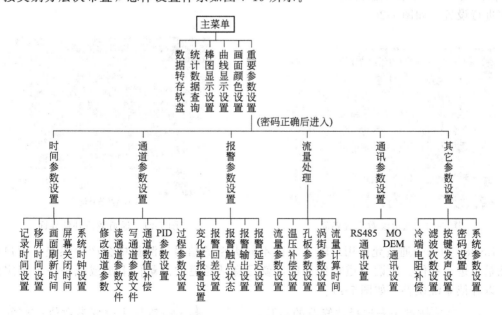

图 7-19　EN880 设置菜单体系

EN880 前面板有六个按钮：、、、、、，为多功能键。在常规显示状态下，EN880 执行键右半部分的显示功能；在设置状态下，EN880 执行键左半部分的功能。具体如表 7-1、表 7-2 所示。

表 7-1　显示状态下按键功能

图标	按键功能	图标	按键功能
	2 曲线棒图垂直显示		棒图显示
	2 曲线棒图水平显示		曲线棒图垂直显示
	大数字显示		可选通道曲线水平显示

表 7-2　设置状态下按键功能

图标	按键功能	图标	按键功能
	取消修改并返回上级菜单或退出设置状态		右移或下移 1 位方框
	当前参数＋1		当前参数－1
	左移或上移 1 位方框		确认修改并返回上级菜单或退出设置状态

2. 组态操作

无纸记录仪的组态操作，就是组织仪表的工作状态，类似于软件编程，但又不使用计算机编程语言，而是借助于记录仪本身携带的组态软件，根据组态界面提出的组态项目的内容，进行具体的项目选择和相应参数的填写，轻松地完成界面显示的设定和修改。

(1) 修改通道参数与数值补偿　EN880 的每个通道允许用户输入 22 种不同类型的信号，通常每个通道的名称、信号类型、单位、量程上下限、显示上下限等都要用户确定。在"主菜单"——"重要参数设置"——"通道参数设置"的修改通道参数项目下，可以根据需要进行设置，如图 7-20。

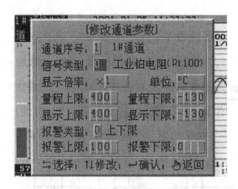

图 7-20　通道参数设置界面

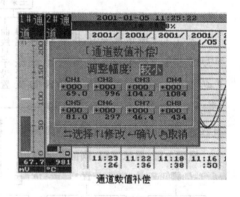

图 7-21　通道数值补偿界面

EN880 的每个通道允许用户输入多种不同类型的信号，测量中会产生误差，用户可以对测量值进行补偿。所谓通道数值补偿，就是将某通道的测量值上加或减去一个固定的数据，以补偿系统误差，如图 7-21。

、按键用来选择被修改的参数；、按键用来改变参数值；按键用来确认； 按键取消所作的修改。

（2）流量测量处理 EN880 具有很强的流量处理能力，能够显示和记录通道的瞬时流量和累计流量。流量计算可设置为线性、开方、差压线性、线性补偿和反比。当需要对流量信号进行温压补偿时，必须对参数进行设置。

进入"重要参数设置"——"流量处理"——"流量参数设置"项目下，根据提示进行。其中，流量累计初始值的默认值为 0，可作为该通道流量的补偿值；流体介质分一般流体（理想气体或不可压缩液体）、饱和蒸汽、过热蒸汽；"是否累加"项一定设为"累加"，否则不计算和显示累计流量，如图 7-22。

对于温度压力补偿设置，首先确定已被设置为流量通道且需要温压补偿的通道号。例如通道 6 已设为流量通道，输入为 4~20mA 的电流信号，那么首先应将窗口内通道号修改为6，然后才能够进行其他设置。如 EN880 接有多个需要温压补偿流量信号，则每个流量通道都要进行设置。对于温度通道，如果采用自动温度补偿，则需要设置温度补偿通道，以后EN880 在计算瞬时流量时，都将利用该通道的温度值进行运算。如果采用固定温度补偿，通道必须设置为 0；对于压力通道，采用自动压力补偿时，需设置某个通道为压力补偿通道，而当采用固定压力补偿时，压力通道必须设置为 0，如图 7-23。

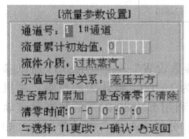 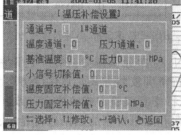 

图 7-22　流量参数设置界面　　　　图 7-23　温压补偿设置界面　　　　图 7-24　流量参数设置界面

小信号切除值设置：流量的计算经常需要对信号进行开方运算，当信号很小时，开方运算给运算结果带来误差，为减小误差，EN880 会对运算结果进行判断，当结果小于设置值时，将按 0 值处理。该值由用户设置，当设置为 0 时，表示不对小信号进行切除，如图 7-24。

3. 数据统计与报警

EN880 具有方便的数据统计和灵活的报警功能。使用数据统计功能，可以查询在指定时间段内数据统计结果，如最大值、最小值及其发生时间、时间段内的平均值、报警次数和累计时间等；EN880 以接点方式输出报警，用户可选"上下限""上上限""下下限"等形式，也可设置回差报警、变化率报警、触点状态等，允许多个报警共用一个报警输出，如图 7-25。

4. 通讯与上位机管理

EN880 具有两种通信方式，一种是常用的由多台 EN880 和一台 PC 机通过 RS485 构成的局域网方式；另一种是通过调制解调器（MODEM）由电话线实现的远程通信方式。同时，EN880 也可通过在 PC 机上运行的标准通讯软件，将数据存储在计算机上，并可用提供的数据管理软件进行分析，支持标准的 Modbus 通讯协议；也可增加以太网通讯功能。

通常情况下，局域网由一台 PC 机（主机）与一台或多台 EN880 通过 RS485 通信接口连接而成，这种方式最多允许连接 32 个 EN880。可采用双绞线或其他通信电缆进行连接，将所有 EN880 的 A 端（RS485 正端）连在一起，与 PC 机的 RS485 "＋"相联，再将所有EN880 的 B 端（RS485 负端）连在一起，与 PC 机的 RS485 "－"相联，并在终端的记录仪的 A、B 间接入 120Ω 的终端电阻，如图 7-26 所示。

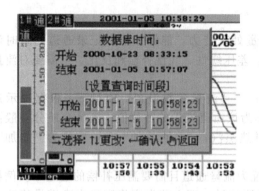 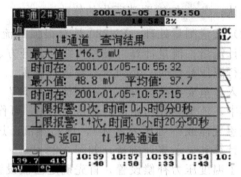

图 7-25　数据统计界面

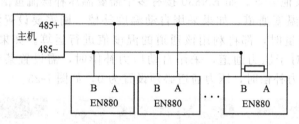

图 7-26　RS485 局域网连接方式

通讯参数设置分主机和 EN880 单元两部分。在"通讯参数设置"——"RS485 通讯参数"项中，可以设置通讯的波特率和校验方式，默认波特率为 19200，默认为偶校验。主机与所有联网的 EN880 单元的波特率和校验方式应完全一致。利用 EN880 附带的数据管理软件，可以在上位机对记录仪转存和通讯得到的数据进行显示、分析、列表、统计等工作，如图 7-27 所示。

图 7-27　RS485 通讯参数设置

5. 安装与接线

EN880 通道数有 4、6、8、12、20、24、40 和 48 等类型，接线方式也不尽相同，如图 7-28 所示以 8 通道为例进行说明。

左边两排端子为通道 01～08 的输入，中间标有 IN01～08，左边为信号正端，右为负。

A01～12 为 12 个报警输出继电器触点。图中的 8 位 DIP 开关称电流开关，与 8 个输入通道相对应，当某通道输入为电流信号时，与之对应的 DIP 开关置于"ON"（拨到上面）；当通道输入为非电流信号时（电压、热阻或热电偶），对应的 DIP 开关置于"OFF"（拨到下面）。

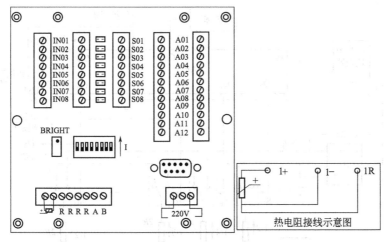

图 7-28　RS485 通讯参数设置

下部端子为：220V：交流电 220V 输入，接在两侧，中间为交流地。

下面一排共 8 个端子，R 在内部是连接在一起的，为三线制热电阻信号的第三接线端，接线如图 8-26。另外，A 接 RS-485 通讯接口的正端；B 接 RS-485 通讯接口的负端。

第二节　检测信号的处理

一、检测信号转换与接口技术

（一）A/D、D/A 转换

过程检测系统采用计算机控制或采用智能仪表，就必须将现场的温度、压力、液位、流量等模拟量信号转换为数字量；同时计算机控制器或智能仪表的输出，在大多数情况下要求是模拟量，以便送至执行机构进行调节。因此，A/D、D/A 转换成为检测系统和检测仪表中的重要部分。

1. A/D 转换

A/D 转换主要有直接型和间接型两类。直接型 A/D 转换将模拟输入信号与基准信号比较后直接得到数字输出信号；间接型 A/D 转换先将模拟信号转换为时间间隔或频率信号，再将时间间隔或频率信号转换为数字输出信号。直接型 A/D 转换又称比较型，转换速度快，价格高；间接型 A/D 转换又称积分型，转换速度低，精度较高。

（1）比较型 A/D 转换　图 7-29 为逐位比较型 A/D 转换器的简化框图和原理示意图。它由寄存器 SAR、D/A 转换器、比较器、基准电源 ER 和时钟发生器等组成。

SAR 是一个特殊设计的移位寄存器，它在时钟作用下，从最高位 Q_7 开始输出第一个移位脉冲，此脉冲激励模拟电流开关 S_7，使 1/2 电流流入运算放大器 A_1，在其输出端产生 $\frac{1}{2}R_f$ 的电压 U_{S7}，它与被测电压 U_i 比较。若 $U<U_i$，则 S_7 是状态保持，该位 Q_7 置 1。然后在时钟脉冲作用下，从 Q_6 输出第二个移位脉冲，激励电流开关 S_6，则又有 $\frac{1}{4}R_f$ 电压在放大器输出产生，连同最高位电压一起与 U_i 比较。若 $(U_{S7}+U_{S6})>U_i$，则 Q_6 位置 "0"。然后 SAR 的 Q_5 输出第三个移位脉冲激励 S_5，在放大器输出又产生 $\frac{1}{8}R_f$ 的电压 U_{S5}，则

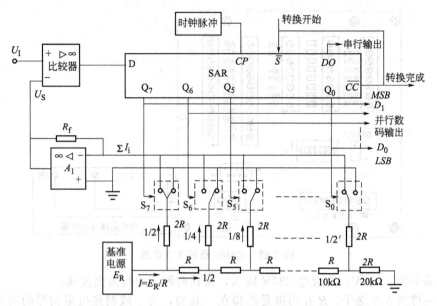

图 7-29　逐位比较型 A/D 转换器简化原理框图

$U_{S7} + U_{S6} + U_{S5} = \left(\dfrac{1}{2} + \dfrac{1}{8}\right) R_f$ 与 U_i 相比较，由比较器判别两者大小，决定 Q_5 置 "1" 还是置 "0"，其他以次类推，直至最末位 Q_0。所有位都参加了比较，产生各位相应的 0、1 状态，则转换结束。

在图 7-29 中，取 $R = R_f = 10\text{k}\Omega$，则

$$U_i = \left(\dfrac{1}{2}Q_7 + \dfrac{1}{4}Q_6 + \dfrac{1}{8}Q_5 + \cdots + \dfrac{1}{2^8}Q_0\right) R_f \tag{7-4}$$

$$= \dfrac{E_R}{R}\left(\dfrac{1}{2}Q_7 + \dfrac{1}{2^2}Q_6 + \dfrac{1}{2^3}Q_5 + \cdots + \dfrac{1}{2^8}Q_0\right) R_f \tag{7-5}$$

即

$$U_i = E_R \sum_{i=1}^{8} \dfrac{Q_{8-i}}{2^i} \tag{7-6}$$

如上所述为 8 位输出的逐位比较型 A/D 转换过程，设 $E_R = 10\text{V}$，输出数字量为 10110001，对应输入电压 $U_i = E_R\left(\dfrac{1}{2} + \dfrac{1}{2^3} + \dfrac{1}{2^4} + \dfrac{1}{2^8}\right) = 6.914\text{V}$，原理如图 7-30 所示。

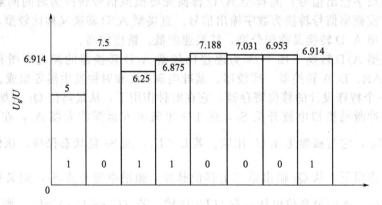

图 7-30　逐位比较型 A/D 转换

逐位逼近型 A/D 转换器测量全过程是逻辑电路的判断过程，它完成一次转换只需要

($n+1$)个时钟脉冲（n 为转换器位数），因而具有高速转换的性能，转换精度高。但它的电路复杂，抗干扰能力差，要求精密元件多，目前广泛用于高速多点检测和计算机测量系统。

（2）积分型 A/D 转换 常见的双积分型 A/D 转换器先将输入电压信号转换为时间 t，再利用周期为 q 的脉冲在时间 t 内计数，脉冲计数器上得到的脉冲数 N，即为量化结果的数字量。双积分型 A/D 转换器原理如图 7-31 所示。

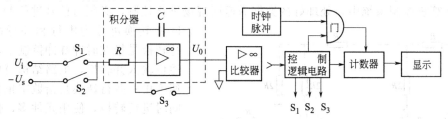

图 7-31 双积分型 A/D 转换器原理

双积分型 A/D 转换器由基准电压 U_s，模拟开关 S_1、S_2、S_3，积分器、比较器（检零器）、控制逻辑电路、时钟发生器、计数器等组成。整个转换过程在控制逻辑电路协调之下工作，分为采样积分和比较测量两个阶段。

在采样积分阶段：控制逻辑电路发出一个计数器清零脉冲，使计数器置零。同时使开关 S_2、S_3 断开，S_1 接通，积分器在一固定时间 t_1 内对输入电压 U_i 进行积分。积分器从 $U_0 = 0V$ 开始积分，经 t_1 后积分器输出电压为 $U_0 = -\dfrac{1}{RC}\int_0^1 U_i \mathrm{d}t$。

设在 t_1 时间内，U_i 的平均值为 $\overline{U_i}$，则

$$U_0 = -\frac{1}{RC}\overline{U_i}t_1 = U_A \tag{7-7}$$

采样积分时间 t_1 由控制逻辑电路控制，经历 t_1 后，控制逻辑电路发出一个脉冲，驱动开关 S_1 断开，同时启动脉冲计数器，进入比较测量阶段。

比较测量阶段：U_S 极性与 U_i 相反，S_2 接通，使积分器反向积分，输出电压 U_0 下降。当积分器 U_0 下降为零时，比较器输出一个信号使逻辑逻辑电路发出积分器复位信号，S_3 接通，S_1、S_2 断开，确保积分器输出复位到零。同时使计数器停止计数，这时计数器计数 N，送至后续标度变换等环节处理，驱动显示。在这段反向积分时间 t_2 后，有

$$U_0 = U_A - \frac{1}{RC}\int_1^{t_1+t_2}(-U_S)\mathrm{d}t = 0 \tag{7-8}$$

其中，$U_A = -\dfrac{1}{RC}U_S t_2$；$t_2 = -\dfrac{t_1}{U_S}U_i$

由于 $t_2 = Nq$，从而 $N = \dfrac{t_1}{U_S q}U_i$，完成输入电压 U_i 到数字量 N 的转换，这种转换是线性的，积分器输出电压 U_0 波形图如图 7-32 所示。

由于这种转换器在一次转换过程中进行了两次积分，故称双积分型转换器。其特点是：不是 U_i 的瞬时值直接得到数字量 N，而是根据 t_1 时间内 U_i 的积分得到，如果测量中存在干扰，不论其瞬时值多大，只要在 t_1 内干扰平均值为零，就不会引起误差。特别对于工频干扰，只要 t_1 为工频周期的整数倍，就可大大提高抗干扰能力，因此 t_1 常取 20ms、40ms、100ms 等。这种转换其转换周期为

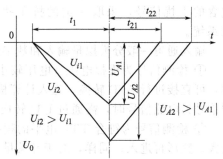

图 7-32 积分器输出电压 U_0 波形图

$t_1 + t_2$，由于转换速度慢，不适于快速测量场合。

（3）快速 A/D 转换　随着控制系统测点数增加及信号频率加快，对 A/D 转换速度要求越来越高，可采用快速 A/D 转换，一般有三种：三次积分快速 A/D、全并行比较 A/D、串并行比较 A/D。快速 A/D 转换时间可达 ns 级。

2. D/A 转换

在计算机控制系统中，处理好的数据需返回现场进行控制，必须对信号进行 D/A 转换。D/A 转换可分为串行和并行两种。串行转换是指在时钟脉冲控制下，数字量逐位输入并转换，电路结构简单，转换速度慢；并行转换是指数字量各位代码同时进行转换，使用元件多，但转换速度快。

一个 n 位的二进制数，对应的 D/A 转换必须具有 2^n 个分立的模拟电压或电流与不同的数字对应，这 2^n 个模

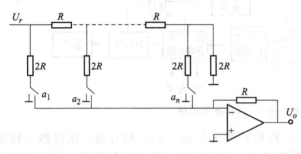

图 7-33　倒 R-2R 型 D/A 转换器的结构原理图

拟量用一个基准电压 U_r 通过网络产生，图 7-33 是倒 R-2R 型 D/A 转换器的结构原理图。

图中，$a_1 \sim a_n$ 为数字输入，U_r 为基准电压，U_o 为模拟输出电压。当切换开关切换至求和点时，$a_i = 1$，支路电流经过反馈电阻；切换至接地时，$a_i = 0$，支路电流不经过反馈电阻，故

$$I_1 = U_r/(2R), \quad I_2 = \frac{U_r - \frac{U_r}{2R}R}{2R} = \frac{U_r}{4R}, \cdots, \quad I_n = \frac{U_r}{2^n R} \tag{7-9}$$

输出电压 U_o

$$= -(a_1 I_1 + a_2 I_2 + \cdots + a_n I_n)R = -\left(a_1 \frac{U_r}{2R} + a_2 \frac{U_r}{2^2 R} + \cdots + a_n \frac{U_r}{2^n R} \right) R \tag{7-10}$$

$$= -(a_1 2^{-1} + a_2 2^{-2} + \cdots + a_n 2^{-n})U_r \tag{7-11}$$

由此可见，输出电压 U_o 与数字输入成正比关系。同时，由于流过 2R 的电流不变，故不存在充放电的问题，转换速度快；电路结构简单，也易于保证转换精度。正是由于这些优点，此类 D/A 转换得到广泛应用。

（二）检测仪表与计算机接口

检测仪表检测的信号多数为模拟信号，当计算机系统处理检测仪表的输出信号时，两者必须有必要的接口。本文所指的"检测仪表与计算机接口"，可认为是计算机的输入通道，其结构类型由检测仪表的输出信号类型决定，主要技术指标包括信号转换精度及实时性。同时，在选用合理的检测仪表与计算机接口时，还必须考虑检测信号端包含的干扰信号，采取一定的抗干扰措施，防止干扰源随检测信号通过接口进入计算机系统。

输入通道一般分模拟量输入和数字量输入两种形式。

① 检测信号为模拟电压（电压较小时需先进行放大），满足直接 A/D 转换的输入要求时，可直接进行 A/D 转换，送入计算机系统，或进行 U/F 转换为频率信号后进入系统；检测信号为电流信号时，需通过 I/U 转换后进行处理。

② 检测信号为符合 TTL 电平的频率信号时，直接进入计算机系统，信号较低时先进行放大、整形再进入；同样，对于开关量，若不符合直接进入的条件，也必须先进行放大、变换和整形后，进入计算机系统。

另外，对于触点开关型传感器，其输出信号由内开关通断决定，容易出现信号抖动现象，必须采取全硬件方法处理。由于抖动时间与开关本身动作时间相比非常短，一般通过设置一个几十毫秒的消除抖动延迟时间即可，如图7-34。

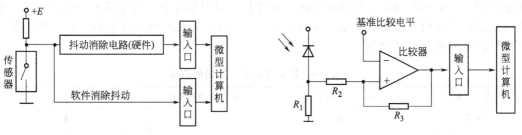

图7-34　触点开关信号处理　　　　　　　　图7-35　无触点开关信号处理

对于无触点开关型传感器，开关信号虽不存在抖动现象，但其本身仍具有模拟输出特性，需在计算机输入电路中设置比较器，将检测信号与基准电平比较，来判断开关状态，通过输入接口送至计算机，如图7-35所示。

二、信号报警与联锁系统

（一）信号报警系统

为确保生产的正常进行，对重要的变量测量信号或设备运行状态要设置信号报警，当测量信号越限或设备运行状态发生异常时，以灯光和声响引起操作者的注意，提醒操作人员采取必要的措施，使生产恢复到正常状态，以防事故发生。

生产过程中的自动信号包括：表示阀门开关状态和关键接触器通断状态的位置信号；在现场与控制室间传递预设信号的指令信号；表示某自动保护或联锁的工作状况的保护作用信号，包括报警信号和事故信号。

信号报警系统由故障检测元件、信号报警器和附属的信号灯、音响器及按钮等组成。

故障检测元件是信号报警系统的输入元件，当被测变量越限时，故障检测元件的接点自动闭合或断开，并将结果送至信号报警器。报警检测元件可以单设，也可以利用某些带电接点的仪表作为报警检测元件。

信号报警器包括有触点的继电器箱、无触点的闪光报警器和晶体管插卡式逻辑监控系统。信号报警器及其附件均装在仪表盘后或单独的信号报警箱中。规模较小、逻辑关系简单的信号报警系统逻辑单元宜采用继电器组成；规模较大、逻辑关系复杂的系统逻辑单元采用以微处理器为基础的插卡式模块组成。

信号灯和按钮一般设置在仪表盘或DCS系统操作台上，以便监视和操作。在灯光显示单元上应标注报警点名称和报警位号。在化工装置中，信号灯的颜色具有特定的含义：红色表示停止、危险，是越限信号；黄色表示注意、警告或非第一原因事故；绿色表示正常；白色表示电源信号。确认按钮为黑色，试验按钮为白色。

信号报警系统可以根据情况的不同设计成以下形式。

1. 一般信号报警系统

对于一般的闪光报警系统，当被测变量越限时，故障检测元件发出信号，信号报警系统动作，发出声音和闪光信号。当操作人员按下确认按钮，音响声停止，信号灯由闪光变为平光。系统采取一定措施使得越限变量重新回到正常范围时，灯光熄灭，信号报警系统自动恢复正常状态，等待故障检测元件再次送来越限信号。将闪光报警系统动作后的灯光由闪光改为平光，报警系统即为不闪光报警系统。

2. 能区别事故第一原因的信号报警系统

当发生事故时，往往多个变量相继越限导致对应的多个信号灯几乎同时亮或闪光，为了便于分析事故原因并进行及时处理，往往需要找出原发性的故障，即第一原因事故，必须采用能区别第一原因事故的信号报警系统。在此信号报警系统中，闪光所表示的就是第一事故原因变量，平光则表示是后继原因事故，如表 7-3 所示。按下确认按钮后，声音即消除，但信号灯仍有闪光和平光之分。

表 7-3　区别事故第一原因的信号

状　态	第一原因报警灯	后继原因报警灯	声　音
正常	灭	灭	无
不正常	闪光	平光	响
确认	闪光	平光	无
恢复正常	灭	灭	响
试验	全亮	全亮	响

3. 能区别瞬间原因的信号报警系统

生产过程中被测变量瞬时突发性越限往往潜伏着事故隐患，为了避免可能出现的不良后果，需要了解瞬时越限的原因，这就要借助于能区别瞬时原因的信号报警系统。

在闪光报警系统中，瞬时事故可以用灯的闪光情况来区分。当几个变量越限时，相对应的故障检测元件动作，几个信号灯同时闪光，如果按下确认按钮后，某个信号灯熄灭，则对应的变量为瞬时越限；若信号灯由闪光变为平光，则是持续性事故。

（二）联锁保护系统

联锁保护系统是指发生生产事故时，在操作人员来不及处理，或者生产过程存在着严重危险的情况下，为了防止事故的进一步扩大，系统自动按照事先设计好的逻辑关系动作而采取的紧急措施，包括自动停车或自动操纵事故阀门等联锁作用，迅速切断产生危险来源并自动启动备用设备，保证人员安全和生产过程处于安全运行状态，这一类联锁往往跟信号报警系统结合在一起。

联锁一般包括四种情况。

① 工艺联锁：工艺变量达事故状态引起联锁动作称为工艺联锁。

② 机组联锁：生产设备本身或机组之间的联锁称为机组联锁。

③ 程序联锁：确保按规定程序或时间次序对工艺设备进行操纵的联锁称为程序联锁。

④ 泵类设备联锁：即单机开停车，受联锁触点控制。

在设计信号联锁保护系统时，必须掌握工艺生产操作的具体规律，熟悉设备之间以及变量之间的内在联系，根据对过程的危险性分析、过称和设备的保护要求确定连锁系统的主要功能。同时要避免两种情况：一种认为联锁系统可有可无，这将在出现事故时，造成严重的生产或人身伤亡事故。另一种是过量使用信号联锁系统，这将直接导致设计投资增加，同时会给工艺开车和正常生产带来不少困难，经常出现动辄停车的现象。对局部停车可能涉及、扩展到的工段以至全厂停车的这种联锁点尤其要全面综合考虑，使联锁系统既满足工艺操作的要求，又经济合理。

联锁系统包括传感器、逻辑单元和最终执行元件，同时还包括与过程控制系统之间的通讯部分。按照对联锁系统的安全性要求可以分为 1、2、3 级，安全级别越高，联锁系统的安全功能越强。当多个单元或装置共用一套安全联锁系统时，共用部分应符合最高的安全等级。当过程控制系统失败时，不应影响联锁保护系统的功能。

1. 传感器

对于 1 级安全联锁系统，传感器可与过程控制系统共用，一般使用单一的传感器；对于 2、3 级安全联锁系统，使用冗余传感器，与过程控制系统分开，并尽量采用相异的传感器。

对于冗余的传感器，重点考虑系统的安全性时，应采用二取一逻辑结构；考虑安全性和应用性时，一般采用三取二逻辑结构。

2. 逻辑单元

联锁系统的逻辑单元可由继电器或 PLC、DCS 系统构成，也可混合组成。继电器系统用于 I/O 点少、逻辑简单的场合；对于有大量 I/O 点或模拟量信号较多、逻辑复杂、数据通讯量大的，联锁系统的逻辑单元一般采用 PLC、DCS 系统构成。

3. 最终执行元件

最终执行元件一般是与控制系统共用的控制阀、电机启动器或专用切断阀。

典型的加热炉控制联锁保护系统如图 7-36 所示。

① 原料介质流量过低或中断将导致加热炉被烧坏。

② 燃料压力过低将造成回火现象。

③ 燃料气压力过高将造成喷嘴脱火现象。

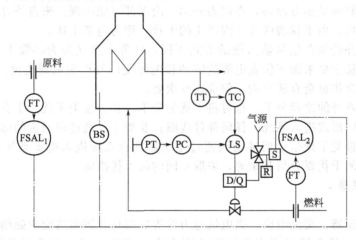

图 7-36　加热炉联锁保护系统

基于安全因素考虑，设置了流量低值联锁报警 $FSAL_1$、$FSAL_2$ 和火焰检测器 BS 动作。

在加热炉控制系统中，采用加热炉出口温度与燃料控制阀阀后压力的选择性控制方案来保证原料出口温度符合控制要求。其中，燃料控制阀采用气开式，选择器采用 LS 低选器，温度控制器 TC 和压力控制器 PC 均采用反作用。

正常生产时，温度控制器输出信号通过 LS 低选器调节燃料控制阀。当出现异常扰动使燃料控制阀阀后压力过高，达到安全极限时，压力控制器输出信号通过低选器取代温度控制器工作，关小燃料控制阀以防脱火。恢复正常后，压力控制器退出工作转为后备，转由温度控制器重新调节燃料控制阀。

当燃料气流量过低时，流量检测装置 $FSAL_1$ 触点动作；当炉内火焰熄灭时，火焰检测器 BS 动作；而当原料流量过低时，流量检测装置 $FSAL_2$ 动作。当以上三个检测装置的一个或几个动作时，使接在气源上的三通电磁阀失电，来自气源的压缩空气放空，温度控制器或压力控制器上的信号失效。由于控制阀是气开式控制阀，失去信号后将自动关闭阀门，切断燃料。电磁阀上需要设置人工复位开关，联锁动作以后，不能自动复位，必须确认危险已经解除后，通过手动复位使生产过程恢复运行。

第三节　检测系统的抗干扰

一、干扰来源

在工业生产中仪表的使用条件很复杂，被测变量往往被转换为微弱的低电平信号，并经常进行远距离传输，这时经常会有一些与被测变量无关的电量（电压或电流）与信号一起进入系统。这些与被测变量无关且影响仪表正常工作的非信号量称为"干扰"。

对于灵敏度不高的仪表，在实际使用时不必对干扰的抑制特别考虑，但对于灵敏度较高的仪表，由于其对外界干扰十分敏感，必须对干扰予以充分考虑。在测量过程中，如果不采取有效的措施，将出现使仪表示值误差加大、灵敏度降低、指示不稳等现象，严重时仪表无法正常工作，因此有必要了解干扰的来源及其抑制方法，对于仪表维护和现场使用都具有重要的意义。

（一）干扰分类

产生干扰的原因是多方面的，在仪表外部、内部都可能出现。来自外界影响所产生的干扰，称为外部干扰；由于仪表内部原因产生的干扰，称为内部干扰。

按干扰引入并迭加在信号输入端的方式不同，外部干扰又分为共模干扰和串模干扰两类。仪表内部干扰主要来源于仪表电源的波动和电源变压器产生的漏电流。仪表中微电机、继电器、开关等动作也会有所影响，但都比较次要。

按干扰进入系统的途径分类，也可将干扰分为Ⅰ、Ⅱ、Ⅲ类干扰。Ⅰ类干扰为空间感应干扰，以电磁感应形式进入系统的任何部件线路；Ⅱ类干扰通过对通道的感应、耦合等形式进入通道部分；Ⅲ类干扰是电网冲击波通过变压器耦合系统进入电源系统带入系统各个部分。对不同类型的干扰要分析其来源，采取不同的抗干扰措施。

（二）干扰来源

1. 电磁感应

在大功率变压器、交流电机、强电流电力线等周围存在较强的交变磁场，如果仪表信号线在其附近通过，就会受到交变磁场影响而产生交变电动势，形成工频干扰，如图 7-37 所示。

图 7-37　交变磁场电磁感应产生干扰

雷击、接触器触点发生火花、具有电容或电感的回路断开或闭合时，均会产生高频的无线电波，同样会在仪表回路中产生高频干扰。

2. 静电感应

信号线靠近电网线敷设，电网线与信号线之间存在分布电容，因电网线与两信号线距离不等，分布电容亦不同，从而会由于静电感应、电容耦合而产生感应电压，形成串模干扰 e_s，应予抑制，如图 7-38 所示。

3. 外线路附加电势

在测量系统中，由于不同金属零件或导线相接触，当其两端接点处于不同温度时，会产

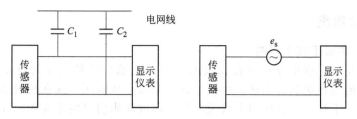

图 7-38　静电感应产生干扰

生附加热电势；或由于进入酸、碱、盐溶液，产生化学电势。此类电势均为直流，对仪表影响极重，应尽量避免这种干扰出现。

在特殊测温场合，特别在热电偶的热端开路，焊在用电流加热的金属表面上测温时，由于金属表面各点存在电位差，在两热电极间会引进串模干扰电势。

4. 不等电位接地

同一信号回路多点接地，"大地"成为信号回路的一部分。由于实际大地电阻不为零，因此当大地中流过电流时，在大地不同点上会产生不等电位现象。如果仪表输入回路中存在两个或多个接地点，就可能出现因接地点不等电位而产生共模干扰 e_c，特别是出现接地故障电流或有直接雷击电流时，将出现强大的大地杂散电流，大地上不同接地点可能出现明显的电位差 e_c，这个电位差经信号线路产生干扰电流 i_s，在导线电阻上产生压降，转换为串模干扰电压影响仪表，如图 7-39 所示。

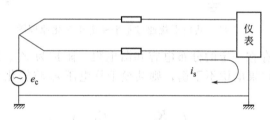

图 7-39　地电位干扰

5. 漏电

当信号线路与动力线路之间绝缘低劣，或信号线路之间绝缘低劣，就可能出现导电性接触，给信号线路引入共模干扰电压。

一般耐火砖在常温下的绝缘性电阻大大下降，热电偶的陶瓷套管、绝缘子在高温下绝缘性能同样大大下降。在高温下，电加热设备的电源会通过热电偶保护套管泄漏到热电偶上，形成高温漏电，从而在热电偶与地之间产生一个共模干扰电压 e_c，如图 7-40 所示。

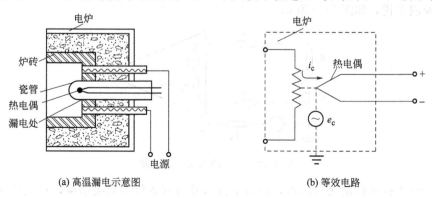

(a) 高温漏电示意图　　　　　　　　(b) 等效电路

图 7-40　高温漏电干扰

二、抗干扰措施

（一）共模、串模干扰及抑制

共模干扰，是指干扰电压出现在仪表的任一输入端与公共端（大地或机壳）之间的干扰，其干扰电压能达几伏到几十伏；串模干扰，是指干扰电压串接在仪表输入端之间，与测量信号发生迭加的干扰，它直接引入仪表，使示值或输出信号发生变化。在中国，仪表共模干扰试验指标为 $220\sim250\text{V AC}$（50Hz），串模干扰试验指标为 $0.7\sim1.0\text{V AC}$（50Hz），可见仪表输入电路对串模干扰非常敏感。

干扰源对于检测系统的影响，必然是通过耦合通道进入测量装置的。共模干扰对仪表的影响比串模干扰小，但在一定条件下，共模干扰会转化为串模干扰，对仪表的影响将大大加强。例如，组成信号传输外线路的桥路不平衡，共模干扰可以转化为串模干扰，转化原理如图 7-41 所示。

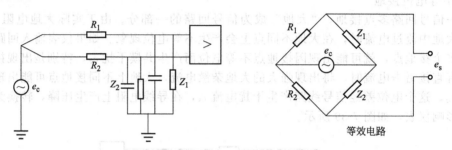

图 7-41　共模干扰通过不平衡电桥转化原理图

信号传输线路对地存在一定的分布电容和漏电阻，阻抗为 Z_1、Z_2，它们与输入线路内阻 R_1、R_2 组成桥路，如果电桥不平衡，则共模干扰电压 e_c 将转化为串模干扰电压 e_s 进入仪表，其大小为

$$e_s = \left(\frac{R_2}{R_2+Z_2} - \frac{R_1}{R_1+Z_1}\right) e_c \tag{7-12}$$

很显然，桥路不平衡程度越大，转换成的串模干扰越大。由于干扰源阻抗比输入线路阻抗大的多，所以一般转换概率不高，但由于共模干扰电压比信号源电压（mV 级）大很多，一旦共模干扰转换为串模干扰，对测量结果的影响就非常严重，排除也很困难。

共模干扰的抑制一般有如下方法：采用高共模抑制比的差动放大器；采用浮地输入双层屏蔽放大器；光电隔离或采用隔离放大器等方法。例如，可采用输入信号屏蔽层和芯线分别接到差动放大器的输入端构成共模输入，由于地线间干扰电压不能进入差动输入端，因此可以有效的抑制干扰，如图 7-42 所示。

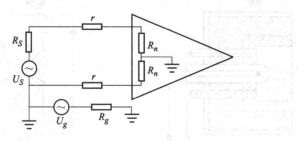

图 7-42　共模输入法等效电路

对于串模干扰的抑制比较困难，因为干扰信号与有效信号直接串接，只能从两者特性上进行区分，常用的消除方法有输入线绞扭法和滤波法。

（二）常用抗干扰措施

不同生产装置和所在区域，干扰的来源、类型、强度、分布不同，所涉及的仪表设备要求也不同，因此要有区别又规范化地选用正确的抗干扰措施。除在仪表内部电子线路中采取必要的抗干扰措施外，还要分析干扰来源和形成途径，设法消除干扰来源、切断干扰传输途径，或在可能范围内将其削弱到最小程度，提高仪表抗干扰能力。经常采用的措施有以下几种。

1. 隔离

隔离是破坏干扰途径，达到抑制干扰目的的一种措施。有两种含义，即可靠的绝缘和合理地布线（考虑间距和走向）。仪表信号线路与电力线路及能产生交变磁场的设备，相隔距离应按有关规定执行。其实质是使各个干扰对信号线路的干扰尽可能小。"隔离"是最经济的方法，应优先考虑，常用的包括变压器隔离和光电隔离。如光电耦合器，利用光传递信息，由输入端发光元件与输出端受光元件组成，输入输出在电气上完全隔离，可避免地环路形成，在计算机系统中得到广泛应用，如图 7-43 所示。

图 7-43　变压器隔离、光电隔离

2. 屏蔽

利用低电阻材料或导磁良好的铁磁材料，将需要防护的部分包起来，防止静电或电磁的相互感应，这种技术成为屏蔽，其主要目的是隔断场的耦合通道。

（1）干扰源屏蔽　机电设备、电源开关等强干扰设备，应有铁质壳体屏蔽；电力线路单独敷设时，本身应使用带盖的钢质电缆槽（或隔板）或穿线钢管敷设，通过电磁屏蔽，使干扰对信号的耦合可能性减小。

（2）信号保护屏蔽　带盖的钢质电缆槽和穿线管兼有静电屏蔽能力及一定的电磁屏蔽能力。因此远距离信号线传输宜采用钢质电缆槽、穿线管进行屏蔽敷设。如果电缆槽内安放不同用途、不同电压等级的电线电缆时，应分类布置，如毫伏类低电平信号、本安线路、开关量联锁线路、电源线路等，应使用钢质隔离板分类敷设，进行补充屏蔽；小型装置以及现场接线箱引出线的分支线路宜用钢管分类穿管走线。

对重要的信号线，尤其是毫伏级低电平信号线，宜用带屏蔽的电线电缆，此是抗静电感应干扰的最有效方法。带屏蔽电缆的屏蔽结构和相应屏蔽能力如表 7-4。

表 7-4　电缆的主要屏蔽结构及屏蔽能力

屏蔽结构	干扰衰减比	屏蔽效果/dB	特　点
钢网/密度 85%	103：1	40.3	电缆可挠性好，短距离敷设较好
钢带迭卷/密度 90%	376：1	51.5	带有焊药，便于接地
铝聚酯树脂带迭卷	6610：1	76.4	近侧有较大电流回路时，效果显著

3. 接地

（1）屏蔽接地　传输电线电缆的屏蔽层接地、电气器件的屏蔽罩以及应起屏蔽作用的钢质电缆槽、穿线钢管等的接地属于屏蔽接地。屏蔽接地实现对电线电缆、元器件、仪表设备的有效抗干扰，不出现电荷累计，保证设备和人身的安全。

将信号线路的屏蔽层接地，给干扰安排一条合理的泄漏途径，以避免或减少干扰进入测量系统。在信号线路的屏蔽层接地时，要注意接地方法，不使屏蔽层中形成电流流动，以免对信号线产生干扰。通常屏蔽层接地只能在信号回路某一侧接地，不能两侧同时接地。

（2）信号回路接地　一般仪表内部电路的基准电位为信号回路公用端子的电位，该公用端子与仪表接地端子是绝缘的，即仪表内部电路的"地"是浮空"逻辑地"，"逻辑地"保证内部电路各点正确电位。仪表接地端子连接大地，实现仪表的"屏蔽接地"，有效抑制外部干扰。

抑制高温漏电产生干扰所采取的保护管接地，实际上已经使信号回路接地。当不同信号回路的电压之间有比较、计算关系时，需要建立多回路统一的基准电位，即将有关仪表的公用端子与电源负端统一接地，也构成信号回路接地。在出现信号回路接地时，不能因接地产生干扰电压，一般要采用以下方法。

① 信号回路单点接地：即或者现场信号源接地，或者控制室接地，两者只取其一。

② 信号回路隔离接地：当同一信号回路既要求现场信号源接地，又要求控制室一侧接地时，可用变压器耦合型隔离器（如配电器、隔离型安全栅等）或光电隔离器，把两接地点之间的信号隔开。

③ 信号回路相关接地点等电位：当信号回路两端同时接地时，可以使用等电位方法有效抑制地回路产生的干扰。

4. 滤波

采用滤波器也是抑制干扰的有效手段，特别适用于抑制经导线耦合到电路中的干扰。根据信号及噪声频率分布范围，将对应频带的滤波器接入信号传输通道滤去噪声，提高信噪比。一般采用的滤波器有以下几种。

（1）交流电源进线对称滤波器　在交流电源间介入防干扰滤波器，以防止交流电源噪声进入仪表。

（2）直流电源输出滤波器　用以削弱公共电源在电路间形成的噪声耦合。

（3）去耦滤波器　用于当直流电源为几个电路同时供电时，为避免通过电源内阻造成电路间互相干扰。

5. 其他方法

除了采取以上措施外，也可在仪表线路中通常还采取一系列抗干扰措施，如采用差动式运算放大器，提高仪表对共模干扰的抑制能力；对模数转换后的数字信号利用软件进行多种方式的滤波处理，提高对高频、脉动干扰的抑制能力等。

抗干扰问题是仪表正确使用中不可忽视的问题，必须认真分析，针对具体情况采取有效措施，必要时采用多种措施并用的手段，以提高检测仪表和系统抗干扰的能力。

本 章 小 结

1. 本章学习应与以前各章学过的各种变量的检测仪表和变送器相联系，形成"检测系统"的概念，完整认识检测系统由传感器（检测装置）、信号处理部分和显示仪表三部分组成的含义。显示仪表不与被测介质相接触，属于二次仪表。

2. 本章对自动平衡式显示仪表、数字显示仪表和无纸记录仪分别进行了介绍。侧重于仪表组成原理的分析，培养学生分析和解决工程问题的能力。对自动平衡式显示仪表的机械部分未进行讲解，要求在实物教学和实验过程中进行认识和分析。

① 电子电位差计是工业上广泛使用的模拟式显示仪表，具有指示和记录的功能，电子电位差计基于电压平衡原理工作，通过放大器检测内、外电压间的不平衡电压，驱动可逆电

机带动滑动触点移动，调整内部电压 U_{AB}，使之与输入电势（电压）相补偿。仪表达到平衡时，外电路（如热电偶回路）无电流。在配接热电偶测温时，下支路电阻 R_2 在组成电桥的同时，起到冷端温度补偿的作用，相当于将冷端温度恒定在仪表标准工作温度上；通过 R_G 的合理设计，使仪表相当于内部预置电势 $E(t_0,0)$，在外部输入短路时，仪表指示室温。

② 电子平衡电桥基于电桥平衡原理而工作，所有桥路分析要从该原理出发，要能对测量桥路故障现象进行具体分析，判别故障现象产生的原因。其连接热电阻采用三线制接法，线路电阻 $R_1 = 2.5\Omega$。

③ 数字显示仪表核心是 A/D 转换，非线性校正、标度变换。信号前置放大处理种类繁多，学习中要注重对其作用、实现方法加深理解。数字显示可以方便实现过程变量工程单位数字显示。

④ 无纸记录仪的核心是微处理器，它也是仪表智能化产品，具有现代特征，采用 LCD 显示实现了变量趋势的画面显示。它的变量检测和显示处理功能及其操作方法接近于目前广泛采用的集散控制系统（DCS）中的 CRT 显示操作。无纸记录仪的非线性补偿一般都采用软件处理方法实现，这一点要配合计算机知识加强理解。智能显示仪表的功能设置取决于在现有硬件配置下的软件设计—组态。组态采用面向过程的简便方式（如类似填表方式）完成，不需要使用计算机语言编程。

3. 检测信号的处理，侧重于了解检测信号转换及与计算机的接口技术，明确过程检测中信号报警与联锁系统的构成与典型应用。

4. 仪表的抗干扰问题是从事仪表维修、检修工作经常涉及的内容。干扰产生的原因很多，工程上常采用隔离、屏蔽、芯线对绞、抑制地回路干扰与转化以及正确接地等措施，旨在加大并平衡好干扰耦合通道的阻抗、设联系起来，分析原因，指导从事电气和信号线路敷设工作。灵敏度高的仪表线路中均有多种多样的抗干扰措施，认真体会学过的内部干扰措施，对今后从事仪表设计、安装和维修都有着重要的意义。

习题与思考题

7-1　自动检测系统的基本构成？

7-2　显示仪表按显示方式可分为哪几类？各有什么特点？

7-3　为什么电子电位差计输入测量线路要采用桥路的形式？

7-4　电子电位差计滑线电阻 RP 上产生的电势约为多少？如何克服滑动触点与 RP 之间产生的接触电势？

7-5　电子电位差计中 R_2 上产生的电势是否就是温度补偿电势？

7-6　参考图 7-4，说明以下问题
　　① R_G 或 R_4 断线时，仪表将出现什么现象？
　　② R_3、R_2 或 R_M 断线时，仪表将出现什么现象？
　　③ RP 左侧或右侧断线，仪表将出现什么现象？

7-7　电子电位差计输入端短路，仪表将指示何值？在工作中热电偶突然断路，仪表指示如何变化？使用中仪表突然断电，指针指示在何处？

7-8　电子平衡电桥测量桥路中（如图 7-5），
　　① 温度升高，触点向何方移动？
　　② 当仪表断电时，指针应指示何处？
　　③ a、b、c 断路，触点分别指到什么位置？

7-9　电子电位差计和电子平衡电桥主要区别表现在哪些方面？

7-10　数字显示仪表主要由哪几部分组成？各部分起什么作用？

7-11　在数字仪表显示中，31/2 位显示的意义是什么？可显示示值范围为多少？

7-12 什么叫分辨力？分辨力与分辨率之间有什么关系？

7-13 画出双积分型 A/D 转换器的原理框图，并说明它是如何工作的。

7-14 叙述脉冲频率型 A/D 转换器的工作原理。

7-15 XMZ-101H 如何利用二极管 PN 结电压变化实现热电偶冷端温度补偿？

7-16 简要说明多通道公用一个 A/D 转换器的模拟量输入通道的一般组成和各部分作用。

7-17 叙述积分脉冲调宽型 A/D 转换器的工作原理。

7-18 无纸记录仪与自动平衡式记录仪相比具有什么优越性？

7-19 无纸记录仪由哪些部分组成？各部分有什么作用？

7-20 多路模拟量输入处理单元通常由哪些部分组成？各部分有什么作用？

7-21 无纸记录仪提供哪些显示画面？各有何特点？

7-22 什么叫组态？

7-23 什么是信号报警系统？什么是联锁保护系统？

7-24 什么叫串模干扰？什么叫共模干扰？

7-25 干扰产生的原因通常有哪些？

7-26 常用抗干扰措施有哪些？

第八章 检测仪表与系统的实践

第一节 检测仪表的认识与调校

实践一 弹簧管压力表的认识及调校

一、目的

1. 通过本实验，熟悉弹簧管压力表的组成结构和工作原理。

2. 掌握弹簧管压力表的零位、量程、线性的调整及示值校验方法。

3. 掌握仪表精度等级的确定方法。

二、设备

① 压力表校验仪一台。

② 标准弹簧管压力表一块。推荐精度等级 0.5 级，测量范围 0～1.6MPa。

③ 普通弹簧管压力表一块。推荐精度等级 1.5 级，测量范围 0～1.6MPa。

④ 300mm 扳手和 200mm 扳手各一把。

⑤ 工作液、变压器油若干。

三、原理和装置连接图

1. 实验原理

本实验是采用比较法，利用手摇式压力泵给标准压力表和被校压力表同时施加压力，根据两仪表对同一信号的指示差别，对被校压力表进行调校。

2. 实验装置连接图如图 8-1 所示

四、内容

1. 识别弹簧管压力表的规格型号、精度等级和量程范围。

2. 打开表壳观察仪表内部结构和工作原理，再将其复位组装好。

3. 按如图 8-1 所示，连接好系统结构。

① 图 8-1 是由一个手摇式压力泵、两个压力表接头及相应的连通管路构成，各部分的连通与否由相关阀门的开关决定。

② 该校验仪利用手轮摇动时推进活塞而使介质产生压力，对压力表进行调校。

③ 吸油过程：将阀 8、11、12 关死，手摇压力泵旋进至最深位置。在油杯 5 中充入适量的工作液，一般大概在油杯的 3/4 位置即可。之后打开油杯阀 4，摇动手轮使其活塞慢慢退出，则各管路及手摇压力泵内便有工作液充入。

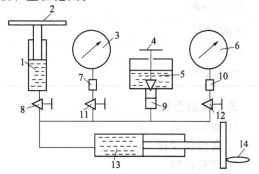

图 8-1 弹簧管压力表调校连接图

1—活塞式压力泵；2—砝码托盘；

3—标准压力表；4—油杯阀；

5—油杯；6—被校压力表；

7、9、10—螺母；8、11、12—截止阀；

13—手摇压力泵；14—手轮

④ 排除管路系统内的空气：由于在充入工作液之前管路内通大气，此时管路内仍然有空气存在，因此在实验前还要做排气的工作。待系统吸入工作液之后，关闭油杯阀4，打开截止阀11、12，在未安装压力表的情况下旋进手摇泵活塞，直到压力表安装处没有气泡而有工作液溢出时，关闭截止阀11、12，打开油杯阀4，旋出手摇压力泵以补足工作液，再次关闭油杯阀4即可。

⑤ 调校：将标准压力表和被校压力表分别装在压力表校验器左右两个接头螺母上，打开针阀4，用手摇泵加压即可进行压力表的调校。

调校时，先检查零位偏差，如合格，则可在被校表测量范围的20％，40％，60％，80％，100％五点做线性刻度调校，每个校验点应分别在轻敲表壳前后进行两次读数，然后记录各校验点处被校表和标准表的指示值，记录在表8-1中。以同样的方式做反行程调校和记录。

调校结束后，打开油杯阀，取下压力表，摇回手轮。

表 8-1　普通弹簧管压力表调校记录表

被校压力表　型号—　　测量范围—　　精度—
标准压力表　型号—　　测量范围—　　精度—
压力表校验仪名称—　　型号—

原　始　记　录

标准表示值/MPa	被校表示值/MPa		轻敲后被校表示值/MPa		绝对误差/MPa		正反行程示值之差/MPa
	正行程	反行程	正行程	反行程	正行程	反行程	
零值误差							
实测基本误差							
轻敲位移量							
回差							
实验结论及分析：							

五、实验报告

1. 实验目的
2. 实验接线图
3. 实验内容
4. 数据处理及实验结果

六、思考题

① 为什么要排除压力表校验器内的空气？
② 为什么要求轻敲表壳时，仪表示值的变动不应超过基本允许绝对误差值的一半？
③ 被校表的量程不合适时应如何调整？

实践二　差压变送器的认识与调校

一、目的
1. 熟悉差压变送器的整体结构及其各部件的作用。
2. 掌握差压变送器的调校及迁移方法。
3. 掌握差压变送器的工作原理。

二、设备
① 差压变送器，推荐 1151 系列电容差压变送器或智能型差压变送器　　1 台
② 24V DC 稳压电源　　1 台
③ 气动定值器　　1 台
④ 250Ω 精密电阻　　1 只
⑤ 数字电压表或标准电流表　　1 台
⑥ 0～1.6MPa 标准压力表　　1 块

三、原理及装置连接图
1. 实验原理
差压变送器是把介质压力通过隔离膜片和硅油传递给测量膜片，测量膜片起着弹性元件作用，随它两边的差压而变形，测量膜片的位移与差压大小成正比。并由它两侧的电容极板检测，再通过电子线路把测量膜片和电容极板之间的差动电容转换为 4～20mA DC 电流信号输出。

2. 实验装置接线图如图 8-2 所示

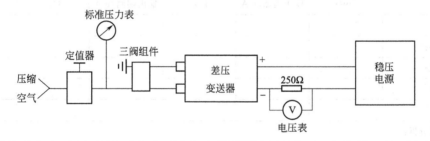

图 8-2　差压变送器调校接线图

来自于压缩机房的压缩空气经过定值器后加入到差压变送器的正压室，其大小由标准压力表指示，而差压变送器的负压室通大气。差压变送器的 24V 工作电压由稳压电源提供。

四、内容
1. 准备工作
在调试之前，应先观察仪表的结构，熟悉零点、量程、阻尼调节、正负迁移等的调整位置，然后将阻尼电位器按逆时针方向旋足。即阻尼关闭。按图 2-1 接好校验线路，检查电路的电源极性和电压数值，切莫将变送器直接与 220V 电源连接，并检查气路的连接是否有泄漏。检查无误后方可通电，通电预热 15min 后才能调试。

2. 零点调整
调整定值器，输入零点的压力信号。调整零点电位器。使输出为 4mA（或 1V）。

3. 量程调整
调整定值器，输入满量程值的压力信号。调整量程电位器，使输出为 20mA（或 5V）。反复进行 2、3 步骤。直到都调整好为止。

4. 线性调整

调整定值器使输入压力为量程的 1/2，此时输出应为 12mA（或 3V），如不符合要求时，则调节线性度电位器，再重复 2、3、4 步骤直至满足要求。线性误差不超过调校量程的 ±0.1%。

5. 精度的调校

分别把量程的 0%、25%、50%、75%、100% 的压力信号加给差压变送器，先读取正行程时对应的输出电流（压）值，然后依次减小压力信号读取反行程时的输出电流（压）值，记录在表 8-2 中，计算基本误差和变差，判断仪表是否合格。

表 8-2 差压变送器校验记录表

项　　　目	被校表	标准仪器				
名称						
型号						
规格						
精度						
数量						
编号						
制造商						
出厂日期						

校验点/%	标准输出 /mA	正行程		反行程		回差
		输出实测/mA	δ/%	输出实测/mA	δ/%	ε/%
0%						
25%						
50%						
75%						
100%						

实验结论及分析：

6. 零点迁移调整

假设调校的 1151 系列差压变送器的原量程为 0~0.1MPa，现在将它的零点迁移到 0.02MPa，即新量程为 0.02~0.1MPa，则迁移调整的过程如下。

在迁移前，先将量程调整到需要的数值，即重复前面的 2、3 步骤，不过此时量程压力信号为 0.08MPa，然后进行迁移。

如果量程起始点的迁移不大，可以直接调节零点电位器来实现。当正迁移时，在不加输入压力信号，调零点电位器使输出小于 4mA（或 1V），然后给正压室加给定的正迁移量所需要的压力信号，此时输出信号应为 4mA（或 1V），否则调零点电位器。

如果迁移量过大时，假如变送器有正负迁移开关，则需要将开关拨动一下，迁移开关有正和负各一只，都装在接线盒里，根据正负迁移的需要相应地拨动正负迁移开关。然后加入给定的量程起始点压力，此时输出信号压力为 4mA（或 1V），否则调零点电位器。

零点调整后，给变送器输入量程上限压力信号，此时输出应为 20mA（或 5V），如有偏差可微调量程电位器。

将零点、量程上限反复进行调整，直到合格。最后进行一次仪表精度校验，并做出变送器迁移后的输入/输出特性曲线。

五、注意事项和预习要求

1. 接线时要注意电源电压值和极性，严禁与 220V 交流电源相接。

2. 正负迁移后，其量程上下限均不得超过量程的极限。

3. 实验前要认真阅读指导书。

4. 根据被校仪表的测量范围统一确定量程和迁移量。

5. 在做实验前先观察仪表的可调部件的位置并掌握正确的调整方法。

六、实验报告

1. 实验目的

2. 实验接线图

3. 实验内容

4. 数据处理及实验结果

七、思考题

如果将差压变送器的测量范围改为 $-20\sim80$MPa，请问仪表调校接线图应是怎样的？

实践三　浮筒式液位变送器的拆装

一、目的

1. 了解浮筒式液位计的主要组成部分及主要部件的结构。

2. 掌握浮筒式液位计的拆装方法。

二、设备

① 浮筒式液位计如图 8-3；浮筒一般是用不锈钢制成的空心长圆柱体，被垂直地悬挂在被测介质中，它在测量过程中位移极小，也不漂浮在液面上，故也称为沉筒。

② 浮筒式液位计拆装所需工具：

活动扳手　250×30　4 把；300×26　2 把；350×50　1 把

螺丝刀　$150\times1\times65$　1 把；$65\times0.1\times5$　1 把

卷尺　1 把

锤子　1 把

图 8-3　浮筒式液位计

三、原理及装置图

1. 实验原理

浮筒式液位计的工作原理是利用拉力管的反弹力与液位变化所引起的浮力变化相平衡而将液位变化的信号转换成拉力管轴芯的角位移。然后通过霍尔元件或喷嘴-挡板机构的转换就可构成输出是电或气压信号的沉筒式液位变送器。

2. 实验装置图如图 8-4 所示

四、内容

① 拆装步骤：根据当前设备，符合拆装时注意事项，自行制定拆装步骤。

② 如图 8-4，绘制浮筒式液位计的主要部件结构图。

五、注意事项

① 拆装时应有计划，有步骤。拆卸时先由上部到下部，由外到内有条不紊地进行，要先拆卸可动部分，安装时则由内到外，由下到上进行。

② 对于较小的零件，拆卸后可装配在主要部件上，防止丢失。

③ 对于所拆卸的元件，要按顺序编上号码，贴上记号，做好记录。

④ 元部件拆下后要分别放好，禁止混乱堆放和互相碰撞。

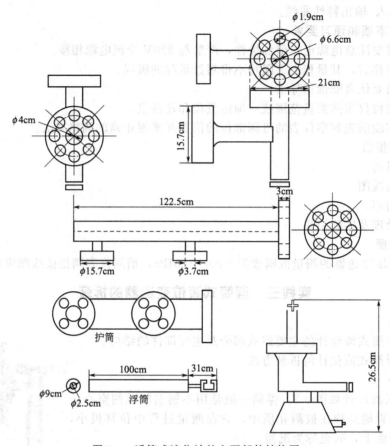

图 8-4　浮筒式液位计的主要部件结构图

六、实验报告

1. 实验目的
2. 实验接线图
3. 实验内容
4. 数据处理及实验结果

七、思考题

浮筒式液位计的测量上限如何确定？与沉筒的长度有什么关系？

实践四　温度变送器的认识与调校

一、目的

1. 熟悉温度变送器的结构和使用方法，从而进一步理解其工作原理。
2. 掌握热电偶温度变送器、热电阻温度变送器的零点调整、量程调整及精度校验方法。

二、设备

① 热电偶温度变送器，推荐 KBW1121 型	1台
② 热电阻温度变送器，推荐 KBW1241 型	1台
③ 标准电位差计，推荐 UJ36	1台
④ 毫伏信号发生器	1台
⑤ 精密直流电阻器，推荐 ZX-54	3台
⑥ 标准电流表	2台

⑦ 稳压电源   1 台

三、原理及装置连接图

1. 实验原理

温度变送器有三个品种：一种是将直流信号 U_i 线性地转换成 $4\sim20mA$ 直流或 $1\sim5V$ 直流电压输出的直流毫伏变送器。另两种是分别与热电偶和热电阻相配合的，将温度信号 t 线性地转换成统一的 $4\sim20mA$ 直流电流信号 I_o 和 $1\sim5V$ 直流电压信号 U_o 输出的热电偶温度变送器和热电阻温度变送器。

变送器的调校原理是：利用毫伏信号发生器模拟热电偶产生对应于不同温度值的毫伏信号，作为变送器的输入信号；利用精密的电阻箱产生对应于不同温度值的电阻信号，作为变送器的输入信号。通过调整相应的电位器，从而实现变送器的零点、量程的调整和精度的校验。

2. 实验装置连接图

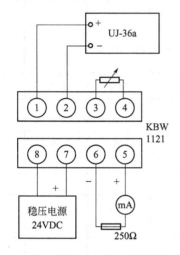

图 8-5 热电偶温度变送器的调校接线图   图 8-6 热电阻温度变送器的调校接线图

四、内容

1. 热电偶温度变送器的调校方法

① 按图 8-5 正确接线。

② 零位与量程调整。

根据仪表的温度测量范围，先调整手动电位差计 UJ-36 的测量刻度盘，给热电偶温度变送器加入温度下限值所对应的热电势（要考虑冷端温度的影响），再调整毫伏信号发生器，观察输出电流表，调整零点电位器，使变送器输出信号为 $4mA$。再用上述方法调 UJ-36 和毫伏信号发生器，给变送器加入温度上限值所对应的热电势，调整量程电位器，使变送器的输出信号为 $20mA$。

同理，应反复多次调整，直到零点和量程都满足要求为止。

③ 精度的调校

先将温度测量范围平均分成 5 点，量程的 0%、25%、50%、75%、100%。调节 UJ-36 型电位差计，给热电偶温度变送器 KBW1121 型分别加入各温度点所对应的热电势 E_i（已减去补偿电势后的值），其相应的标准输出信号 I_o 应分别为 4、8、12、16、20mA。记下正、反行程实测输出信号 I_o，填入表 8-3，并求出实际基本误差及变差。

2. 热电阻温度变送器的调校方法

按图 8-6 正确接线。根据仪表的温度测量范围，调整代替热电阻的精密直流电阻器 ZX-

54 型，仿照热电偶温度变送器的调校方法，完成零位与量程调整，以及精度的调校。记录数据于表 8-3 中。

表 8-3　温度变送器的调校记录表

（室温：_____　对应补偿电势：_____）

项　目		被校仪表			标准仪器		
名称							
型号							
规格							
精度							
数量							
编号							
制造商							
出厂日期							
输入	温度分值	0％	25％	50％	75％	100％	
	输入标准电势值 E_i/mV 输入标准电阻值/Ω						
输出	标准输出电流 I_o/mA	4	8	12	16	20	
	实测值 I_o/mA　正行程						
	实测值 I_o/mA　反行程						
误差	实测基本误差/mA　正行程						
	实测基本误差/mA　反行程						
	（I_o 正-I_o 反）/mA						
	实测基本误差/％		被测仪表允许基本误差/％				
	实测变差/％		被校表允许变差/％				
	实测精度等级						

五、注意事项和预习要求

① 接线时要注意极性，并且在通电预热 15 分钟后再开始实验。

② 实验中以缓慢的速度给出输入信号，保证在任何调校点不产生过冲现象。

③ 在调整电位器时不要用力过猛，防止拧坏。

④ 实验前，要准备好实验记录单，并查热电偶温度-毫伏对照表和热电阻温度-电阻对照表，将需要的数据查出并填入已准备好的记录表中。

六、实验报告

1. 实验目的

2. 实验接线图

3. 实验内容

4. 数据处理及实验结果

七、思考题

① 在实验中，若代替热电偶的毫伏信号发生器与热电偶温度变送器的连接线断开，或者代替热电阻的标准直流电阻器与热电阻温度变送器的连接线断开，变送器输出信号会如何

变化，为什么？

② 在选用温度变送器（订购仪表）时，应注意哪些问题？

实践五　数字式显示仪表的认识与调校

一、目的

1. 了解数字式温度显示仪表的工作原理及仪表结构、特点。

2. 掌握数字式温度显示仪表的调校方法。

二、设备

① 数字式显示仪表，推荐 XMZ-101、XMZ-102　　　　　　　　各 1 台

② 标准电位差计，推荐 UJ36　　　　　　　　　　　　　　　　　1 台

③ 标准电阻箱　　　　　　　　　　　　　　　　　　　　　　　1 台

④ 稳压电源　　　　　　　　　　　　　　　　　　　　　　　　1 台

三、原理及装置连接图

1. 实验原理

配用热电偶的 XMZ-101 仪表的调校，以直流手动电位差计代替热电偶，给被校仪表输入毫伏信号而进行示值校验，配用热电偶的 XMZ 系列仪表内部具有温度补偿桥路；配用热电偶的 XMZ-102 仪表的调校，以电阻箱替代热电阻进行数字式显示仪表的调校，仪表的接线采用三线制。

2. 仪表特点

XMZ-101、XMZ-102 数字式显示仪表能与热电偶、热电阻配套使用，将各种工业生产过程中的温度进行显示。此种仪表由于内部电路采用了 CMOS 大规模集成电路 A/D 转换器，LED 数字显示，并采用高精度运算放大器，因此该仪表线路简单、结构合理、性能稳定可靠、使用和维修都很方便。另外此类仪表观察方便、读数清晰、无视差、测温灵敏精度高。

3. 主要技术指标

精度等级：±0.5%；

分辨率：200℃以下为 0.1℃；200℃以上为 1℃；

采样速度：3 次/秒；

显示方式：三位半 LED 数码管，最大读数 1999；

电源：交流 220V、50Hz±2Hz

4. 实验装置连接图

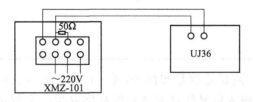

图 8-7　XMZ-101 数显显示仪表的调校接线图

四、内容

1. XMZ-101 数显仪的调试

（1）零点与满量程的调试　　按图 8-7 所示接线，通电预热 30 分钟。输入零点所对应的毫伏值，调整调零电位器使仪表显示零。输入满量程所对应的毫伏值，调整量程电位器使仪表显示满量程值。反复输入零点或满量程毫伏值，轮流调整零点或满量程电位器，使仪表合

格，并锁紧零点和满量程电位器。

（2）精度的校验　校验点取量程的 0%、20%、40%、60%、80%、100% 等点进行正反行程调校。并将实验所得数据填入表 8-4 中。

表 8-4　数字式显示仪表校验数据记录表

被 校 仪 表			
型号		配用分度号	
显示位数		指示范围	
允许误差/℃		分辨率/℃	
室温/℃		对应电势值/mV	
标 准 仪 器			
名称		型号	
精度级别			

示 值 校 验					
被校点温度/℃	名义电量值/mV,Ω	实测电量值/mV,Ω	行程	被校表显示值/℃	绝对误差/℃
			正		
			反		
			正		
			反		
			正		
			反		
			正		
			反		
			正		
			反		
			正		
			反		

经过数据处理后的实际最大误差/℃

校验结论及分析：

（3）分辨率的测试　测试点取量程的 20%、40%、60%、80% 等点，输入校验点标准毫伏值 X_1，单向变化输入信号使仪表最末位数字发生一个数字变化，此时仪表输入信号毫伏值 X_2，则 (X_1-X_2) 的绝对值折合为对应显示单位即为仪表在该点的分辨率。例如，某台数显仪，分度号为 K，量程为 0～1000℃，标称分辨率为 1℃，现测试该表在 60%（即 600℃）处的分辨率：当输入信号为 24.94mV 时，显示为 600℃，而当调节标准电位差计的输出信号，使仪表显示为 601℃ 时，此时输入的毫伏值为 24.98mV，即输入信号差值为 0.4mV，则折合为 1℃，故此仪表在该点的分辨率符合要求，将测试数值填入表 8-5。

表 8-5　分辨率测试表

测试点温度/℃	实际输入电量值 A_1/mV,Ω	示值变化后输入电量值 A_2/mV,Ω	实际分辨率/℃

分辨率测试

校验人：			年　月　日
指导教师：			年　月　日

2. XMZ-102 数显仪的调校

按图 8-8 所示接线，通电预热 30 分钟。参照 XMZ-101 的调校方法，根据仪表的测量范围、分度号，自己设计实验内容、步骤。

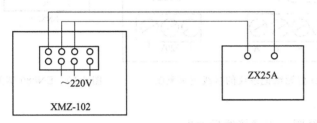

图 8-8　XMZ-102 数显仪的调校接线图

五、实验报告

1. 实验目的

2. 实验接线图

3. 实验内容

4. 数据处理及实验结果

六、思考题

① XMZ-102 调校时为什么要采用三线制？

② 本实验中以配用热电偶为例说明了仪表分辨率的测试方法，请结合试验配用的热电阻仪表，举例说明分辨率的测试和计算方法。

实践六　无纸记录仪的认识与调校

一、目的

1. 了解无纸记录仪的结构，掌握其使用方法。

2. 熟悉无纸记录仪的组态方法，对应于不同的输入方式设置各通道参数。

3. 学会无纸记录仪的调校方法。

二、设备

① 无纸记录仪，推荐 EN880 型	1台
② 标准电位差计，推荐 UJ36	1台
③ 标准电阻箱，推荐 ZX-54	1台
④ 稳压电源	1台

三、原理及装置连接图

1. 本实验选用 8 通道的 EN880 型无纸记录仪，具有两种基本工作状态，即常规显示记录状态和设置状态。

2. EN880 型无纸记录仪的接线板示意图 8-9，以及调校接线图 8-10。

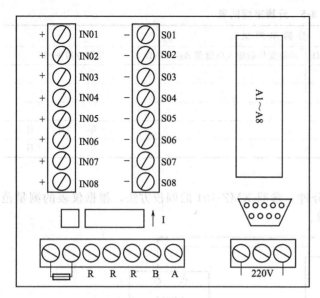 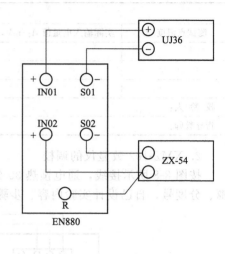

图 8-9　EN880 型无纸记录仪的接线板示意图　　　图 8-10　EN880 型无纸记录仪调校接线图

四、内容

1. 按照调校接线图，正确接线后通电。

2. 无纸记录仪组态。"主菜单"——"重要参数设置"——"通道参数设置"。修改通道参数如表 8-6，其中通道 1 为热电偶输入，分度号为 K；通道 2 为热电阻输入，分度号为 Pt100。

表 8-6　修改通道参数

通道序号:1	1# 通道	通道序号:2	2# 通道
信号类型:	K	信号类型:	Pt100
显示倍率:×1	单位:℃	显示倍率:×1	单位:℃
量程上限:1200	量程下限:0	量程上限:400	量程下限:—130
显示上限:800	显示下限:0	显示上限:400	显示下限:—130

3. 改变电势或电阻值，进行逐点调校，数据记录在表 8-7 中。

表 8-7　无纸记录仪的调校记录表

无纸记录仪型号		标准电位差计型号		标准电阻箱型号	
1# 通道信号类型		1# 通道测量范围		1# 通道精度	
2# 通道类型		2# 通道测量范围		2# 通道精度	
室温/℃			对应热电势值/mV		
第一通道	校验点/℃				
	名义电量值/mV				
	实测值/℃	正行程			
		反行程			
	实测基本误差/%				
第二通道	校验点/℃				
	名义电量值/Ω				
	实测值/℃	正行程			
		反行程			
	实测基本误差/%				
调校结论:					

1. 实验目的

2. 实验接线图

3. 实验内容

4. 数据处理及实验结果

六、思考题

① 怎样使用无纸记录仪显示界面的各按键？

② 无纸记录仪有哪几种组态方式？

实践七　气相色谱分析仪的认识与调校

一、目的

1. 了解气相色谱分析仪的结构、工作原理和使用方法。

2. 了解用气相色谱法测定有机物中微量水分的方法。

3. 了解内标法定量的原理及方法。

4. 了解色谱数据处理机的使用方法。

二、设备

① GC-102 热导检测器　　　　　⑤ 标准样品

② 色谱数据处理机　　　　　　　⑥ 乙醇试样

③ 皂膜流量计　　　　　　　　　⑦ 10μL 微量注射器

④ 秒表

三、原理和装置图

用气相色谱法测定有机物中的微量水分，常用聚合物如 GDX-104 作为固定相，这类多孔高分子微球的表面无亲水基团，对氢键型化合物如水、醇等的亲合力很弱，一般按分子量大小顺序出峰。本实验以甲醇为内标物，用内标法定量。装置图如图 8-11。

四、内容

① 通载气 H_2：打开载气钢瓶总阀，调节减压阀至载气输出压力为 0.2MPa，调节载气压力调节阀至 0.2MPa。

② 用乳胶管将皂膜流量计与热导检测器出口相连，利用皂膜流量计检测载气流量。并调节载气压力调节阀，改变压力，重复测定，直至测得的载气流量为 40mL/min。

③ 打开气相色谱分析仪的主机电源开关，设定温度分别为：色谱柱温度为 90℃、进样器温度为 120℃、检测器温度为 120℃。

图 8-11　气相色谱分析仪装置

④ 按下热导电源开关，指示灯即亮，调节电流为 150mA。并选择衰减倍数。

⑤ 准备色谱数据处理机，与色谱仪信号输出端相连。

⑥ 编制峰鉴定表（保留时间、标样浓度、样品量、内标量按实际数据填写）。

⑦ 进标样，打印标样色谱图及保留时间。

⑧ 进乙醇试样、打印分析结果。

⑨ 关闭有关设备，并调节色谱柱、进样器、检测器等温度至常温。

五、注意事项和预习要求

① 仪器操作条件：色谱柱温度 90℃；气化温度 120℃；检测温度 120℃；载气流速 40mL/min；桥电流 150mA。

② 色谱数据处理机使用前要预热 10min。

③ 关闭设备要有计划、有步骤。

④ 实验前要阅读仪器说明书或者指导书。

六、实验报告

1. 实验目的

2. 实验内容

3. 数据处理及实验结果

七、思考题

① 本次实验中所使用的气相色谱分析仪是根据什么原理工作的？

② 为了使色谱仪表准确有效地工作，在操作上应注意哪些问题？

③ 本次实验，是如何进行数据处理的？

第二节　检测系统的构建与调试

实践八　压力检测系统的构建与调试

一、目的

1. 初步了解压力检测系统是如何构成的，加深对检测系统的认识和理解。

2. 进一步掌握差压变送器的工作原理和使用方法，学会如何在压力检测中运用。

3. 掌握自动检测系统的调试方法，会利用所学知识分析、解决系统的简单故障。

4. 初步了解智能数字显示仪表的使用方法。

二、设备

① 差压变送器，推荐 1151 系列电容差压变送器或智能型差压变送器　　　　1台

② 智能数字显示仪表，推荐 XMZ5000 型　　　　1台

③ 气动定值器　　　　1台

④ 0～1.6MPa 标准压力表　　　　1块

⑤ 24VDC 稳压电源或 0～220V 交流电源　　　　1台

⑥ 0.14MPa 气源　　　　1套

三、内容

① 按图 8-12 连接压力检测系统。其中 XMZ5000 智能数字显示仪表的接线以仪表后壳

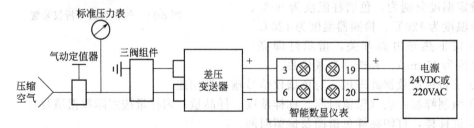

图 8-12　压力检测系统调试连接图

的附图为准。

② 打开电源，检测 XMZ5000 智能数显仪的输出电压，应为 24VDC，若无电压输出，请检查接线，排除故障。

③ 正确设置 XMZ5000 智能数显仪的参数，用仪表上"SET"键设置，按"△"和"▽"键修改参数，如表 8-8 所示。

表 8-8　XMZ5000 智能数字显示仪表的参数设置一览

参数类型	分度号选择	小数点位置	量程下限	量程上限
仪表菜单显示	ΓAП9.	PoІП	Γ9.00	Γ9.FS
设置数值	4—20	0.00	0	0.1
说明	标准信号输入线性显示	显示保留2位小数	显示压力最小值 0MPa	显示压力最大值 0.1MPa

④ 差压变送器零点、量程、线性的调试。

● 接通气源，调气动定值器，输入零点的压力信号，调整零点电位器，使输出为 4mA 或 lV。

● 调整气动定值器，输入满量程值的压力信号，调整量程电位器，使输出为 20mA 或 5V。反复进行这二步步骤，直到都调整好为止。

● 调整定值器，使输入压力为量程的 1/2，此时输出应为 12mA 或 3V，如不符合要求时，则调节线性度电位器，再重复此三步步骤直至满足要求。线性误差不超过调试量程的 ±0.1%。

⑤ 压力检测系统的调试

接通气源、电源，通过气动定值器，分别把量程的 0%、25%、50%、75%、100% 的压力信号加给差压变送器，对应的变送器输出分别为 4、8、12、16、20mA。标准压力表指示现场输入给差压变送器的压力标准值，智能数显仪显示实际检测到的压力值，进行现场与数显表的对应校验。

先读取正行程时对应的数显压力值，然后依次减小压力信号读取反行程时的数显压力值，将数据填入表 8-9，计算基本误差和变差。

表 8-9　压力检测系统误差测试数据表

系统主要设备参数一览表					
名称					
型号					
规格					
精度					
数量					
编号					
制造商					
出厂日期					
压力检测系统校验点/%	0	25	50	75	100
差压变送器的标准输出/mA	4	8	12	16	20
系统输入信号/MPa					
数显仪显示值/MPa　正行程					
数显仪显示值/MPa　反行程					
系统实测基本误差/%		系统允许基本误差/%			
系统实测变差/%		系统允许变差/%			

四、实验报告

1. 实验目的
2. 系统调试连接图
3. 实验内容
4. 数据处理及实验结果

实践九　液位/流量检测系统的构建与调试

一、目的

① 初步了解液位/流量检测系统是如何构成的，巩固所学检测系统的理论知识，加深理解。

② 了解智能型变送器的工作原理和使用方法，学会如何在液位/流量检测系统中运用。

③ 掌握自动检测系统的调试方法，会利用所学知识分析、解决系统的简单故障。

④ 掌握智能数字显示仪表的使用方法。

二、设备

① 智能差压变送器，推荐 EJA110A 型差压变送器	1台
② 现场通讯器，推荐 375 型手持通讯器	1台
③ 智能数字显示仪表，推荐 XMZ5000 型	1台
④ 24VDC 稳压电源或者 0～220V 交流电源	1台

三、内容

1. 液位检测系统的调试方法

（检测对象位号 LE-101，液位检测范围 0～440mm H_2O。）

① 如图 8-13，为 XMZ5000 智能数字显示仪表接线，再通电设置智能数显仪的参数。

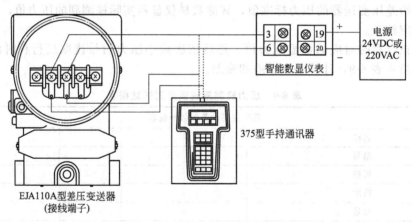

图 8-13　液位/流量检测系统调试接线图

XMZ5000 智能数显仪的接线以仪表后壳的附图为准，通电检测其输出电压，应为 24VDC，若无电压输出，请检查接线，排除故障。

智能数显仪的参数设置成表 8-10 所示。

② 断电，用连接线将 EJA110A 型智能差压变送器接入系统如图 8-13。用万用表检测变送器的"check"和"—"信号端子的电流输出应为 4mA 或 20mA。若无输出，检查线路，排除故障。

③ 接通电源，利用 375 型手持通讯器为 EJA110A 型智能差压变送器组态。

375 型手持通讯器带有键盘和液晶显示器。将其接在现场变送器的"＋""—"信号端子上或接在变送器的信号线上。按"ON"键开机，液晶屏幕打开，在主菜单里选择"C：SEITING"模式，设定变送器的位号、单位、量程、现场液位表头显示实际流量的百分比，如表 8-11 所示。

表 8-10　XMZ5000 智能数字显示仪表的参数设置一览——液位检测

参数类型	分度号选择	小数点位置	量程下限	量程上限
仪表菜单显示	ᴦᴀᴨ9.	Poin	ᴦ9.00	ᴦ9.FS
设置数值	4—20	0	0	440
说明	标准信号输入 线性显示	显示保留整数	显示最低液位 0mmH$_2$O	显示最高液位 440mmH$_2$O

表 8-11　EJA110A 型智能差压变送器组态数据——液位检测

组态类型	位　号	单　位	量程下限	量程上限	输出模式
菜单标示符	C10	C20	C21	C22	C40
设置值	LE-101	mmH$_2$O	0	440	OUT(LIN) DSP(LIN)

若需要零点迁移，"J：ADJUST 模式"—"J10"可以完成迁移量设置。

④ 系统调试：用 375 型手持通讯器模拟现场液位信号（在主菜单里选择"K：TEST"模式），输入给 EJA110A 型智能差压变送器，变送器的输出分别为 4、8、12、16、20mA，且表头对应显示为 0、25%、50%、75%、100%（与现场液位信号对应的实际流量百分比）。如此，进行现场与数显表的对应校验。输出测试结果填入表 8-12 中，并计算系统的基本误差和变差。

表 8-12　液位/流量检测系统误差测试数据表

系统主要设备参数一览表						
名称						
型号						
规格						
数量						
编号						
制造商						
出厂日期						
变送器输出电流 mA			4	8	12	16	20
变送器输出显示/%	标准值						
	实测值						
数显表显示值/mmH$_2$O 或 t/h	标准值						
	实测值						
系统实测基本误差/%							
系统实测变差/%							

2. 流量检测系统的调试方法

（假设检测对象位号 FE-101，标准孔板的最大流量 150t，差压上限 16kPa。）

仿照液位检测系统的调试方法，注意以下两点。

① 智能数显仪的参数修改成表 8-13 所示，并要求流量 10％的小信号切除设置。

表 8-13   XMZ5000 智能数字显示仪表的参数设置一览——流量检测

参数类型	分度号选择	小数点位置	小信号切除	量程下限	量程上限
仪表菜单显示	rAng.	Poin	L.cut	rg.00	rg.FS
设置数值	4.—.2.0.	0.0	15.0	0	150
说明	标准信号输入开方显示	显示保留 1 位小数	小流量切除值	显示最小流量 0t/h	显示最大流量 150t/h

② 在为变送器组态时，设置值修改如表 8-14 所示。输出模式为线性，但差压变送器的表头显示值与现场液位信号对应的实际流量百分比需要开方。

表 8-14   EJA110A 型智能差压变送器组态数据——流量检测

组态类型	位　号	单　位	量程下限	量程上限	输出模式
菜单标示符	C10	C20	C21	C22	C40
设置值	FE-101	KPa	0	16	OUT(LIN) DSP(SQR)

系统调试：用 375 型手持通讯器模拟现场流量信号，输入给 EJA110A 型智能差压变送器，变送器的输出分别为 4、8、12、16、20mA，且表头对应开方显示为 0、50％、70.7％、86.6％、100％。进行现场与数显表的对应校验。输出测试结果填入表 8-12 中，并计算系统的基本误差和变差。

四、实验报告
1. 实验目的
2. 系统调试接线图
3. 实验内容
4. 数据处理及实验结果

实践十　温度检测系统的构建与调试

一、目的
① 通过对温度检测系统的建立，巩固所学检测系统的知识。
② 了解自动检测系统的构成，利用所学知识分析、解决系统的简单故障。
③ 掌握自动检测系统的调试方法，学会利用误差理论来评估检测系统质量。

二、设备
① 热电偶，推荐用 UJ-36a 直流电位差计模拟。
② 精密直流电阻器，推荐 ZX-54 型，用来模拟热电阻。
③ 温度变送器，推荐 KBW-1121，KBW-1241 型。
④ 无纸记录仪，推荐 EN880 型。
⑤ 稳压电源。

三、内容
1. 温度检测系统（配用热电偶温度变送器）的调试方法
① 选择 UJ-36a 直流电位差计，以及 KBW-1121 型温度变送器（分度号 K）。
② 按图 8-14 所示的温度检测系统（配用热电偶温度变送器）接好线路。以直流电位差计代替热电偶，将温度的变化分别送入直流电位差计，构成温度检测系统。

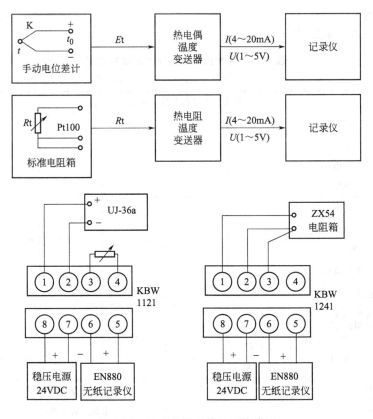

图 8-14 温度检测系统调试接线图

③ 零位与量程的调试

根据系统的温度检测范围，给热电偶温度变送器加入温度下限值所对应的热电势（要考虑冷端温度的影响），观察输出电流表，调整零点电位器，使热电偶温度变送器的输出信号为 4mA。再给变送器加入温度上限值所对应的热电势，调整量程电位器，使的热电偶温度变送器的输出信号为 20mA。

同理，应反复多次调试，直到零点和量程都满足要求为止。

④ 对 EN880 型无纸记录仪进行组态，并记录其结果。

⑤ 系统精度的调试

先将温度检测范围平均分成 5 点——温度测量范围的 0、25％、50％、75％、100％，这 5 点对应的热电势值（已减去补偿电势后的值）作为标准的毫伏信号输入值。慢慢调整直流电位差计，使得在每个检测点时，无纸记录仪都能准确的显示出该检测点温度，记下此时直流电位差计的实际输入毫伏值。正、反行程检测，将数据分别填入表 8-15，并求出实际基本误差及变差。如果超差，则应重新调整零点和量程。然后再测试系统精度。若是仍然超差。则必须在电路上查找原因，排除故障。

2. 温度检测系统（配用热电阻温度变送器）的调试方法

按图 8-14 接线，仿照上述的调试方法，自己设计步骤并记录其结果，填入表 8-15 中。

四、实验报告

1. 实验目的

2. 系统调试接线图

3. 实验内容

4. 数据处理及实验结果

表 8-15　温度检测系统误差测试数据表

室温：$t_0 =$　　　　补偿电势：

系统主要设备参数一览表					
名　称					
型　号					
规　格					
精　度					
数　量					
编　号					
制造商					
出厂日期					
温度检测系统校验点/℃					
系统标准输入电势值/mV 或系统标准输入电阻值/Ω					
系统实际输入值/mV 或 Ω	正行程				
	反行程				
系统实测基本误差/%			系统允许基本误差/%		
系统实测变差/%			系统允许变差/%		

附　　录

附录一　　压力单位换算表

单位	帕 Pa	巴 bar	毫巴 mbar	约定 毫米水柱 mmH$_2$O	标准 大气压 atm	工程 大气压 at	约定 毫米汞柱 mmHg	磅力/英寸^2 lbf/in^2
帕 Pa	1	1×10^{-5}	1×10^{-2}	1.019716 10^{-1}	0.9869236 $\times10^{-5}$	1.019716 $\times10^{-5}$	0.75006 $\times10^{-2}$	1.450442 $\times10^{-4}$
巴 bar	1×10^5	1	$\times10^3$	1.019716 $\times10^4$	0.9869236	1.019716	0.75006 $\times10^3$	1.450442 $\times10$
毫巴 mbar	1×10^2	1×10^{-3}	1	1.019716 $\times10$	0.9869236 $\times10^{-3}$	1.019716 $\times10^{-3}$	0.35006	1.450442 $\times10^{-2}$
约定毫米 水柱 mmH$_2$O	0.980665 $\times10$	0.980665 $\times10^{-4}$	0.980665 $\times10^{-1}$	1	0.9678 $\times10^{-4}$	1×10^{-4}	0.73556 $\times10^{-1}$	1.422 $\times10^{-3}$
标准大气压 atm	1.01325 $\times10^5$	1.01325	1.01325 $\times10^3$	1.033227 $\times10^4$	1	1.0332	0.76 $\times10^3$	1.4696 $\times10$
工程大气压 at	0.980665 $\times10^5$	0.980665	0.980665 $\times10^3$	1×10^4	0.9678	1	0.73557 $\times10^3$	1.422398 $\times10$
约定毫米 汞柱 mmHg	1.333224 $\times10^2$	1.333224 $\times10^{-3}$	1.333224	1.35951 $\times10$	1.316 $\times10^{-3}$	1.35951 $\times10^{-3}$	1	1.934 $\times10^{-2}$
磅力/英寸^2 lbf/in^2	0.68949 $\times10^4$	0.68949 $\times10^{-1}$	0.08949 $\times10^2$	0.70307 $\times10^3$	0.6805 $\times10^{-1}$	0.707 $\times10^{-1}$	0.51715 $\times10^2$	1

附录二　　国标 GB/T 2624—93 流量测量节流装置常用数据表及计算示例
（附录 A～附录 G）

附　　录　　A
流出系数和可膨胀性系数
（补充件）

表 A1　角接取压孔板的流出系数 C 值

Re_D	5×10^3	1×10^4	2×10^4	3×10^4	5×10^4	7×10^4	1×10^5	3×10^5	1×10^6	1×10^7	1×10^8	∞
β						C						
	0.5970	0.5970	0.5970	0.5970								
0.22	0.6007	0.5993	0.5984	0.5981	0.5978	0.5977	0.5976	0.5974	0.5973	0.5972	0.5972	0.5972
0.24	0.6018	0.6000	0.5990	0.5986	0.5982	0.5981	0.5979	0.5977	0.5975	0.5975	0.5975	0.5975
0.26	0.6031	0.6009	0.5996	0.5991	0.5987	0.5985	0.5983	0.5980	0.5978	0.5978	0.5977	0.5977
0.28	0.6044	0.6019	0.6003	0.5997	0.5992	0.5989	0.5987	0.5983	0.5982	0.5981	0.5981	0.5980

Re_D	5×10^3	1×10^4	2×10^4	3×10^4	5×10^4	7×10^4	1×10^5	3×10^5	1×10^6	1×10^7	1×10^8	∞
β	C											
0.30	0.6060	0.6029	0.6011	0.6004	0.5997	0.5994	0.5992	0.5987	0.5985	0.5984	0.5984	0.5984
0.32	0.6077	0.6040	0.6019	0.6011	0.6003	0.6000	0.5997	0.5991	0.5989	0.5988	0.5987	0.5987
0.34	0.6095	0.6053	0.6028	0.6018	0.6010	0.6005	0.6002	0.5996	0.5993	0.5991	0.5991	0.5991
0.36	0.6115	0.6066	0.6037	0.6026	0.6016	0.6012	0.6008	0.6001	0.5997	0.5995	0.5995	0.5995
0.38	0.6136	0.6081	0.6048	0.6035	0.6024	0.6013	0.6014	0.6005	0.6002	0.6000	0.5999	0.5999
0.40	0.6159	0.6096	0.6059	0.6044	0.6031	0.6025	0.6020	0.6011	0.6006	0.6004	0.6003	0.6003
0.42	0.6184	0.6113	0.6070	0.6054	0.6039	0.6032	0.6026	0.6016	0.6011	0.6008	0.6008	0.6008
0.44	0.6210	0.6130	0.6082	0.6064	0.6047	0.6039	0.6033	0.6021	0.6016	0.6013	0.6012	0.6012
0.46	0.6238	0.6148	0.6095	0.6074	0.6056	0.6047	0.6040	0.6027	0.6021	0.6017	0.6017	0.6016
0.48	—	0.6167	0.6108	0.6085	0.6064	0.6055	0.6047	0.6032	0.6025	0.6021	0.6021	0.6021
0.50	—	0.6187	0.6121	0.6096	0.6073	0.6062	0.6053	0.6037	0.6030	0.6026	0.6025	0.6025
0.51	—	0.6197	0.6128	0.6101	0.6077	0.6066	0.6057	0.6040	0.6031	0.6027	0.6027	0.6026
0.52	—	0.6207	0.6135	0.6107	0.6082	0.6070	0.6060	0.6042	0.6034	0.6025	0.6028	0.6028
0.53	—	0.6217	0.6141	0.6112	0.6086	0.6073	0.6063	0.6044	0.6036	0.6031	0.6030	0.6030
0.54	—	0.6228	0.6148	0.6117	0.6090	0.6077	0.6066	0.6047	0.6037	0.6032	0.6031	0.6031
0.55	—	0.6238	0.6155	0.6123	0.6094	0.6080	0.6069	0.6049	0.6039	0.6034	0.6033	0.6032
0.56	—	0.6249	0.6162	0.6128	0.6098	0.6084	0.6072	0.6050	0.6040	0.6035	0.6034	0.6034
0.57	—	0.6259	0.6168	0.6133	0.6102	0.6087	0.6074	0.6052	0.6041	0.6036	0.6035	0.6034
0.58	—	0.6270	0.6175	0.6138	0.6105	0.6089	0.6077	0.6053	0.6042	0.6036	0.6035	0.6035
0.59	—	0.6280	0.6181	0.6143	0.6108	0.6092	0.6079	0.6054	0.6043	0.6036	0.6035	0.6035
0.60	—	0.6291	0.6187	0.6147	0.6111	0.6094	0.6080	0.6055	0.6043	0.6036	0.6035	0.6035
0.61	—	0.6301	0.6193	0.6151	0.6114	0.6096	0.6082	0.6055	0.6043	0.6036	0.6034	0.6034
0.62	—	0.6311	0.6198	0.6155	0.6116	0.6098	0.6083	0.6055	0.6042	0.6035	0.6033	0.6033
0.63	—	0.6320	0.6203	0.6158	0.6118	0.6099	0.6083	0.6054	0.6041	0.6033	0.6032	0.6032
0.64	—	0.6330	0.6208	0.6161	0.6119	0.6099	0.6083	0.6053	0.6039	0.6031	0.6030	0.6029
0.65	—	0.6339	0.6212	0.6164	0.6120	0.6099	0.6082	0.6051	0.6037	0.6028	0.6027	0.6027
0.66	—	0.6348	0.6216	0.6165	0.6120	0.6099	0.6081	0.6048	0.6033	0.6025	0.6023	0.6023
0.67	—	0.6356	0.6219	0.6167	0.6120	0.6097	0.6079	0.6045	0.6029	0.6021	0.6019	0.6019
0.68	—	0.6363	0.6222	0.6167	0.6118	0.6095	0.6076	0.6041	0.6025	0.6016	0.6014	0.6014
0.69	—	0.6370	0.6223	0.6167	0.6116	0.6092	0.6072	0.6036	0.6019	0.6010	0.6008	0.6008
0.70	—	0.6376	0.6224	0.6165	0.6113	0.6088	0.6067	0.6030	0.6012	0.6003	0.6001	0.6000
0.71	—	0.6382	0.6224	0.6163	0.6109	0.6033	0.6061	0.6023	0.6004	0.5994	0.5993	0.5992
0.72	—	0.6385	0.6222	0.6160	0.6103	0.6076	0.6054	0.6014	0.5995	0.5985	0.5983	0.5983
0.73	—	0.5389	0.6220	0.6155	0.6097	0.6069	0.6046	0.6004	0.5985	0.5974	0.5972	0.5972
0.74	—	0.6391	0.6216	0.6149	0.6089	0.6060	0.6036	0.5993	0.5973	0.5962	0.5960	0.5950
0.75	—	0.6392	0.6211	0.6141	0.6079	0.6049	0.6025	0.5980	0.5959	0.5948	0.5946	0.5945

注：表 A1 至表 A16 中数值不允许内插，也不允许外推。

表 A2 法兰取压孔板的流出系数 C 值

$$D=50\text{mm}$$

Re_D	5×10^3	1×10^4	2×10^4	3×10^4	5×10^4	7×10^4	1×10^5	3×10^5	1×10^6	1×10^7	1×10^8	∞
β							C					
0.25	0.6023	0.6003	0.5992	0.5987	0.5983	0.5981	0.5980	0.5977	0.5976	0.5975	0.5975	0.5975
0.26	0.6029	0.6008	0.5995	0.5990	0.5986	0.5984	0.5982	0.5979	0.5977	0.5976	0.5976	0.5976
0.28	0.6043	0.6017	0.6002	0.5996	0.5990	0.5988	0.5986	0.5982	0.5980	0.5979	0.5979	0.5979
0.30	—	0.6028	0.6009	0.6002	0.5996	0.5993	0.5990	0.5986	0.5984	0.5983	0.5982	0.5982
0.32	—	0.6039	0.6017	0.6009	0.6002	0.5998	0.5995	0.5990	0.5988	0.5986	0.5986	0.5986
0.34	—	0.6051	0.6026	0.6017	0.6008	0.6004	0.6001	0.5994	0.5992	0.5990	0.5990	0.5990
0.36	—	0.6065	0.6036	0.6025	0.6015	0.6010	0.6006	0.5999	0.5996	0.5994	0.5994	0.5994
0.38	—	0.6080	0.6047	0.6034	0.6022	0.6017	0.6013	0.6004	0.6001	0.5998	0.5998	0.5998
0.40	—	—	0.6058	0.6043	0.6030	0.6024	0.6019	0.6010	0.6006	0.6003	0.6003	0.6003
0.42	—	—	0.6070	0.6054	0.6039	0.6032	0.6026	0.6016	0.6011	0.6008	0.6008	0.6008
0.44	—	—	0.6083	0.6064	0.6048	0.6040	0.6034	0.6022	0.6016	0.6013	0.6013	0.6013
0.46	—	—	0.6096	0.6076	0.6057	0.6049	0.6041	0.6028	0.6022	0.6019	0.6018	0.6018
0.48	—	—	0.6111	0.6088	0.6067	0.6058	0.6050	0.6035	0.6028	0.6024	0.6024	0.6024
0.50	—	—	0.6126	0.6100	0.6078	0.6067	0.6058	0.6042	0.6034	0.6030	0.6029	0.6029
0.51	—	—	0.6133	0.6107	0.6083	0.6072	0.6062	0.6045	0.6037	0.6033	0.6032	0.6032
0.52	—	—	0.6141	0.6113	0.6088	0.6076	0.6067	0.6049	0.6041	0.6036	0.6035	0.6035
0.53	—	—	0.6149	0.6120	0.6094	0.6081	0.6071	0.6052	0.6044	0.6039	0.6038	0.6038
0.54	—	—	0.6157	0.6127	0.6099	0.6086	0.6075	0.6056	0.6047	0.6042	0.6041	0.6041
0.55	—	—	0.6166	0.6134	0.6105	0.6091	0.6080	0.6059	0.6050	0.6044	0.6044	0.6043
0.56	—	—	0.6174	0.6140	0.6110	0.6096	0.6084	0.6063	0.6053	0.6047	0.6046	0.6046
0.57	—	—	—	0.6147	0.6116	0.6101	0.6089	0.6066	0.6056	0.6050	0.6049	0.6049
0.58	—	—	—	0.6154	0.6121	0.6106	0.6093	0.6070	0.6059	0.6053	0.6051	0.6051
0.59	—	—	—	0.6161	0.6127	0.6111	0.6097	0.6073	0.6061	0.6065	0.6054	0.6054
0.60	—	—	—	0.6168	0.6132	0.6115	0.6101	0.6076	0.6064	0.6057	0.6056	0.6056
0.61	—	—	—	0.6175	0.6138	0.6120	0.6105	0.6079	0.6066	0.6060	0.6058	0.6058
0.62	—	—	—	0.6182	0.6143	0.6124	0.6109	0.6082	0.6069	0.6062	0.6060	0.6060
0.63	—	—	—	0.6188	0.6148	0.6129	0.6113	0.6084	0.6071	0.6063	0.6062	0.6062
0.64	—	—	—	0.6195	0.6153	0.6133	0.6117	0.6087	0.6073	0.6065	0.6063	0.6063
0.65	—	—	—	0.6201	0.6158	0.6137	0.6120	0.6089	0.6074	0.6066	0.6065	0.6064
0.66	—	—	—	0.6208	0.6162	0.6141	0.6123	0.6091	0.6076	0.6067	0.6066	0.6065
0.67	—	—	—	0.6214	0.6167	0.6144	0.6126	0.6092	0.6076	0.6068	0.6066	0.6066
0.68	—	—	—	0.6219	0.6171	0.6147	0.6128	0.6093	0.6077	0.6068	0.6066	0.6066
0.69	—	—	—	0.6225	0.6174	0.6150	0.6130	0.6094	0.6077	0.6068	0.6066	0.6066
0.70	—	—	—	—	0.6177	0.6152	0.6132	0.6094	0.6077	0.6067	0.6065	0.6065
0.71	—	—	—	—	0.6180	0.6154	0.6133	0.6094	0.6076	0.6066	0.6064	0.6064
0.72	—	—	—	—	0.6183	0.6156	0.6134	0.6094	0.6075	0.6064	0.6062	0.6062
0.73	—	—	—	—	0.6185	0.6157	0.6134	0.6092	0.6073	0.6062	0.6060	0.6060
0.74	—	—	—	—	0.6186	0.6157	0.6134	0.6091	0.6071	0.6059	0.6057	0.6057
0.75	—	—	—	—	0.6187	0.6157	0.6133	0.6088	0.6068	0.6056	0.6054	0.6054

表 A3 法兰取压孔板的流出系数 C 值

$D = 75\text{mm}$

Re_D	5×10^3	1×10^4	2×10^4	3×10^4	5×10^4	7×10^4	1×10^5	3×10^5	1×10^6	1×10^7	1×10^8	∞
β							C					
0.20	0.5997	0.5986	0.5979	0.5976	0.5974	0.5973	0.5972	0.5970	0.5970	0.5969	0.5969	0.5969
0.22	0.6006	0.5992	0.5984	0.5981	0.5978	0.5976	0.5975	0.5973	0.5972	0.5972	0.5971	0.5971
0.24	—	0.6000	0.5989	0.5965	0.5982	0.5980	0.5979	0.5976	0.5975	0.5974	0.5974	0.5974
0.26	—	0.6008	0.5996	0.5991	0.5986	0.5984	0.5982	0.5979	0.5978	0.5977	0.5977	0.5977
0.28	—	0.6018	0.6002	0.5997	0.5991	0.5989	0.5987	0.5983	0.5981	0.5980	0.5980	0.5980
0.30	—	0.6028	0.6010	0.6003	0.5997	0.5994	0.5991	0.5987	0.5985	0.5983	0.5983	0.5983
0.32	—	0.6040	0.6018	0.6010	0.6003	0.5999	0.5996	0.5991	0.5988	0.5987	0.5987	0.5987
0.34	—	—	0.6027	0.6018	0.6009	0.6005	0.6002	0.5996	0.5993	0.5991	0.5991	0.5991
0.36	—	—	0.6037	0.6026	0.6016	0.6011	0.6008	0.6000	0.5997	0.5995	0.5995	0.5995
0.38	—	—	0.6048	0.6035	0.6024	0.6018	0.6014	0.6006	0.6002	0.6000	0.5999	0.5999
0.40	—	—	0.6059	0.6045	0.6032	0.6026	0.6021	0.6011	0.6007	0.6005	0.6004	0.6004
0.42	—	—	0.6071	0.6055	0.6040	0.6033	0.6028	0.6017	0.6012	0.6010	0.6009	0.6009
0.44	—	—	0.6084	0.6066	0.6049	0.6042	0.6035	0.6023	0.6018	0.6015	0.6014	0.6014
0.46	—	—	0.6098	0.6077	0.6059	0.6050	0.6043	0.6030	0.6024	0.6020	0.6020	0.6020
0.48	—	—	—	0.6089	0.6069	0.6059	0.6051	0.6036	0.6030	0.6026	0.6025	0.6025
0.50	—	—	—	0.6102	0.6079	0.6068	0.6059	0.6043	0.6036	0.6032	0.6031	0.6031
0.51	—	—	—	0.6108	0.6084	0.6073	0.6064	0.6047	0.6039	0.6034	0.6034	0.6033
0.52	—	—	—	0.6115	0.6090	0.6078	0.6068	0.6050	0.6042	0.6037	0.6036	0.6036
0.53	—	—	—	0.6121	0.6095	0.6082	0.6072	0.6054	0.6045	0.6040	0.6039	0.6039
0.54	—	—	—	0.6128	0.6100	0.6087	0.6077	0.6057	0.6048	0.6043.	0.6042	0.6042
0.55	—	—	—	0.6134	0.6106	0.6092	0.6081	0.6060	0.6051	0.6045	0.6044	0.6044
0.56	—	—	—	0.6141	0.6111	0.6097	0.6085	0.6064	0.6054	0.6048	0.6047	0.6047
0.57	—	—	—	—	0.6116	0.6101	0.6089	0.6067	0.6056	0.6050	0.6049	0.6049
0.58	—	—	—	—	0.6122	0.6106	0.6093	0.6070	0.6059	0.6053	0.6052	0.6051
0.59	—	—	—	—	0.6127	0.6111	0.6097	0.6073	0.6061	0.6055	0.6054	0.6054
0.60	—	—	—	—	0.6132	0.6115	0.6101	0.6076	0.6064	0.6057	0.6056	0.6056
0.61	—	—	—	—	0.6137	0.6119	0.6105	0.6078	0.6066	0.6059	0.6058	0.6057
0.62	—	—	—	—	0.6142	0.6123	0.6108	0.6080	0.6068	0.6060	0.6059	0.6059
0.63	—	—	—	—	0.6146	0.6127	0.6111	0.6083	0.6069	0.6062	0.6060	0.6060
0.64	—	—	—	—	0.6151	0.6131	0.6114	0.6084	0.6070	0.6063	0.6061	0.6061
0.65	—	—	—	—	0.6155	0.6134	0.6117	0.6086	0.6071	0.6063	0.6062	0.6062
0.66	—	—	—	—	0.6159	0.6137	0.6119	0.6087	0.6072	0.6064	0.6062	0.6062
0.67	—	—	—	—	0.6162	0.6140	0.6121	0.6088	0.6072	0.6063	0.6062	0.6061
0.68	—	—	—	—	0.6165	0.6142	0.6123	0.6088	0.6072	0.6063	0.6061	0.6061
0.69	—	—	—	—	0.6168	0.6144	0.6124	0.6088	0.6071	0.6061	0.6060	0.6059
0.70	—	—	—	—	0.6170	0.6145	0.6124	0.6087	0.6069	0.6060	0.6058	0.6058
0.71	—	—	—	—	0.6172	0.6146	0.6124	0.6086	0.6067	0.6057	0.6056	0.6055
0.72	—	—	—	—	0.6173	0.6146	0.6124	0.6084	0.6065	0.6054	0.6052	0.6052
0.73	—	—	—	—	—	0.6145	0.6122	0.6081	0.6061	0.6051	0.6049	0.6048
0.74	—	—	—	—	—	0.6144	0.6120	0.6077	0.6057	0.6046	0.6044	0.6044
0.75	—	—	—	—	—	0.6142	0.6118	0.6073	0.6052	0.6041	0.6039	0.6038

表 A4 法兰取压孔板的流出系数 C 值

$D=100\text{mm}$

Re_D	5×10^3	1×10^4	2×10^4	3×10^4	5×10^4	7×10^4	1×10^5	3×10^5	1×10^6	1×10^7	1×10^8	∞
β							C					
0.20	—	0.5986	0.5979	0.5976	0.5974	0.5973	0.5972	0.5971	0.5970	0.5969	0.5969	0.5969
0.22	—	0.5992	0.5984	0.5981	0.5978	0.5976	0.5975	0.5973	0.5972	0.5972	0.5972	0.5972
0.24	—	0.6000	0.5990	0.5985	0.5982	0.5980	0.5979	0.5976	0.5975	0.5974	0.5974	0.5974
0.26	—	0.6009	0.5996	0.5991	0.5986	0.5984	0.5983	0.5979	0.5978	0.5977	0.5977	0.5977
0.28	—	0.6018	0.6003	0.5997	0.5991	0.5989	0.5987	0.5983	0.5981	0.5980	0.5980	0.5980
0.30	—	—	0.6010	0.6003	0.5997	0.5994	0.5991	0.5987	0.5985	0.5984	0.5983	0.5983
0.32	—	—	0.6019	0.6010	0.6003	0.5999	0.5996	0.5991	0.5989	0.5987	0.5987	0.5987
0.34	—	—	0.6028	0.6018	0.6009	0.6005	0.6002	0.5996	0.5993	0.5991	0.5991	0.5991
0.36	—	—	0.6037	0.6026	0.6016	0.6011	0.6008	0.6000	0.5997	0.5995	0.5995	0.5995
0.38	—	—	0.6048	0.6035	0.6024	0.6018	0.6014	0.6006	0.6002	0.6000	0.5999	0.5999
0.40	—	—	—	0.6045	0.6032	0.6025	0.6020	0.6011	0.6007	0.6004	0.6004	0.6004
0.42	—	—	—	0.6055	0.6040	0.6033	0.6027	0.6017	0.6012	0.6009	0.6009	0.6009
0.44	—	—	—	0.6065	0.6049	0.6041	0.6035	0.6023	0.6017	0.6014	0.6014	0.6014
0.46	—	—	—	0.6077	0.6058	0.6049	0.6042	0.6029	0.6023	0.6020	0.6019	0.6019
0.48	—	—	—	0.6088	0.6068	0.6058	0.6050	0.6035	0.6029	0.6025	0.6024	0.6024
0.50	—	—	—	—	0.6078	0.6067	0.6058	0.6042	0.6034	0.6030	0.6029	0.6029
0.51	—	—	—	—	0.6083	0.6071	0.6062	0.6045	0.6037	0.6033	0.6032	0.6032
0.52	—	—	—	—	0.6088	0.6076	0.6066	0.6048	0.6040	0.6035	0.6034	0.6034
0.53	—	—	—	—	0.6093	0.6080	0.6070	0.6051	0.6043	0.6038	0.6037	0.6037
0.54	—	—	—	—	0.6098	0.6085	0.6074	0.6054	0.6045	0.6040	0.6039	0.6039
0.55	—	—	—	—	0.6103	0.6089	0.6078	0.6057	0.6048	0.6042	0.6041	0.6041
0.56	—	—	—	—	0.6108	0.6093	0.6082	0.6060	0.6050	0.6045	0.6044	0.6043
0.57	—	—	—	—	0.6113	0.6098	0.6085	0.6063	0.6053	0.6047	0.6046	0.6045
0.58	—	—	—	—	0.6118	0.6102	0.6089	0.6066	0.6055	0.6049	0.6048	0.6047
0.59	—	—	—	—	0.6122	0.6106	0.6093	0.6068	0.6057	0.6050	0.6049	0.6049
0.60	—	—	—	—	0.6127	0.6110	0.6096	0.6070	0.6058	0.6052	0.6051	0.6050
0.61	—	—	—	—	0.6131	0.6113	0.6099	0.6072	0.6060	0.6053	0.6052	0.6052
0.62	—	—	—	—	0.6135	0.6117	0.6102	0.6074	0.6061	0.6054	0.6053	0.6052
0.63	—	—	—	—	0.6139	0.6120	0.6104	0.6075	0.6062	0.6055	0.6053	0.6053
0.64	—	—	—	—	—	0.6123	0.6107	0.6077	0.6063	0.6055	0.6053	0.6053
0.65	—	—	—	—	—	0.6125	0.6108	0.6077	0.6063	0.6055	0.6053	0.6053
0.66	—	—	—	—	—	0.6127	0.6110	0.6077	0.6062	0.6054	0.6052	0.6052
0.67	—	—	—	—	—	0.6129	0.6111	0.6077	0.6061	0.6053	0.6051	0.6051
0.68	—	—	—	—	—	0.6130	0.6111	0.6076	0.6060	0.6051	0.6049	0.6049
0.69	—	—	—	—	—	0.6131	0.6111	0.6075	0.6058	0.6049	0.6047	0.6046
0.70	—	—	—	—	—	0.6131	0.6110	0.6073	0.6055	0.6045	0.6044	0.6043
0.71	—	—	—	—	—	0.6130	0.6109	0.6070	0.6052	0.6042	0.6040	0.6039
0.72	—	—	—	—	—	0.6128	0.6106	0.6066	0.6047	0.6037	0.6035	0.6035
0.73	—	—	—	—	—	0.6126	0.6103	0.6062	0.6042	0.6031	0.6030	0.6029
0.74	—	—	—	—	—	0.6123	0.6099	0.6056	0.6036	0.6025	0.6023	0.6023
0.75	—	—	—	—	—	—	0.6094	0.6050	0.6029	0.6018	0.6015	0.6015

表 A5　法兰取压孔板的流出系数 C 值

$D = 150\text{mm}$

Re_D	5×10^3	1×10^4	2×10^4	5×10^4	7×10^4	1×10^5	3×10^5	1×10^6	1×10^7	1×10^8	∞
β						C					
0.20	—	0.5986	0.5979	0.5974	0.5973	0.5972	0.5971	0.5970	0.5969	0.5969	0.5969
0.22	—	0.5993	0.5984	0.5978	0.5977	0.5975	0.5973	0.5972	0.5972	0.5972	0.5972
0.24	—	—	0.5990	0.5982	0.5980	0.5979	0.5976	0.5975	0.5974	0.5974	0.5974
0.26	—	—	0.5996	0.5987	0.5984	0.5983	0.5980	0.5978	0.5977	0.5977	0.5977
0.28	—	—	0.6003	0.5992	0.5989	0.5987	0.5983	0.5981	0.5980	0.5980	0.5980
0.30	—	—	0.6010	0.5997	0.5994	0.5992	0.5987	0.5985	0.5984	0.5984	0.5983
0.32	—	—	0.6019	0.6003	0.5999	0.5996	0.5991	0.5989	0.5987	0.5987	0.5987
0.34	—	—	—	0.6009	0.6005	0.6002	0.5996	0.5993	0.5991	0.5991	0.5991
0.36	—	—	—	0.6016	0.6012	0.6008	0.6000	0.5997	0.5995	0.5995	0.5995
0.38	—	—	—	0.6024	0.6018	0.6014	0.6006	0.6002	0.6000	0.5999	0.5999
0.40	—	—	—	0.6031	0.6025	0.6020	0.6011	0.6007	0.6004	0.6004	0.6004
0.42	—	—	—	0.6040	0.6033	0.6027	0.6017	0.6012	0.6009	0.6008	0.6008
0.44	—	—	—	0.6048	0.6040	0.6034	0.6022	0.6017	0.6014	0.6013	0.6013
0.46	—	—	—	0.6057	0.6049	0.6041	0.6028	0.6022	0.6019	0.6018	0.6018
0.48	—	—	—	0.6067	0.6057	0.6049	0.6034	0.6027	0.6024	0.6023	0.6023
0.50	—	—	—	0.6076	0.6065	0.6056	0.6040	0.6033	0.6029	0.6028	0.6028
0.51	—	—	—	0.6081	0.6070	0.6060	0.6043	0.6035	0.6031	0.6030	0.6030
0.52	—	—	—	—	0.6074	0.6064	0.6046	0.6038	0.6033	0.6032	0.6032
0.53	—	—	—	—	0.6078	0.6068	0.6049	0.6040	0.6035	0.6035	0.6034
0.54	—	—	—	—	0.6082	0.6071	0.6052	0.6043	0.6038	0.6037	0.6036
0.55	—	—	—	—	0.6086	0.6075	0.6054	0.6045	0.6040	0.6039	0.6038
0.56	—	—	—	—	0.6090	0.6078	0.6057	0.6047	0.6041	0.6040	0.6040
0.57	—	—	—	—	0.6094	0.6082	0.6059	0.6049	0.6043	0.6042	0.6042
0.58	—	—	—	—	0.6098	0.6085	0.6061	0.6051	0.6044	0.6043	0.6043
0.59	—	—	—	—	0.6101	0.6088	0.6063	0.6052	0.6046	0.6045	0.6044
0.60	—	—	—	—	0.6105	0.6091	0.6065	0.6053	0.6047	0.6045	0.6045
0.61	—	—	—	—	—	0.6093	0.6067	0.6054	0.6047	0.6046	0.6046
0.62	—	—	—	—	—	0.6095	0.6068	0.6055	0.6048	0.6046	0.6046
0.63	—	—	—	—	—	0.6097	0.6068	0.6055	0.6047	0.6046	0.6046
0.64	—	—	—	—	—	0.6099	0.6069	0.6055	0.6047	0.6045	0.6045
0.65	—	—	—	—	—	0.6100	0.6068	0.6054	0.6046	0.6044	0.6044
0.66	—	—	—	—	—	0.6100	0.6068	0.6053	0.6044	0.6043	0.6042
0.67	—	—	—	—	—	0.6100	0.6066	0.6051	0.6042	0.6040	0.6040
0.68	—	—	—	—	—	0.6099	0.6064	0.6048	0.6039	0.6038	0.6037
0.69	—	—	—	—	—	0.6098	0.6062	0.6045	0.6036	0.6034	0.6034
0.70	—	—	—	—	—	0.6096	0.6058	0.6041	0.6031	0.6029	0.6029
0.71	—	—	—	—	—	0.6093	0.6054	0.6036	0.6026	0.6024	0.6024
0.72	—	—	—	—	—	0.6089	0.6049	0.6030	0.6020	0.6018	0.6017
0.73	—	—	—	—	—	—	0.6043	0.6023	0.6012	0.6010	0.6010
0.74	—	—	—	—	—	—	0.6035	0.6015	0.6004	0.6002	0.6001
0.75	—	—	—	—	—	—	0.6027	0.6006	0.5994	0.5992	0.5992

表 A6　法兰取压孔板的流出系数 *C* 值

$D = 200\text{mm}$

Re_D	5×10^3	1×10^4	2×10^4	3×10^4	5×10^4	7×10^4	1×10^5	3×10^5	1×10^6	1×10^7	1×10^8	∞
β							C					
0.20	—	—	0.5979	0.5977	0.5974	0.5973	0.5972	0.5971	0.5970	0.5970	0.5969	0.5969
0.22	—	—	0.5984	0.5981	0.5978	0.5977	0.5975	0.5973	0.5972	0.5972	0.5972	0.5972
0.24	—	—	0.5990	0.5986	0.5982	0.5980	0.5979	0.5976	0.5975	0.5974	0.5974	0.5974
0.26	—	—	0.5996	0.5991	0.5987	0.5985	0.5983	0.5980	0.5978	0.5977	0.5977	0.5977
0.28	—	—	0.6003	0.5997	0.5992	0.5989	0.5987	0.5983	0.5981	0.5980	0.5980	0.5980
0.30	—	—	—	0.6003	0.5997	0.5994	0.5992	0.5987	0.5985	0.5984	0.5984	0.5984
0.32	—	—	—	0.6010	0.6003	0.5999	0.5997	0.5991	0.5989	0.5987	0.5987	0.5987
0.34	—	—	—	0.6018	0.6009	0.6005	0.6002	0.5996	0.5993	0.5991	0.5991	0.5991
0.36	—	—	—	—	0.6016	0.6012	0.6008	0.6001	0.5997	0.5995	0.5995	0.5995
0.38	—	—	—	—	0.6024	0.6018	0.6014	0.6006	0.6002	0.6000	0.5999	0.5999
0.40	—	—	—	—	0.6031	0.6025	0.6020	0.6011	0.6007	0.6004	0.6004	0.6004
0.42	—	—	—	—	0.6040	0.6033	0.6027	0.6016	0.6011	0.6009	0.6008	0.6008
0.44	—	—	—	—	0.6048	0.6040	0.6034	0.6022	0.6017	0.6014	0.6013	0.6013
0.46	—	—	—	—	—	0.6048	0.6041	0.6028	0.6022	0.6018	0.6018	0.6018
0.48	—	—	—	—	—	0.6056	0.6048	0.6034	0.6027	0.6023	0.6022	0.6022
0.50	—	—	—	—	—	0.6065	0.6056	0.6040	0.6032	0.6028	0.6027	0.6027
0.51	—	—	—	—	—	0.6069	0.6059	0.6042	0.6034	0.6030	0.6029	0.6029
0.52	—	—	—	—	—	0.6073	0.6063	0.6045	0.6037	0.6032	0.6031	0.6031
0.53	—	—	—	—	—	—	0.6067	0.6048	0.6039	0.6034	0.6033	0.6033
0.54	—	—	—	—	—	—	0.6070	0.6050	0.6041	0.6036	0.6035	0.6035
0.55	—	—	—	—	—	—	0.6073	0.6053	0.6043	0.6038	0.6037	0.6037
0.56	—	—	—	—	—	—	0.6077	0.6055	0.6045	0.6040	0.6039	0.6038
0.57	—	—	—	—	—	—	0.6080	0.6057	0.6047	0.6041	0.6040	0.6040
0.58	—	—	—	—	—	—	0.6083	0.6059	0.6048	0.6042	0.6041	0.6041
0.59	—	—	—	—	—	—	0.6086	0.6061	0.6050	0.6043	0.6042	0.6042
0.60	—	—	—	—	—	—	0.6088	0.6063	0.6051	0.6044	0.6043	0.6043
0.61	—	—	—	—	—	—	0.6090	0.6064	0.6051	0.6044	0.6043	0.6043
0.62	—	—	—	—	—	—	0.6092	0.6064	0.6052	0.6044	0.6043	0.6043
0.63	—	—	—	—	—	—	0.6094	0.6065	0.6051	0.6044	0.6043	0.6042
0.64	—	—	—	—	—	—	—	0.6065	0.6051	0.6043	0.6042	0.6041
0.65	—	—	—	—	—	—	—	0.6064	0.6050	0.6041	0.6040	0.6040
0.66	—	—	—	—	—	—	—	0.6063	0.6048	0.6039	0.6038	0.6038
0.67	—	—	—	—	—	—	—	0.6061	0.6045	0.6037	0.6035	0.6035
0.68	—	—	—	—	—	—	—	0.6059	0.6042	0.6033	0.6032	0.6031
0.69	—	—	—	—	—	—	—	0.6055	0.6039	0.6029	0.6027	0.6027
0.70	—	—	—	—	—	—	—	0.6051	0.6034	0.6024	0.6022	0.6022
0.71	—	—	—	—	—	—	—	0.6046	0.6028	0.6018	0.6016	0.6016
0.72	—	—	—	—	—	—	—	0.6040	0.6021	0.6011	0.6009	0.6009
0.73	—	—	—	—	—	—	—	0.6033	0.6014	0.6003	0.6001	0.6000
0.74	—	—	—	—	—	—	—	0.6025	0.6005	0.5993	0.5991	0.5991
0.75	—	—	—	—	—	—	—	0.6015	0.5994	0.5983	0.5981	0.5980

表 A7 法兰取压孔板的流出系数 C 值

$D=250\text{mm}$

Re_D	5×10^3	1×10^4	2×10^4	3×10^4	5×10^4	7×10^4	1×10^5	3×10^5	1×10^6	1×10^7	1×10^8	∞
β							C					
0.20	—	—	0.5979	0.5977	0..5974	0.5973	0.5972	0.5971	0.5970	0.5970	0.5970	0.5969
0.22	—	—	0.5984	0.5981	0.5978	0.5977	0.5976	0.5973	0.5972	0.5972	0.5972	0.5972
0.24	—	—	0.5990	0.5986	0.5982	0.5980	0.5979	0.5976	0.5975	0.5975	0.5974	0.5974
0.26	—	—	—	0.5991	0.5987	0.5985	0.5983	0.5980	0.5978	0.5977	0.5977	0.5977
0.28	—	—	—	0.5997	0.5992	0.5989	0.5987	0.5983	0.5981	0.5980	0.5980	0.5980
0.30	—	—	—	0.6003	0.5997	0.5994	0.5992	0.5987	0.5985	0.5984	0.5984	0.5984
0.32	—	—	—	—	0.6003	0.5999	0.5997	0.5991	0.5989	0.5987	0.5987	0.5987
0.34	—	—	—	—	0.6009	0.6005	0.6002	0.5996	0.5993	0.5991	0.5991	0.5991
0.36	—	—	—	—	0.6016	0.6012	0.6008	0.6001	0.5997	0.5995	0.5995	0.5995
0.38	—	—	—	—	0.6024	0.6018	0.6014	0.6006	0.6002	0.6000	0.5999	0.5999
0.40	—	—	—	—	—	0.6025	0.6020	0.6011	0.6006	0.6004	0.6004	0.6004
0.42	—	—	—	—	—	0.6032	0.6027	0.6016	0.6011	0.6009	0.6008	0.6008
0.44	—	—	—	—	—	0.6040	0.6034	0.6022	0.6016	0.6013	0.6013	0.6013
0.46	—	—	—	—	—	0.6048	0.6041	0.6028	0.6022	0.6018	0.6017	0.6017
0.48	—	—	—	—	—	—	0.6048	0.6033	0.6027	0.6023	0.6022	0.6022
0.50	—	—	—	—	—	—	0.6055	0.6039	0.6032	0.6027	0.6027	0.6026
0.51	—	—	—	—	—	—	0.6059	0.6042	0.6034	0.6029	0.6029	0.6029
0.52	—	—	—	—	—	—	0.6062	0.6045	0.6036	0.6032	0.6031	0.6031
0.53	—	—	—	—	—	—	0.6066	0.6047	0.6038	0.6034	0.6033	0.6033
0.54	—	—	—	—	—	—	0.6069	0.6050	0.6041	0.6035	0.6035	0.6034
0.55	—	—	—	—	—	—	0.6073	0.6052	0.6043	0.6037	0.6036	0.6036
0.56	—	—	—	—	—	—	0.6076	0.6054	0.6044	0.6039	0.6038	0.6037
0.57	—	—	—	—	—	—	—	0.6056	0.6046	0.6040	0.6039	0.6039
0.58	—	—	—	—	—	—	—	0.6058	0.6047	0.6041	0.6040	0.6040
0.59	—	—	—	—	—	—	—	0.6060	0.6048	0.6042	0.6041	0.6041
0.60	—	—	—	—	—	—	—	0.6061	0.6049	0.6042	0.6041	0.6041
0.61	—	—	—	—	—	—	—	0.6062	0.6050	0.6043	0.6041	0.6041
0.62	—	—	—	—	—	—	—	0.6063	0.6050	0.6042	0.6041	0.6041
0.63	—	—	—	—	—	—	—	0.6063	0.6049	0.6042	0.6040	0.6040
0.64	—	—	—	—	—	—	—	0.6062	0.6048	0.6041	0.6039	0.6039
0.65	—	—	—	—	—	—	—	0.6061	0.6047	0.6039	0.6037	0.6037
0.66	—	—	—	—	—	—	—	0.6060	0.6045	0.6037	0.6035	0.6035
0.67	—	—	—	—	—	—	—	0.6058	0.6042	0.6034	0.6032	0.6032
0.68	—	—	—	—	—	—	—	0.6055	0.6039	0.6030	0.6028	0.6028
0.69	—	—	—	—	—	—	—	0.6051	0.6035	0.6025	0.6024	0.6023
0.70	—	—	—	—	—	—	—	0.6047	0.6029	0.6020	0.6018	0.6018
0.71	—	—	—	—	—	—	—	0.6041	0.6023	0.6013	0.6011	0.6011
0.72	—	—	—	—	—	—	—	0.6035	0.6016	0.6006	0.6004	0.6003
0.73	—	—	—	—	—	—	—	0.6027	0.6008	0.5997	0.5995	0.5995
0.74	—	—	—	—	—	—	—	0.6018	0.5998	0.5987	0.5985	0.5985
0.75	—	—	—	—	—	—	—	0.6008	0.5987	0.5976	0.5974	0.5973

表 A8　法兰取压孔板的流出系数 C 值

$D=375\text{mm}$

Re_D	5×10^3	1×10^4	2×10^4	3×10^4	5×10^4	7×10^4	1×10^5	3×10^5	1×10^6	1×10^7	1×10^8	∞
β							C					
0.20	—	—	0.5979	0.5977	0.5974	0.5973	0.5972	0.5971	0.5970	0.5970	0.5970	0.5970
0.22	—	—	—	0.5981	0.5978	0.5977	0.5976	0.5973	0.5973	0.5972	0.5972	0.5972
0.24	—	—	—	0.5986	0.5982	0.5980	0.5979	0.5976	0.5975	0.5975	0.5974	0.5974
0.26	—	—	—	—	0.5987	0.5985	0.5983	0.5980	0.5978	0.5977	0.5977	0.5977
0.28	—	—	—	—	0.5992	0.5989	0.5987	0.5983	0.5982	0.5981	0.5980	0.5980
0.30	—	—	—	—	0.5997	0.5994	0.5992	0.5987	0.5985	0.5984	0.5984	0.5984
0.32	—	—	—	—	0.6003	0.6000	0.5997	0.5991	0.5989	0.5988	0.5987	0.5987
0.34	—	—	—	—	—	0.6005	0.6002	0.5996	0.5993	0.5991	0.5991	0.5991
0.36	—	—	—	—	—	0.6012	0.6008	0.6001	0.5997	0.5995	0.5995	0.5995
0.38	—	—	—	—	—	0.6018	0.6014	0.6006	0.6002	0.6000	0.5999	0.5999
0.40	—	—	—	—	—	0.6020	0.6011	0.6006	0.6004	0.6004	0.6003	
0.42	—	—	—	—	—	—	0.6027	0.6016	0.6011	0.6009	0.6008	0.6008
0.44	—	—	—	—	—	—	0.6033	0.6022	0.6016	0.6013	0.6013	0.6012
0.46	—	—	—	—	—	—	0.6040	0.6027	0.6021	0.6018	0.6017	0.6017
0.48	—	—	—	—	—	—	—	0.6033	0.6026	0.6022	0.6022	0.6022
0.50	—	—	—	—	—	—	—	0.6038	0.6031	0.6027	0.6026	0.6026
0.51	—	—	—	—	—	—	—	0.6041	0.6033	0.6029	0.6028	0.6028
0.52	—	—	—	—	—	—	—	0.6044	0.6035	0.6031	0.6030	0.6030
0.53	—	—	—	—	—	—	—	0.6046	0.6038	0.6033	0.6032	0.6032
0.54	—	—	—	—	—	—	—	0.6049	0.6040	0.6034	0.6034	0.6033
0.55	—	—	—	—	—	—	—	0.6051	0.6041	0.6036	0.6035	0.6035
0.56	—	—	—	—	—	—	—	0.6053	0.6043	0.6037	0.6036	0.6036
0.57	—	—	—	—	—	—	—	0.6055	0.6044	0.6039	0.6038	0.6037
0.58	—	—	—	—	—	—	—	0.6056	0.6046	0.6039	0.6038	0.6038
0.59	—	—	—	—	—	—	—	0.6058	0.6046	0.6040	0.6039	0.6039
0.60	—	—	—	—	—	—	—	0.6059	0.6047	0.6040	0.6039	0.6039
0.61	—	—	—	—	—	—	—	0.6060	0.6047	0.6040	0.6039	0.6039
0.62	—	—	—	—	—	—	—	0.6060	0.6047	0.6040	0.6039	0.6038
0.63	—	—	—	—	—	—	—	0.6060	0.6046	0.6039	0.6038	0.6037
0.64	—	—	—	—	—	—	—	0.6059	0.6045	0.6037	0.6036	0.6036
0.65	—	—	—	—	—	—	—	0.6058	0.6043	0.6035	0.6034	0.6034
0.66	—	—	—	—	—	—	—	0.6056	0.6041	0.6033	0.6031	0.6031
0.67	—	—	—	—	—	—	—	0.6054	0.6038	0.6029	0.6028	0.6027
0.68	—	—	—	—	—	—	—	0.6050	0.6034	0.6025	0.6023	0.6023
0.69	—	—	—	—	—	—	—	0.6046	0.6029	0.6020	0.6018	0.6018
0.70	—	—	—	—	—	—	—	0.6041	0.6024	0.6014	0.6012	0.6012
0.71	—	—	—	—	—	—	—	0.6035	0.6017	0.6007	0.6005	0.6005
0.72	—	—	—	—	—	—	—	0.6028	0.6009	0.5999	0.5997	0.5997
0.73	—	—	—	—	—	—	—	0.6020	0.6000	0.5989	0.5987	0.5987
0.74	—	—	—	—	—	—	—	0.6010	0.5990	0.5979	0.5977	0.5976
0.75	—	—	—	—	—	—	—	0.5999	0.5978	0.5966	0.5964	0.5964

表 **A9** 法兰取压孔板的流出系数 C 值

$D=760\text{mm}$

Re_D	5×10^3	1×10^4	2×10^4	3×10^4	5×10^4	7×10^4	1×10^5	3×10^5	1×10^6	1×10^7	1×10^8	∞
β							C					
0.20	—	—	—	—	0.5974	0.5973	0.5972	0.5971	0.5970	0.5970	0.5970	0.5970
0.22	—	—	—	—	0.5978	0.5977	0.5976	0.5974	0.5973	0.5972	0.5972	0.5972
0.24	—	—	—	—	—	0.5981	0.5979	0.5977	0.5975	0.5975	0.5975	0.5975
0.26	—	—	—	—	—	0.5985	0.5983	0.5980	0.5978	0.5978	0.5977	0.5977
0.28	—	—	—	—	—	—	0.5987	0.5983	0.5982	0.5981	0.5980	0.5980
0.30	—	—	—	—	—	—	0.5992	0.5987	0.5985	0.5984	0.5984	0.5984
0.32	—	—	—	—	—	—	0.5997	0.5991	0.5989	0.5988	0.5987	0.5987
0.34	—	—	—	—	—	—	—	0.5996	0.5993	0.5991	0.5991	0.5991
0.36	—	—	—	—	—	—	—	0.6001	0.5997	0.5995	0.5995	0.5995
0.38	—	—	—	—	—	—	—	0.6005	0.6002	0.6000	0.5999	0.5999
0.40	—	—	—	—	—	—	—	0.6011	0.6006	0.6004	0.6004	0.6003
0.42	—	—	—	—	—	—	—	0.6016	0.6011	0.6008	0.6008	0.6008
0.44	—	—	—	—	—	—	—	0.6021	0.6016	0.6013	0.6012	0.6012
0.46	—	—	—	—	—	—	—	0.6027	0.6021	0.6017	0.6017	0.6017
0.48	—	—	—	—	—	—	—	0.6032	0.6026	0.6022	0.6021	0.6021
0.50	—	—	—	—	—	—	—	0.6038	0.6030	0.6026	0.6025	0.6025
0.51	—	—	—	—	—	—	—	0.6040	0.6033	0.6028	0.6027	0.6027
0.52	—	—	—	—	—	—	—	0.6043	0.6035	0.6030	0.6029	0.6029
0.53	—	—	—	—	—	—	—	0.6045	0.6037	0.6032	0.6031	0.6031
0.54	—	—	—	—	—	—	—	0.6048	0.6038	0.6033	0.6032	0.6032
0.55	—	—	—	—	—	—	—	0.6050	0.6040	0.6035	0.6034	0.6034
0.56	—	—	—	—	—	—	—	—	0.6042	0.6036	0.6035	0.6035
0.57	—	—	—	—	—	—	—	—	0.6043	0.6037	0.6036	0.6036
0.58	—	—	—	—	—	—	—	—	0.6044	0.6038	0.6037	0.6036
0.59	—	—	—	—	—	—	—	—	0.6045	0.6038	0.6037	0.6037
0.60	—	—	—	—	—	—	—	—	0.6045	0.6038	0.6037	0.6037
0.61	—	—	—	—	—	—	—	—	0.6045	0.6038	0.6037	0.6036
0.62	—	—	—	—	—	—	—	—	0.6044	0.6037	0.6036	0.6036
0.63	—	—	—	—	—	—	—	—	0.6044	0.6036	0.6035	0.6034
0.64	—	—	—	—	—	—	—	—	0.6042	0.6034	0.6033	0.6033
0.65	—	—	—	—	—	—	—	—	0.6040	0.6032	0.6030	0.6030
0.66	—	—	—	—	—	—	—	—	0.6037	0.6029	0.6027	0.6027
0.67	—	—	—	—	—	—	—	—	0.6034	0.6025	0.6023	0.6023
0.68	—	—	—	—	—	—	—	—	0.6029	0.6020	0.6019	0.6018
0.69	—	—	—	—	—	—	—	—	0.6024	0.6015	0.6013	0.6013
0.70	—	—	—	—	—	—	—	—	0.6018	0.6008	0.6006	0.6006
0.71	—	—	—	—	—	—	—	—	0.6011	0.6001	0.5999	0.5998
0.72	—	—	—	—	—	—	—	—	0.6002	0.5992	0.5990	0.5989
0.73	—	—	—	—	—	—	—	—	0.5992	0.5982	0.5980	0.5979
0.74	—	—	—	—	—	—	—	—	0.5981	0.5970	0.5968	0.5968
0.75	—	—	—	—	—	—	—	—	0.5969	0.5957	0.5955	0.5954

表 A10 法兰取压孔板的流出系数 C 值

$D=1000\text{mm}$

Re_D	5×10^3	1×10^4	2×10^4	3×10^4	5×10^4	7×10^4	1×10^5	3×10^5	1×10^6	1×10^7	1×10^8	∞
β							C					
0.20	—	—	—	—	—	0.5973	0.5973	0.5971	0.5970	0.5970	0.5970	0.5970
0.22	—	—	—	—	—	0.5977	0.5976	0.5974	0.5973	0.5972	0.5972	0.5972
0.24	—	—	—	—	—	—	0.5979	0.5977	0.5975	0.5975	0.5975	0.5975
0.26	—	—	—	—	—	—	0.5983	0.5980	0.5978	0.5978	0.5977	0.5977
0.28	—	—	—	—	—	—	0.5987	0.5983	0.5982	0.5981	0.5980	0.5980
0.30	—	—	—	—	—	—	—	0.5987	0.5985	0.5984	0.5984	0.5984
0.32	—	—	—	—	—	—	—	0.5991	0.5989	0.5988	0.5987	0.5987
0.34	—	—	—	—	—	—	—	0.5996	0.5993	0.5991	0.5991	0.5991
0.36	—	—	—	—	—	—	—	0.6001	0.5997	0.5995	0.5995	0.5995
0.38	—	—	—	—	—	—	—	0.6005	0.6002	0.6000	0.5999	0.5999
0.40	—	—	—	—	—	—	—	0.6011	0.6006	0.6004	0.6003	0.6003
0.42	—	—	—	—	—	—	—	0.6016	0.6011	0.6008	0.6008	0.6008
0.44	—	—	—	—	—	—	—	0.6021	0.6016	0.6013	0.6012	0.6012
0.46	—	—	—	—	—	—	—	0.6027	0.6021	0.6017	0.6017	0.6017
0.48	—	—	—	—	—	—	—	0.6032	0.6026	0.6022	0.6021	0.6021
0.50	—	—	—	—	—	—	—	0.6038	0.6030	0.6026	0.6025	0.6025
0.51	—	—	—	—	—	—	—	—	0.6032	0.6028	0.6027	0.6027
0.52	—	—	—	—	—	—	—	—	0.6034	0.6030	0.6029	0.6029
0.53	—	—	—	—	—	—	—	—	0.6036	0.6032	0.6031	0.6030
0.54	—	—	—	—	—	—	—	—	0.6038	0.6033	0.6032	0.6032
0.55	—	—	—	—	—	—	—	—	0.6040	0.6035	0.6034	0.6033
0.56	—	—	—	—	—	—	—	—	0.6041	0.6036	0.6035	0.6035
0.57	—	—	—	—	—	—	—	—	0.6043	0.6037	0.6036	0.6035
0.58	—	—	—	—	—	—	—	—	0.6044	0.6037	0.6036	0.6036
0.59	—	—	—	—	—	—	—	—	0.6044	0.6038	0.6037	0.6036
0.60	—	—	—	—	—	—	—	—	0.6044	0.6038	0.6037	0.6036
0.61	—	—	—	—	—	—	—	—	0.6044	0.6037	0.6036	0.6036
0.62	—	—	—	—	—	—	—	—	0.6044	0.6037	0.6035	0.6035
0.63	—	—	—	—	—	—	—	—	0.6043	0.6035	0.6034	0.6034
0.64	—	—	—	—	—	—	—	—	0.6041	0.6033	0.6032	0.6032
0.65	—	—	—	—	—	—	—	—	0.6039	0.6031	0.6030	0.6029
0.66	—	—	—	—	—	—	—	—	0.6036	0.6028	0.6026	0.6026
0.67	—	—	—	—	—	—	—	—	0.6033	0.6024	0.6022	0.6022
0.68	—	—	—	—	—	—	—	—	0.6028	0.6019	0.6018	0.6017
0.69	—	—	—	—	—	—	—	—	0.6023	0.6014	0.6012	0.6011
0.70	—	—	—	—	—	—	—	—	0.6017	0.6007	0.6005	0.6005
0.71	—	—	—	—	—	—	—	—	0.6009	0.5999	0.5997	0.5997
0.72	—	—	—	—	—	—	—	—	0.6001	0.5990	0.5988	0.5988
0.73	—	—	—	—	—	—	—	—	0.5991	0.5980	0.5978	0.5977
0.74	—	—	—	—	—	—	—	—	0.5979	0.5968	0.5966	0.5966
0.75	—	—	—	—	—	—	—	—	0.5966	0.5955	0.5953	0.5952

p_2/p_1		0.98	0.96	0.94	0.92	0.90	0.85	0.80	0.75
β	β^4				$\kappa=1.2$				
0.000	0.000	0.993	0.986	0.980	0.973	0.966	0.949	0.932	0.915
0.562	0.100	0.993	0.985	0.978	0.970	0.963	0.944	0.926	0.907
0.669	0.200	0.992	0.984	0.976	0.968	0.960	0.940	0.920	0.900
0.740	0.300	0.991	0.983	0.974	0.966	0.957	0.936	0.914	0.893
0.750	0.316	0.991	0.983	0.974	0.965	0.957	0.935	0.913	0.892
					$\kappa=1.3$				
0.000	0.000	0.994	0.987	0.981	0.975	0.968	0.953	0.937	0.921
0.562	0.100	0.993	0.986	0.979	0.973	0.966	0.949	0.932	0.914
0.669	0.200	0.993	0.985	0.978	0.970	0.963	0.945	0.926	0.908
0.740	0.300	0.992	0.984	0.976	0.968	0.960	0.941	0.921	0.901
0.750	0.316	0.992	0.984	0.976	0.968	0.960	0.940	0.920	0.900
					$\kappa=1.4$				
0.000	0.000	0.994	0.988	0.982	0.977	0.971	0.956	0.941	0.927
0.562	0.100	0.994	0.987	0.981	0.975	0.968	0.952	0.936	0.921
0.669	0.200	0.993	0.986	0.979	0.973	0.966	0.949	0.931	0.914
0.740	0.300	0.993	0.985	0.978	0.971	0.963	0.945	0.926	0.908
0.750	0.316	0.993	0.985	0.978	0.970	0.963	0.944	0.926	0.907
					$\kappa=1.66$				
0.000	0.000	0.995	0.990	0.985	0.980	0.975	0.963	0.951	0.938
0.562	0.100	0.995	0.989	0.984	0.979	0.973	0.960	0.946	0.933
0.669	0.200	0.994	0.988	0.983	0.977	0.971	0.957	0.942	0.928
0.740	0.300	0.994	0.988	0.981	0.975	0.969	0.953	0.938	0.922
0.750	0.316	0.994	0.987	0.981	0.975	0.969	0.953	0.937	0.922

附　录　B
管壁等效绝对粗糙度 K 值
（参考件）

mm

材　料	条　件	K
黄铜、紫铜、铝、塑料、玻璃	光滑、无沉积物	＜0.03
钢	新的，冷拔无缝管	＜0.03
	新的，热拉无缝管	0.05～0.10
	新的，轧制无缝管	0.05～0.10
	新的，纵向焊接管	0.05～0.10
	新的，螺旋焊接管	0.10
	轻微锈蚀	0.10～0.20
	锈蚀	0.20～0.30
	结皮	0.50～2
	严重结皮	＞2
	新的，涂覆沥青	0.03～0.05
	一般的，涂覆沥青	0.10～0.20
	镀锌的	0.13
铸铁	新的	0.25
	锈蚀	1.0～1.5
	结皮	＞1.5
	新的，涂覆	0.03～0.05
石棉水泥	新的，有涂层的和无涂层的	＜0.03
	一般的，无涂层的	0.05

附 录 C
节流装置设计用计算公式

设计计算命题：

已知管道内径 D，被测流体参数 ρ_1、μ_1，预计的流量范围，以及其他必要条件，选择适当的流量标尺上限，差压 Δp 上限，并确定节流件的开孔直径 d 或 β。

（一）流量公式

根据第四章公式（4-10）和（4-11）

$$q_m = \frac{C}{\sqrt{1-\beta^4}} \varepsilon \frac{\pi}{4} d^2 \sqrt{2\rho_1 \Delta p} \tag{C-1}$$

$$q_V = \frac{C}{\sqrt{1-\beta^4}} \varepsilon \frac{\pi}{4} d^2 \sqrt{\frac{2\Delta p}{\rho_1}} \tag{C-2}$$

式（C-1）、（C-2）中各物理量都使用 SI 制单位。（d 为 m，Δp 为 Pa，ρ_1 为 kg/m³）时，q_m 的单位为 kg/s，q_V 的单位为 m³/s。

用于这个命题的节流件直径比的计算公式由式（C-1）及 $d=\beta D$ 变换如下

$$\frac{C\varepsilon\beta^2}{\sqrt{1-\beta^4}} = \frac{4q_m}{\pi D^2 \sqrt{2\rho_1 \Delta p}} = A_2 \tag{C-3}$$

$$\frac{C\varepsilon\beta^2}{\sqrt{1-\beta^4}} = \frac{4q_V}{\pi D^2 \sqrt{\frac{2\Delta p}{\rho_1}}} = A_2 \tag{C-4}$$

关于 Δp 的数值确定，参见第四章的有关内容。

（二）雷诺数计算式

雷诺数 Re 是表征流体惯性力与黏性力之比的无量纲参数，流体上游条件参数和上游管道直径所表示的雷诺数 Re_D 用式（5-6）表示

$$Re_D = \frac{4q_m}{\pi \mu_1 D} \tag{C-5}$$

或

$$Re_D = \frac{4q_V \rho_1}{\pi \mu_1 D} \tag{C-6}$$

式中　D——管道内径，m；

　　　μ_1——节流件上游动力黏度，Pa·s；

　　　ρ_1——节流件上游密度，kg/m³；

　　　q_m——质量流量，kg/s；

　　　q_V——体积流量，m³/s。

（三）迭代法公式

设计计算中，所要求的量在公式中往往是非线性关系，例如此命题的公式（C-3），为了求出 β，由于式中 C、ε 与 β 有关，常采用迭代法求 β。首先把工作状态下的已知值代入式（C-3）右边，计算出一个固定值 A_2，公式左边各项与 β 有关为了计算 β 可将式（C-3）变成式（C-7）。即

$$\beta = \frac{1}{\left[1+\left(\frac{C\varepsilon}{A_2}\right)^2\right]^{1/4}} = \left[1+\left(\frac{C\varepsilon}{A_2}\right)^2\right]^{-1/4} \tag{C-7}$$

下面对式（C-7）进行迭代。

1. 计算 β_0

首先根据已知的 q_m、D、Δp、ρ_1 由式（C-3）计算出 A_2，

再令 $\varepsilon=1$，C 取一个固定值，节流件为孔板时 $C=0.6060$，代入式（5-5）计算出 β_0

$$\beta_0=\left[1+\left(\frac{C\varepsilon}{A_2}\right)^2\right]^{-1/4}=\left[1+\left(\frac{0.6060}{A_2}\right)^2\right]^{-1/4}$$

其他各种节流件 β_0 的公式见国标 GB/T 2624—93。

2. 计算 β_1

由 β_0、κ、Δp 代入 ε 公式计算 ε_0；

由 β_0、Re_D，D 代入 C 公式计算 C_0；

将 C_0、ε_0、A_2 代入式（C-7）计算出 β_1。

3. 计算 β_2

由 β_1、κ、Δp 代入 ε 公式计算 ε_1；

由 β_1、Re_D、D 代入 C 公式计算 C_1；

将 C_1、ε_1、A_2 代入式（C-7）计算出 β_2。

通常 β_0 与 β_2 的实际值之差在 1% 以内，而且对于大多数节流件，C 对 B 并不十分敏感，所以通常进行 2～3 次迭代就可以了，下面给出 β_n 的一般计算式

$$\beta_n=\left[1+\left(\frac{C_{n-1}\varepsilon_{n-1}}{A_2}\right)^2\right]^{-1/4} \tag{C-8}$$

式中，$n=1$、2、3、…。

下面用一个误差限 E 来控制迭代的次数，即

$$\beta_n-\beta_{n-1}<E(=0.0001) \tag{C-9}$$

（四）节流件开孔直径 d 与 d_{20} 和管道内径 D 与 D_{20} 的换算公式

1. 由于设计计算都用工作状态下的参数，因此，需要将 20℃ 值换算到 t℃ 时的值。

$$d=d_{20}[1+a_d(t-20)] \tag{C-10}$$
$$D=D_{20}[1+a_D(t-20)] \tag{C-11}$$

这个命题由于设计好的节流件孔径是填图加工，加工是在室温下进行的，故 d 要换算到 d_{20}。

2. d 换算到 d_{20}

$$d_{20}=\frac{d}{[1+a_d(t-20)]} \tag{C-12}$$

式中，a_d、a_D 为节流件与管道材质的热膨胀系数。

附 录 D
求节流件孔径的计算程序

（一）已知条件

1. 被测介质名称

2. 被测介质流量

　　$q_{m_{max}}$（或 $q_{v_{max}}$），$q_{m_{com}}$（或 $q_{v_{com}}$）也可取 $0.8q_{m_{max}}$，$q_{m_{min}}$（或 $q_{v_{min}}$）；

3. 节流件上游取压孔处工作压力（绝对压力）kPa；

4. 节流件上游取压孔处工作温度 t_1；

5. 20℃时管道内径 D_{20} mm；

6. 管道材料；

7. 允许压力损失 δ_p kPa；

8. 管道内壁和上游局部阻力件情况，直管段距离；

9. 要求采用的节流件的形式。

（二）辅助计算

1. 根据 $q_{m_{max}}$ （或 qv_{max}）确定流量标尺上限值 q_m （或 qv）；

2. 根据管道材质，节流件材质和工作温度 t_1 确定 a_D 和 a_d 值；

3. 根据 D_{20} 和 a_D 求 D 值；

   $D = D_{20} \left[1 + a_D(t_1 - 20)\right]$；

4. 根据 $q_{m_{com}}$ （或 qv_{com}）、D、μ 求 Re_{Dcom}；

5. 根据管道种类和内壁实际状况求 K；

6. 求 $\dfrac{K}{D}$ 值，检查 $\dfrac{K}{D}$ 是否合格；

7. 确定差压上限值 Δp；若流体为气体应验证差压上限是否符合 $\dfrac{\Delta p}{p_1} \leqslant 0.25$ 的要求；

8. 求 Δp_{com}

   $\Delta p_{com} = 0.64 \Delta p$；

9. 确定差压计（或变送器）的类型；

10. 若"计算任务书"未给出介质的物理参数时，应根据已知条件求出计算所需全部参数。

（三）计算

1. 根据 $q_{m_{com}}$、D、ρ_1、Δp_{com} 求 A_2

$$A_2 = \frac{4 q_{m_{com}}}{\pi D^2 \sqrt{2 \Delta p_{com} \rho_1}}；$$

2. 根据节流件形式，确定 β_0 的公式；

3. 对式（B-7）进行迭代计算，直到 $\beta_n - \beta_{n-1} < 0.0001$ 时迭代结束；

4. 求 d 值　　$d = D\beta_n$；

5. 验算流量

根据式（5-1），$q_{m_{com}} = \dfrac{\pi}{4} \dfrac{C_{n-1}}{\sqrt{1 - \beta_n^4}} \varepsilon_{n-1} \times d^2 \sqrt{2 \Delta p_{com} \rho_1}$，

式中，d、Δp、ρ_1 使用 SI 制单位（即 d 为 m；Δp 为 Pa；ρ_1 为 kg/m³），则计算结果 q_m 的单位为 kg/s

$$\delta_{qm} = \left| \frac{q_{m_{com}} - q_{m_{com}}}{q_{m_{com}}} \times 100\% \right| \leqslant 0.2\%$$

验算后的计算结果如符合上述要求，计算到此结束。如不符合上述要求应检查原始数据重新计算。

6. 求 d_{20} 值

$$d_{20} = \frac{d}{1 + a_d(t_1 - 20)}$$

7. 确定 d_{20} 的加工公差

$$\Delta d_{20} = \pm 0.0005 \times d_{20}$$

8. 求实际压力损失

孔板的压力损失可按式（D-1）计算，即

$$\Delta w = \frac{\sqrt{1 - \beta^4} - C\beta^2}{\sqrt{1 - \beta^4} + C\beta^2} \Delta p \tag{D-1}$$

9. 根据 β^2 值和节流件上游侧第一局部阻力件形式，确定 l_1 和 l_2 值；根据节流件前第

二个阻力件形式，确定 l_0 值。

10. 确定在节流件前后的取压孔位置。

11. 计算流量测量的不确定度 E_{q_m}（或 E_{q_V}）。

附　录　E
迭代计算方法
（参考件）

当采用直接计算法不能求解时，需要用迭代计算方法。在本标准中需要用迭代计算法进行计算的有以下五个命题：

　　a. 求流量 q_m（已知 D、Δp 和 d 的条件下）；

　　b. 求节流孔直径 d（已知 D、Δp 和 q_m 的条件下）；

　　c. 求差压 Δp（已知 D、d、q_m 的条件下）；

　　d. 求直径 D 和节流孔直径 d（已知 β、Δp、q_m 的条件下）；

　　e. 求管道直径 D（已知 d、q_m、Δp 的条件下）。

迭代计算方法的基本流量方程按第四章公式(4-10)、(4-11) 或附录 C 中公式(C-1)、(C-2)。

首先根据命题中已知条件，重新组合流量方程，将已知值组合在方程的一边，而将未知值放在方程的另一边。在计算过程中，已知这一边的各量是不变量。首先，把第一个假定值 X_1 代入未知值一边，经计算得到方程两边的差值 δ_1，然后进行迭代计算，迭代计算方法能将第 2 个假定值代入，同样得到 δ_2。再把 X_1、X_2、δ_1、δ_2 代入线性算法中，计算出 X_3、δ_3、$\cdots\cdots X_n$、δ_n，直到 $|\delta_n|$ 小于某规定值，或者 X 或 δ 的逐次值之差等于某个规定精确度时，迭代计算完毕。见附录 C（三）迭代法公式。

具有快速收敛的弦截法按公式(E-1) 计算

$$X_n = X_{n-1} - \delta_{n-1} \frac{X_{n-1} - X_{n-2}}{\delta_{n-1} - \delta_{n-2}} \tag{E-1}$$

关于五个命题的迭代计算的格式见表 E-1。

表 E1　五种命题迭代计算格式

序　号	1	2	3	4	5
问题名称	$q_m=$	$d=$	$\Delta p=$	$D=,d=$	$D=$
已知量	$D,d,\Delta p,\rho,\mu$	$D,q_m,\Delta p,\rho,\mu$	D,d,q_m,ρ,μ	$\beta,q_m,\Delta p,\rho,\mu$	$d,q_m,\Delta p,\rho,\mu$
请找出量	q_m	d	Δp	D,d	D
不变量	$A_1=\dfrac{\varepsilon d^2\sqrt{2\Delta p\times\rho}}{\mu D\sqrt{1-\beta^4}}$	$A_2=\dfrac{\mu Re_D}{D\sqrt{2\Delta p\times\rho}}$	$A_3=\dfrac{8(1-\beta)^4 q_m^2}{\rho(C\pi d^2)^2}$	$A_4=\dfrac{4\varepsilon\beta^2 q_m\sqrt{2\Delta p\times\rho}}{\pi\mu^2\sqrt{1-\beta^4}}$	$A_5=\dfrac{\pi d^2\sqrt{2\Delta p\times\rho}}{4q_m}$
迭代方程	$A_1=\dfrac{Re_D}{C}$	$A_2=\dfrac{C\varepsilon\beta^2}{\sqrt{1-\beta^4}}$	$A_3=\Delta p\varepsilon^2$	$A_4=\dfrac{X^2}{C}$	$A_5=\dfrac{\sqrt{1-\beta^4}}{C_5}$
弦截法计算中的变量	$X=Re_D=CA_1$	$X=\dfrac{\beta^2}{\sqrt{1-\beta^4}}=\dfrac{A_2}{C_2}$	$X=\Delta p=\dfrac{A_3}{\varepsilon^2}$	$X=Re_D=\sqrt{CA_4}$	$X=\sqrt{1-\beta^4}=A_5 C_5$
精确度判据	$\left\|\dfrac{A_1-X/C}{A_1}\right\|$ $<5\times10^{-n}$	$\left\|\dfrac{A_2-XC_2}{A_2}\right\|$ $<5\times10^{-n}$	$\left\|\dfrac{A_3-X^2}{A_3}\right\|$ $<5\times10^{-n}$	$\left\|\dfrac{A_4-X^2/C}{A_4}\right\|$ $<5\times10^{-n}$	$\left\|\dfrac{A_5-X/(C_5)}{A_5}\right\|$ $<5\times10^{-n}$
第一个假定值	$C=C_\infty$（或 C_0）	$C=C_\infty$（或 C_0），$\varepsilon=1$	$\varepsilon=1$	$C=C_\infty$（或 C_0） $D=D_\infty$（如果是法兰取压）	$\beta=0.5$
结果	$q_m=\dfrac{\pi\mu DX}{4}$	$d=$ $D\left(\dfrac{X^2}{1+X^2}\right)^{0.25}$	$\Delta p=X$ 如果流体是液体，则 Δp 在第一循环中获得	$D=\dfrac{4q_m}{\pi\mu X}$ $d=\beta D$	$D=d/\beta$

注：节流件为孔板时 $C_\infty=0.5959+0.0312\beta^{2.1}-0.1840\beta^8$，节流件为 ISA 1932 喷嘴时 $C_\infty=0.9900+0.2262\beta^{4.1}$，$C_0$ 为近似真值的第一个假设值，n 为正整数。

附　录　F
计算机计算框图
（参考件）

为了配合附录 E"迭代计算方法"的具体应用，以孔板为例给出了用计算机计算的框图，供使用者参考。计算例题见附录 H。

求 20℃ 情况下孔板节流孔直径 d_{20}

已知条件：

20℃ 情况下管道内径 D_{20}；

差压 Δp；

质量流量 q_m；

工作压力 p；

工作温度 t；

工作状态下介质的密度 ρ；

工作状态下介质的黏度 μ；

工作状态下介质的等熵指数 κ；

孔板材质的线膨胀系数 λ_d；

管道材质的线膨胀系数 λ_D。

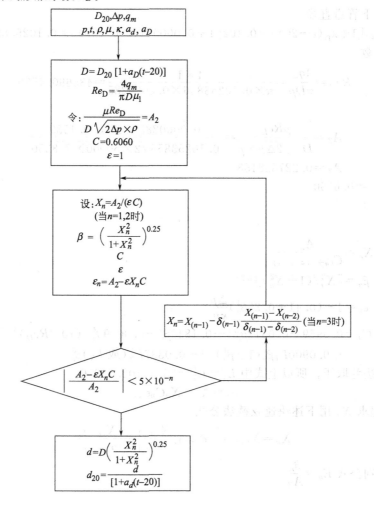

附 录 G
计 算 例 题

一、已知条件

1. 介质：蒸汽
2. 最大质量流量：$q_m=1$ kg/s；
3. 最大差压：$\Delta p=0.5\times10^5$ Pa；
4. 压力：$p=10\times10^5$ Pa；
5. 温度：$t=500$ ℃；
6. 室温下管道直径：$D_{20}=0.102$ m；
7. $\lambda_d=0.000016$ mm/mm℃；
8. $\lambda_D=0.000011$ mm/mm℃；
9. $\kappa=1.276$
10. $\rho=2.8250$ kg/m³；
11. $\mu=0.0000285$ Pa·s；
12. 节流装置的取压方式为法兰取压。

二、求：节流孔直径 d_{20}

三、解：

1. 求工况下管道直径

$$D=D_{20}[1+\lambda_D(t-20)]=0.102[1+0.000011(500-20)]=0.10253856\ (\text{m})$$

2. 求雷诺数

$$Re_D=\frac{4q_m}{\pi D\mu}=\frac{4\times1}{\pi\times0.10253856\times0.0000285}=435690.4539$$

3. 求 A_2

$$A_2=\frac{\mu Re_D}{D_{20}\sqrt{2\Delta p\times\rho}}=\frac{0.0000285\times435690.4539}{0.10253856\sqrt{2\times50000\times2.8250}}$$

$$A_2=0.227838158$$

4. 设：$C_\infty=0.6060$

$$\varepsilon=1$$

5. 据

$$X_n=\frac{A_2}{C_{(n-1)}\varepsilon_{(n-1)}}$$

$$\beta_n=[X_n^2/(1+X_n^2)]^{0.25}$$

$$\varepsilon_n=1-(0.41+0.35\beta_n^4)\frac{\Delta p}{\kappa p}$$

$$C_n=0.5959+0.0312\beta_n^{2.1}-0.1840\beta_n^8+0.0029\beta_n^{2.5}(10^6/Re_D)^{0.75}$$

$$+0.0900L_1\beta_n^4(1-\beta_n^4)^{-1}-0.0337L_2'(\text{或}\ L_2)\beta_n^3$$

因为采用法兰取压，所以上式中 $L_1=L_2'=25.4/102.53856$。

$$\delta_n=A_2-X_nC_n\varepsilon_n。$$

从 $n=3$ 起求 X_n 用下述快速弦截法公式。

$$X_n=X_{(n-1)}-\delta_{(n-1)}\frac{X_{(n-1)}-X_{(n-2)}}{\delta_{(n-1)}-\delta_{(n-2)}}$$

精确度判别公式 $E_n=\dfrac{\delta_n}{A_2}$

判别条件 $|E_n|=<5\times10^{-10}$

（上述 n 为 $0，1，2，3，4，\cdots\cdots，n$）

求 X_n；β_n；C_n；ε_n；δ_n；E_n。

计算结果列于下表。

n	1	2	3
x	0.3759706	0.3825345	0.3824985
β	0.5932283	0.5977336	0.5977090
C	0.6063735	0.6064631	0.6064627
ε	0.9822356	0.9821834	0.9821838
δ	3.91×10^{-3}	2.16×10^{-5}	2.98×10^{-8}
E	1.72×10^{-2}	9.49×10^{-5}	1.31×10^{-7}

当 $n=3$ 时，求得 $E_3=1.31\times10^{-7}<5\times10^{-5}$

因此得：
$$\beta=\beta_4=0.597709$$
$$C=C_4=0.6064627$$

6. 求 d

$$d=D\beta=0.10253856\times0.597709=0.06128822\ (\text{m})=61.28822\ (\text{mm})$$

7. 求 d_{20}

$$d_{20}=\frac{d}{[1+\lambda_d(t-20)]}=\frac{0.06128822}{[1+0.000016(500-20)]}$$
$$=0.06082111\ (\text{m})=60.82111\ (\text{mm})$$

最后得到 $d_{20}=60.821$（mm）。

附录三 常用热电偶、热电阻分度表

（一）常用热电偶分度表（ITS—90）

附表 3-1 铂铑₁₀-铂热电偶分度表

分度号：S   参考温度：0℃

t/℃	0	−1	−2	−3	−4	−5	−6	−7	−8	−9
	E/mV									
−50	−0.236									
−40	−0.194	−0.199	−0.203	−0.207	−0.211	−0.215	−0.219	−0.224	−0.228	−0.232
−30	−0.150	−0.155	−0.159	−0.164	−0.168	−0.173	−0.177	−0.181	−0.186	−0.190
−20	−0.103	−0.108	−0.113	−0.117	−0.122	−0.127	−0.132	−0.136	−0.141	−0.146
−10	−0.053	−0.058	−0.063	−0.068	−0.073	−0.078	0.083	−0.088	−0.093	−0.098
0	0.000	−0.005	−0.011	−0.016	−0.021	−0.027	−0.032	−0.037	−0.042	−0.048

t/℃	0	1	2	3	4	5	6	7	8	9
	E/mV									
0	0.000	0.005	0.011	0.016	0.022	0.027	0.033	0.038	0.044	0.050
10	0.055	0.061	0.067	0.072	0.078	0.084	0.090	0.095	0.101	0.107
20	0.113	0.119	0.125	0.131	0.137	0.143	0.149	0.155	0.161	0.167
30	0.173	0.179	0.185	0.191	0.197	0.204	0.210	0.216	0.222	0.229
40	0.235	0.241	0.248	0.254	0.260	0.267	0.273	0.280	0.286	0.292
50	0.299	0.305	0.312	0.319	0.325	0.332	0.338	0.345	0.352	0.358
60	0.365	0.372	0.378	0.385	0.392	0.399	0.405	0.412	0.419	0.426
70	0.433	0.440	0.446	0.453	0.460	0.467	0.474	0.481	0.488	0.495
80	0.502	0.509	0.516	0.523	0.530	0.538	0.545	0.552	0.559	0.566
90	0.573	0.580	0.588	0.595	0.602	0.609	0.617	0.624	0.631	0.639

t/℃	0	1	2	3	4	5	6	7	8	9
					E/mV					
100	0.646	0.653	0.661	0.668	0.675	0.683	0.690	0.698	0.705	0.713
110	0.720	0.727	0.735	0.743	0.750	0.758	0.765	0.773	0.780	0.788
120	0.795	0.803	0.811	0.818	0.826	0.834	0.841	0.849	0.857	0.865
130	0.872	0.880	0.888	0.896	0.903	0.911	0.919	0.927	0.935	0.942
140	0.950	0.958	0.966	0.974	0.982	0.990	0.998	1.006	1.013	1.021
150	1.029	1.037	1.045	1.053	1.061	1.069	1.077	1.085	1.094	1.102
160	1.110	1.118	1.126	1.134	1.142	1.150	1.158	1.167	1.175	1.183
170	1.191	1.199	1.207	1.216	1.224	1.232	1.240	1.249	1.257	1.265
180	1.273	1.282	1.290	1.298	1.307	1.315	1.323	1.332	1.340	1.348
190	1.357	1.365	1.373	1.382	1.390	1.399	1.407	1.415	1.424	1.432
200	1.441	1.449	1.458	1.466	1.475	1.483	1.492	1.500	1.509	1.517
210	1.526	1.534	1.543	1.551	1.560	1.569	1.577	1.586	1.594	1.603
220	1.612	1.620	1.629	1.638	1.646	1.655	1.663	1.672	1.681	1.690
230	1.698	1.707	1.716	1.724	1.733	1.742	1.751	1.759	1.768	1.777
240	1.786	1.794	1.803	1.812	1.821	1.829	1.838	1.847	1.856	1.865
250	1.874	1.882	1.891	1.900	1.909	1.918	1.927	1.936	1.944	1.953
260	1.962	1.971	1.980	1.989	1.998	2.007	2.016	2.025	2.034	2.043
270	2.052	2.061	2.070	2.078	2.087	2.096	2.105	2.114	2.123	2.132
280	2.141	2.151	2.160	2.169	2.178	2.187	2.196	2.205	2.214	2.223
290	2.232	2.241	2.250	2.259	2.268	2.277	2.287	2.296	2.305	2.314
300	2.323	2.332	2.341	2.350	2.360	2.369	2.378	2.387	2.396	2.405
310	2.415	2.424	2.433	2.442	2.451	2.461	2.470	2.479	2.488	2.497
320	2.507	2.516	2.525	2.534	2.544	2.553	2.562	2.571	2.581	2.590
330	2.599	2.609	2.618	2.627	2.636	2.646	2.655	2.664	2.674	2.683
340	2.692	2.702	2.711	2.720	2.730	2.739	2.748	2.758	2.767	2.776
350	2.786	2.795	2.805	2.814	2.823	2.833	2.842	2.851	2.861	2.870
360	2.880	2.889	2.899	2.908	2.917	2.927	2.936	2.946	2.955	2.965
370	2.974	2.983	2.993	3.002	3.012	3.021	3.031	3.040	3.050	3.059
380	3.069	3.078	3.088	3.097	3.107	3.116	3.126	3.135	3.145	3.154
390	3.164	3.173	3.183	3.192	3.202	3.212	3.221	3.231	3.240	3.250
400	3.259	3.269	3.279	3.288	3.298	3.307	3.317	3.326	3.336	3.346
410	3.355	3.365	3.374	3.384	3.394	3.403	3.413	4.423	4.432	3.442
420	3.451	3.461	3.471	3.480	3.490	3.500	3.509	3.519	3.529	3.538
430	3.548	3.558	3.567	3.577	3.587	3.596	3.606	3.616	3.626	3.635
440	3.645	3.655	3.664	3.674	3.684	3.694	3.703	3.713	3.723	3.732
450	3.742	3.752	3.762	3.771	3.781	3.791	3.801	3.810	3.820	3.830
460	3.840	3.850	3.859	3.869	3.879	3.889	3.898	3.908	3.918	3.928
470	3.938	3.947	3.957	3.967	3.977	3.987	3.997	4.006	4.016	4.026
480	4.036	4.046	4.056	4.065	4.075	4.085	4.095	4.105	4.115	4.125
490	4.134	4.144	4.154	4.164	4.174	4.184	4.194	4.204	4.213	4.223

$t/℃$	0	1	2	3	4	5	6	7	8	9
	E/mV									
500	4.233	4.243	4.253	4.263	4.273	4.283	4.293	4.303	4.313	4.323
510	4.332	4.342	4.352	4.362	4.372	4.382	4.392	4.402	4.412	4.422
520	4.432	4.442	4.452	4.462	4.472	4.482	4.492	4.502	4.512	4.522
530	4.532	4.542	4.552	4.562	4.572	4.582	4.592	4.602	4.612	4.622
540	4.632	4.642	4.652	4.662	4.672	4.682	4.692	4.702	4.712	4.722
550	4.732	4.742	4.752	4.762	4.772	4.782	4.793	4.803	4.813	4.823
560	4.833	4.843	4.853	4.863	4.873	4.883	4.893	4.904	4.914	4.924
570	4.934	4.944	4.954	4.964	4.974	4.984	4.995	5.005	5.015	5.025
580	5.035	5.045	5.055	5.066	5.076	5.086	5.096	5.106	5.116	5.127
590	5.137	5.147	5.157	5.167	5.178	5.188	5.198	5.208	5.218	5.228
600	5.239	5.249	5.259	5.269	5.280	5.290	5.300	5.310	5.320	5.331
610	5.341	5.351	5.361	6.372	5.382	5.392	5.402	5.413	5.423	5.433
620	5.443	5.454	5.464	5.474	5.485	5.495	5.505	5.515	5.526	5.536
630	5.546	5.557	5.567	5.577	5.588	5.598	5.608	5.618	5.629	5.639
640	5.649	5.660	5.670	5.680	5.691	5.701	5.712	5.722	5.732	5.743
650	5.753	5.763	5.774	5.784	5.794	5.805	5.815	5.826	5.836	5.846
660	5.857	5.867	5.878	5.888	5.898	5.909	5.919	5.930	5.940	5.950
670	5.961	5.971	5.982	5.992	6.003	6.013	6.024	6.034	6.044	6.055
680	6.065	6.076	6.086	6.097	6.107	6.118	6.128	6.139	6.149	6.160
690	6.170	6.181	6.191	6.202	6.212	6.223	6.233	6.244	6.254	6.265
700	6.275	6.286	6.296	6.307	6.317	6.328	6.338	6.349	6.360	6.370
710	6.381	6.391	6.402	6.412	6.423	6.434	6.444	6.455	6.465	6.476
720	6.486	6.497	6.508	6.518	6.529	6.539	6.550	6.561	6.571	6.582
730	6.593	6.603	6.614	6.624	6.635	6.646	6.656	6.667	6.678	6.688
740	6.699	6.710	6.720	6.731	6.742	6.752	6.763	6.774	6.784	6.795
750	6.806	6.817	6.827	6.838	6.849	6.859	6.870	6.881	6.892	6.902
760	6.913	6.924	6.934	6.945	6.956	6.967	6.977	6.988	6.999	7.010
770	7.020	7.031	7.042	7.053	7.064	7.074	7.085	7.096	7.107	7.117
780	7.128	7.139	7.150	7.161	7.172	7.182	7.193	7.204	7.215	7.226
790	7.236	7.247	7.258	7.269	7.280	7.291	7.302	7.312	7.323	7.334
800	7.345	7.356	7.367	7.378	7.388	7.399	7.410	7.421	7.432	7.443
810	7.454	7.465	7.476	7.487	7.497	7.508	7.519	7.530	7.541	7.552
820	7.563	7.574	7.585	7.596	7.607	7.618	7.629	7.640	7.651	7.662
830	7.673	7.684	7.695	7.706	7.717	7.728	7.739	7.750	7.761	7.772
840	7.783	7.794	7.805	7.816	7.827	7.838	7.849	7.860	7.871	7.882
850	7.893	7.904	7.915	7.926	7.937	7.948	7.959	7.970	7.981	7.992
860	8.003	8.014	8.026	8.037	8.048	8.059	8.070	8.081	8.092	8.103
870	8.114	8.125	8.137	8.148	8.159	8.170	8.181	8.192	8.203	8.214
880	8.226	8.237	8.248	8.259	8.270	8.281	8.293	8.304	8.315	8.326
890	8.337	8.348	8.360	8.371	8.382	8.393	8.404	8.416	8.427	8.438

$t/℃$	0	1	2	3	4	5	6	7	8	9
	E/mV									
900	8.449	8.460	8.472	8.483	8.494	8.505	8.517	8.528	8.539	8.550
910	8.562	8.573	8.584	8.595	8.607	8.618	8.629	8.640	8.652	8.663
920	8.674	8.685	8.697	8.708	8.719	8.731	8.742	8.753	8.765	8.776
930	8.787	8.798	8.810	8.821	8.832	8.844	8.855	8.866	8.878	8.889
940	8.900	8.912	8.923	8.935	8.946	8.957	8.969	8.980	8.991	9.003
950	9.014	9.025	9.037	9.048	9.060	9.071	9.082	9.094	9.105	9.117
960	9.128	9.139	9.151	9.162	9.174	9.185	9.197	9.208	9.219	9.231
970	9.242	9.254	9.265	9.277	9.288	9.300	9.311	9.323	9.334	9.345
980	9.357	9.368	9.380	9.391	9.403	9.414	9.426	9.437	9.449	9.460
990	9.472	9.483	9.495	9.506	9.518	9.529	9.541	9.552	9.564	9.576
1000	9.587	9.599	9.610	9.622	9.633	9.645	9.656	9.668	9.680	9.691
1010	9.703	9.714	9.726	9.737	9.749	9.761	9.772	9.784	9.795	9.807
1020	9.819	9.830	9.842	9.853	9.865	9.877	9.888	9.900	9.911	9.923
1030	9.935	9.946	9.958	9.970	9.981	9.993	10.005	10.016	10.028	10.040
1040	10.051	10.063	10.075	10.086	10.098	10.110	10.121	10.133	10.145	10.156
1050	10.168	10.180	10.191	10.203	10.215	10.227	10.238	10.250	10.262	10.273
1060	10.285	10.297	10.309	10.320	10.332	10.344	10.356	10.367	10.379	10.391
1070	10.403	10.414	10.426	10.438	10.450	10.461	10.473	10.485	10.497	10.509
1080	10.520	10.532	10.544	10.556	10.567	10.579	10.591	10.603	10.615	10.626
1090	10.638	10.650	10.662	10.674	10.686	10.697	10.709	10.721	10.733	10.745
1100	10.757	10.768	10.780	10.792	10.804	10.816	10.828	10.839	10.851	10.863
1110	10.875	10.887	10.899	10.911	10.922	10.934	10.946	10.958	10.970	10.982
1120	10.994	11.006	11.017	11.029	11.041	11.053	11.065	11.077	11.089	11.101
1130	11.113	11.125	11.136	11.148	11.160	11.172	11.184	11.196	11.208	11.220
1140	11.232	11.244	11.256	11.268	11.280	11.291	11.303	11.315	11.327	11.339
1150	11.351	11.363	11.375	11.387	11.399	11.411	11.423	11.435	11.447	11.459
1160	11.471	11.483	11.495	11.507	11.519	11.531	11.542	11.554	11.566	11.578
1170	11.590	11.602	11.614	11.626	11.638	11.650	11.662	11.674	11.686	11.698
1180	11.710	11.722	11.734	11.746	11.758	11.770	11.782	11.794	11.806	11.818
1190	11.830	11.842	11.854	11.866	11.878	11.890	11.902	11.914	11.926	11.939
1200	11.951	11.963	11.975	11.987	11.999	12.011	12.023	12.035	12.047	12.059
1210	12.071	12.083	12.095	12.107	12.119	12.131	12.143	12.155	12.167	12.179
1220	12.191	12.203	12.216	12.228	12.240	12.252	12.264	12.276	12.288	12.300
1230	12.312	12.324	12.336	12.348	12.360	12.372	12.384	12.397	12.409	12.421
1240	12.433	12.445	12.457	12.469	12.481	12.493	12.505	12.517	12.529	12.542
1250	12.554	12.566	12.578	12.590	12.602	12.614	12.626	12.638	12.650	12.662
1260	12.675	12.687	12.699	12.711	12.723	12.735	12.747	12.759	12.771	12.783
1270	12.796	12.808	12.820	12.832	12.844	12.856	12.868	12.880	12.892	12.905
1280	12.917	12.929	12.941	12.953	12.965	12.977	12.989	13.001	13.014	13.026
1290	13.038	13.050	13.062	13.074	13.086	13.098	13.111	13.123	13.135	13.147
1300	13.159	13.171	13.183	13.195	13.208	13.220	13.232	13.244	13.256	13.268
1310	13.280	13.292	13.305	13.317	13.329	13.341	13.353	13.365	13.377	13.390
1320	13.402	13.414	13.426	13.438	13.450	13.462	13.474	13.487	13.499	13.511
1330	13.523	13.535	13.547	13.559	13.572	13.584	13.596	13.608	13.620	13.632
1340	13.644	13.657	13.669	13.681	13.693	13.705	13.717	13.729	13.742	13.754

$t/℃$	0	1	2	3	4	5	6	7	8	9
					E/mV					
1350	13.766	13.778	13.790	13.802	13.814	13.826	13.839	13.851	13.863	13.875
1360	13.887	13.899	13.911	13.924	13.936	13.948	13.960	13.972	13.984	13.996
1370	14.009	14.021	14.033	14.045	14.057	14.069	14.081	14.094	14.106	14.118
1380	14.130	14.142	14.154	14.166	14.178	14.191	14.203	14.215	14.227	14.239
1390	14.251	14.263	14.276	14.288	14.300	14.312	14.324	14.336	14.348	14.360
1400	14.373	14.385	14.397	14.409	14.421	14.433	14.445	14.457	14.470	14.482
1410	14.494	14.506	14.518	14.530	14.542	14.554	14.567	14.579	14.591	14.603
1420	14.615	14.627	14.639	14.651	14.664	14.676	14.688	14.700	14.712	14.724
1430	14.736	14.748	14.760	14.773	14.785	14.797	14.809	14.821	14.833	14.845
1440	14.857	14.869	14.881	14.894	14.906	14.918	14.930	14.942	14.954	14.966
1450	14.978	14.990	15.002	15.015	15.027	15.039	15.051	15.063	15.075	15.087
1460	15.099	15.111	15.123	15.135	15.148	15.160	15.172	15.184	15.196	15.208
1470	15.220	15.232	15.244	15.256	15.268	15.280	15.292	15.304	15.317	15.329
1480	15.341	15.353	15.365	15.377	15.389	15.401	15.413	15.425	15.437	15.449
1490	15.461	15.473	15.485	15.497	15.509	15.521	15.534	15.546	15.558	15.570
1500	15.582	15.594	15.606	15.618	15.630	15.642	15.654	15.666	15.678	15.690
1510	15.702	15.714	15.726	15.738	15.750	15.762	15.774	15.786	15.798	15.810
1520	15.822	15.834	15.846	15.858	15.870	15.882	15.894	15.906	15.918	15.930
1530	15.942	15.954	15.966	15.978	15.990	16.002	16.014	16.026	16.038	16.050
1540	16.062	16.074	16.086	16.098	16.110	16.122	16.134	16.146	16.158	16.170
1550	16.182	16.194	16.205	16.217	16.229	16.241	16.253	16.265	16.277	16.289
1560	16.301	16.313	16.325	16.337	16.349	16.361	16.373	16.385	16.396	16.408
1570	16.420	16.432	16.444	16.456	16.468	16.480	16.492	16.504	16.516	16.527
1580	16.539	16.551	16.563	16.575	16.587	16.599	16.611	16.623	16.634	16.646
1590	16.658	16.670	16.682	16.694	16.706	16.718	16.729	16.741	16.753	16.765
1600	16.777	16.789	16.801	16.812	16.824	16.836	16.848	16.860	16.872	16.883
1610	16.895	16.907	16.919	16.931	16.943	16.954	16.966	16.978	16.990	17.002
1620	17.013	17.025	17.037	17.049	17.061	17.072	17.084	17.096	17.108	17.120
1630	17.131	17.143	17.155	17.167	17.178	17.190	17.202	17.214	17.225	17.237
1640	17.249	17.261	17.272	17.284	17.296	17.308	17.319	17.331	17.343	17.355
1650	17.366	17.378	17.390	17.401	17.413	17.425	17.437	17.448	17.460	17.472
1660	17.483	17.495	17.507	17.518	17.530	17.542	17.553	17.565	17.577	17.588
1670	17.600	17.612	17.623	17.635	17.647	17.658	17.670	17.682	17.693	17.705
1680	17.717	17.728	17.740	17.751	17.763	17.775	17.786	17.798	17.809	17.821
1690	17.832	17.844	17.855	17.867	17.878	17.890	17.901	17.913	17.924	17.936
1700	17.947	17.959	17.970	17.982	17.993	18.004	18.016	18.027	18.039	18.050
1710	18.061	18.073	18.084	18.095	18.107	18.118	18.129	18.140	18.152	18.163
1720	18.174	18.185	18.196	18.208	18.219	18.230	18.241	18.252	18.263	18.274
1730	18.285	18.297	18.308	18.319	18.330	18.341	18.352	18.362	18.373	18.384
1740	18.395	18.406	18.417	18.428	18.439	18.449	18.460	18.471	18.482	18.493
1750	18.503	18.514	18.525	18.535	18.546	18.557	18.567	18.578	18.588	18.599
1760	18.609	18.620	18.630	18.641	18.651	18.661	18.672	18.682	18.693	

分度号：K　　　　　　　　　　　　　　　　　　　　　　　　　　　　　　参考温度：0℃

$t/℃$	0	−1	−2	−3	−4	−5	−6	−7	−8	−9
					E/mV					
−270	−6.458									
−260	−6.441	−6.444	−6.446	−6.448	−6.450	−6.452	−6.453	−6.455	−6.456	−6.457
−250	−6.404	−6.408	−6.413	−6.417	−6.421	−6.425	−6.429	−6.432	−6.435	−6.438
−240	−6.344	−6.351	−6.358	−6.364	−6.370	−6.377	−6.382	−6.388	−6.393	−6.399
−230	−6.262	−6.271	−6.280	−6.289	−6.297	−6.306	−6.314	−6.322	−6.329	−6.337
−220	−6.158	−6.170	−6.181	−6.192	−6.202	−6.213	−6.223	−6.233	−6.243	−6.252
−210	−6.035	−6.048	−6.061	−6.074	−6.087	−6.099	−6.111	−6.123	−6.135	−6.147
−200	−5.891	−5.907	−5.922	−5.936	−5.951	−5.965	−5.980	−5.994	−6.007	−6.021
−190	−5.730	−5.747	−5.763	−5.780	−5.797	−5.813	−5.829	−5.845	−5.861	−5.876
−180	−5.550	−5.569	−5.588	−5.606	−5.624	−5.642	−5.660	−5.678	−5.695	−5.713
−170	−5.354	−5.374	−5.395	−5.415	−5.435	−5.454	−5.474	−5.493	−5.512	−5.531
−160	−5.141	−5.163	−5.185	−5.207	−5.228	−5.250	−5.271	−5.292	−5.313	−5.333
−150	−4.913	−4.936	−4.960	−4.983	−5.006	−5.029	−5.052	−5.074	−5.097	−5.119
−140	−4.669	−4.694	−4.719	−4.744	−4.768	−4.793	−4.817	−4.841	−4.865	−4.889
−130	−4.411	−4.437	−4.463	−4.490	−4.516	−4.542	−4.567	−4.593	−4.618	−4.644
−120	−4.138	−4.166	−4.194	−4.221	−4.249	−4.276	−4.303	−4.330	−4.357	−4.384
−110	−3.852	−3.882	−3.911	−3.939	−3.968	−3.997	−4.025	−4.054	−4.082	−4.110
−100	−3.554	−3.584	−3.614	−3.645	−3.675	−3.705	−3.734	−3.764	−3.794	−3.823
−90	−3.243	−3.274	−3.306	−3.337	−3.368	−3.400	−3.431	−3.462	−3.492	−3.523
−80	−2.920	−2.953	−2.986	−3.018	−3.050	−3.083	−3.115	−3.147	−3.179	−3.211
−70	−2.587	−2.620	−2.654	−2.688	−2.721	−2.755	−2.788	−2.821	−2.854	−2.887
−60	−2.243	−2.278	−2.312	−2.347	−2.382	−2.416	−2.450	−2.485	−2.519	−2.553
−50	−1.889	−1.925	−1.961	−1.996	−2.032	−2.067	−2.103	−2.138	−2.173	−2.208
−40	−1.527	−1.564	−1.600	−1.637	−1.673	−1.709	−1.745	−1.782	−1.818	−1.854
−30	−1.156	−1.194	−1.231	−1.268	−1.305	−1.343	−1.380	−1.417	−1.453	−1.490
−20	−0.778	−0.816	−0.854	−0.892	−0.930	−0.968	−1.006	−1.043	−1.081	−1.119
−10	−0.392	−0.431	−0.470	−0.508	−0.547	−0.586	−0.624	−0.663	−0.701	−0.739
0	0.000	−0.039	−0.079	−0.118	−0.157	−0.197	−0.236	−0.275	−0.314	−0.353

$t/℃$	0	1	2	3	4	5	6	7	8	9
					E/mV					
0	0.000	0.039	0.079	0.119	0.158	0.198	0.238	0.277	0.317	0.357
10	0.397	0.437	0.477	0.517	0.557	0.597	0.637	0.677	0.718	0.758
20	0.798	0.838	0.879	0.919	0.960	1.000	1.041	1.081	1.122	1.163
30	1.203	1.244	1.285	1.326	1.366	1.407	1.448	1.489	1.530	1.571
40	1.612	1.653	1.694	1.735	1.776	1.817	1.858	1.899	1.941	1.982
50	2.023	2.064	2.106	2.147	2.188	2.230	2.271	2.312	2.354	2.395
60	2.436	2.478	2.519	2.561	2.602	2.644	2.685	2.727	2.768	2.810
70	2.851	2.893	2.934	2.976	3.017	3.059	3.100	3.142	3.184	3.225
80	3.267	3.308	3.350	3.391	3.433	3.474	3.516	3.557	3.599	3.640
90	3.682	3.723	3.765	3.806	3.848	3.889	3.931	3.972	4.013	4.055

$t/℃$	0	1	2	3	4	5	6	7	8	9
						E/mV				
100	4.096	4.138	4.179	4.220	4.262	4.303	4.344	4.385	4.427	4.468
110	4.509	4.550	4.591	4.633	4.674	4.715	4.756	4.797	4.838	4.879
120	4.920	4.961	5.002	5.043	5.084	5.124	5.165	5.206	5.247	5.288
130	5.328	5.369	5.410	5.450	5.491	5.532	5.572	5.613	5.653	5.694
140	5.735	5.775	5.815	5.856	5.896	5.937	5.977	6.017	6.058	6.098
150	6.138	6.179	6.219	6.259	6.299	6.339	6.380	6.420	6.460	6.500
160	6.540	6.580	6.620	6.660	6.701	6.741	6.781	6.821	6.861	6.901
170	6.941	6.981	7.021	7.060	7.100	7.140	7.180	7.220	7.260	7.300
180	7.340	7.380	7.420	7.460	7.500	7.540	7.579	7.619	7.659	7.699
190	7.739	7.779	7.819	7.859	7.899	7.939	7.979	8.019	8.059	8.099
200	8.138	8.178	8.218	8.258	8.298	8.338	8.378	8.418	8.458	8.499
210	8.539	8.579	8.619	8.659	8.699	8.739	8.779	8.819	8.860	8.900
220	8.940	8.980	9.020	9.061	9.101	9.141	9.181	9.222	9.262	9.302
230	9.343	9.383	9.423	9.464	9.504	9.545	9.585	9.626	9.666	9.707
240	9.747	9.788	9.828	9.869	9.909	9.950	9.991	10.031	10.072	10.113
250	10.153	10.194	10.235	10.276	10.316	10.357	10.398	10.439	10.480	10.520
260	10.561	10.602	10.643	10.684	10.725	10.766	10.807	10.848	10.889	10.930
270	10.971	11.012	11.053	11.094	11.135	11.176	11.217	11.259	11.300	11.341
280	11.382	11.423	11.465	11.506	11.547	11.588	11.630	11.671	11.712	11.753
290	11.795	11.836	11.877	11.919	11.960	12.001	12.043	12.084	12.126	12.167
300	12.209	12.250	12.291	12.333	12.374	12.416	12.457	12.499	12.540	12.582
310	12.624	12.665	12.707	12.748	12.790	12.831	12.873	12.915	12.956	12.998
320	13.040	13.081	13.123	13.165	13.206	13.248	13.290	13.331	13.373	13.415
330	13.457	13.498	13.540	13.582	13.624	13.665	13.707	13.749	13.791	13.833
340	13.874	13.916	13.958	14.000	14.042	14.084	14.126	14.167	14.209	14.251
350	14.293	14.335	14.377	14.419	14.461	14.503	14.545	14.587	14.629	14.671
360	14.713	14.755	14.797	14.839	14.881	14.923	14.965	15.007	15.049	15.091
370	15.133	15.175	15.217	15.259	15.301	15.343	15.385	15.427	15.469	15.511
380	15.554	15.596	15.638	15.680	15.722	15.764	15.806	15.849	15.891	15.933
390	15.975	16.017	16.059	16.102	16.144	16.186	16.228	16.270	16.313	16.355
400	16.397	16.439	16.482	16.524	16.566	16.608	16.651	16.693	16.735	16.778
410	16.820	16.862	16.904	16.947	16.989	17.031	17.074	17.116	17.158	17.201
420	17.243	17.285	17.328	17.370	17.413	17.455	17.497	11.540	17.582	17.624
430	17.667	17.709	17.752	17.794	17.837	17.879	17.921	17.964	18.006	18.049
440	18.091	18.134	18.176	18.218	18.261	18.303	18.346	18.388	18.431	18.473
450	18.516	18.558	18.601	18.643	18.686	18.728	18.771	18.813	18.856	18.898
460	18.941	18.983	19.026	19.068	19.111	19.154	19.196	19.239	19.281	19.324
470	19.366	19.409	19.451	19.494	19.537	19.579	19.622	19.664	19.707	19.750
480	19.792	19.835	19.877	19.920	19.962	20.005	20.048	20.090	20.133	20.175
490	20.218	20.261	20.303	20.346	20.389	20.431	20.474	20.516	20.559	20.602
500	20.644	20.687	20.730	20.772	20.815	20.857	20.900	20.943	20.985	21.028
510	21.071	21.113	21.156	21.199	21.241	21.284	21.326	21.369	21.412	21.454
520	21.497	21.540	21.582	21.625	21.668	21.710	21.753	21.796	21.838	21.881
530	21.924	21.966	22.009	22.052	22.094	22.137	22.179	22.222	22.265	22.307
540	22.350	22.393	22.435	22.478	22.521	22.563	22.606	22.649	22.691	22.734

$t/℃$	0	1	2	3	4	5	6	7	8	9
					E/mV					
550	22.776	22.819	22.862	22.904	22.947	22.990	23.032	23.075	23.117	23.160
560	23.203	23.245	23.288	23.331	23.373	23.416	23.458	23.501	23.544	23.586
570	23.629	23.671	23.714	23.757	23.799	23.842	23.884	23.927	23.970	24.012
580	24.055	24.097	24.140	24.182	24.225	24.267	22.310	22.353	22.395	24.438
590	24.480	24.523	24.565	24.608	24.650	24.693	24.735	24.778	24.820	24.863
600	24.905	24.948	24.990	25.033	25.075	25.118	25.160	25.203	25.245	25.288
610	25.330	25.373	25.415	25.458	25.500	25.543	25.585	25.627	25.670	25.712
620	25.755	25.797	25.840	25.882	25.924	25.967	26.009	26.052	26.094	26.136
630	26.179	26.221	26.263	26.306	26.348	26.390	26.433	26.475	26.517	26.560
640	26.602	26.644	26.687	26.729	26.771	26.814	26.856	26.898	26.940	26.983
650	27.025	27.067	27.109	27.152	27.194	27.236	27.278	27.320	27.363	27.405
660	27.447	27.489	27.531	27.574	27.616	27.658	27.700	27.742	27.784	27.826
670	27.869	27.911	27.953	27.995	28.037	28.079	28.121	28.163	28.205	28.247
680	28.289	28.332	28.374	28.416	28.458	28.500	28.542	28.584	28.626	28.668
690	28.710	28.752	28.794	28.825	28.877	28.919	28.961	29.003	29.045	29.087
700	29.129	29.171	29.213	29.255	29.297	29.338	29.380	29.422	29.464	29.506
710	29.548	29.589	29.631	29.673	29.715	29.757	29.798	29.840	29.882	29.924
720	29.965	30.007	30.049	30.090	30.132	30.174	30.216	30.257	30.299	30.341
730	30.382	30.424	30.466	30.507	30.549	30.590	30.632	30.674	30.715	30.757
740	30.798	30.840	30.881	30.923	30.964	31.006	31.047	31.089	31.130	31.172
750	31.213	31.255	31.296	31.338	31.379	31.421	37.462	31.504	31.545	31.586
760	31.628	31.669	31.710	31.752	31.793	31.834	31.876	31.917	31.958	32.000
770	32.041	32.082	32.124	32.165	32.206	32.247	32.289	32.330	32.371	32.412
780	32.453	32.495	32.536	32.577	32.618	32.659	32.700	32.742	32.783	32.824
790	32.865	32.906	32.947	32.988	33.029	33.070	33.111	33.152	33.193	33.234
800	33.275	33.316	33.357	33.398	33.439	33.480	33.521	33.562	33.603	33.644
810	33.685	33.726	33.767	33.808	33.848	33.889	33.930	33.971	34.012	34.053
820	34.093	34.134	34.175	34.216	34.257	34.297	34.338	34.379	34.420	34.460
830	34.501	34.542	34.582	34.623	34.664	34.704	34.745	34.786	34.826	34.867
840	34.908	34.948	34.989	35.029	35.070	35.110	35.151	35.192	35.232	35.273
850	35.313	35.354	35.394	35.435	35.475	35.516	35.556	34.596	35.637	35.677
860	35.718	35.758	35.798	35.839	35.879	35.920	35.960	36.000	36.041	36.081
870	36.121	36.162	36.202	36.242	36.282	36.323	36.363	36.403	36.443	36.484
880	36.524	36.564	36.604	36.644	36.685	36.725	36.765	36.805	36.845	36.885
890	36.925	36.965	37.006	37.046	37.086	37.126	37.166	37.206	37.246	37.286
900	37.326	37.366	37.406	37.446	37.486	37.526	37.566	37.606	37.646	37.686
910	37.725	37.765	37.805	37.845	37.885	37.925	37.965	38.005	38.044	38.084
920	38.124	38.164	38.204	38.243	28.283	38.323	38.363	38.402	38.442	38.482
930	38.522	38.561	38.601	38.641	38.680	38.720	38.760	38.799	38.839	38.878
940	38.918	38.958	38.997	39.037	39.076	39.116	39.155	39.195	39.235	39.274
950	39.314	39.353	39.393	39.432	39.471	39.511	39.550	39.590	39.629	39.669
960	39.708	39.747	39.787	39.826	39.866	39.905	39.944	39.984	40.023	40.062
970	40.101	40.141	40.180	40.219	40.259	40.298	40.337	40.376	40.415	40.455
980	40.494	40.533	40.572	40.611	40.651	40.690	40.729	60.768	40.807	40.846
990	40.885	40.924	40.963	41.002	41.042	41.081	41.120	41.159	41.198	41.237

t/℃	0	1	2	3	4	5	6	7	8	9
					E/mV					
1000	41.276	41.315	41.354	41.393	41.431	41.470	41.509	41.548	41.587	41.626
1010	41.665	41.704	41.743	41.781	41.820	41.859	41.898	41.937	41.976	42.014
1020	42.053	42.092	42.131	42.169	42.208	42.247	42.286	42.324	42.363	42.402
1030	42.440	42.479	42.518	42.556	42.595	42.633	42.672	42.711	42.749	42.788
1040	42.826	42.865	42.903	42.942	42.980	43.019	43.057	43.096	43.134	43.173
1050	43.211	43.250	43.288	43.327	43.365	43.403	43.442	43.480	43.518	43.557
1060	43.595	43.633	43.672	43.710	43.748	43.787	43.825	43.863	43.901	43.940
1070	43.978	44.016	44.054	44.092	44.130	44.169	44.207	44.245	44.283	44.321
1080	44.359	44.397	44.435	44.473	44.512	44.550	44.588	44.626	44.664	44.702
1090	44.740	44.778	44.816	44.853	44.891	44.929	44.967	45.005	45.043	45.081
1100	45.119	45.157	45.194	45.232	45.270	45.308	45.346	45.383	45.421	45.459
1110	45.497	45.534	45.572	45.610	45.647	45.685	45.723	45.760	45.798	45.836
1120	45.873	45.911	45.948	45.986	46.024	46.061	46.099	46.136	46.174	46.211
1130	46.249	46.286	46.324	46.361	46.398	46.436	46.473	46.511	46.548	45.585
1140	46.623	46.660	46.697	46.735	46.772	46.809	46.847	46.884	46.921	46.958
1150	46.995	47.033	47.070	47.107	47.144	47.181	47.218	47.256	47.293	47.330
1160	47.367	47.404	47.441	44.478	44.515	47.552	47.589	47.626	47.663	47.700
1170	47.737	47.774	47.811	47.848	47.884	47.921	47.958	47.995	48.032	48.069
1180	48.105	48.142	48.179	48.216	48.252	48.289	48.326	48.363	48.399	48.436
1190	48.473	48.509	48.546	48.582	48.619	48.656	48.692	48.729	48.765	48.802
1200	48.838	48.875	48.911	48.948	48.984	49.021	49.057	49.093	49.130	49.166
1210	49.202	49.239	49.275	49.311	49.348	49.384	49.420	49.456	49.493	49.529
1220	49.565	49.601	49.637	49.674	49.710	49.746	49.782	49.818	49.854	49.890
1230	49.926	49.962	49.998	50.034	50.070	50.106	50.142	50.178	50.214	50.250
1240	50.286	50.322	50.358	50.393	50.429	50.465	50.501	50.537	50.572	50.608
1250	50.644	50.680	50.715	50.751	50.787	50.822	50.858	50.894	50.929	50.965
1260	51.000	51.036	51.071	51.107	51.142	51.178	51.213	51.249	51.284	51.320
1270	51.355	51.391	51.426	51.461	51.497	51.532	51.567	51.603	51.638	51.673
1280	51.708	51.744	51.779	51.814	51.849	51.885	51.920	51.955	51.990	52.025
1290	52.060	52.095	52.130	52.165	52.200	52.235	52.270	52.305	52.340	52.375
1300	52.410	52.445	52.480	52.515	52.550	52.585	52.620	52.654	52.689	52.724
1310	52.759	52.794	52.828	52.863	52.898	52.932	52.967	53.002	53.037	53.071
1320	53.106	53.140	53.175	53.210	53.244	53.279	53.313	53.348	52.382	53.417
1330	53.451	53.486	53.520	53.555	53.589	53.623	53.658	53.692	53.727	53.761
1340	53.795	53.830	53.864	53.898	53.932	53.967	54.001	54.035	54.069	54.104
1350	54.138	54.172	54.206	54.240	54.274	54.308	54.343	54.377	54.411	54.445
1360	54.479	54.513	54.547	54.581	54.615	54.649	54.683	54.717	54.751	54.785
1370	54.819	54.852	54.886							

分度号：E　　　　　　　　　　　　　　　　　　　　　　　　　　　　参考温度：0℃

$t/℃$	0	−1	−2	−3	−4	−5	−6	−7	−8	−9
					E/mV					
−40	−2.255	−2.309	−2.362	−2.416	−2.469	−2.523	−2.576	−2.629	−2.682	−2.735
−30	−1.709	−1.765	−1.820	−1.874	−1.929	−1.984	−2.038	−2.093	−2.147	−2.201
−20	−1.152	−1.208	−1.264	−1.320	−1.376	−1.432	−1.488	−1.543	−1.599	−1.654
−10	−0.582	−0.639	−0.697	−0.754	−0.811	−0.868	−0.925	−0.982	−1.039	−1.095
0	0.000	−0.059	−0.117	−0.176	−0.234	−0.292	−0.350	−0.408	−0.466	−0.524

$t/℃$	0	1	2	3	4	5	6	7	8	9
					E/mV					
0	0.000	0.059	0.118	0.176	0.235	0.294	0.354	0.413	0.472	0.532
10	0.591	0.651	0.711	0.770	0.830	0.890	0.950	1.010	1.071	1.131
20	1.192	1.252	1.313	1.373	1.434	1.495	1.556	1.617	1.678	1.740
30	1.801	1.862	1.924	1.986	2.047	2.109	2.171	2.233	2.295	2.357
40	2.420	2.482	2.545	2.607	2.670	2.733	2.795	2.858	2.921	2.984
50	3.048	3.111	3.174	3.238	3.301	3.365	3.429	3.492	3.556	3.620
60	3.685	3.749	3.813	3.877	3.942	4.006	4.071	4.136	4.200	4.265
70	4.330	4.395	4.460	4.526	4.591	4.656	4.722	4.788	4.853	4.919
80	4.985	5.051	5.117	5.183	5.249	5.315	5.382	5.448	5.514	5.581
90	5.648	5.714	5.781	5.848	5.915	5.982	6.049	6.117	6.184	6.251
100	6.319	6.386	6.454	6.522	6.590	6.658	6.725	6.794	6.862	6.930
110	6.998	7.066	7.135	7.203	7.272	7.341	7.409	7.478	7.547	7.616
120	7.685	7.754	7.823	7.892	7.962	8.031	8.101	8.170	8.240	8.309
130	8.379	8.449	8.519	8.589	8.659	8.729	8.799	8.869	8.940	9.010
140	9.081	9.151	9.222	9.292	9.363	9.434	9.505	9.576	9.647	9.718
150	9.789	9.860	9.931	10.003	10.074	10.145	10.217	10.288	10.360	10.432
160	10.503	10.575	10.647	10.719	10.791	10.863	10.935	11.007	11.080	11.152
170	11.224	11.297	11.369	11.442	11.514	11.587	11.660	11.733	11.805	11.878
180	11.951	12.024	12.097	12.170	12.243	12.317	12.390	12.463	12.537	12.610
190	12.684	12.757	12.831	12.904	12.978	13.052	13.126	13.199	13.273	13.347
200	13.421	13.495	13.569	13.644	13.718	13.792	13.866	13.941	14.015	14.090
210	14.164	14.239	14.313	14.388	14.463	14.537	14.612	14.687	14.762	14.837
220	14.912	14.987	15.062	15.137	15.212	15.287	15.362	15.438	15.513	15.588
230	15.664	15.739	15.815	15.890	15.966	16.041	16.117	16.193	16.269	16.344
240	16.420	16.496	16.572	16.648	16.724	16.800	16.876	16.952	17.028	17.104
250	17.181	17.257	17.333	17.409	17.486	17.562	17.639	17.715	17.792	17.868
260	17.945	18.021	18.098	18.175	18.252	18.328	18.405	18.482	18.559	18.636
270	18.713	18.790	18.867	18.944	19.021	19.098	19.175	19.252	19.330	19.407
280	19.484	19.561	19.639	19.716	19.794	19.871	19.948	20.026	20.103	20.181
290	20.259	20.336	20.414	20.492	20.569	20.647	20.725	20.803	20.880	20.958
300	21.036	21.114	21.192	21.270	21.348	21.426	21.504	21.582	21.660	21.739
310	21.817	21.895	21.973	22.051	22.130	22.208	22.286	22.365	22.443	22.522
320	22.600	22.678	22.757	22.835	22.914	22.993	23.071	23.150	23.228	23.307
330	23.386	23.464	23.543	23.622	23.701	23.780	23.858	23.937	24.016	24.095
340	24.174	24.253	24.332	24.411	24.490	24.569	24.648	24.727	24.806	24.885

$t/℃$	0	1	2	3	4	5	6	7	8	9
	E/mV									
350	24.964	25.044	25.123	25.202	25.281	25.360	25.440	25.519	25.598	20.678
360	25.757	25.836	25.916	25.995	26.075	26.154	26.233	26.313	26.392	26.472
370	26.552	26.631	26.711	26.790	26.870	26.950	27.029	27.109	27.189	27.268
380	27.348	27.428	27.507	27.587	27.667	27.747	27.827	27.907	27.986	28.066
390	28.146	28.226	28.306	28.386	28.466	28.546	28.626	28.706	28.786	28.866
400	28.946	29.026	29.106	29.186	29.266	29.346	29.427	29.507	29.587	29.667
410	29.747	29.827	29.908	29.988	30.068	30.148	30.229	30.309	30.389	30.470
420	30.550	30.630	30.711	30.791	30.871	30.952	31.032	31.112	31.193	31.273
430	31.354	31.434	31.515	31.595	31.676	31.756	31.837	31.917	31.998	32.078
440	32.159	32.239	32.320	32.400	32.481	32.562	32.642	32.723	32.803	32.884
450	32.965	33.045	33.126	33.207	33.287	33.368	33.449	33.529	33.610	33.691
460	33.772	33.852	33.933	34.014	34.095	34.175	34.256	34.337	34.418	34.498
470	34.579	34.660	34.741	34.822	34.902	34.983	35.064	35.145	35.226	35.307
480	35.387	35.468	35.549	35.630	35.711	35.792	35.873	35.954	36.034	36.115
490	36.196	36.277	36.358	36.439	36.520	36.601	36.682	36.763	36.843	36.924
500	37.005	37.086	37.167	37.248	37.329	37.410	37.491	37.572	37.653	37.734
510	37.815	37.896	37.977	38.058	38.139	38.220	38.300	38.381	38.462	38.543
520	38.624	38.705	38.786	38.867	38.948	39.029	39.110	39.191	39.272	39.353
530	39.434	39.515	39.596	39.677	39.758	39.839	39.920	40.001	40.082	40.163
540	40.243	40.324	40.405	40.486	40.567	40.648	40.729	40.810	40.891	40.972
550	41.053	41.134	41.215	41.296	41.377	41.457	41.538	41.619	41.700	41.781
560	41.862	41.943	42.024	42.105	42.185	42.266	42.347	42.428	42.509	42.590
570	42.671	42.751	42.832	42.913	42.994	43.075	43.156	43.236	43.317	43.398
580	43.479	43.560	43.640	43.721	43.802	43.883	43.963	44.044	44.125	44.206
590	44.286	44.367	44.448	44.529	44.609	44.690	44.771	44.851	44.932	45.013
600	45.093	45.174	45.255	45.335	45.416	45.497	45.577	45.658	45.738	45.819
610	45.900	45.980	46.061	46.141	46.222	46.302	46.383	46.463	46.544	46.624
620	46.705	46.785	46.866	46.946	47.027	47.107	47.188	47.268	47.349	47.429
630	47.509	47.590	47.670	47.751	47.831	47.911	47.992	48.072	48.152	48.233
640	48.313	48.393	48.474	48.554	48.634	48.715	48.795	48.875	48.955	49.035
650	49.116	49.196	49.276	49.356	49.436	49.517	49.597	49.677	49.757	49.837
660	49.917	49.997	50.077	50.157	50.238	50.318	50.398	50.478	50.558	50.638
670	50.718	50.798	50.878	50.958	51.038	51.118	51.197	51.277	51.357	51.437
680	51.517	51.597	51.677	51.757	51.837	51.916	51.996	52.076	52.156	52.236
690	52.315	52.395	52.475	52.555	52.634	52.714	52.794	52.873	52.953	53.033
700	53.112	53.192	53.272	53.351	53.431	53.510	53.590	53.670	53.749	53.829
710	53.908	53.988	54.067	54.147	54.226	54.306	54.385	54.465	54.544	54.624
720	54.703	54.782	54.862	54.941	55.021	55.100	55.179	55.259	55.338	55.417
730	55.497	55.576	55.655	55.734	55.814	55.893	55.972	56.051	56.131	56.210
740	56.289	56.368	56.447	56.526	56.606	56.685	56.764	55.843	56.922	57.001
750	57.080	57.159	57.238	57.317	57.396	57.475	57.554	57.633	57.712	57.791
760	57.870	57.949	58.028	58.107	58.186	58.265	58.343	58.422	58.501	58.580
770	58.659	58.738	58.816	58.895	58.974	59.053	59.131	59.210	59.289	59.367
780	59.446	59.525	59.604	59.682	59.761	59.839	59.918	59.997	60.075	60.154
790	60.232	60.311	60.390	60.468	60.547	60.625	60.704	60.782	60.860	60.939

注：对于 E 型热电偶在 $-270\sim-50℃$ 和 $800\sim1000℃$ 的 $E(t)$ 分度本表没有列出。

分度号：J　　　　　　　　　　　　　　　　　　　　　　　　　　　　参考温度：0℃

$t/℃$	0	−1	−2	−3	−4	−5	−6	−7	−8	−9
					E/mV					
−40	−1.961	−2.008	−2.055	−2.103	−2.150	−2.197	−2.244	−2.291	−2.338	−2.385
−30	−1.482	−1.530	−1.578	−1.626	−1.674	−1.722	−1.770	−1.818	−1.865	−1.913
−20	−0.995	−1.044	−1.093	−1.142	−1.190	−1.239	−1.288	−1.336	−1.385	−1.433
−10	−0.501	−0.550	−0.600	−0.650	−0.699	−0.749	−0.798	−0.847	−0.896	−0.946
0	0.000	−0.050	−0.101	−0.151	−0.201	−0.251	−0.301	−0.351	−0.401	−0.451

$t/℃$	0	1	2	3	4	5	6	7	8	9
					E/mV					
0	0.000	0.050	0.101	0.151	0.202	0.253	0.303	0.354	0.405	0.456
10	0.507	0.558	0.609	0.660	0.711	0.762	0.814	0.865	0.916	0.968
20	1.019	1.071	1.122	1.174	1.226	1.277	1.329	1.381	1.433	1.485
30	1.537	1.589	1.641	1.693	1.745	1.797	1.849	1.902	1.954	2.006
40	2.059	2.111	2.164	2.216	2.269	2.322	2.374	2.427	2.480	2.532
50	2.585	2.638	2.691	2.744	2.797	2.850	2.903	2.956	3.009	3.062
60	3.116	3.169	3.222	3.375	3.329	3.382	3.436	3.489	3.543	3.596
70	3.650	3.703	3.757	3.810	3.864	3.918	3.971	4.025	4.079	4.133
80	4.187	4.240	4.294	4.348	4.402	4.456	4.510	4.564	4.618	4.672
90	4.726	4.781	4.835	4.889	4.943	4.997	5.052	5.106	5.160	5.215
100	5.269	5.323	5.378	5.432	5.487	5.541	5.595	5.650	5.705	5.759
110	5.814	5.868	5.923	5.977	6.032	6.087	6.141	6.196	6.251	6.306
120	6.360	6.415	6.470	6.525	6.579	6.634	6.689	6.744	6.799	6.854
130	6.909	6.964	7.019	7.074	7.129	7.184	7.239	7.294	7.349	7.404
140	7.459	7.514	7.569	7.624	7.679	7.734	7.789	7.844	7.900	7.955
150	8.010	8.065	8.120	8.175	8.231	8.286	8.341	8.396	8.452	8.507
160	8.562	8.618	8.673	8.728	8.783	8.839	8.894	8.949	9.005	9.060
170	9.115	9.171	9.226	9.282	9.337	9.392	9.448	9.503	9.559	9.614
180	9.669	9.725	9.780	9.836	9.891	9.947	10.002	10.057	10.113	10.168
190	10.224	10.279	10.335	10.390	10.446	10.501	10.557	10.612	10.668	10.723
200	10.779	10.834	10.890	10.945	11.001	11.056	11.112	11.167	11.223	11.278
210	11.334	11.389	11.445	11.501	11.556	11.612	11.667	11.723	11.778	11.834
220	11.889	11.945	12.000	12.056	12.111	12.167	12.222	12.278	12.334	12.389
230	12.445	12.500	12.556	12.611	12.667	12.722	12.778	12.833	12.889	12.944
240	13.000	13.056	13.111	13.167	13.222	13.278	13.333	13.389	13.444	13.500
250	13.555	13.611	13.666	13.722	13.777	13.833	13.888	13.944	13.999	14.055
260	14.110	14.166	14.221	14.277	14.332	14.388	14.443	14.499	14.554	14.609
270	14.665	14.720	14.776	14.831	14.887	14.942	14.998	15.053	15.109	15.164
280	15.219	15.275	15.330	15.386	15.441	15.496	15.552	15.607	15.663	15.718
290	15.773	15.829	15.884	15.940	15.995	16.050	16.106	16.161	16.216	16.272
300	16.327	16.383	16.438	16.493	16.549	16.604	16.659	16.715	16.770	16.825
310	16.881	16.936	16.991	17.046	17.102	17.157	17.212	17.268	17.323	17.378
320	17.434	17.489	17.544	17.599	17.655	17.710	17.765	17.820	17.876	17.931
330	17.986	18.041	18.097	18.152	18.207	18.262	18.318	18.373	18.428	18.483
340	18.538	18.594	18.649	18.704	18.759	18.814	18.870	18.925	18.980	19.035

$t/℃$	0	1	2	3	4	5	6	7	8	9
						E/mV				
350	19.090	19.146	19.201	19.256	19.311	19.366	19.422	19.477	19.532	19.587
360	19.642	19.697	19.753	19.808	19.863	19.918	19.973	20.028	20.083	20.139
370	20.194	20.249	20.304	20.359	20.414	20.469	20.525	20.580	20.635	20.690
380	20.745	20.800	20.855	20.911	20.966	21.021	21.076	21.131	21.186	21.241
390	21.297	21.352	21.407	21.462	21.517	21.572	21.627	21.683	21.738	21.793
400	21.848	21.903	21.958	22.014	22.069	22.124	22.179	22.934	22.289	22.345
410	22.400	22.455	22.510	22.565	22.620	22.676	22.731	22.786	22.841	22.896
420	22.952	23.007	23.062	23.117	23.172	23.228	23.283	23.338	23.393	23.449
430	23.504	23.559	23.614	23.670	23.725	23.780	23.835	23.891	23.946	24.001
440	24.057	24.112	24.167	24.223	24.278	24.333	24.389	24.444	24.499	24.555
450	24.610	24.665	24.721	24.776	24.832	24.887	24.943	24.998	25.053	25.109
460	25.164	25.220	25.275	25.331	25.386	25.442	25.497	25.553	25.608	25.664
470	25.720	25.775	25.831	25.886	25.942	25.998	26.053	26.109	26.165	26.220
480	26.276	26.332	26.387	26.443	26.499	26.555	26.610	26.666	26.722	26.778
490	26.834	26.889	26.945	27.001	27.057	27.113	27.169	27.225	27.281	27.337
500	27.393	27.449	27.505	27.561	27.617	27.673	27.729	27.785	27.841	27.897
510	27.953	28.010	28.066	28.122	28.178	28.234	28.291	28.347	28.403	28.460
520	28.516	28.572	28.629	28.685	28.741	28.798	28.854	28.911	28.967	29.024
530	29.080	29.137	29.194	29.250	29.307	29.363	29.420	29.477	29.534	29.590
540	29.647	29.704	29.761	29.818	29.874	29.931	29.988	30.045	30.102	30.159
550	30.216	30.273	30.330	30.387	30.444	30.502	30.559	30.616	30.673	30.730
560	30.788	30.845	30.902	30.960	31.017	31.074	31.132	31.189	31.247	31.304
570	31.362	31.419	31.477	31.535	31.592	31.650	31.708	31.766	31.823	31.881
580	31.939	31.997	32.055	32.113	32.171	32.229	32.287	32.345	32.403	32.461
590	32.519	32.577	32.636	32.694	32.752	32.810	32.869	32.927	32.985	33.044
600	33.102	33.161	33.219	33.278	33.337	33.395	33.454	33.513	33.571	33.630
610	33.689	33.748	33.807	33.866	33.925	33.984	34.043	34.102	34.161	34.220
620	34.279	34.338	34.397	34.457	34.516	34.575	34.635	34.694	34.754	34.813
630	34.873	34.932	34.992	35.051	35.111	35.171	35.280	35.990	35.350	35.410
640	35.470	35.530	35.590	35.650	35.710	35.770	35.830	35.890	35.950	36.010
650	36.071	36.131	36.191	36.252	36.312	36.373	36.433	36.494	36.554	36.615
660	36.675	36.736	36.797	36.858	36.918	36.979	37.040	37.101	37.162	37.223
670	37.284	37.345	37.406	37.467	37.528	37.590	37.651	37.712	37.773	37.835
680	37.896	37.958	38.019	38.081	38.142	38.204	38.265	38.327	38.389	38.450
690	38.512	38.574	38.636	38.698	38.760	38.822	38.884	38.946	39.008	39.070
700	39.132	39.194	39.256	39.318	39.381	39.443	39.505	39.568	39.630	39.693
710	39.755	39.818	39.880	39.943	40.005	40.068	40.131	40.193	40.256	40.319
720	40.382	40.445	40.508	40.570	40.633	40.696	40.759	40.822	40.886	40.949
730	41.012	41.075	41.138	41.201	41.265	41.328	41.391	41.455	41.518	41.581
740	41.645	41.708	41.772	41.835	41.899	41.962	42.026	42.090	42.153	42.217
750	42.281	42.344	42.408	42.472	42.536	42.599	42.663	42.727	42.791	42.855
760	42.919	42.983	43.047	43.111	43.175	43.239	43.303	43.367	43.431	43.495
770	43.559	43.624	43.688	43.752	43.817	43.881	43.945	44.010	44.074	44.139
780	44.203	44.267	44.332	44.396	44.461	44.525	44.590	44.655	44.719	44.784
790	44.848	44.913	44.977	45.042	45.107	45.171	45.236	45.301	45.365	45.430

注：对于 J 型热电偶在 $-210 \sim -50℃$ 和 $800 \sim 1200℃$ 的 $E(t)$ 分度本表没有列出。

分度号：N　　　　　　　　　　　　　　　　　　　　　　　　　　　参考温度：0℃

t/℃	0	−1	−2	−3	−4	−5	−6	−7	−8	−9
	E/mV									
−40	−1.023	−1.048	−1.072	−1.097	−1.122	−1.146	−1.171	−1.195	−1.220	−1.244
−30	−0.772	−0.798	−0.823	−0.848	−0.873	−0.898	−0.923	−0.948	−0.973	−0.998
−20	−0.518	−0.544	−0.569	−0.595	−0.620	−0.646	−0.671	−0.696	−0.722	−0.747
−10	−0.260	−0.286	−0.312	−0.338	−0.364	−0.390	−0.415	−0.441	−0.467	−0.492
0	0.000	−0.026	−0.052	−0.078	−0.104	−0.131	−0.157	−0.183	−0.209	−0.234

t/℃	0	1	2	3	4	5	6	7	8	9
	E/mV									
0	0.000	0.026	0.052	0.078	0.104	0.130	0.156	0.182	0.208	0.235
10	0.261	0.287	0.313	0.340	0.366	0.393	0.419	0.446	0.472	0.499
20	0.525	0.552	0.578	0.605	0.632	0.659	0.685	0.712	0.739	0.766
30	0.793	0.820	0.847	0.874	0.901	0.928	0.955	0.983	1.010	1.037
40	1.065	1.092	1.119	1.147	1.174	1.202	1.229	1.257	1.284	1.312
50	1.340	1.368	1.395	1.423	1.451	1.479	1.507	1.535	1.563	1.591
60	1.619	1.647	1.675	1.703	1.732	1.760	1.788	1.817	1.845	1.873
70	1.902	1.930	1.959	1.988	2.016	2.045	2.074	2.102	2.131	2.160
80	2.189	2.218	2.247	2.276	2.305	2.334	2.363	2.392	2.421	2.450
90	2.480	2.509	2.538	2.568	2.597	2.626	2.656	2.685	2.715	2.744
100	2.774	2.804	2.833	2.863	2.893	2.923	2.953	2.983	3.012	3.042
110	3.072	3.102	3.133	3.163	3.193	3.223	3.253	3.283	3.314	3.344
120	3.374	3.405	3.435	3.466	3.496	3.527	3.557	3.588	3.619	3.649
130	3.680	3.711	3.742	3.772	3.803	3.834	3.865	3.896	3.927	3.958
140	3.989	4.020	4.051	4.083	4.114	4.145	4.176	4.208	4.239	4.270
150	4.302	4.333	4.365	4.396	4.428	4.459	4.491	4.523	4.554	4.586
160	4.618	4.650	4.681	4.713	4.745	4.777	4.809	4.841	4.873	4.905
170	4.937	4.969	5.001	5.033	5.066	5.098	5.130	5.162	5.195	5.227
180	5.259	5.292	5.324	5.357	5.389	5.422	5.454	5.487	5.520	5.552
190	5.585	5.618	5.650	5.683	5.716	5.749	5.782	5.815	5.847	5.880
200	5.913	5.946	5.979	6.013	6.046	6.079	6.112	6.145	6.178	6.211
210	6.245	6.278	6.311	6.345	6.378	6.411	6.445	6.478	6.512	6.545
220	6.579	6.612	6.646	6.680	6.713	6.747	6.781	6.814	6.848	6.882
230	6.916	6.949	6.983	7.017	7.051	7.085	7.119	7.153	7.187	7.221
240	7.255	7.289	7.323	7.357	7.392	7.426	7.460	7.494	7.528	7.563
250	7.597	7.631	7.666	7.700	7.734	7.769	7.803	7.838	7.872	7.907
260	7.941	7.976	8.010	8.045	8.080	8.114	8.149	8.184	8.218	8.253
270	8.288	8.323	8.358	8.392	8.427	8.462	8.497	8.532	8.567	8.602
280	8.637	8.672	8.707	8.742	8.777	8.812	8.847	8.882	8.918	8.953
290	8.988	9.023	9.058	9.094	9.129	9.164	9.200	9.235	9.270	9.306
300	9.341	9.377	9.412	9.448	9.483	9.519	9.554	9.590	9.625	9.661
310	9.696	9.732	9.768	9.803	9.839	9.875	9.910	9.946	9.982	10.018
320	10.054	10.089	10.125	10.161	10.197	10.233	10.269	10.305	10.341	10.377
330	10.413	10.449	10.485	10.521	10.557	10.593	10.629	10.665	10.701	10.737
340	10.774	10.810	10.846	10.882	10.918	10.955	10.991	11.027	11.064	11.000

t/℃	0	1	2	3	4	5	6	7	8	9
	E/mV									
350	11.136	11.173	11.209	11.245	11.282	11.318	11.355	11.391	11.428	11.464
360	11.501	11.537	11.574	11.610	11.647	11.683	11.720	11.757	11.793	11.830
370	11.867	11.903	11.940	11.977	12.013	12.050	12.087	12.124	12.160	12.197
380	12.234	12.271	12.308	12.345	12.382	12.418	12.455	12.492	12.529	12.566
390	12.603	12.640	12.677	12.714	12.751	12.788	12.825	12.862	12.899	12.937
400	12.974	13.011	13.048	13.085	13.122	13.159	13.197	13.234	13.271	13.308
410	13.346	13.383	13.420	13.457	13.495	13.532	13.569	13.607	13.644	13.682
420	13.719	13.756	13.794	13.831	13.869	13.906	13.944	13.981	14.019	14.056
430	14.094	14.131	14.169	14.206	14.244	14.281	14.319	14.356	14.394	14.432
440	14.469	14.507	14.545	14.582	14.620	14.658	14.695	14.733	14.771	14.809
450	14.846	14.884	14.922	14.960	14.998	15.035	15.073	15.111	15.149	15.187
460	15.225	15.262	15.300	15.338	15.376	15.414	15.452	15.490	15.528	15.566
470	15.604	15.642	15.680	15.718	15.756	15.794	15.832	15.870	15.908	15.946
480	15.984	16.022	16.060	16.099	16.137	16.175	16.213	16.251	16.289	16.327
490	16.366	16.404	16.442	16.480	16.518	16.557	16.595	16.633	16.671	16.710
500	16.748	16.786	16.824	16.863	16.901	16.939	16.978	17.016	17.054	17.093
510	17.131	17.169	17.208	17.246	17.285	17.323	17.361	17.400	17.438	17.477
520	17.515	17.554	17.592	17.630	17.669	17.707	17.746	17.784	17.823	17.861
530	17.900	17.938	17.977	18.016	18.054	18.093	18.131	18.170	18.208	18.247
540	18.286	18.324	18.363	18.401	18.440	18.479	18.517	18.556	18.595	18.633
550	18.672	18.711	18.749	18.788	18.827	18.865	18.904	18.943	18.982	19.020
560	19.059	19.098	19.136	19.175	19.214	19.253	19.292	19.330	19.369	19.408
570	19.447	19.485	19.524	19.563	19.602	19.641	19.680	19.718	19.757	19.796
580	19.835	19.874	19.913	19.952	19.990	20.029	20.068	20.107	20.146	20.185
590	20.224	20.263	20.302	20.341	20.379	20.418	20.457	20.496	20.535	20.574
600	20.613	20.652	20.691	20.730	20.769	20.808	20.847	20.886	20.925	20.964
610	21.003	21.042	21.081	21.120	21.159	21.198	21.237	21.276	21.315	21.354
620	21.393	21.432	21.471	21.510	21.549	21.588	21.628	21.667	21.706	21.745
630	21.784	21.823	21.862	21.901	21.940	21.979	22.018	22.058	22.097	22.136
640	22.175	22.214	22.253	22.292	22.331	22.370	2.410	22.449	22.488	22.527
650	22.566	22.605	22.644	22.684	22.723	22.762	22.801	22.840	22.879	22.919
660	22.958	22.997	23.036	23.075	23.115	23.154	23.193	23.232	23.271	23.311
670	23.350	23.389	23.428	23.467	23.507	23.546	23.585	23.624	23.663	23.703
680	23.742	23.781	23.820	23.860	23.899	23.938	23.977	24.016	24.056	24.095
690	24.134	24.173	24.213	24.252	24.291	24.330	24.370	24.409	24.448	24.487
700	24.527	24.566	24.605	24.644	24.684	24.723	24.762	24.801	24.841	24.880
710	24.919	24.959	24.998	25.037	25.076	25.116	25.155	25.194	25.233	25.273
720	25.312	25.351	25.391	25.430	25.469	25.508	25.548	25.587	25.626	25.666
730	25.705	25.744	25.783	25.823	25.862	25.901	25.941	25.980	26.019	26.058
740	26.098	26.137	26.176	26.216	26.255	26.294	26.333	26.373	26.412	26.451
750	26.491	26.530	26.569	26.608	26.648	26.687	26.726	26.766	26.805	26.844
760	26.883	26.923	26.962	27.001	27.041	27.080	27.119	27.158	27.198	27.237
770	27.276	27.316	27.355	27.394	27.433	27.473	27.512	27.551	27.591	27.630
780	27.669	27.708	27.748	27.787	27.826	27.866	27.905	27.944	27.983	28.023
790	28.062	28.101	28.140	28.180	28.219	28.258	28.297	28.337	28.376	28.415

注：对于 N 型热电偶在 -270~-50℃ 和 800~1300℃ 的 $E(t)$ 分度本表没有列出。

（二）常用热电阻分度表

附表 3-6　工业用铂热电阻分度表

分度号：Pt$_{100}$　　$R_0 = 100.00\Omega$　　$\alpha = 0.003850$

$t/℃$	0	1	2	3	4	5	6	7	8	9
	热电阻值/Ω									
−200	18.49									
−190	22.80	22.37	21.94	21.51	21.08	20.65	20.22	19.79	19.36	18.93
−180	27.08	26.65	26.23	25.80	25.37	24.94	24.52	24.09	23.66	23.23
−170	31.32	30.90	30.47	30.05	29.63	29.20	28.78	28.35	27.93	27.50
−160	35.53	35.11	34.69	34.27	33.85	33.43	33.01	32.59	32.16	31.74
−150	39.71	39.30	38.88	38.46	38.04	37.63	37.21	36.79	36.37	35.95
−140	43.87	43.45	43.04	42.63	42.21	41.79	41.38	40.96	40.55	40.13
−130	48.00	47.59	47.18	46.76	46.35	45.94	45.52	45.11	44.70	44.28
−120	52.11	51.70	51.29	50.88	50.47	50.06	49.64	49.23	48.82	48.42
−110	56.19	55.78	55.38	54.97	54.56	54.15	53.74	53.33	52.92	52.52
−100	60.25	59.85	59.44	59.04	58.63	58.22	57.82	57.41	57.00	56.60
−90	64.30	63.90	63.49	63.09	62.68	62.28	61.87	61.47	61.06	60.66
−80	68.33	67.92	67.52	67.12	66.72	66.31	65.91	65.51	65.11	64.70
−70	72.33	71.93	71.53	71.13	70.73	70.33	69.93	69.53	69.13	68.73
−60	76.33	75.93	75.53	75.13	74.73	74.33	73.93	73.53	73.13	72.73
−50	80.31	79.91	79.51	79.11	78.72	78.32	77.92	77.52	77.13	76.73
−40	84.27	83.88	83.48	83.08	82.69	82.29	81.89	81.50	81.10	80.70
−30	88.22	87.83	87.43	87.04	86.64	86.25	85.85	85.46	85.06	84.67
−20	92.16	91.77	91.37	90.98	90.59	90.19	89.80	89.40	89.01	88.62
−10	96.09	95.69	95.30	94.91	94.52	94.12	93.73	93.34	92.95	92.55
−0	100.00	99.61	99.22	98.83	98.44	98.04	97.65	97.26	96.87	96.48
0	100.00	100.39	100.78	101.17	101.56	101.95	102.34	102.73	103.12	103.51
10	103.90	104.29	104.68	105.07	105.46	105.85	106.24	106.63	107.02	107.40
20	107.79	108.18	108.57	108.96	109.35	109.73	110.12	110.51	110.90	111.28
30	111.67	112.06	112.45	112.83	113.22	113.61	113.99	114.38	114.77	115.15
40	115.54	115.93	116.31	116.70	117.08	117.47	117.85	118.24	118.62	119.01
50	119.40	119.78	120.16	120.55	120.93	121.32	121.70	122.09	122.47	122.86
60	123.24	123.62	124.01	124.39	124.77	125.16	125.54	125.92	126.31	126.69
70	127.07	127.45	127.84	128.22	128.60	128.98	129.37	129.75	130.13	130.51
80	130.89	131.27	131.66	132.04	132.42	132.80	133.18	133.56	133.94	134.32
90	134.70	135.08	135.46	135.84	136.22	136.60	136.98	137.36	137.74	138.12
100	138.50	138.88	139.26	139.64	140.02	140.39	140.77	141.15	141.53	141.91
110	142.29	142.66	143.04	143.42	143.80	144.17	144.55	144.93	145.31	145.68
120	146.06	146.44	146.81	147.19	147.57	147.94	148.32	148.70	149.07	149.45
130	149.82	150.20	150.57	150.95	151.33	151.70	152.08	152.45	152.83	153.20
140	153.58	153.95	154.32	154.70	155.07	155.45	155.82	156.19	156.57	156.94
150	157.31	157.69	158.06	158.43	158.81	159.18	159.55	159.93	160.30	160.67
160	161.04	161.42	161.79	162.16	162.53	162.90	163.27	163.65	164.02	164.39
170	164.76	165.13	165.50	165.87	166.24	166.61	166.98	167.35	167.72	168.09
180	168.46	168.83	169.20	169.57	169.94	170.31	170.68	171.05	171.42	171.79
190	172.16	172.53	172.90	173.26	173.63	174.00	174.37	174.74	175.10	175.47
200	175.84	176.21	176.57	176.94	177.31	177.68	178.04	178.41	178.78	179.14
210	179.51	179.88	180.24	180.61	180.97	181.34	181.71	182.07	182.44	182.80
220	183.17	183.53	183.90	184.26	184.63	184.99	185.36	185.72	186.09	186.45
230	186.82	187.18	187.54	187.91	188.27	188.63	189.00	189.36	189.72	190.09
240	190.45	190.81	191.18	191.54	191.90	192.26	192.63	192.99	193.35	193.71
250	194.07	194.44	194.80	195.16	195.52	195.88	196.24	196.60	196.96	197.33
260	197.69	198.05	198.41	198.77	199.13	199.49	199.85	200.21	200.57	200.93
270	201.29	201.65	202.01	202.36	202.72	203.08	203.44	203.80	204.16	204.52
280	204.88	205.23	205.59	205.95	206.31	206.67	207.02	207.38	207.74	208.10
290	208.45	208.81	209.17	209.52	209.88	210.24	210.59	210.95	211.31	211.66

t/℃	0	1	2	3	4	5	6	7	8	9
	热电阻值/Ω									
300	212.02	212.37	212.73	213.09	213.44	213.80	214.15	214.51	214.86	215.22
310	215.57	215.93	216.28	216.64	216.99	217.35	217.70	218.05	218.41	218.76
320	219.12	219.47	219.82	220.18	220.53	220.88	221.24	221.59	221.94	222.29
330	222.65	223.00	223.35	223.70	224.06	224.41	224.76	225.11	225.46	225.81
340	226.17	226.52	226.87	227.22	227.57	227.92	228.27	228.62	228.97	229.32
350	229.67	230.02	230.37	230.72	231.07	231.42	231.77	232.12	232.47	232.82
360	233.97	233.52	233.87	234.22	234.56	234.91	235.26	235.61	235.96	236.31
370	236.65	237.00	237.35	237.70	238.04	238.39	238.74	239.09	239.43	239.78
380	240.13	240.47	240.82	241.17	241.51	241.86	242.20	242.55	242.90	243.24
390	243.59	243.93	244.28	244.62	244.97	245.31	245.66	246.00	246.35	246.69
400	247.04	247.38	247.73	248.07	248.41	248.76	249.10	249.45	249.79	250.13
410	250.48	250.82	251.16	251.50	261.85	252.19	252.53	252.88	253.22	253.56
420	253.90	254.24	254.59	254.93	255.27	255.61	255.95	256.29	256.64	256.98
430	257.32	257.66	258.00	258.34	258.68	259.02	259.36	259.70	260.04	260.38
440	260.72	261.06	261.40	261.74	262.08	262.42	262.76	263.10	263.43	263.77
450	264.11	264.45	264.79	265.13	265.47	265.80	266.14	266.48	266.82	267.15
460	267.49	267.83	268.17	268.50	268.84	269.18	269.51	269.85	270.19	270.52
470	270.86	271.20	271.53	271.87	272.20	272.54	272.88	273.21	273.55	273.88
480	274.22	247.55	274.89	275.22	275.56	275.89	276.23	276.56	276.89	277.23
490	277.56	277.90	278.23	278.58	278.90	279.23	279.56	279.90	280.23	280.56
500	280.90	281.23	281.56	281.89	282.23	282.56	282.89	283.22	283.55	283.89
510	284.22	284.55	284.88	285.21	285.64	285.87	286.21	286.54	286.87	287.20
520	287.53	287.86	288.19	288.52	288.85	289.18	289.51	289.84	290.17	290.50
530	290.83	291.16	291.49	291.81	292.14	292.47	292.80	293.13	293.46	293.79
540	294.11	294.44	294.77	295.10	295.43	295.75	296.08	296.41	296.74	297.06
550	297.39	297.72	298.04	298.37	298.70	299.02	299.35	299.68	300.00	300.33
560	300.65	300.98	301.31	301.63	301.96	302.28	302.61	302.93	303.26	303.58
570	303.91	304.23	304.56	304.88	305.20	305.53	305.85	306.18	306.50	306.82
580	307.15	307.47	307.79	308.12	308.44	308.76	309.09	309.41	309.73	310.05
590	310.38	310.70	311.02	311.34	311.67	311.99	312.31	312.63	312.95	313.27
600	313.59	313.92	314.24	314.56	314.88	315.20	315.52	315.84	316.16	316.48
610	316.80	317.12	317.44	317.76	318.08	318.40	318.72	319.04	319.36	319.68
620	319.99	320.31	320.63	320.95	321.27	321.59	321.91	322.22	322.54	322.86
630	323.18	323.49	323.81	324.13	324.45	324.76	325.08	325.40	325.72	326.03
640	326.35	326.66	326.98	327.30	327.61	327.93	328.25	328.56	328.88	329.19
650	329.51	329.82	330.14	330.45	330.77	331.08	331.40	331.71	332.03	332.34
660	332.66	332.97	333.28	333.60	333.91	334.23	334.54	334.85	335.17	335.48
670	335.79	336.11	336.42	336.73	337.04	337.36	337.67	337.98	338.29	338.61
680	338.92	339.23	339.54	339.85	340.16	340.48	340.79	341.10	341.41	341.72
690	342.03	342.34	342.65	342.96	343.27	343.58	343.89	344.20	344.51	344.82
700	345.13	345.44	345.75	346.06	346.37	346.68	346.99	347.30	347.60	347.91
710	348.22	348.53	348.84	349.15	349.45	349.76	350.07	350.38	350.69	350.99
720	351.30	351.61	351.91	352.22	352.53	352.83	353.14	353.45	353.75	354.06
730	354.37	354.67	354.98	355.28	355.59	355.90	356.20	356.51	356.81	357.12
740	367.42	357.73	358.03	358.34	358.64	358.95	359.25	359.55	359.86	360.16
750	360.47	360.77	361.07	361.38	361.68	361.98	362.29	362.59	362.89	363.19
760	363.50	363.80	364.10	364.40	364.71	365.01	365.31	365.61	365.91	366.22
770	366.52	366.82	367.12	367.42	367.72	368.02	368.32	368.63	368.93	369.23
780	369.53	369.83	370.13	370.43	370.73	371.03	371.33	371.63	371.93	372.22
790	372.52	372.82	373.12	373.42	373.72	374.02	374.32	374.61	374.91	375.21
800	375.50	375.81	376.10	276.40	376.70	377.00	377.29	377.59	377.89	378.19
810	378.48	378.78	379.08	379.37	379.67	379.97	380.26	380.56	380.85	381.15
820	381.45	381.74	382.04	382.33	382.63	382.92	383.22	383.51	383.81	384.10
830	384.40	384.69	384.98	385.28	385.57	385.87	386.16	386.45	386.75	387.04
840	387.34	387.63	387.92	388.21	388.51	388.80	389.09	389.39	389.68	389.97
850	390.26									

分度号：Cu$_{50}$　　$R_0 = 50\Omega$　　$\alpha = 0.004280$

$t/℃$	0	1	2	3	4	5	6	7	8	9
	热电阻值/Ω									
−50	39.24									
−40	41.40	41.18	40.97	40.75	40.54	40.32	40.10	39.89	39.67	39.46
−30	43.55	43.34	43.12	42.91	42.69	42.48	42.27	42.05	41.83	41.61
−20	45.70	45.49	45.27	45.06	44.84	44.63	44.41	44.20	43.98	43.77
−10	47.85	47.64	47.42	47.21	46.99	46.78	46.56	46.35	46.13	45.92
−0	50.00	49.78	49.57	49.35	49.14	48.92	48.71	48.50	48.28	48.07
0	50.00	50.21	50.43	50.64	50.86	51.07	51.28	51.50	51.71	51.93
10	52.14	52.36	52.57	52.78	53.00	53.21	53.43	53.64	53.86	54.07
20	54.28	54.50	54.71	54.92	55.14	55.35	55.57	55.78	56.00	56.21
30	56.42	56.64	56.85	57.07	57.28	57.49	57.71	57.92	58.14	58.35
40	58.56	58.78	58.99	59.20	59.42	59.63	59.85	60.06	60.27	60.49
50	60.70	60.92	61.13	61.34	61.56	61.77	61.98	62.20	62.41	62.63
60	62.84	63.05	63.27	63.48	63.70	63.91	64.12	64.34	64.55	64.76
70	64.98	65.19	65.41	65.62	65.83	66.05	66.26	66.48	66.69	66.90
80	67.12	67.33	67.54	67.76	67.97	68.19	68.40	68.62	68.83	69.04
90	69.26	69.47	69.68	69.90	70.11	70.33	70.54	70.76	70.97	71.18
100	71.40	71.61	71.83	72.04	72.25	72.47	72.68	72.90	73.11	73.33
110	73.54	73.75	73.97	74.18	74.40	74.61	74.83	75.04	75.26	75.47
120	75.68	75.90	76.11	76.33	76.54	76.76	76.97	77.19	77.40	77.62
130	77.83	78.05	78.26	78.48	78.69	78.91	79.12	79.34	79.55	79.77
140	79.98	80.20	80.41	80.63	80.84	81.06	81.27	81.49	81.70	81.92
150	82.13	—	—	—	—	—	—	—	—	—

分度号：Cu$_{100}$　　$R_0 = 100\Omega$

$t/℃$	0	1	2	3	4	5	6	7	8	9
	热电阻值/Ω									
−50	78.49									
−40	82.80	82.36	81.94	81.50	81.08	80.64	80.20	79.78	79.34	78.92
−30	87.10	86.68	86.24	85.82	85.38	84.96	84.54	84.10	83.66	83.22
−20	91.40	90.98	90.54	90.12	89.63	89.26	88.82	88.40	87.96	87.54
−10	95.70	95.28	94.84	94.42	93.98	93.56	93.12	92.70	92.26	91.84
−0	100.00	99.56	99.14	98.70	98.28	97.84	97.42	97.00	96.56	96.14
0	100.00	100.42	100.86	101.28	101.72	102.14	102.56	103.00	103.42	103.86
10	104.28	104.72	105.14	105.56	106.00	106.42	106.86	107.28	107.72	108.14
20	108.56	109.00	109.42	109.84	110.28	110.70	111.14	111.56	112.00	112.42
30	112.84	113.28	113.70	114.14	114.56	114.98	115.42	115.84	116.28	116.70
40	117.12	117.56	117.98	118.40	118.84	119.26	119.70	120.12	120.54	120.98
50	121.40	121.84	122.26	122.68	123.12	123.54	123.96	124.40	124.82	125.26
60	125.68	126.10	126.54	126.96	127.40	127.82	128.24	128.68	129.10	129.52
70	129.96	130.38	130.82	131.24	131.66	132.10	132.52	132.96	133.38	133.80
80	134.24	134.66	135.08	135.52	135.94	136.38	136.80	137.24	137.66	138.08
90	138.52	138.94	139.36	139.80	140.22	140.66	141.08	141.52	141.94	142.36
100	142.80	143.22	143.66	144.08	144.50	144.94	145.36	145.80	146.22	146.66
110	147.08	147.50	147.94	148.36	148.80	149.22	149.66	150.08	150.52	150.94
120	151.36	151.80	152.22	152.66	153.08	153.52	153.94	154.38	154.80	155.24
130	155.66	156.10	156.52	156.96	157.38	157.82	158.24	158.68	159.10	159.54
140	159.96	160.40	160.82	161.26	161.68	162.12	162.54	162.98	163.40	163.84
150	164.27									

附录四 自动成分分析仪表预处理系统示例

1. 以乙烷为原料的裂解炉炉气的预处理系统（见附图 4-1）

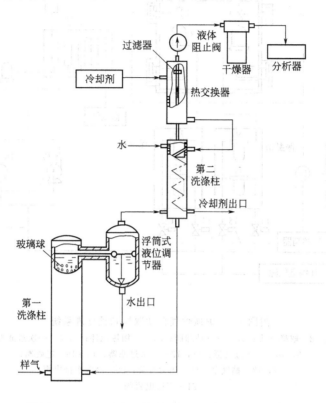

附图 4-1 以乙烷为原料的裂解炉炉气的预处理系统

2. 红外线气体分析器用的炉身炉气预处理系统（见附图 4-2）

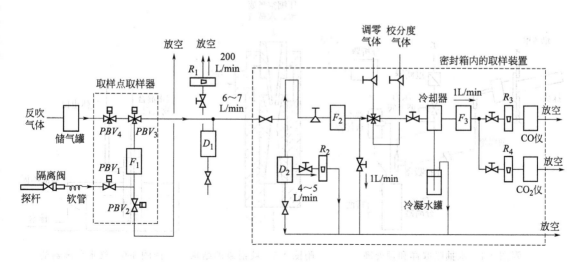

附图 4-2 红外线气体分析器用的炉身炉气预处理系统

3. 炉顶炉气自动取样和预处理系统（见附图4-3）

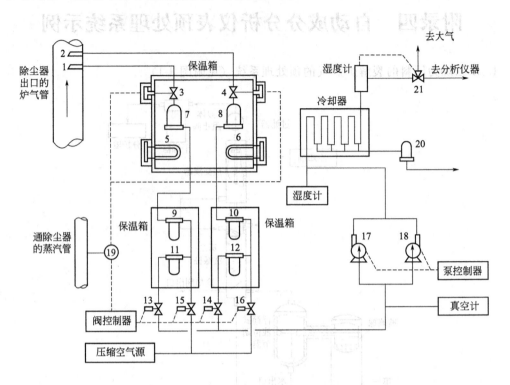

附图4-3 炉顶炉气自动取样和预处理系统

1，2—取样探头；3，4—电动球阀；5，6—加热元件；7，8—一次过滤器；
9，10—二次过滤器；11，12—三次过滤器；13～16—电磁阀；
17，18—抽气泵；19—压力开关；20—冷凝水排出阀；
21—三通电磁阀

4. 烟道气水抽吸取样和预处理系统（见附图4-4～附图4-6）

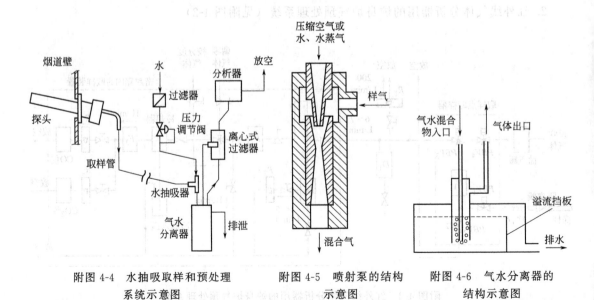

附图4-4 水抽吸取样和预处理
系统示意图

附图4-5 喷射泵的结构
示意图

附图4-6 气水分离器的
结构示意图

5. 烟道气隔膜泵取样和预处理系统（见附图 4-7、附图 4-8）

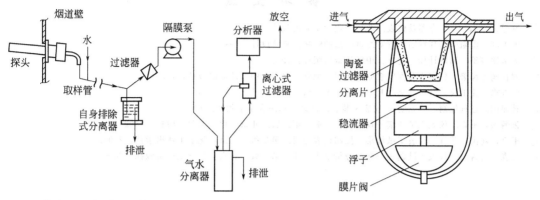

附图 4-7　隔膜泵取样和预处理系统示意图　　　　附图 4-8　离心式过滤器的结构示意图

6. 烟道气蒸汽喷射取样和预处理系统（见附图 4-9）。

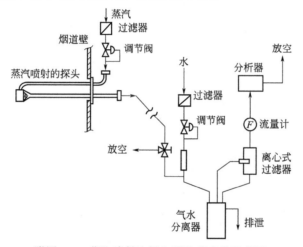

附图 4-9　蒸汽喷射取样和预处理系统示意图

参 考 文 献

[1] 尹廷金主编. 化工电器及仪表. 北京：化学工业出版社，1998.

[2] 王永红. 电阻应变片粘贴位置对测量结果的影响. 硫磷设计. 1997，(1).

[3] 潘圣铭等编. 温度计量. 北京：中国计量出版社，1996.

[4] 刘长满等编著. 数字式温度仪表原理使用与维修. 北京：中国计量出版社，1997.

[5] 厉玉鸣. 化工仪表及自动化. 北京：化学工业出版社，2005.

[6] 林锦国. 过程控制——系统·仪表·装置. 南京：东南大学出版社. 2001.

[7] 朱炳兴，王森. 仪表工试题集—现场仪表分册. 第二版. 北京：化学工业出版社，2002.

[8] 王森，晁禹，艾红. 仪表工试题集—控制仪表分册. 第二版. 北京：化学工业出版社，2003.

[9] 王森，符青灵. 仪表工试题集—在线分析仪表分册. 第二版. 北京：化学工业出版社，2006.